스페이스X
일론 머스크

REENTRY

스페이스X
일론 머스크

에릭 버거 지음
장용원 옮김
서성현 감수

세계 최강의 우주 기업은
어떻게 실패하고
다시 일어났는가?

상상스퀘어

일러두기

* 원문에서 공학 단위로 쓴 피트, 인치, 파운드 등을 한국 현실에 맞게 미터법으로 수정해 표기했다.

* 본문의 각주는 모두 옮긴이 주다.

* 외래어는 국립국어원 외래어표기법을 따랐으나, 외래어표기법과 별개로 굳어진 일부 용어의 경우에는
예외를 두었다.

마법을 실현한
수천 명의 스페이스X 직원에게
이 책을 바친다.

목 차

프롤로그

2023년 4월 20일,
텍사스주 사우스 파드레 아일랜드

황량한 갈색의 관목 지대가 완만한 기복을 이루며 텍사스 남부를 가로질러 흙탕물이 흐르는 리오그란데강까지 뻗어 있다. 열기와 아지랑이에 덮여 까마득한 지평선까지 단조롭게 이어진 광활한 황무지는 지금까지 사람의 손길이 거의 닿지 않은 땅이다. 그런데 2023년 봄 어느 화창한 날 아침, 이 메마른 땅 위에 고층 건물 높이의 살아 숨 쉬는 괴물이 불쑥 모습을 드러냈다. 괴물의 강철 껍질이 아침 햇살을 받아 반짝이고 있었다.

역사상 가장 크고 강력한 로켓이 수증기를 뭉게뭉게 피워올리며 요란한 굉음과 함께 하늘로 솟구쳐 올라, 우주 비행의 새 시대를 선포할 준비를 하고 있었다. 스타십이었다. 일론 머스크는 20년 동안 쉴 새 없이 직원들을 밀어붙이고 다독이고 괴롭히며 스페이스X를 우리 시대의 가장 앞선 우주 기업으로 만들었다. 스페이스X는 이미 로켓을 수백 번 발사했다. 그러나 스타십은 언젠가 인간을 화성과 다른 새로운 세계로 보내겠다는, 머스크의 열병과 같은 꿈을 실현해줄 법한 첫 번째 로켓이었다.

텍사스의 햇살을 받은 스타십이 반짝이는 빛을 내뿜자 머스크는 긴장감에 몸을 떨었다. 그는 세계가 지켜보고 평가하는 큰 발사를 앞두면 엄청난 스트레스를 받는다. 스타십 발사 직전에 그는 나에게 이렇게 털어놓았다. "발사를 앞두고 있어 속이 뒤틀리는 것 같군요."

왜 그렇지 않았겠는가? 발사대에 올려 있는 것은 위대한 업적이 될 수도 있었고 엄청난 위협이 될 수도 있었다. 세계는 지금까지 이런 존재를 본 적이 없었다. 몇십 년 전에 NASA(National Aeronautics and Space Administration, 미국 항공우주국)는 미국 전체 가용 예산의 5퍼센트를 들여 강력한 새턴V 로켓을 만들어 우주 비행사를 달에 보냈다. 스타십은 그보다 훨씬 더 크고, 달성하려는 목표도 그보다 훨씬 더 야심 차다. 50여 년 전 새턴V 로켓은 달에 갔다 돌아오는 과정에 각 단을 바다나 우주에 버렸다. 지구로는 작은 승무원실만 돌아왔고, 이 캡슐도 비행이 끝날 때마다 박물관으로 향했다.

머스크와 스페이스X는 스타십을 완전히 재사용할 수 있는 로켓으로 만들 계획이었다. 슈퍼 헤비라는 이름의 1단 로켓이 발사장으로 다시 날아오면 대형 로봇 팔이 잡아 발사대에 고정한다. 착륙한 로켓은 곧바로 연료를 주입받아 다시 비행한다. 스타십의 상단부는 계속 상승해 궤도에 진입한 뒤 달이나 화성 등의 목적지로 향한다. 승무원이 귀환할 준비가 되면 우주선은 지구 대기권을 통과해 내려오고, 동력을 이용해 원하는 곳에 역추진 착륙한다. 그런 뒤에도 이 우주선은 여러 번 반복 비행한다.

적어도 머스크의 계획은 그랬다. 머스크를 긴장시킨 첫 번째 스타십은 실물 크기의 시제품에 불과했다. 일이 잘못될 수도 있었다. 어쩌면 그렇게 될지도 몰랐다. 스페이스X는 수십억 달러를 투자해 국토 한구석에 있는 이곳에 거대한 우주정거장을 건설했다. 로켓이 폭발하면 발사장과 거기에 투입된 수년간의 노력이 물거품이 될 수도 있었다.

발사 후 처음 몇 초는 고통스러운 순간이었다. 서른세 개의 로켓엔진이 일으킨 모래바람이 발사장과 주변의 습지대를 뒤덮어 앞이 보이지 않았다. 발사대에서 날아오른 모래 먼지 때문에 엔진 몇 기가 점화 후 거의 바로 고장 났다. 그 때문에 스타십은 상승을 시작할 추력이 빠듯했다. 하지만 결국 조금씩 상승하기 시작했다. 거대한 먼지 폭풍이 가라앉자 스타십이 지상에서 멀어지는 모습이 눈에 들어왔다.

믿기 힘들 정도로 거대한 물체였다. 아름다운 은빛을 띤 길고 거대한 물체가 텍사스의 하늘 위로 맹렬히 날아오르고 있었다. 그제야 머스크는 안도의 한숨을 내쉴 수 있었다. 로켓은 궤도를 크게 벗어나지 않고 1분 30초가량 멕시코만 상공 먼 곳까지 비행했다. 그러다 여러 엔진에 문제가 생기면서 비행이 불안정해지기 시작했고, 이 때문에 자폭장치가 작동했다. 큰 사건이 종종 그러하듯 스타십의 시대도 큰 폭발 소리와 함께 시작되었다.

며칠 뒤 머스크는 직원들에게 감사를 표했다.

"여러분은 정말 놀라운 일을 해냈습니다. 스타십은 지금까지 인류가 수행한 기술 프로젝트 중 가장 어려운 프로젝트의 하나가 분명합니다. 완전히 재사용할 수 있는 거대한 로켓이라니. 스타십은 인간이 해결한 가장 어려운 기술 문제로 선정될 후보가 틀림없습니다."

그렇다면 그들은 어떻게 그 일을 해냈을까? 민간 기업이 어떻게 세계에서 가장 큰 로켓을 만들 수 있었을까? 이 엔지니어들이 어떻게 우주 비행사를 궤도에 올려놓는 NASA의 능력을 회복시킬 수 있었으며, 나아가 오랜 역사를 자랑하는 NASA를 뛰어넘어 인간을 화성에 보내겠다고 선언할 수 있었을까? 어떻게 스페이스X는 세계의 어떤 기업이나 국가보다 더 많은 위성을, 게다가 열 배이상 더 많이 발사하고 운용할 수 있을까?

이 책에서 우리는 스페이스X의 위대한 모험을 깊이 있게 살펴볼 것이다. 이 모험은 오늘날 우주 비행의 가장 중요한 주체가 되기까지 스페이스X가 겪은 고난과 좌절 그리고 마침내 승리에 이르는 과정의 이야기다. 스페이스X는 팰컨9 로켓의 발사와 착륙을 통해 거의 혼자 힘으로 우주탐사에 거대한 지각변동을 일으켰다. 이렇게 되기까지 지난 15년 동안 수천 명의 직원이 많은 것을 희생했다. 그사이 스페이스X는 단 한 대의 로켓도 발사하지 못하던 회사에서 1년에 100대 가까운 로켓을 우주에 쏘아 올리는 회사로 바뀌었다. 나는 수십 명의 스페이스X 직원을 만나 그들이 어떤 일을 했고, 어떻게 해냈는지 이야기를 나누었다. 스페이스X가 어디로 가고 있는지, 왜 그곳으로 갈 수밖에 없는지 알려면 그들이 어떻게 미래를 만들어왔는지 알아야 한다. 이 책은 바로 그들의 이야기다.

이 책은 일론 머스크와 우주 비행을 향한 그의 거대한 야망의 이야기이기도 하다. 스타십이 하늘에서 폭발하며 사람들의 이목을 집중시키자 그 직후 온라인에서는 또 다른 유의 논란이 벌어졌다. 머스크의 비판자들이 이때다 싶어, 로켓 폭발은 트위터의 재무적 파탄과 테슬라의 여러 문제에 이어 머스크의 무능함을 드러내는 또 하나의 사례라며 머스크를 공격하고 나선 것이다. 이들은 머스크가 사기꾼이며, 지금까지 계속 사기를 쳐왔는데 드디어 세상 사람들이 알게 되었다고 했다. 그러나 머스크를 옹호하는 이들은 스타십은 실험적인 로켓일 뿐이고, 스페이스X는 빨리 가기 위해 실패를 두려워하지 않고 기꺼이 발사한 것이라며 머스크를 두둔했다.

진실은 무엇일까?

머스크는 스페이스X를 설립했고, 20년 동안 스페이스X를 이끌었으며, 지금도 여전히 스페이스X의 가장 중요한 비저너리다. 그는 많은 실수를 저질렀다. 이 책에서는 그 실수를 분석하고 설명할 것이다. 그러나 그는 스페이스X를 오늘날과 같은 우주 업계의 혁신적인 강자로 만든 중요한 결정도 많이 내렸다. 그의 직감은 대개 옳았다. 모든 것을 감안했을 때, 스페이스X는 변덕스러운 리더가 있었는데도 성공한 것이 아니라 그 변덕스러운 리더 덕분에 성공했다고 할 수 있다.

그러나 영원한 것은 없다. 머스크는 갈수록 세계 무대에서 논란을 불러일으키고 분열을 초래하는 인물이 되어가고 있다. 한때는 강한 자유주의적 성향을 지닌 채 두 정치 진영에 양다리를 걸치던 머스크는 갈수록 우익 진영의 편에 서서 스페이스X가 정부 계약을 따려고 의존하는 관리들의 등을 돌리게 만들고 있다. 어떤 때는 그가 정적을 만드는 속도가 스페이스X가 로켓을 만드는 속도만큼 빨라 보일 정도다. 머스크는 자신이 소유한 거대 기업들 때문에 글로벌 분쟁에 깊숙이 휘말리며 중국과 우크라이나를 비롯해 세계 각국의 이해관계 속에 놓이게 되었다. 문제는 그의 이해관계가 때로는 미국 정부의 이해관계와 일치하지 않는다는 점이다.

이 때문에 언젠가는 대가를 치러야 할 수도 있다. 현재 스페이스X는 미군과 미 동맹군 그리고 NASA에 없어서는 안 될 계약 업체다. 스페이스X는 혁신적인 발사 시스템으로 화성과 그 너머로 가는 길을 열기 일보 직전이다. 그러나 세상은 변하고 필연성은 사라진다. 때로는 가장 큰 기업이 신생 기업을 만나 가장 크게 몰락하기도 한다.

이 책에 담긴 것이 바로 그 이야기다.

1장

무시무시한 야수

톰 뮬러(Tom Mueller)는 낡은 콘크리트 계단을 한 번에 두 칸씩 뛰어올라 밖으로 나갔다. 광활한 텍사스의 밤하늘에는 별 하나 보이지 않았다. 마른 체구의 이 로켓 과학자는 엄청난 신형 우주 기계를 만들기 위해 오랫동안 고생한 끝이라, 그 탄생을 놓치지 않으려고 서둘렀다. 그는 기계 소리와 격렬한 진동을 직접 느끼고 싶었다.

800미터도 채 떨어지지 않은 곳에서 아홉 개의 엔진이 달린 거대한 로켓이 굉음을 내며 22만 킬로그램의 연료를 빠르게 태우고 있었다. 이들 멀린(Merlin) 엔진이 연소하면서 만들어내는 동력은 화려한 할리우드의 모든 조명을 포함해 로스앤젤레스 전역에 두 번 이상 전력을 공급할 수 있는 양이었다.

뮬러는 이 중요한 시험의 카운트다운이 진행되는 동안 콘크리트 벙커에 있는 통제실에서 컴퓨터 모니터를 지켜봤다. 뮬러가 이끄는 스페이스X의 추진팀은 하나하나가 지옥의 불같이 강렬한 아홉 개의 엔진이 밝게 연소하면서도 다른 엔진을 태우지 않도록 배치하느라 1년 이상 땀을 흘렸다. 그들은 이 로켓엔진 모두에 연료를 공급하는 복잡한 배관 방법을 찾아냈다. 그리고 아홉 개의 엔진을 거의 동시에 점화하는 면밀한 절차도 강구해냈다. 그런 다음 '삼각대'라고 불리는 커다란 콘크리트 탑 위에 로켓을 고정했다. 로켓 부스터를 우주로 발사하듯이 178초 동안 연소 시험을 해보기 위해서였다.

카운트다운은 매끄럽게 진행되었다. 각 엔진이 점화되자 컴퓨터에는 아무런 이상 신호도 뜨지 않았다. 모든 것이 순조로웠다. 그러나 로켓이 연소하기 시작하자 뮬러는 화면의 숫자만 바라볼 것이 아니라 자신이 만든 창조물의 힘을 직접 느껴보고 싶었다. 땅속에 반쯤 묻힌 벙커가 삼각대 가까이 있기는 했지만, 벽이 워낙 두꺼워 로켓의 소리가 잘 들리지 않았다. "나는 나가서 볼게!" 뮬러는 책상 앞에 앉아 화면을 보며 시험 진행 상황을 모니터링하는 팀원들에게 이렇게 소리친 뒤 밖으로 뛰어나가, 굉음을 내며 맹렬히 타오르는 불의 벽을 바라보았다.

"사방이 밝은 주황색 불빛으로 가득했고, 엄청나게 시끄러운 소리가 났죠." 당시 상황에 대해 뮬러는 이렇게 말했다.

그날 밤 텍사스 중부에서 팰컨9의 시대가 밝게 열렸지만, 항공우주 업계에서는 그런 사실을 거의 모르고 있었다. 사실 스페이스X를 그렇게 진지하게 생각하는 사람은 아무도 없었다. 스페이스X는 머스크가 설립한 지 6년이 조금 넘는 기간에 소형 로켓인 팰컨1을 네 번 발사해 세 번이나 실패했다. 게다가 이때까지 고객의 페이로드를 궤도에 올린 적이 단 한 차례도 없었다.

이런 초라한 기록에도 불구하고 머스크는 팰컨9 로켓을 '완전히 재사용'하겠다거나, 1년에 로켓을 수십 번 발사하겠다거나, NASA 우주 비행사를 우주로 올려 보내겠다는 등의 이야기를 하기 시작했다. 많은 사람이 아직 30대에 불과한 이 기업가를 자존심이 강하며 자기 홍보에 능한 무모한 사람으로 취급했다. 그들은 뒤에서 파괴적 혁신가가 되겠다는 머스크를 조롱했다. 때로는 공개적으로 조롱하기도 했다. 머스크의 대담한 발언은 미국 항공우주 업계의 경쟁자들뿐만 아니라 워싱턴 DC에서 우주 정책을 다루는 중요 인물들에게서도 비판을 받았다. 오바마 대통령 재임 기간에 NASA 국장으로 근무하게 되는 찰스 볼든(Charles Bolden)은 스스로 인정하듯이 머스크와 스페이스X를 극도로 불신했다. NASA의 돈줄을 쥐고 있던 앨라배마주 출신의 유력 상원의원 리처드 셸비(Richard Shelby)는, NASA가 스페이스X 같은 민간 기업에 의존하는 것은 NASA에 '죽음의 행진'을 의미하는 것이라고 말했다.

셸비는 2010년에 이런 말도 했다.

"미국 유인 우주 비행의 미래를 더 빨리, 더 적은 비용으로 달성할 수 있다고 주장하는 로켓 애호가들과 소위 '상용' 서비스 제공자들의 꿈을 계속 받아줄 수는 없습니다."

이런 회의론은 머스크와 그의 직원들을 자극했다. 머스크의 판단에 따르면 뒤에서 그를 비웃던 로켓 발사 업계는 파괴적 혁신을 맞이할 때가 되었다. 팰컨9 로켓 발사는 여기에 맞는 대응이 될 터였다. 2008년에 대형 페이로드를 궤도에 올릴 능력을 갖춘 나라는 극소수에 지나지 않았다. 스페이스X는 새로운 로켓을 통해 이 엘리트 클럽에 가입할 작정이었다.

팰컨1은 최대 약 450킬로그램의 중량을 궤도에 올릴 수 있었지만, 팰컨9 로켓은 1만 킬로그램의 중량을 우주로 밀어 올릴 수 있을 것이니 당시의 주요 로켓과 어깨를 나란히 할 수 있을 터였다. 그러나 머스크는 이것만으로 만족하지 않았다. 그는 각 팰컨9 로켓이 여러 번 비행 임무를 수행할 수 있게 만들라고 요구했다. 머스크는 당시 로켓 발사의 표준 관행처럼 그 아홉 개의 멋진 엔진이 몇 분 동안 연소한 뒤 바로 바다에 떨어지는 모습을 보고 싶지 않았다.

머스크는 종종 1억 달러짜리 여객기가 첫 비행을 한다고 상상해보라는 말을 하곤 한다. 이 비행기가 목적지에 도착하면, 탑승한 모든 사람이 낙하산을 타고 비행기에서 뛰어내리고 이후 비행기는 바다로 추락한다고 하자. 이런 세상에서는 항공 여행이 아주 드물고 위험하며 엄두도 못 낼 만큼 값이 비쌀 것이다. 그런데 지금까지의 우주여행이 대체로 이런 식으로 이루어졌다는 것이다.

머스크가, 로켓을 발사하고 지상에 착륙시킨 다음 적은 비용을 들여 같은 로켓을 재빨리 다시 날려 보낼 수 있어야 별들 사이에서 인류의 미래를 개척할 수 있으리라고 생각한 첫 번째 선각자는 아니었다. 머스크가 뛰어난 이유는 이런 미래를 보았을 뿐만 아니라, 밀어붙이고 계속 싸워서 현실로 만들어낼 만큼 그 미래를 믿었다는 점이다.

이제 재능 있는 엔지니어로 구성된 그의 팀은 처음으로 팰컨9 로켓을 작동시켜 그 목표를 향한 첫걸음을 내딛고 있었다. 그러나 이날 밤 뮬러를 비롯해 20여 명의 스페이스X 직원들의 혼을 빼놓은 굉음은 텍사스 중부의 작은 마을 맥그리거 인근에 있는 시험장의 울타리에서 멈추지 않았다. 굉음은 나무가 거의 없는 평지를 가로질러 퍼져나갔다. 이날 팰컨9 로켓의 1단이 연소하는 소리는 그 이전의 어떤 연소 시험 때보다도 훨씬 시끄러웠다. 단지 아홉 개의 엔진이 3분 가까이 작동했기 때문만은 아니었다.

며칠 전 이 지역에는 한랭전선이 밀어닥쳐 기온이 영하 가까이 떨어졌다. 하지만 2008년 11월 22일 토요일, 온난한 남풍이 다시 불어오면서 두꺼운 구름층이 생성되어 마치 갓난아기를 감싸는 요람처럼 대지를 뒤덮었다. 오후 10시 30분, 아홉 개의 로켓엔진이 점화되었을 때는 바람이 잦아들며 소음 확산에 이상적인 조건이 만들어졌다. 습한 공기는 소리 에너지를 적게 흡수한다. 바람이 불지 않아 소음은 아무런 방해도 받지 않고 퍼질 수 있었다. 구름이 음파를 반사하지는 않지만 구름이 있어 기온역전이 일어나지 않았고, 따라서 지표면의 공기가 상층부의 공기보다 더 따뜻했다. 이 때문에 이날 밤 팰컨9이 굉음을 내기 시작하자 그 음파가 하늘을 향해 계속 뻗어 올라가지 못하고 지표면으로 다시 구부러졌다. 이런 역전 현상은 밤에 더 잘 일어난다. 멀리 떨어진 곳에서 나는 기차 소리가 해가 진 뒤에 더 크게 들리는 경우가 많은 이유가 이 때문이다.

그리하여 그날 밤 텍사스 중부의 주민들은 한 번도 경험해보지 못했던 빛과 소음을 보고 듣게 되었다. 이 시험은 주변 30킬로미터 이내의 창문을 흔들었고, 사람들의 신경도 곤두세웠다. 이 소리를 폭탄 터지는 소리로 생각하고 3차 세계대전이 시작된 것이 아닐까 생각하는 사람도 있었다. 성경에서 말하는 종말이 왔다고 생각하고 벽장에 숨는 사람도 있었다. 엄마에게 태양이 폭발한 것이 아니냐고 묻는 아이도 있었다. 스페이스X 시험장에 대해 들어본 적이 있는 사람들은 일론 머스크의 회사가 도대체 한밤중에 무슨 짓을 하고 있느냐며 화를 냈다. 뮬러와 그의 추진팀원들이 성공의 만족감에 취했을 때도, 겁에 질린 사람들의 전화가 911 콜센터로 폭주하고 있었다.

남부 캘리포니아에 있던 회사 직원들은 대형 스크린 주위에 모여 시험 장면을 바라보다 팰컨9 엔진이 연소하기 시작하자 환호성을 질렀다. 하지만 텍사스주에서 불만을 토로하는 전화가 빗발치기 시작하자 스페이스X의 고위 경영진은 자축을 멈추게 했다. 그날 마흔다섯 번째 생일을 맞은 스페이스X의 신임 사장이자 최고운영책임자 그윈 샷웰(Gwynne Shotwell)은 이렇게 말했다.

"그런 반응이 있으리라고는 전혀 예상하지 못했어요."

샷웰은 지역 주민에게 미리 알리려고 노력했다. 물론 지난 5년 동안에도 엔진 시험을 2천 회 이상 반복했다. 하지만 대개는 멀린 엔진 한 기를 작동시킨 것이었고, 연소 시험 시간도 훨씬 짧았다. 샷웰은 이번 로켓은 다르다는 사실을 알리고 싶었다. 핫도그가 그릴에서 떨어졌다든가 소가 젖을 제대로 만들지 못한다든가 하는 평소의 불만보다 더 큰 불만을 불러일으킬 가능성이 높았기 때문이었다. 그래서 스페이스X는 지역 신문 〈맥그리거미러〉에 공지를 게재했고, 토요일 밤에 로켓 연소 시험을 한다는 사실을 고등학교 앞 게시판에도 올렸다. 스페이스X 관계자가 지역 언론과 인터뷰도 했다. 그러나 땅이 흔들리고 섬뜩한 주황색 불빛이 지평선을 가로질러 퍼져나가자 이런 모든 노력은 아무 소용이 없었다.

"그날 밤 우리는 늦게까지 못 잤어요. 사람들을 진정시키기 위해 외계인의 침공도 아니고 세상에 종말이 온 것도 아니라는 사실을 설명하는 보도자료를 작성했죠." 샷웰이 말했다.

누구보다 빠른, 하지만 일론에게는 너무 느린

스페이스X의 탄생을 다룬 전작 《리프트오프》에서도 언급했듯이 스페이스X의 초창기는 정말 어려웠다. 머스크는 언젠가 인류를 화성에 정착할 수 있게 만들겠다는 꿈을 안고, 재사용할 수 있는 로켓과 우주선을 만들기 위해 스페이스X를 설립했다. 이 대담한 목표의 첫 단계는 엔지니어와 기술자로 구성된 소규모 팀이 단발 엔진을 장착한 기본 로켓을 만들어, 그다지 큰돈 들이지 않고 궤도에 도달할 수 있음을 보여주는 것이었다. 팰컨1 로켓을 만드는 비교적 수월한 이 작업만으로도 스페이스X는 거의 파산할 뻔했다. 스페이스X는 2008년 9월에 이루어진 네 번째 시도에서 간신히 팰컨1 발사에 성공했다.

그 후 스페이스X는 어려움에 직면했다. 마침내 팰컨1이 궤도에 도달했지만 찾는 고객이 거의 없었다. 로켓이 너무 작고 아직 신뢰성이 검증되지 않았기 때문이었다. 스페이스X에 미래가 있다면, 그 미래는 더 큰 로켓과 더 많은 고객 풀에 달려 있었다. 가장 중요한 잠재 고객은 NASA였다. NASA는 국제우주정거장에 있는 우주 비행사에게 식량과 물을 운송해줄 로켓이 필요했다. 그해 가을 스페이스X가 텍사스주에서 팰컨9 로켓 연소 시험을 준비할 때 NASA 관계자들은 이를 유심히 지켜보았다. 그리고 11월 말, 풀타임 연소 시험이 끝난 지 불과 한 달 뒤에 NASA는 스페이스X에 16억 달러를 주기로 하고 12회의 화물 운송 계약을 체결했다. 이 돈만 있으면 스페이스X는 팰컨9 개발을 완료하고, 1단 로켓 재사용 시험을 시작할 수 있을 터였다. 그러나 문제가 하나 있었다. 이 돈 대부분은 스페이스X가 화물을 운송하기 시작해야 받을 수 있다는 것이었다.

그래서 여전히 돈에 쪼들렸다. 스페이스X는 회사 자금이 바닥나기 전에 화물을 실어 나를 팰컨9 로켓과 드래건 우주선을 완성하기 위해 박차를 가했다. 총감독 머스크는 이 긴박한 상황에서 회사를 이끌었다. 그의 방식은 때로는 냉혹할 정도였다. 그는 항상 관리자들에게 지출을 줄이라고 했고, 더 열심히 더 빨리 일하라고 압박했다. 그러나 작업 속도는 그의 마음에 들지 않았다. 당초 그는 2008년이면 팰컨9 로켓 발사 준비가 완료될 것이라 생각했다. 그러나 실제로는 2008년 말이 되어서야 처음으로 풀타임 연소 시험을 할 수 있었다. 그것도 엔지니어와 기술자들이 힘을 합쳐 만들어낸 기적이었다. 이런 사실을 뮬러보다 더 잘 아는 사람은 없었다. 뮬러는 수많은 밤과 주말을 어린 자녀와 떨어져 추진팀원들과 함께 보내며 일했다. 팰컨9이 구름 낀 11월의 그날 밤을 환하게 밝혔을 때도 뮬러는 그것만으로는 충분하지 않으리라는 사실을 알고 있었다.

"우리는 새로운 역사를 쓰고 있었지만, 머스크는 여전히 화가 나 있었어요. 지금까지 우리가 해왔던 다른 모든 일에서 그랬던 것처럼, 머스크가 원하는 것보다 훨씬 느렸기 때문이었죠. 이전에 이런 작업을 한 그 누구보다도 빠른데 말이에요. 우리가 해온 일은 거의 다 그런 식이었어요." 뮬러가 말했다.

뮬러가 팰컨9의 첫 연소 장면을 보려고 통제실 벙커에서 뛰어나갔을 때 통제실에는 차석이 남아 컴퓨터 모니터 앞에 웅크리고 앉아 데이터를 들여다보고 있었다. 믿음직한 이 차석은 케빈 밀러(Kevin Miller)라는 이름의 젊은 항공 우주 엔지니어였다. 로켓이 점화되자 톰 뮬러는 그저 기쁘다는 생각밖에 없었지만, 밀러는 간신히 안도감을 느꼈을 뿐이었다. 아홉 개의 멀린 엔진을 책임지고 있었기 때문이다. 그는 엔진이 하나씩 점화될 때마다 어떤 문제가 발생할지도 모른다는 사실을 알고 있었다. 만약 문제가 발생하면 머스크와 뮬러가 자신에게 달려와 이유를 추궁할 터였다.

인디애나주에서 자란 밀러는 해마다 여름이면 인근 미시간주에 사는 조부모 댁을 방문하곤 했다. 이 방문의 하이라이트는 미시간우주과학센터를 찾는 것이었다. 박물관의 규모는 크지 않았지만 1969년에 우주로 날아갔다 온 아폴로 9호 캡슐을 소장하고 있었다. 이 미션의 사령관 짐 맥디비트(Jim McDivitt)는 잭슨에서 대학을 다녔기에, 그곳에 있는 작은 박물관에 이 역사적인 물건을 보관할 수 있도록 주선했다. 밀러는 캡슐 안을 들여다보며 맥디비트를 비롯한 우주 비행사들이 우주에 있을 때 생활하던 곳을 살펴보기를 좋아했다. 그런 다음 지금은 문을 닫은 박물관 밖으로 나와 콘크리트 패드 위에 올려놓은 거대한 F-1 로켓엔진 주위를 천천히 돌아보곤 했다.

밀러는 우주를 꿈꾸면서도 언젠가는 자신이 로켓을 타리라는 환상을 품지는 않았다. 중서부 지방 특유의 현실주의 성향이 강한 밀러는 회전목마를 타고 어지럼증을 느낀 적이 있었기 때문에, 마이크로 중력이 자신에게 맞지 않으리라는 사실을 알고 있었다. 하지만 넋을 잃고 F-1 엔진을 바라보던 소년 밀러는 그 F-1 엔진의 힘으로 우주 비행사를 달로 쏘아 올리는 영상을 보고 매료되었다. 그는 자신이 직접 로켓을 탈 수 없다면 로켓을 만들어보겠다고 결심했다.

밀러는 그 목표를 달성하기 위해 자신이 살던 주에 있는 퍼듀 대학교에 입학했다. 그리고 대학 1학년 때 모두가 탐내는 NASA의 '협동 연구원'으로 선발되었다. 덕분에 그는 NASA의 진짜 엔지니어들과 함께 실제 항공우주 문제를 다루는 일을 할 수 있게 되었다. 2000년대에 접어들자 거의 모든 동급생이 NASA에서 일하고 싶어 했다. 달에 우주 비행사를 보낸 적이 있는 NASA는 이제 우주왕복선을 띄우는 자랑스러운 일을 하고 있었다. 그러나 밀러는 여러 차례 협동 연구원으로 선발되어 근무해본 경험을 토대로 공무원이 자신에게 맞지 않는다는 사실을 깨달았다. "20년 동안 NASA에서 일했으면서도 로켓이 날아가는 모습을 한 번도 보지 못한 사람을 많이 만났어요." 밀러가 말했다.

2005년 석사 학위를 취득한 밀러는 민간 부문으로 눈을 돌렸다. 당시 미국의 대표적인 로켓 회사는 로켓다인(Rocketdyne)이었지만, 스페이스X나 제프 베이조스가 설립한 블루오리진(Blue Origin)같은 새로 생긴 회사에 가는 것도 대안이 될 수 있었다. 더구나 신생 회사에 가면 현장의 실무 경험을 더 많이 쌓을 수도 있을 터였다. 워싱턴주에 있는 블루오리진을 방문한 밀러는 학교 같은 환경에서 8시간 동안 까다로운 기술 관련 질문을 받았다. 공학 관련 질문은 어려웠지만 전반적인 회사 분위기는 캐주얼했다. 당시 캘리포니아주 엘세군도의 여러 건물에 흩어져 입주해 있던 스페이스X는 블루오리진보다 훨씬 혼란스러운 분위기였다.

스페이스X의 발사 책임자 팀 부차(Tim Buzza)는 너무 바빠서 자리에 앉아 밀러를 면접할 시간이 없었다. 그래서 두 사람은 부차가 팰컨1 로켓 1단부 운송 준비를 감독하는 동안 함께 걸으며 이야기를 나눴다. 밀러는 로켓이 공장 바닥에 놓여 있는 모습을 보았다. 주위에는 이런저런 하드웨어가 흩어져 있었다. 스페이스X는 팰컨1 로켓 첫 발사 준비를 하는 중이었다. 기계 제작하는 곳에서는 용접공과 기계공들이 작업에 여념이 없었다. 밀러는 바쁘게 돌아가는 이런 모습을 보고 스페이스X와 블루오리진의 차이를 절감했다.

"스페이스X는 밤낮없이 일하는 것 같았어요. 바닥에 놓여 있는 1단 로켓을 보고 홀딱 넘어갔죠. 이 사람들은 진짜로 로켓을 쏘려고 하는구나, 소수의 인원만으로 이 로켓을 만들려고 하는구나 하는 생각이 들었어요." 밀러가 말했다.

밀러는 이미 블루오리진으로부터 입사 제의를 받은 상태였다. 하지만 부차와 뮬러를 비롯해 그를 면접한 사람들은 그가 마음에 들었다. 그가 들어오면 이 신생 로켓 회사에, 특히 작지만 점점 커지고 있는 추진팀에 즉시 도움이 될 것 같았다. 스페이스X는 밀러가 블루오리진에 입사 여부를 알려야 하는 최종 통보 기한 바로 전에 밀러에게 입사를 제의했다. 밀러는 스페이스X의 제의를 받아들였다. 그가 생각한 가장 큰 매력은 뮬러와 함께 일할 수 있다는 것이었다.

스페이스X가 눈에 띄는 성공을 거두기 몇 년 전인 당시에도 뮬러는 창의적인 사고와 뛰어난 기술로 업계에서 높은 평가를 받고 있었다. 그는 2002년에 크리스 톰슨(Chris Thompson)이라는 엔지니어와 함께 창립 멤버로 스페이스X에 입사했다. 뮬러는 추진 분야를 총괄하고 있었다. 밀러는 그에게 배울 것이 많으리라고 생각했다. 2005년 6월 개발 엔지니어로 스페이스X에 입사한 밀러는 멀린 로켓엔진 개발을 총괄하던 또 다른 훌륭한 멘토 제레미 홀먼과 함께 일했다. 2년 뒤 홀먼은 결혼 때문에 회사를 그만두었다. 밀러는 이미 뮬러와 머스크의 신임을 얻었기에 스페이스X에서 가장 중요한 기계인 멀린 엔진 개발을 책임지게 되었다.

팰컨1에서 팰컨5로, 다시 팰컨9으로

밀러가 스페이스X에 입사할 무렵 머스크는 멀린 엔진 여러 기로 구동하는, 팰컨1보다 더 큰 로켓에 대해 진지하게 생각하기 시작했다. 처음에 그는 단발 멀린 엔진 로켓에서 다섯 개의 멀린 엔진을 장착한 로켓으로 진화하는 것이 논리적인 다음 단계라고 생각했다. 중앙에 엔진 하나를 두고 주위에 엔진 네 개를 배치하겠다는 생각이었다. 그러나 팰컨1의 첫 비행 직후 머스크는 생각을 바꿨다. 2006년 봄부터 스페이스X는 국제우주정거장(ISS)에 NASA의 화물을 운송해주는 용역의 세부 제안서를 작성하기 시작했다. 그런데 이른바 '팰컨5'로는 물과 식량을 비롯해 수 톤에 이르는 보급품을 단일 우주선으로 ISS에 운반해야 한다는 NASA의 요구 조건을 만족시킬 만큼 충분한 힘을 낼 수 없으리라는 것이 분명해 보였다.

머스크는 자정을 훌쩍 넘긴 한밤중에 중요한 결정을 내릴 때가 많았다. 그리고 그가 생각하기에 이 결정을 전달할 가장 좋은 시간은 당연히 바로 그때였다. 어느날 머스크는 꼭두새벽에 크리스 톰슨에게 전화를 걸었다. 구조물 담당 부사장이었던 톰슨은 잠이 덜 깬 상태로 식탁에 앉아 머스크의 말을 받아 적으며 팰컨5 프로젝트와 관련해 그때까지 진행해온 모든 작업을 떠올렸다. 그 작업을 모두 폐기해야 할 터였다. 다음 날 톰슨과 뮬러는 엔진을 지탱하는 추력 지지 구조물과 추진제 탱크를 비롯해 100여 종의 주요 부품을 바꿔야 하게 생겼다며 투덜거렸다.

"다음 날 아침 우리는 모두 '도대체 머스크는 무슨 생각을 하고 있는 거야?'라며 짜증을 냈죠. 머스크가 모든 일을 엉망진창으로 만들고 있다고 생각했어요. 하지만 어쨌든 그가 사장이었어요. 엔진 다섯 개가 되었든 아홉 개가 되었든 사장 결정대로 따르면 되는 거죠. 로켓 지름이 3미터가 되었든 3.6미터가 되었든 내가 결정할 문제는 아니었어요." 톰슨이 말했다.

당시 톰슨을 비롯한 스페이스X 직원들은 처음으로 팰컨1 로켓을 이용해 궤도에 도달하기 위한 작업에 몰두하느라 여념이 없었다. 그 이후의 계획을 생각하는 것은 사치에 가까웠다. 그러나 머스크에게는 더 큰 그림을 볼 수 있는 여유가 있었다. 그는 더 큰 로켓을 만들어야 스페이스X가 사람을 궤도에 올려 보낼 수 있으리라고 생각했다. 머스크는 어려운 선택에 직면하면 늘 그러하듯이 이번에도 더 도전적인 쪽을 택했다. 이번 선택은 다섯 개의 엔진이 아니라 아홉 개의 엔진이었다.

그의 결정은 실용적이기도 했다. 머스크와 추진팀은 이 두 번째 로켓에 훨씬 더 강력한 단발 엔진을 달 생각도 했다. 기본적인 아이디어는 팰컨1의 크기와 힘을 키우자는 것이었다. 팰컨1보다 적어도 열 배 이상의 중량을 궤도에 올릴 수 있는 '멀린 2' 엔진을 개발할 생각이었다. 그러나 수차례에 걸친 타당성 분석 끝에 이 옵션은 폐기되었다. 머스크는 분명히 더 강력한 로켓엔진을 개발하고 싶었다. 그러나 더 강력한 멀린 엔진을 개발하려면 수억 달러의 비용과 수년에 걸친 개발 기간이 필요할 터였다. 2006년 8월 스페이스X가 국제우주정거장에 화물을 운송하는 계약을 따냈을 때 NASA는 2010년부터 화물 운송을 시작해주기를 원했다.

"우리는 멀린 2 엔진을 개발할 시간도 없었고 돈도 없었어요. 그래서 머스크가 큰 엔진 하나 대신 멀린 엔진 여러 개를 사용하기로 결정을 내린 거였죠. 우리는 속으로 '어휴, 엄청 힘들겠군'이라고 생각했어요." 뮬러가 말했다.

뮬러는 그 힘든 일을 누가 하게 될지 잘 알고 있었다. 그는 엔지니어와 기술자들과 함께 밤늦게까지 일하고, 호기심을 가지고 엔진 개발을 하는 등 솔선수범을 보이며 추진팀을 이끌고 있었다. 로켓엔진을 설계하려면 추진제가 연소실로 제대로 흘러가게 해야 하고, 추진제의 연소를 정밀하게 제어해야 하며, 배기가스를 잘 배출하게 해야 하는 등 신경 써야 할 것이 너무 많았다. 뮬러는 팀원들에게 세세한 것까지 놓치지 말아야 하고, 문제가 발생하기 전에 미리 알 수 있도록 하드웨어에 귀를 기울이라고 가르쳤다. 그는 인턴을 대할 때도 머스크를 비롯한 스페이스X의 고위 경영자들과 소통하듯이 친절하게 대했다. 팀원들은 그의 이런 면을 좋아했다.

2007년 봄 추진팀은 난제를 만났다. 스페이스X가 처음으로 만든 멀린 엔진은 로켓을 한번 발사하고 나면 더는 쓸 수 없었다. 과

열된 가스가 통과하면서 주요 부품을 태우기 때문이었다. 스페이스X는 이 엔진을 업그레이드한, 여러 번 사용할 수 있는 멀린 1C 엔진 개발에 착수했다. 이를 위해 이들은 연소실과 노즐에 미세한 관을 삽입해 상온의 케로신(등유)을 통과시켜 엔진을 냉각하는 방법을 썼다. 이 때문에 엔진 설계가 복잡해졌다. 게다가 테스트 중에 관이 막히고 엔진 부품에 금이 가는 문제로 어려움을 겪었다. 그러다 보니 하드웨어가 만들어지자마자 소모되어버리는 상황이 반복되었다.

하지만 4월 중순이 되자 케빈 밀러를 비롯한 엔지니어들은 재생냉각 방식의 신형 멀린 1C 엔진의 풀타임 연소 시험 준비를 거의 마쳤다. 그 무렵 밀러의 생활은 캘리포니아주에 있는 회사의 공장과 텍사스주 맥그리거에 있는 엔진 시험장을 오가며 일하는 것의 반복이었다. 밀러를 비롯한 몇몇 엔지니어와 기술자들은 몇 주에 한 번씩 로스앤젤레스에서 맥그리거로 날아가 하드웨어가 바닥날 때까지 엔진 시험을 했다. 예비 부품이 다 떨어지면 이들은 다시 로스앤젤레스로 돌아가 시험 결과를 토대로 엔진을 손보면서 다음번 시험 계획을 세웠다.

4월 28일 토요일 밤, 풀타임 연소 시험이 거의 끝나갈 무렵 노즐이 망가졌다. 마지막 예비 노즐이었다. 다음 날 아침 밀러는 로스앤젤레스로 돌아가기 전에 통제실을 정리하려고 벙커에 들렀다. 벙커에 들어서자마자 시험장 책임자가 전화 통화를 하는 모습이 보였다. 얼굴이 사색이 되어 있었다. 통화가 끝나자 밀러는 그 이유를 알게 되었다. 풀타임 엔진 연소 시험을 지체 없이 끝마치라는 머스크의 지시를 받았기 때문이었다.

이런 요구는 스페이스X 입사 계약 조건의 일부였다. 머스크는 가능한 한 가장 똑똑하고 가장 열심히 일하며 가장 창의적인 사람들을 채용했다. 그는 직원들에게 공정한 보상을 지급했고, 책임감을 갖게 하기 위해 스톡옵션도 넉넉히 부여했다. 스페이스X가 성공하면 기업 가치가 상승할 것이고, 그러면 이들의 부도 늘어날 터였다. 이런 금전적 보상을 기대하고 스페이스X에 입사한 사람도 있었다. 화성 정착을 성공시켜 인류를 여러 행성에 사는 다행성종으로 만들겠다는 머스크의 메시아 같은 사명을 진정으로 믿고 입사한 사람도 있었다. 스페이스X에서 일하는 것은 공상과학소설 속의 꿈을 현실로 만들 지구상 최고의 기회였다. 그래서 많은 직원이 그 여정의 일부에 동참하는 것을 기쁘게 생각했다. 스페이스X에서 몇 년 근무하면 하버드대학교 같은 곳에서 로켓 공학 분야의 박사 학위를 받을 수 있을 만큼 많은 것을 배울 수 있다는 사실을 알고 입사한 직원도 있었다. 실제로 스페이스X에서 근무한 경력이 있는 엔지니어라면 업계 어디든 갈 수 있었다.

머스크는 많은 것을 제공했지만 동시에 무리한 요구도 많이 했다. 중요한 프로젝트가 한창 진행 중일 때 스페이스X에서 일한다는 것은 스페이스X에서 산다는 것을 뜻했다. 몇 시간 정도 집에 자러 갈 수는 있지만 마음은 절대 일에서 벗어날 수 없었다. 머스크는 재사용할 수 있는 궤도 로켓을 만든다는 비전과 자금을 제공했고, 그 목표에 초집중하도록 했다. 그는 자주 기술 회의를 주재했고, 스스로 어려운 결정을 내릴 때가 많았다. 그리고 언제나 프로젝트를 마무리 짓기 위해 사정없이 밀어붙였다. 하지만 때로는 프로젝트 마감일이 합리적인 일정에 맞춰 정해지는 것이 아니라 외부 요인에 따라 임의로 정해지기도 했다. 예컨대 머스크가 공개 연설을 한다든가 프레젠테이션을 한다든가 하는 경우였다. 머스크가 뭔가 거창한 것을 세상에 발표하고 싶다고 하면 직원들은 밤낮을 가리지 않고 만들어내야 했다. 이번에도 머스크는 그다음 주 초에 워싱턴 DC에서 우주 정책 입안자들과 회의가 잡혀 있었다. 그는 이들에게 팰컨 로켓 개발이 얼마나 진전되었는지 보여주고 싶어 했다. 그래서 멀린 1C 엔진의 연소 시험 영상이 필요했던 것이다.

밀러는 머스크의 요구가 타협할 수 없는 것이라는 사실을 알고 있었다. 그들은 시험을 마무리 지을 때까지 일해야 했다. 머스크는 시간을 아끼기 위해 일요일에 자가용 제트기를 이용해 교체용 하드웨어를 맥그리거로 실어 보냈다. 하드웨어가 도착하자 밀러를 비롯한 엔지니어와 기술자들은 밤을 도와 이 중요한 연소 시험에 쓸 멀린 엔진을 다시 짜맞췄다. 이들은 쉬지 않고 36시간 동안 작업한 끝에 멀린 1C 연소 시험 준비를 마쳤다.

멀린 1C 엔진은 170초간의 연소 시험에 성공했다. 이튿날 머스크는 의기양양한 표정으로 연설할 수 있었다. 스페이스X는 연소 시험의 성공을 알리는 보도자료도 발표했다. 머스크는 이 보도자료에서 "멀린 엔진의 성공은 훌륭한 우리 추진팀과 시험팀이 힘을 합해 노력한 결과입니다"라며 지친 팀원들을 격려하는 말까지 보탰다.

추진팀은 신형 멀린 엔진을 개발하던 중에 그 밖의 다른 문제로도 골치를 많이 썩였다. 핀틀 분사기도 그중 하나였다. 핀틀 분사기는 엔진 연소실에 추진제를 공급해 주는 장치로 설계 개념이 동축 케이블과 유사하다. 가운데 구멍으로 액체 산소를 공급하고, 그 주위에 있는 다른 관을 통해 케로신을 흘려보내 주는 방식이다. 그런데 이 부품이 연소 시험 중에 맥그리거의 벌판으로 튕겨 나가는 일이 자주 발생했다. 엔지니어들은 핀틀 분사기가 떨어져 나가는 것을 '핀틀 펀팅[1]'이라 부르며 이런 상황에 대해 매우 혼란스러워했다. 기존의 멀린 1A 엔진에서는 아무런 문제 없이 작동하던 설계 방식이었기 때문이다. 엔지니어들이 몇 가지 약간의 변경을 가했더니 문제는 해결된 듯 보였다. 하지만 근본 원인은 여전히 오리무중이었다.

---

1 pintle-punting. 핀틀 분사기가 멀리 튕겨 나간다는 뜻으로 쓴 말. 펀팅은 럭비나 풋볼에서 공을 잡고 있다가 떨어뜨린 다음 공이 땅에 닿기 전에 길게 차는 것을 말한다.

언제나 그렇듯이 머스크는 멀린 엔진을 더 빨리 개발하라고 재촉하고 있었고, 해결해야 할 문제는 산더미처럼 쌓여 있었다. 미봉책으로나마 문제를 해결했으니 핀틀 펀팅 문제는 해결된 것으로 치고 넘어가면 일은 수월했을 것이다. 하지만 톰 뮬러는 엔진 시험을 중단시키고 엔지니어들과 함께 문제의 근본 원인 파악에 나섰다. 그는 오랜 경험을 통해 해결되지 않은 조그만 기술적 문제가 발사 당일에 큰 문제를 야기할 수 있다는 사실을 알고 있었다. 그래서 취미로 로켓을 만들던 시절과 스페이스X 초창기의 이야기를 하며 자신의 경험을 팀원들에게 들려주었다.

팀원들은 몇 주 동안 엔진 시험을 중단했고, 뮬러는 머스크의 질책을 감수해야 했다. 추진 팀의 일부 엔지니어는 멀린 엔진이 안고 있는 문제에 질려 회사를 그만두고 블루오리진으로 이직하기도 했다. 하지만 그 와중에도 남은 엔지니어들은 리더인 뮬러를 믿고 핀틀 분사기를 비롯한 엔진 문제를 해결하려고 노력했다. 결국 그들은 복잡한 접합 방법을 개발해 치명적인 문제가 될 수도 있었던 분사기 문제를 해결했다. 구리 핀틀과 알루미늄 분사기 사이의 2센티미터도 되지 않는 공간에 네 가지 다른 금속을 섞은 합금을 밀어 넣어 접합하는 방법이었다.

"엔진 개발의 가장 어려운 시기에도 뮬러와 함께라면 헤쳐 나가지 못할 기술적 장애는 없다는 생각이 들었습니다." 밀러가 말했다.

개도 겁내지 않는다

2007년 4월 멀린 1C 엔진의 풀타임 연소 시험이 끝나자 추진팀은 추가 시험을 위해 팰컨9 로켓에 여러 기의 멀린 엔진을 부착하는 일에 집중했다. 이 작업은 더운 날씨에 몸을 더럽혀 가며 해야 하는 궂은일이었는데, 텍사스주의 황무지에 세워진 40미터 높이의 삼각대 위에서 진행될 때가 많았다. 이 콘크리트 구조물은 눈에 띄는 것이 아무것도 없는 시골구석에 위풍당당하게 우뚝 솟아 있었다.

인근의 작은 마을 맥그리거는 텍사스주 한복판에 있었는데, 그 주변은 아무것도 없는 허허벌판이었다. 이 구조물을 받치고 있는 거대한 세 개의 지지대 때문에 삼각대라는 이름이 붙었다. 삼각대 바닥에서 플랫폼까지의 높이는 40미터인데, 이 플랫폼에 엔지니어들이 시험용 팰컨9 로켓의 1단을 설치해야 했다. 수 킬로미터 떨어진 곳에서도 보이는 이 삼각대는, 댈러스의 은행가 앤디 빌(Andy Beal)이 로켓 업계의 거물이 되겠다는 꿈을 안고 1990년 말에 설립한 회사 빌에어로스페이스(Beal Aerospace)가 남긴 유물이었다. 2000년에 빌에어로스페이스가 파산하자 스페이스X는 팰컨1 로켓 시험을 위해 수백 에이커에 이르는 빌에어로스페이스의 맥그리거 부지를 인수했다.

부지 인수 초기에는 삼각대를 쓸 일이 거의 없었다. 소형 로켓 부스터 시험에는 삼각대가 필요 없었기 때문이다. 하지만 팰컨9

과 같은 대형 로켓이 쓰기에는 아주 적절한 크기였다. 높은 곳에 설치되어 있었기에 화염이나 배기가스를 다른 데로 돌릴 필요 없이 연소 시험을 할 수 있었다. 게다가 주변 건물에 피해를 줄까 봐 걱정할 필요도 없었다.

머스크는 언젠가 나에게 이렇게 말했다. "삼각대는 정말 물건이에요. 거대한 로켓 부스터 설치대 말인데, 나는 그 위에 수없이 올라가봤어요. 정말 대단하죠. 콘크리트와 강철이 엄청나게 들어갔는데, 다 앤디 빌 덕분이죠. 우리가 그 부지를 인수했을 때는 사실상 삼각대가 유일하게 쓸 만했어요."

초창기에 머스크는 직원들에게 언젠가 삼각대를 사용할 날이 올 것이라고 자신 있게 말했다. 퍼듀대에서 밀러와 함께 공부했던 조시 융(Josh Jung)은 대학 졸업 후 2003년 12월에 맥그리거로 왔다. 융은 인근에 있는 프레더릭스버그에서 성장했기에 이 시험장에서 근무하기로 하고, 2004년 1월 시험장의 첫 번째 정규직 엔지니어로 스페이스X에 입사했다. 그는 화염과 연기를 좋아했고, 그 열정을 스페이스X로 가져왔다.

출근 첫날 팀 부차는 융을 데리고 다니며 현장을 안내했다. 삼각대에 이르자 부차는 탑 위를 가리키며 언젠가 저 위에서 대형 로켓을 시험할 날이 올 것이라고 말했다. 융은 건성으로 고개를 끄덕였다. 당시만 해도 스페이스X에는 제대로 작동하는 로켓엔진이 하나도 없었기 때문이었다. 시험장 인근에는 소들이 제 땅이나 된다는 듯이 여기저기 돌아다니며 풀을 뜯고 있었다. 하지만 부차의 말대로 4년이 지난 지금 융은 다른 엔지니어 및 기술자들과 함께 연소 시험 준비를 하느라 삼각대 위에서 분주하게 움직이고 있었다.

삼각대는 일하기에 위험한 곳이었다. 가을, 겨울, 봄철에는 북쪽에서 한랭전선이 내려와, 그 영향으로 높은 곳에 덩그러니 놓인 플랫폼을 가로질러 바람이 윙윙거리며 불어댔다. 30미터가 넘는 공중에 떠 있는 삼각대의 플랫폼에는 폭격기의 폭탄 투하구에 있는 것과 같은 커다란 문이 설치되어 있었다. 차이점이 있다면 폭격기의 문은 폭탄을 투하할 때 열리지만, 철판으로 된 이 문은 로켓엔진의 화염과 열과 배기가스를 아래로 내보내기 위해 열린다는 점이었다. 물론 엔지니어와 기술자들이 로켓에 손을 대야 할 필요가 있을 때(예컨대 연소 시험이 끝난 후 터보 펌프를 세척할 때 등)는 이 철판 문이 닫힌다. 하지만 그래도 작업자들의 마음은 편하지 않았다.

팰컨9 연소 시험에 참여한 물리학자 로저 칼슨(Roger Carlson)은 이렇게 말했다. "폭탄 투하구의 문같이 생긴 이 철판 위에서 로켓엔진 아래를 이리저리 기어다니다 보면 철판이 흔들리기도 하고 흠집이 생기기도 하죠. 그러면 이 철판이 내 체중을 견딜 수 있을까 하는 걱정이 들기 시작하죠."

어느 날 시험장에서 일하던 기술자 코리 스튜어트는 근처에서서 어슬렁거리는 유기견 한 마리를 발견하고 데려와, 이 검은색 래브라도리트리버에게 로켓이라는 이름을 지어주었다. 로켓은 스튜어트 뒤를 졸졸 따라다녔는데 삼각대 위도 예외가 아니었다. 로켓은 플랫폼 위로 올라오면 닫혀 있는 폭탄 투하구 위를 겁도 없이 뛰어다녔다. 누군가가 "개는 겁이 없나 보네?"라고 말하자마자 이 말이 바로 유행어가 되어버렸다. 그 후 누군가가 삼각대 위에서 조금이라도 겁먹는 모습을 보이면 "개도 겁내지 않는다던데"라고 말하는 것이 일상이 되었다. 그러다 스페이스X에서는 이 말이 "내 맥주 좀 들고 있어봐[1]"와 같은 뜻이 되어, 직원들이 불가능해 보이는 과제나 일정을 요구받았을 때 알겠다는 뜻으로 널리 사용되었다.

삼각대 플랫폼에 올라가는 것조차도 상당한 용기가 필요했다. 한 가지 방법은 강철로 된 케이지 안에서 100단이 넘는 사다리를 타고 올라가는 것이었다. 또 다른 방법은 삼각대 지지대 한 곳에 설치된 건설용 엘리베이터를 타고 올라가는 것이었다. 하지만 엘리베이터를 좋아하는 사람은 아무도 없었다. 단선 궤도를 따라 느릿느릿 오르내리면서 좌우로 흔들렸을 뿐만 아니라 기분 나쁜 소음도 났기 때문이다. 그 소리는 마치 균형이 맞지 않는 대형 세탁

---

1 Hold my beer. 무언가 위험하거나 바보 같은 일을 하겠다는 의미. 자신이 들고 있던 맥주 캔을 옆 사람에게 건네며 무언가 호기로운 일을 하겠다는 뉘앙스가 깔려 있다.

기가 퉁탕거리며 돌아가는 소리와 야생 동물이 울부짖는 소리를 섞어놓은 것 같았다. 게다가 팰컨9 엔진 시험을 한 번씩 할 때마다 엘리베이터와 부대시설을 엄청나게 흔들어놓기 때문에 엘리베이터 탑승이 더 신경 쓰였다. 연소 시험을 할 때는 엘리베이터를 삼각대 위로 올려다 놓았다. 지상에 두면 엔진 배기가스 때문에 탈 수 있기 때문이었다. 그러다 시험이 끝나면 엘리베이터를 몇 번 위아래로 운행하며 안전 점검을 한 뒤에야 사람을 태웠다.

스페이스X에는 산업재해로 인한 사망자가 한 사람도 없었지만, 삼각대 엘리베이터 때문에 그 기록이 깨질 뻔했다. 2008년 어느 날 톰 뮬러가 발사장 책임을 맡고 있을 때, 용접공 몇 사람이 종합 연소 시험을 앞두고 삼각대 플랫폼 위에서 작업하고 있었다. 그 밖에도 또 한 명의 용접공이 삼각대 가장자리까지 상승시킨 JLG 크레인의 버킷에 탑승한 채 일하고 있었다. 이들의 작업 때문에 LOTO[2] 안전 조치가 내려왔는데, 쉽게 말해 엘리베이터를 사용하지 말라는 뜻이었다. 하지만 시험장의 안전 담당자가 용접 작업이 얼마나 진행되었는지 확인하기 위해 엘리베이터를 타고 삼각대 위로 올라가는 일이 벌어졌다. 엘리베이터가 꼭대기에 도착

---

2 'lockout and tagout'의 준말. 정비·세척·수리 등의 작업을 하기 위해 해당 기계의 운전을 정지한 후(lockout), 다른 사람이 그 기계를 운전하는 것을 방지하기 위해 기동장치에 잠금장치를 하거나 표지판을 설치하는 등의 조치(tagout)를 하는 것을 뜻한다.

하면서 JLG 크레인에 부딪혔고, 이 충격으로 용접공이 버킷에서 떨어졌다.

"마침 사다리 주위에 설치해놓은 케이지로 떨어져 목숨을 잃지는 않았지요. 그 용접공은 다리가 부러지고 온몸이 만신창이가 된 채 의식을 잃고 케이지에 누워 있었어요. 그래도 다행이었죠. 케이지에 부딪히지 않았다면 바닥으로 떨어졌을 거예요." 풀러가 말했다.

위험한 것만 빼면 삼각대 위에서 바라보는 경치는 장엄했다. 시험장이 있는 곳은 2차 세계대전 당시에 연합군을 지원하기 위해 지어진 거대한 옛 군수품 제조 시설의 일부였다. 텍사스주 주화(州花)의 이름을 딴 '블루보닛 병기 공장'은 3년 동안 400만 발의 포탄을 제조했는데, 그중 일부는 무게가 900킬로그램에 달했다. 전쟁 기간에 정부는 포탄을 보관하기 위해 220개가 넘는 벙커를 구축했다. 60년이 지난 지금도 그중 수십 개의 벙커가 삼각대 주변의 푸른 벌판과 농장에 흩어져 있다.

스페이스X는 연소 시험 준비의 일환으로, 팰컨9 로켓의 발사대 역할을 할 30미터 높이의 지원 구조물을 삼각대 위로 끌어 올렸다. 그다지 튼튼해 보이지 않는 이 구조물에 붙어 있는 계단에는 보호 레일도 없었다. 높고 가느다란 이 구조물은 바람이 불면 좌우로 흔들렸기에 그 위로 올라가면 현기증이 나서 거의 다른 세상에 와 있는 듯했다. 직원들은 지상에서 60미터 이상 떨어진 이 구조물 꼭대기로 올라가는 계단을 '천국의 계단'이라고 했다.

이 구조물은 방문자들에게 경외심을 불러일으켰다. 때로 직원들은 이 구조물을 이용해 방문자들에게 짓궂은 장난을 치기도 했다. 한번은 새로 입사한 컴퓨터 프로그래머 로버트 로즈(Robert Rose)가 방문하자 고참 발사 엔지니어 리키 림(Ricky Lim)이 시설을 안내해주겠다고 나섰다. 림은 천국의 계단을 오르던 중 텍사스주가 캘리포니아주보다 로켓 연소 시험을 하기가 훨씬 더 자유롭다고 말했다. 그러면서 예를 들어 섞이기만 하면 바로 불이 붙는 하이퍼골릭 연료[1] 등도 쉽게 시험해볼 수 있다고 했다. 그런 다음 그는 조심스러운 목소리로, 여기서 일하는 사람들은 가스 누출에 대비해 즉시 대피할 수 있도록 준비해야 한다고 했다. "가스 누출이 있는지 어떻게 알죠?" 이 질문에 림은 특유의 타는 듯한 녹슨 금속 냄새가 난다고 했다. 로즈는 계단을 십여 칸쯤 오르다 방금 들었던 그런 냄새가 난다며, 림에게 냄새가 나지 않느냐고 물었다. 이 말을 들은 림은 아무 대꾸도 하지 않고 부리나케 계단을 뛰어 내려갔다. 로즈가 급히 뒤따라가면서 보니 림이 스무 칸 정도 아래에서 배를 끌어안고 웃고 있었다.

"우리 안전한가요?" 로즈가 숨을 헐떡이며 긴장한 채 물었다.

---

1 hypergolic fuel. 액체 로켓 연료로, 산화제와 가연물의 두 액체를 혼합하는 것만으로 자연 발화하는 연료를 말한다.

림은 웃음을 멈추고 자기가 장난친 것이라고 말했다. 냄새는 근처에 있는 펄프 공장에서 나는 것이라고 했다. 그런 다음 두 사람은 다시 계단을 오르기 시작했다.

고소공포증이 있는 사람들에게 천국의 계단은 그 이름과 정반대의 느낌으로 다가왔다. 항공전자 엔지니어 뷸렌트 알탄(Bulent Altan)은 팰컨1 연소 시험을 하는 기간 내내 크레인 버킷 안에서 많은 작업을 했기에 자신은 고소공포증을 극복했다고 생각했다. 하지만 노출된 계단을 타고 그보다 세 배나 높은 곳을 오르자, 사라졌다고 생각했던 고소공포증이 다시 밀려왔다.

"정말 싫었어요. 끝까지 올라가도 아무것도 없는 계단을 생각해보세요. 바람이 불면 흔들리는 느낌이 바로 전해지죠. 게다가 노출되어 있어요. 그런데 정말로 무서운 건 로켓이에요. 거기 서 있어 보세요. 팰컨1보다 훨씬 크고 견고해 보이는 물체가 바람에 흔들리면, 기겁하죠!" 알탄이 말했다.

항공전자 담당 책임자였던 알탄은 가끔 맥그리거로 날아와 캐트리오나 체임버스(Catriona Chambers)와 함께 일하곤 했다. 체임버스는 1단 로켓의 항공전자 시스템을 책임진 엔지니어로 텍사스주에서 몇 개월째 일하고 있었다. 로켓의 전자 계통에 문제가 발생하면, 예컨대 전력 공급이 되지 않는다든가 제어기에 문제가 생긴다든가 하면 항공전자팀이 1단 로켓 꼭대기에 있는 단 연결부까지 올라가야 했다. 그곳에 컴퓨터 상자가 있기 때문이다. 알탄이 처음 삼각대를 방문했을 때는, 그동안 구조물을 오르내린 경험이 많은 체임버스가 앞장서서 계단을 올랐다. 체임버스가 꼭대기에 있는 작은 플랫폼에 도착해 뒤를 돌아보니 알탄이 네발걸음으로 계단을 엉금엉금 기어오르고 있었다. 크고 건장한 체구에 말수가 많은 이 남자가 철제 계단이 겁이 나 벌벌 떨고 있었던 것이다.

"괜찮으세요?" 하고 체임버스가 물었다.

알탄은 전혀 괜찮지 않았다.

"거의 숨도 쉬지 못하죠"

2008년 멀린 엔진 한 기가 산화제와 추진제를 빠르게 연소해서 42톤의 추력을 발생시켰다. 연소 속도는 정말로 빨랐다. 승용차를 타고 뉴욕에서 마이애미까지 논스톱으로 주행할 경우 승용차의 내연기관은 24시간에 걸쳐 약 160킬로그램의 휘발유를 소모한다. 대부분의 자동차 후드 아래에 들어갈 만한 크기의 멀린 엔진 내부에서는 터보 펌프가 초당 160킬로그램의 액체 산소와 케로신을 가압해 연소실로 밀어 넣는다.

이 연료가 점화되면 초고온의 가스가 발생하는데, 이 가스는 연소실을 지나 노즐 밖으로 배출된다. 노즐이란 엔진 바닥에서 밖으로 불쑥 튀어나온 원뿔 모양의 배기가스 통로를 말한다. 이 가스는 시속 수천 킬로미터의 속도로 노즐로 쏟아져 들어온다. 초고온의 이 초음속 가스를 통과시키려면 노즐 벽은 엄청난 양의 에너지를 흡수할 수 있을 만큼 튼튼해야 한다. 배기가스가 발생시키는 에너지는 대략 10메가와트에 이르는데, 미국의 수천 가구가 한 번에 소비하는 평균 전력량이다. 게다가 이 노즐은 가장 넓은 곳의 폭이 약 90센티미터밖에 되지 않는다.

"멀린 로켓엔진은 무시무시한 야수예요." 톰 뮬러가 말했다.

머스크의 지시에 따라 뮬러의 추진팀은 무시무시한 야수 같은 이 아홉 개의 엔진을 지름 360센티미터의 팰컨9 로켓 밑바닥에 최대한 밀집시켜 클러스터링해야 했다. 이 밀집된 공간 안에서 수천 킬로그램의 연료가 아홉 개의 엔진으로 흘러 들어가 초고온의 가스를 발생시키는 것이다. 이 때문에 여러 문제가 발생할 소지가 있었다.

처음에 가장 큰 문제는 엔진을 점화하는 것이었다. 상당히 간단한 일처럼 들리겠지만, 실제로는 적정 순간에 과도하지 않게 적정량의 추진제를 주입하는 것이 엄청나게 어려웠다. 로켓을 날게 하는 제어된 폭발이 되느냐 제어되지 않은 실패한 폭발이 되느냐는 종이 한 장 차이다. 스페이스X가 맥그리거에서 처음으로 멀린 1C 엔진 연소 시험을 했을 때 엔지니어들이 적정 순간에 엔진 점화에 성공한 비율은 약 25퍼센트였다. 점화에 실패하면 로켓 연료가 엔진으로 누출되어 노즐이 손상되기도 했다. 그러면 좌절감을 느끼면서 지저분하고 골치 아픈 작업을 해야 했다.

그리고 그것은 엔진 하나일 때의 이야기였다. "엔진 하나도 이렇게 힘 드는데 아홉 개를 어떻게 점화시키지 하는 생각이 들었어요. 팰컨1 로켓엔진을 개발할 때도 애를 많이 먹었거든요. 그런데 그건 이것보다 훨씬 간단한 시스템이잖아요? 이번에는 성공하지 못할 수도 있겠다는 생각이 들 때도 있었죠." 케빈 밀러가 말했다.

처음에는 삼각대에 엔진 하나를 올려놓고 시작했다. 2008년 초가 되자 엔진이 두 개로 늘었고, 그다음 세 개, 그다음 다섯 개로 늘었다가 마침내 아홉 개의 엔진이 삼각대에 놓이게 되었다. 그해 여름 팰컨1 로켓 엔지니어들이 태평양의 콰절레인 환초에서 궤도에 도달하기 위한 네 번째 로켓 발사를 준비하고 있을 때, 맥그리거에 있는 엔지니어들은 그보다 훨씬 더 큰 로켓을 개발하느라 여념이 없었다.

팀원들은 끝없이 이어진 듯한 도전에 맞닥뜨렸다. 엔지니어의 생활은 기술적 문제를 하나씩 찾아 이것을 고치고 저것을 수정하면서 무언가를 돌아가게 만들기 위한 끝없는 탐구로 이루어져 있다. 때로는 실패하면 전체 시스템을 재설계해야 할 때도 있다. 그러면 설계, 구축, 시험, 수정, 재시험, 재설계, 또다시 재시험 등등의 전체 절차가 반복된다. 언젠가 모든 것이 제대로 작동할 때가 오기를 바라며 이 모든 일을 하는 것이다. 엔지니어의 올바른 마음가짐은 각각의 문제를 퍼즐처럼 접근해 해결책을 발견하는 데서 기쁨을 느끼는 것이다. 엔지니어에게 경의를 표한다. 엔지니어가 아닌 사람 중에는 끝없이 문제에 부딪히는 삶이 끔찍한 소리로 들리는 사람도 있을 것이다. 그런 사람에게는 로켓 과학이 맞지 않다.

엔지니어와 기술자들이 엔진 아홉 개가 장착된 로켓을 향해 착착 나아가고 있을 때 한 가지 걱정이 밀러를 짓누르기 시작했다. 멀린 엔진을 점화시키는 것보다 더 큰 걱정이었다. 그는 추력편향제어(TVC) 액추에이터라는 부품 때문에 잠을 이루지 못하고 있었다. TVC 액추에이터는 엔진 어셈블리 상단에 부착되어 엔진 추력의 방향을 제어하는 비교적 작은 부품이다.

우리는 학교에서, 모든 작용에는 크기는 같고 방향은 정반대인 반작용이 존재한다는 뉴턴의 법칙을 배웠다. 로켓은 엔진에서 분출되는 초고온 가스의 흐름과 반대 방향으로 움직인다. 따라서 로켓의 방향을 제어하는 가장 좋은 방법은 엔진 노즐의 방향을 바꾸는 것이다. 로켓을 발사할 때는 노즐의 방향이 수직에 가깝다. 그러다 로켓이 상승하면 노즐이 짐벌링[1]을 시작한다. 다시 말해 로켓 추력의 방향을 바꾸기 시작한다.

각각의 멀린 엔진에는 TVC 액추에이터라는 두 부품이 부착되어 있는데, 이 액추에이터가 엔진 노즐을 물리적으로 움직여 피칭과 요잉을 일으킨다(다시 말해 로켓의 상하, 좌우 방향 조정을 한다). 밀러는 그동안 멀린 엔진 개발 초기부터 납품업체인 얀선항

---

1 gimballing. 노즐을 조종해 로켓 진행 방향을 바꾸는 기술.

공기시스템컨트롤과 이 액추에이터 설계를 위해 협업해왔다. 팰컨9 개발 프로그램이 진전될수록 추진팀은 액추에이터 문제로 어려움을 겪었다. 비행 중 18개의 액추에이터 가운데 하나가 고장 나 해당 엔진의 추력 방향이 어긋나더라도 큰 문제는 생기지 않는다. 나머지 여덟 개의 엔진이 어긋난 추력을 보정할 수 있기 때문이다. 문제는 액추에이터가 고장 나면 해당 액추에이터가 노즐을, 정상적인 가동 범위를 넘어 '최대한' 미는 경우가 생긴다는 것이다. 이런 현상은 센서 오류 같은 단순한 문제 때문에 생길 수도 있고, 1000분의 1인치 정도밖에 되지 않는 아주 작은 부스러기 때문에 생길 수도 있다. 비행 중 아홉 개의 멀린 엔진은 한 방향으로 움직이다가 피루엣(한 발을 축으로 팽이처럼 도는 동작)을 한 뒤 다시 매끄럽게 원래 위치로 돌아가는 발레 댄서와 같다. 그런데 댄서 한 명이 넘어지면 다음 댄서가 발이 걸려 넘어질 것이고, 그런 식으로 모든 댄서가 차례대로 넘어질 것이다.

"1단 로켓에서 가장 두려웠던 점은 아홉 개의 엔진과 노즐이 아주 가까이 붙어 있다는 것이었어요. 간격이 매우 좁았어요. 그래서 엔진이 옆 엔진이나 벽에 부딪힐까 봐 항상 걱정했죠. 나는 엔진과 액추에이터를 책임지고 있었어요. 그중 하나라도 잘못되어 엔진이 손상되거나 1단 로켓을 잃게 되면 나한테는 정말 치명적인 날이 될 것 같았죠." 밀러가 말했다.

해결해야 할 이런 문제가 수도 없이 많았다. 2008년 여름과 가을 내내 머스크는 더 빨리 서두르라고 모든 직원을 압박했다. 머스크는 NASA가 국제우주정거장 화물 운송 계약에 대한 결정을 내리기 전에 풀타임 연소 시험이 이루어지기를 간절히 바랐다. 그래서 구조물팀과 항공전자팀에서부터 소프트웨어팀과 시험팀에 이르기까지 모두가 전력을 기울였다. 처음으로 팰컨9 로켓 연소 시험이 성공하는 모습을 본다면 NASA도 스페이스X가 그 일을 해내리라는 확신을 갖게 될 터였다. 하지만 추진팀은 시간이 더 필요했다. 엔진이 일찍 꺼지는 문제를 아직 해결하지 못했기 때문이었다.

연소 시험 지연이 길어지자 부차는 머스크로부터 '실버 불릿[1]'을 쓰라는 전화를 받을까 봐 걱정이 되기 시작했다. 이 말의 유래는 스페이스X의 첫 번째 발사장이었던 태평양의 콰절레인 환초에서 팰컨1 로켓 발사 시험을 하던 때로 거슬러 올라간다. 당시에는 멀린 엔진 1기로 연소 시험을 했지만 그래도 연료 분사기나 점화기 또는 기타 문제로 시험이 중단되는 등 크고 작은 어려움이 많았다. 간혹 이상 신호가 들어와도 아무런 문제가 없을 때도 있었지만, 분사기 막힘 등 그대로 방치하면 재앙으로 이어질 수도 있는 문제가 발견될 때가 많았다.

---

1 silver bullet. 늑대인간 따위의 요괴를 잡을 때 '은제 탄환'을 써야 한다는 속설 때문에 묘책이나 특효약 등의 뜻으로 쓰인다.

콰절레인 레인지를 운영하던 미 육군은 통상 스페이스X에 팰컨1 로켓 연소 시험이나 발사를 위해 이삼 일간의 시간을 주었다. 이 짧은 기회를 놓치면 다시 시도할 때까지 한 달을 더 기다려야 할 수도 있었다. 머스크는 그 시간이 너무 아깝다며 한없이 안타까워했다.

"머스크는 우리가 이상 신호에 너무 민감하게 반응한다고 생각했어요. 시험을 중단하지 말고 끝까지 밀어붙였으면 좋겠다고 생각할 때도 있었던 것 같아요. 그래서 우리에게 자신이 책임질 테니 지나치게 조심스러운 태도를 보이지 말라고 했죠. '내가 계속하라고 하면 이상 신호를 모두 _끄고_ 시험을 계속하세요'라고 하더군요." 부차가 말했다.

부차와 또 다른 발사 엔지니어 앤 치너리는 이를 '실버 불릿'이라고 했다. 치너리는 머스크가 실버 불릿을 쓰라고 요청할 때를 대비해 그에 맞는 시험 절차와 발사 절차까지 만들어놓았다. 탑재된 비행 컴퓨터에, 실버 불릿 상황이 되면 로켓 센서로부터 들어오는 모든 이상 신호(예컨대 압력이나 온도가 약간 높다든가, 또는 그 밖의 다른 수치가 정상 범위를 벗어났다든가 하는 등)를 무시하라는 명령을 입력한 것이었다. 갈 데까지 가보라는 궁극의 조치였다. "뱀파이어를 향해 실버 불릿을 쏘는 겁니다. 총알은 하나뿐이고요." 부차가 말했다.

맥그리거에 있는 스페이스X 엔지니어들은 팰컨9 연소 시험이 있기 전날 밤까지도 계속해서 시험 절차를 점검했다. 실버 불릿 상황이 아니었기 때문에 정상 범위를 벗어나는 수치가 센서에 들어오면 시험은 중단될 터였다. 시험용 소프트웨어가 이런 상황을 제대로 처리하는지 확인하기 위해 엔지니어들은 카운트다운 예행연습을 수없이 반복했다. 11월 22일 새벽 2시경 조시 융은 소프트웨어가 삼각대에 부착된 수도 밸브를 열어 불을 끄도록 명령을 내려야 하는 시나리오를 실행해보았다. 그런데 소프트웨어의 코딩 라인 하나에 오류가 있어 추진제 밸브부터 점화제 밸브에 이르기까지 로켓에 있는 모든 밸브를 여는 명령이 실행되어버렸다. 만약 이것이 실제 상황에서 이루어진 실제 카운트다운이었다면 로켓이 폭발했을 것이다. 엔지니어들은 버그를 수정한 뒤 다시 시험해야 했다.

"결국 그날 밤은 아무도 집에 못 들어갔습니다. 우리는 책상 밑에 들어가 외투를 둘둘 말아 베고 간신히 몇 시간 눈을 붙였어요. 처음 있는 일은 아니었어요." 융이 말했다.

그날 아침 7시경 풀타임 연소 시험 준비가 시작되었다. 머스크는 오전에 시험이 이루어지기를 바랐지만 그렇게 되지는 않았다. 오전 10시경에 예정되었던 연소 시험은 기술적 문제 때문에 밤 10시 이후로 미뤄졌다. 그 시간 내내 케빈 밀러는 멀린 엔진 아홉 개의 상태를 모니터링했다. 잘못될 수 있는 것이 너무 많았다. 그는 컴퓨터 화면에 뜨는 데이터와 상세한 절차가 표시된 스프레드

시트를 들여다보며, 잘못될 모든 가능성을 추적했다. 중요한 연소 시험이 있는 날이면 그는 무수히 많은 오류의 가능성에 신경 쓰면서 넋을 잃고 로켓 상태를 알려주는 데이터를 바라봤다. 거의 언제나 마지막 순간에는 무의식의 지경에까지 이르곤 했다. "T 타임(발사 또는 시험 예정 시간)이 다가오면 거의 의식을 잃을 지경이 되죠. 무언가 잘못될까 봐 데이터에서 눈을 떼지 못하고 계속 신경 쓰기 때문입니다. 숨도 잘 쉬지 못하죠." 밀러가 말했다.

그날 밤 엔진이 점화되었다. 아홉 기 모두 점화에 성공했다. 곧이어 엔진으로 들어가는 추진제의 흐름이 증가하더니 초당 수천 킬로그램의 힘이 팰컨9 밖으로 분출되었다. 출력으로 생긴 엄청난 힘 때문에 텍사스주의 시골 지역이 격렬하게 흔들렸고, 벙커가 덜덜 떨렸다. 밀러는 숨을 쉬기 시작했다.

당시 그는 겨우 스물아홉 살이었고 스페이스X에서 일한 지 갓 3년을 넘겼을 때였다. 그런데 벌써 멀린 엔진 개발 프로그램에 투입되어 상당한 역할을 하고 있었다. 그리고 그 엔진은 텍사스주의 습한 밤에 맹렬하게 불을 뿜고 있었다. 밀러는 이렇게 말했다.

"그날 밤 NASA에서 협동 연구원으로 일할 때가 생각났어요. 거기서 일하는 사람들은 무언가를 위해 열심히 일해도 계획이 취소되어 결실을 보지 못할 때가 많습니다. 그런데 이번이 나한테는 벌써 두 번째 로켓이었어요. 엄청난 경력을 쌓은 듯한 느낌이 들었죠."

이것이 바로 밀러가 인생을 걸고 하려던 일이었다. 어린 시절 그는 미시간주에서 역사를 새로 쓴 로켓엔진을 바라보며 여름을 보냈다. 이제 그는 스스로 새 역사를 써나가고 있었다.

하지만 아직도 해야 할 일이 산더미같이 쌓여 있었다. 스페이스X는 대형 로켓을 만들었다. 그리고 그 로켓은 처음으로 작동하기 시작했다. 하지만 아직 하늘을 날 일이 남았다.

2장

공격적인 스페이스X

2009년 1월 10일,
플로리다주 케이프 커내버럴

텍사스주에서 극적인 연소 시험이 끝나고 6주가 지난 뒤, 반짝이는 흰색 팰컨9 로켓 한 대가 플로리다주 케이프 커내버럴 발사대로 이송되어 들어왔다. 1단 실제 연소 시험이 끝난 지 얼마 지나지 않아 일어난 일이라 기적에 가까워 보였다. 하지만 진짜 로켓이 맞았고, 게다가 조립을 완전히 마치고 날아갈 준비가 된 듯 보이는 로켓이었다.

스페이스X 직원들이 발사대에서 바라보는 가운데 강력한 유압식 피스톤이 옆으로 누워 있던 로켓을 뾰족한 끝이 위로 가도록 수직으로 천천히 세웠다. 마침내 로켓이 플로리다의 햇살을 받으며 우뚝 솟았다. 한 마리 야수 같은 아름다운 로켓이었다. 이 단계까지 오기 위해 힘을 쏟았던 사람들은 잠시나마 쉬면서 자축의 시간을 보냈다.

환희에 찬 스페이스X 직원들은 발사대 옆에 있는 네 개의 피뢰탑 가운데 한 곳에 올라가 자신들이 만든 로켓을 내려다보며, 그 순간을 남기기 위해 사진을 찍었다. "촛대 같은 탑 꼭대기에 올라가니 흥분되기도 하고 무서웠지만, 내 인생 최고의 날이었습니다." 로저 칼슨이 말했다. 그는 피뢰탑 꼭대기에서 찍은 사진을 머스크에게 문자로 전송했다.

머스크도 자신의 로켓을 전 세계에 보여주고 싶었다. 그는 현장에 투광등을 내려보냈다. 홍보 책임자 로저 길버트슨은 해가 진 뒤에 극적인 모습을 촬영하려고 몇 시간에 걸쳐 투광등을 설치했다. 그렇게 해서 건진 야간 이미지 중 하나가 광선이 로켓을 가로질러 커다란 X자로 비치는 모습이었다. 그날 밤 칼슨이 이 공군기지를 떠날 때 경비병 한 사람이, 그런 쇼 할 시간에 로켓이나 쏘아 올리라고 칼슨에게 말했다.

그러나 머스크는 이 쇼에 진심이었다.

그날의 기적은 텍사스에서 풀타임 연소 시험이 끝나고 얼마 지나지 않아 바로 시험 발사가 이루어진다는 것이었다. 그 연소 시험이 끝난 후 머스크는 기자들에게 "앞으로 몇 달 안에" 팰컨9 로켓이 플로리다의 발사대에 오를 것이라고 말할 정도로, 팰컨9 로켓의 새해 전망에 자신감을 보였었다. 그 이후 스페이스X는 1단 로켓을 텍사스에서 플로리다로 운송했다. 그런 다음 그 위에 2단 로켓을 덧붙이고, 마지막으로 로켓 끝에 둥그런 페이로드 페어링을 얹었다. 1월 초, 완성된 로켓이 발사대에 세워지고 보니 이번만은 스페이스X가 엄청나게 낙관적인 머스크의 스케줄에 맞춰 일을 끝낸 듯 보였다.

지나치게 공격적으로 발사 일정을 잡는 머스크의 성향은 나중에 '머스크 타임'이라는 말로 대중에게 알려지게 되지만, 회사 내에서는 이미 전설이 되어 있었다. 직원들은 머스크의 지나친 요구로 인한 고통을 조금이라도 덜어보고자, 이런 요구를 '말리부까지의 청신호' 정신이라고 부르기 시작했다. 호손에 위치한 스페이스X 본사에서 말리부까지의 거리는 태평양 연안 도로를 따라 대략 50킬로미터다. 그 사이에 신호등이 10여 개 있는데, 만약 모든 신호가 파란불이고 제한 속도보다 20킬로미터 정도 빠른 속도로 달린다면 30분 안에 도착할 수 있었다. 하지만 교통이 밀리고 여러 신호등에서 적신호까지 받으면 한 시간은 기본이고 그 이상도 걸릴 수 있었다. 그러면 30분 안에 말리부까지 가기란 원천적으로 불가능했다. 그런데 머스크가 계획하는 스페이스X 프로젝트의 일정은 언제나 말리부까지 가는 길에 계속 청신호를 받는다는 것을 가정한 것이었다.

2008년이 끝나가는 마지막 몇 주 동안 스페이스X 직원들은 모두 1단 로켓과 2단 로켓을 플로리다로 운송하기 위해 바쁘게 움직였다. 그런 다음 크리스마스 연휴 기간에는 앞으로 격납고가 들어설 콘크리트 패드 위에서 운송되어 온 로켓을 결합했다. 직원들이 첫 번째 팰컨9 로켓을 결합하느라 밤낮으로 일하는 모습을 본 칼슨은 이 프로젝트에 붙일 엉뚱한 별명을 생각해냈다. '카프리콘 원(Capricorn One)'이었다.

이 별명은, 1978년에 개봉되었으므로 스페이스X에서도 나이 든 사람들만 영화관에서 봤을 한 스릴러 영화 제목에서 따온 것이었다. 엘리엇 굴드가 기자로 출연하고, 제임스 브롤린, 샘 워터스턴, O. J. 심슨이 우주 비행사로 나오는 이 영화 〈카프리콘 프로젝트〉는 NASA의 첫 번째 화성 탐사 임무인 '카프리콘 원'을 중심으로 줄거리가 전개된다. 우주 비행사들은 발사 직전에 우주선에서 다른 곳으로 이송되고, 이 임무는 거짓으로 밝혀진다. 이 영화의 태그 라인은 '카프리콘 원: 출발도 하지 못한 미션'이었다.

이 이름은 스페이스X가 팰컨9 로켓에 대해 전달하고자 했던 이미지는 아니었다. 그럼에도 '카프리콘 원'이라는 이름에는 회사가 이 로켓을 완성된 로켓으로 내세우는 데서 느끼는 일부 직원들의 정서가 반영되어 있었다. 발사대에 서 있는 모습은 기막히게 멋져 보였지만 실제 내용은 그렇지 않았기 때문이다. 1단 로켓과 아홉 개의 엔진은 진짜였지만, 비행에 필요한 컴퓨터와 기타 항공 전자 장치는 거의 없다시피 했다. 2단 로켓은 속이 거의 비어 있었다.

우주에 도달할 때까지 위성을 보호하는, 복합재로 만든 로켓 상단의 페이로드 페어링도 하늘을 날 수 없는 모형이었다. 본래의 팰컨9 로켓 버전 1.0은 드래건 우주선을 국제우주정거장에 보낼 수 있도록 설계되었다. 드래건 우주선의 지름은 그것을 운반하는 로켓과 거의 똑같은 3.6미터였다. 반면, 플로리다주에 있던 복합 소재의 페어링은 그보다 더 큰 위성을 수용하기 위한 것으로, 폭이 4.8미터가 넘었다. 버전 1.0 로켓의 구조물은 발사 시 그 정도 크기의 페어링으로 인해 발생하는 하방 압력을 견뎌내지 못한다. 따라서 부스터가 대기권 하층부를 뚫고 하늘로 솟구치면 페어링에 가해지는 무게 때문에 로켓이 손상될 터였다. 게다가 스페이스X는 팰컨9 로켓에 쓸 수 있는 페이로드 페어링의 설계조차 마무리 짓지 못한 상태였다. 플로리다에서 선보인 로켓의 약 절반은 가짜인 셈이었다.

그런 것은 문제가 되지 않았다. 스페이스X는 팰컨9 로켓을 수직으로 세운 뒤 기자들을 플로리다에 있는 발사통제센터로 초대해 기자 회견을 열었다. 바로 옆에 로켓이 당당한 모습으로 높이 서 있는 가운데, 발사팀은 자신감 넘치는 어조로 여러 중요한 시험이 어떻게 진행되고 있는지 설명했다. 머스크는 발사 전까지 로켓을 지지하고 로켓에 연료를 공급하는 지상 시스템의 점검을 마쳤다고 말했다. 로켓을 조립동에서 발사대까지 이송한 뒤 수직으로 기립시키는 트랜스포터-이렉터도 완벽하게 작동했다고 했다. 그런 다음 스페이스X의 발사장 책임자 브라이언 모스덜(Brian

Mosdell)과 발사 담당 부사장 팀 부차, 구조물 담당 부사장 크리스 톰슨이 기자들의 질문을 받았다.

기자 한 사람이 발사 준비를 위한 다음 단계는 무엇이냐고 물었다. 부차는 이 질문을 받고 솔직히 말했다. "아직 확인해야 할 게 몇 가지 더 남았습니다." 그는 플로리다에서 몇 가지 추가 시험을 마친 후 로켓을 다시 분해해, 텍사스나 캘리포니아로 옮겨 추가 작업과 시험을 진행할 것이라고 했다.

이 폭로성 발언으로 머스크가 준비한 이벤트의 빛이 바랬다. 머스크는 스페이스X가 팰컨9 로켓 발사에 얼마나 가까워졌는가를 보여주려던 것이었지, 로켓을 발사대에서 분리해 분해한 뒤 다시 실어 갈 계획을 설명하려던 것은 아니었다. "그 일 때문에 머스크가 언짢아했습니다. 그래서 난 다시는 기자 회견에 참석하지 않겠다고 머스크에게 약속했어요." 부차가 말했다.

머스크는 '카프리콘 원'이라는 별명을 알게 되었을 때도 그 별명을 마음에 들어 하지 않았다. 그는 이 행사를 매우 진지하게 생각했다. 그는 팰컨9 로켓을 플로리다로 운반해 발사대에 세우는 것 자체가 의미 있는 진전이라고 생각했다. 그것은 이 별 볼일 없는 캘리포니아의 조그만 회사가 미국에서 가장 오래된 플로리다 해안의 유서 깊은 발사장에서 로켓을 발사할 수 있다는 사실을 우주 업계에, 그리고 무엇보다도 워싱턴 DC의 정책 입안자들에게 보이는 것이었다. 그리고 스페이스X가 의미 있는 일을 해냈다는 사실을 보여주는 것이기도 했다. 스페이스X는 팰컨9 로켓이 케이프 커내버럴 시설에 적합하다는 사실을 증명했고, 부스터를 들어 올리는 데 사용되는 유압 장치의 성능도 보여주었다. 이런 모든 것을 감안했을 때, 직원들이 브롤린, 워터스턴, 심슨 이미지 위에 부차, 모스덜, 톰슨의 이미지를 겹쳐 만든 가짜 영화 포스터를 머스크가 보지 못한 것이 천만다행이었는지도 모른다.

"머스크가 알고 나서는 그 이름을 사용하지 못했어요. 머스크는 '카프리콘 원'이라는 이름이 너무 경박하다고 생각한 듯합니다. 우리 프로젝트는 사람들에게 보여주기식 이상의 많은 것이 내포된 것이었거든요. 나는 발사 책임자라 선구자의 역할이 얼마나 중요한지 잘 알죠." 칼슨이 말했다.

칼슨은 무례한 말을 할 의도가 없었다. 하지만 그와 부차는 물론 플로리다에서 작업하던 다른 사람들도 진실을 알고 있었다. 그 주말 플로리다의 햇살 아래 서 있던, 그리고 밤에는 불빛을 받으며 서 있던 팰컨9 로켓은 발사 준비가 전혀 되어 있지 않았다. 머스크는 기자 회견장에서 그해 여름에 팰컨9 로켓을 발사할 예정이라고 했다.

하지만 발사 일정은 그가 말했던 것보다 1년이나 늦어지게 된다. 스페이스X가 말리부로 가는 도중에 여러 번 적신호를 받았기 때문이다.

바람에 흔들리는 스페이스X의 미래

그해 겨울 팰컨9 로켓을 플로리다로 이송하기 위해 회사가 분주하게 돌아가고 있을 때 맨 처음 해결해야 할 중요한 일은 텍사스주에 있는 삼각대에서 로켓을 내리는 작업이었다. 그런데 놀랍게도 입사한 지 얼마 되지 않은 칼슨이 이 작업의 일부를 책임지게 되었다. 물리학자였던 당시 마흔한 살의 칼슨은 노스롭그루먼(Northrop Grumman)에서 6년 동안 제임스 웹 우주망원경 시험과 통합 업무를 하다가 스페이스X에 입사했다. 2008년이 되자 그는 프로젝트가 자꾸 지연되는 모습을 보고 제임스 웹 망원경이 우주로 가려면 아직 한참 더 기다려야 한다는 사실을 알게 되었다. 그는 성과를 볼 때까지 매달리고 싶은 생각이 없었다. (실제로 제임스 웹 망원경은 13년이 더 지나서야 우주로 발사된다.) 그해 여름 칼슨은 스페이스X에 지원해, 풀타임 연소 시험이 이루어지기 며칠 전에 입사했다.

"나는 기본적으로 로켓을 발사할 수 있게 통합하는 일을 하는 사람으로 고용됐어요. 로켓이 공장에서 제대로 조립되는지 확인하고 발사장으로 실어내는 일을 책임지는 사람이죠. 그래서 공장에서만 일할 줄 알았지, 발사장을 본다거나 발사장까지 간다는 생각은 꿈에도 해본 적이 없습니다." 칼슨이 말했다.

칼슨이 캘리포니아에서 근무를 시작한 첫 주에 팀 부차는 칼슨에게 당혹스러운 요구를 했다. 스페이스X는 텍사스에 있는 삼각대에서 팰컨9 로켓 1단부를 내려야 했다. 플로리다로 이송하기 위해서였다. 부차는 칼슨이 이전에 제임스 웹 망원경 일로 크레인 작업을 해본 적이 있다는 사실을 떠올리고, 칼슨에게 맥그리거로 가서 크레인 작업을 도우라고 했다. 칼슨은 크레인 작업을 해본 경험이 있기는 했다. 하지만 그것은 실내용 브리지 크레인으로, 통제된 환경에서 사용하는 특수한 유형이었다. 그 크레인은 건물에 부착되어 클린 룸에 있는 무거운 물체를 들어 올리는 데 사용하는 크레인이었다. 칼슨은 옥외 크레인은 다뤄본 적이 없었다. 하지만 그는 무슨 일이든 도울 준비가 되어 있는 신입직원이었다.

이 일은 간단한 작업이 아니었다. 로켓 바닥에는 멀린 엔진 주위를 둘러싼 사각형의 금속 프레임인 추력 지지 구조물이 있었다. 이 프레임은 아홉 개의 격자로 나뉘어 있고, 각 격자 상자가 하나의 엔진을 지탱하고 있다. 이 추력 지지 구조물 위에 케로신 연료와 액체 산소 추진제를 보관하는 '시험용' 탱크가 놓여 있다. 시험용 탱크는 실제 비행용 탱크보다 벽이 더 두꺼웠고 내구성도 높았다. 실제 비행할 때 쓰는 탱크는 더 얇고 더 가볍게 만들어도 된다. 수십 번의 재급유와 연소 시험을 할 필요가 없기 때문이다.

스페이스X는 연소 시험이 끝난 뒤 팰컨9 로켓 1단부를 삼각대에서 내리기 전에 먼저 대형 크레인을 이용해 추력 지지 구조물 위에 있는 시험용 탱크를 들어 올려 지상에 내려놓을 계획이었다. 그런 다음 크레인으로 비행용 탱크를 삼각대 위로 들어 올려주면 기술자들이 그 탱크를 추력 지지 구조물 위에 고정할 예정이었다. 그렇게 해서 두 부분의 결합이 끝나면 1단 로켓을 삼각대에서 들어 올려 대기 중인 플로리다행 트레일러트럭에 실을 계획이었다.

이 계획에는 한 가지 큰 걸림돌이 있었다. 바람이었다. 삼각대 꼭대기에는 돌풍이 불 때가 많았는데, 그보다 30미터 더 높은 곳에서는 바람이 훨씬 강했다. 엔지니어와 기술자들에게는 '천국의 계단' 끝에서 둥그스름한 탱크 꼭대기로 오가면서 작업하는 것이 머리털이 쭈뼛 설 만큼 긴장되는 일이었다.

"스페이스X에 오기 전에는 높은 곳이 무섭지 않았다고 말할 순 없지만, 확실히 이곳은 무서웠습니다. 스페이스X에서 일하다 보니 나도 철제 빔을 밟고 돌아다니며 엠파이어스테이트 빌딩을 짓던 사람들처럼 일할 수 있을 것 같아요." 칼슨이 말했다.

스페이스X는 웨일스크레인&리깅 서비스라는 업체에 이 일을 맡겼다. 이 회사는 고공에서 이루어지는 정교한 작업을 위해 텍사스에서 두 번째로 크다고 광고하던 크레인을 끌고 왔다. 처음에 스페이스X는 바람이 잘 때까지 기다리기로 했다. 칼슨을 비롯한 엔지니어들은 며칠 동안 작업을 보류하며 일하기 좋을 때를 기다렸다. 그러다 결국 바람이 가장 적게 부는 한밤중에 작업하기로 했다. 11월 어느 늦은 밤, 숙련된 크레인 기사와 기술자들이 힘을 합해 시험용 탱크를 뜯어내 지상으로 내리는 데 성공했다. 하지만 거대한 탱크가 바람을 받아 부풀어 오른 돛처럼 흔들리는 통에 하마터면 큰일 날 뻔했다.

이 작업을 하면서 칼슨을 비롯한 엔지니어들은 팰컨9 로켓 비행용 탱크를 들어 올려 추력 지지 구조물에 부착하는 일은 불가능하리라고 판단했다. 이 일은 구멍에 핀을 꽂아 이케아 가구를 조립하는 것과 비슷했다. 차이점이 있다면 이 경우에는 엔진 부분과 비행용 탱크를 결합하려면 검지 굵기의 강철 막대 144개에 구멍을 맞춰야 한다는 것이었다. 강철 막대는 추력 지지 구조물 주위에 촘촘하게 박혀 있었는데, 구멍이 거기에 정확하게 맞아야 했다. 비행용 탱크가 크레인에 매달려 바람에 흔들리는 상황에서 이런 정교하고 섬세한 작업을 하는 것은 불가능해 보였다.

그래서 그들은 그 자리에서 백업 계획을 세웠다. 추력 지지 구조물을 엔진이 달린 상태로 내려서 비행용 탱크와 별도로 플로리다로 이송하는 것이었다. 추력 지지 구조물이 튼튼한 데다 바람의 영향을 적게 받으므로 이 작업은 그다지 어렵지 않을 것으로 보였다. 하지만 다른 문제가 있었다. 로켓엔진은 최대한 무게를 줄여서 만든 복잡한 기계다. 그래서 성능은 뛰어나지만 엔진 자체는 무거운 무게를 견디도록 설계되어 있지 않다. 따라서 추력 지지 구조물을 땅에 내려놓을 수가 없었다. 밑으로 불쑥 튀어나온 엔진 노즐이 손상될 수 있기 때문이었다. 이를 방지하려면 추력 지지 구조물의 단단한 부분을 받쳐 로켓의 무게를 지탱할 수 있는, 달걀판같이 생긴 받침대가 필요했다. 문제는 추력 지지 구조물을 올려놓을 받침대가 없다는 것이었다. 엔진 부분만 별도로 내려놓으리라고는 아무도 예상하지 못했기 때문이었다. 그래서 점점 짙어가는 어둠 속에서 추력 지지 구조물은 텍사스주에서 두 번째로 큰 크레인 끝에 매달려 있었다.

"밤새 시험용 탱크를 끄집어 내린 뒤 낮에는 종일 추력 지지 구조물 내리는 작업을 했더니 저녁 8시가 되었더라고요. 엔진 아홉 개가 모두 크레인에 매달려 있는데 땅에 내릴 방법이 없었어요. 내가 이 작업의 책임자라 거기 서서 정말로 외로웠던 기억이 납니다. 스페이스X의 모든 것이자 회사의 가장 소중한 자산이 내 눈 앞에 있는 크레인에 매달려 있었죠." 칼슨이 말했다.

당시 칼슨은 스페이스X에 입사한 지 몇 주밖에 되지 않았다. 그는 호손에 있는 스페이스X 공장에서 로켓 조립하는 일만 하면 되는 줄 알고 있었다. 그런데 지금 그는 호손에서 2200킬로미터나 떨어진 텍사스의 외진 곳에서 혼자 힘으로는 감당할 수 없는 스트레스를 받고 있는 것이 아닌가. 우리 회사에 채용되었으니 무슨 일이든 시키는 대로 하라는 것이었다. 그리고 그 일에는 막중한 책임이 수반될 때가 많았다. 칼슨을 비롯한 엔지니어들은 전화를 걸기 시작했다. 그들은 맞춤형 받침대를 만들 용접공이 아침 일찍 현장에 도착할 수 있도록 조치했다. 그런 다음 그들은 엔진 부분을 지탱하고 있는 브레이크가 풀리지나 않는지, 크레인의 유압유가 새지나 않는지 확인하기 위해 밤새 크레인 옆을 지키기로 했다.

긴 밤이었다.

이 경험으로 칼슨은 스페이스X에 대해 많은 것을 알게 되었다. 스페이스X가 얼마나 빨리 움직이는가에 대해서도 알게 되었다. 노스롭그루먼이었다면 맞춤형 받침대 제작하는 것만도 설계 검토가 포함된 하나의 미니 프로젝트가 되어 몇 시간이 아니라 몇 달이 걸렸을 터였다.

케이프 커내버럴의 갈등

플로리다의 발사대를 차지하는 것은 쉬운 일이 아니었다. 팰컨9 로켓 개발을 시작할 당시 스페이스X에는 태평양 중앙의 작은 섬에 있는 발사장 한 곳밖에 없었다. 이 발사장에서는 대형 로켓을 발사할 수 없을 뿐만 아니라, NASA가 이런 외진 곳에서 화물 운송 로켓을 쏘아 올리도록 스페이스X와 계약할 리도 없었다.

국제우주정거장에 도달하려면 동쪽을 향한 우주 공항에서 팰컨9 로켓을 발사해야 했다. 미국에는 이 조건을 충족할 선택지가 몇 군데 있지만, 머스크는 플로리다주 케이프 커내버럴에 있는 발사장을 원했다. 언젠가 인간을 우주로 보내겠다는 포부를 가진 회사로서는 이곳이 유일한 선택지였다. 케이프 커내버럴은 앞으로 스페이스X 중형 로켓의 주요 고객이 될 NASA나 미 공군의 주요 시설과도 가까웠다. 과연 스페이스X는 세계에서 가장 신성시되는 이 우주 공항의 벽을 뚫을 수 있을 것인가?

　제2차 세계대전 직후 미군은 플로리다주 동부 해안에 있는 넓이 65제곱킬로미터의 보초도[1]를 미사일 시험장으로 쓰기로 했다. 미 본토 48개 주 중에서 비교적 인구 밀도가 낮은 지역의 거의 최남단에 있고, 기차와 배와 자동차로 접근할 수 있으며, 1년 대부분 날씨가 좋고, 분리된 로켓 발사체가 사람들에게 피해를 주지 않고 떨어질 수 있는 넓은 바다를 마주하고 있어 미사일 시험장으로 쓰기에 이상적인 곳이었다. 전후 수십 년 동안 미 공군은 이곳에 미사일과 준궤도 로켓에서부터 그보다 훨씬 큰 로켓에 이르기까지 다양한 발사체를 쏠 수 있는 발사대 수십 개를 건설했다. 1962년 NASA는 인접한 곶(串)인 메릿섬에 기지를 설치하고 인간을 달에 보낼 발사대를 건설했다.

　머스크는 2006년부터 오래된 발사대 중 한 곳을 차지하기 위해 공군과 협상을 벌였다. 그러다 케이프 커내버럴 북쪽 끝에 있는 대형 발사장으로 눈을 돌렸다. 제40우주발사단지(SLC-40) 또는 '슬릭 40'으로 알려진 이 발사장은 1965년부터 타이탄 로켓이 퇴역하던 2005년까지 타이탄 로켓을 발사하던 곳이었다. 타이탄 로켓 발사가 중단된 이후 공군에게는 이 발사장이 더는 필요하지 않았다. 머스크는 이 발사장이 탐났다. 타이탄 IV가 대형 발사체

1　barrier island. 해안가에 붙어 있는 좁고 긴 모래섬.

였기 때문이다. 구식 발사대는 철거되어 고철로 팔렸지만, 팰컨9 로켓을 지지해줄 튼튼한 콘크리트 상판과 부스터에서 나오는 배기가스를 옆으로 돌리는 대형 '화염 유도로' 그리고 커다란 피뢰탑 네 개는 그대로 남아 있었다. 이 모든 것을 새로 구축하려면 대략 1억 달러가 들 것으로 보였다. 머스크는 그보다 훨씬 적은 돈으로 전체 발사장을 차지하려고 했다. 그렇게만 된다면 비용을 엄청나게 절감할 수 있을 터였다.

하지만 모든 사람이 이 역사적인 발사장을 건방진 이 신생 기업에 넘기고 싶어 하지는 않았다. 그중에서도 가장 반대하는 곳은 SLC-40에서 타이탄 로켓을 쏘아 올리던 록히드마틴(Lockheed Martin)이었다. 2006년 스페이스X가 SLC-40 인수 허가를 신청하자 그것을 막으려는 로비가 대대적으로 벌어졌다. 록히드마틴과 보잉 관계자들은 스페이스X가 팰컨9 발사에 성공할 것으로 보지는 않았지만, 만일의 사태에 대비는 해야 했다. 게다가 그들은 머스크의 독선과 돈과 재능이 마음에 들지 않았다. 그는 겸손한 면이 없고 너무 건방졌다. 출신도 남아프리카공화국이라는 나라였다. 그런 그를 미국에서 가장 크고 오래된 우주 공항이라는 성지에 들여보낼 것인가라는 것이 그들의 주장이었다.

이 부담감의 대부분은 제45우주비행단을 지휘하던 수전 헬름스(Susan Helms)에게 돌아갔다. 이 공군 부대는 케이프 커내버럴의 안전과 발사에 관한 모든 일을 감독하고, NASA의 케네디우주센터를 지원하는 일을 했다. 법적으로는 스페이스X가 신청한 SLC-40 임대차 계약을 승인할 모든 권한이 헬름스에게 있었다. 하지만 실제로는 그렇게 간단한 문제가 아니었다.

헬름스는 미 공군사관학교를 졸업한 뒤 나중에 NASA 우주 비행사가 되었다. 헬름스는 우주왕복선 임무를 다섯 번이나 수행했고, 우주유영 세계 최장 기록을 세웠으며, 2001년에는 국제우주정거장에 거주한 최초의 여성이 되는 등 NASA에서 화려한 경력을 쌓았다. NASA 우주 비행사에서 은퇴한 뒤에는 공군으로 돌아가 우주 관련 분야에서 일했다. 2004년에 머스크를 처음 만난 헬름스는 머스크가 다른 우주 기업가 지망생과는 달랐다고 말한다.

"당시 우리가 만나던 사람들과 달랐던 점은 실제로 실행할 수 있는 계획이 있었다는 겁니다. 그가 얘기한 것은 마케팅용 홍보가 아니었어요. 로켓을 어떻게 만들어 어떻게 발사하겠다는 실행 계획이었어요." 헬름스가 말했다.

2006년 6월 헬름스는 미국 최고의 우주 공항을 책임지게 되었다. 당시 케이프 커내버럴의 주요 임차인은 록히드마틴과 보잉이었다. 두 회사는 유나이티드론치얼라이언스(United Launch Alliance)라는 합작 투자 회사를 설립하는 중이었다. 헬름스는 군과 기존 로켓 발사 회사와의 관계에 대해 이렇게 말했다. "서로 대등한 입장에서 협력하는 분위기였습니다. 그러다 록히드와 보잉이 스페이스X의 관심 사항을 알게 되자 항체가 만들어지기 시작했죠."

헬름스는 SLC-40의 임대 여부가 정치적 결정이 되리라는 사실을 알고 있었다. 기존 대기업들은 스페이스X의 발사장 진입을 막고 싶었기에 공군 고위 장성들에게 로비를 벌이고 있었다. 헬름스는 스페이스X가 아직 완벽하게 준비되어 있지 않다는 사실을 알고 있었다. 하지만 머스크와의 대화를 통해 그가 우주에 가는 일을 진지하게 생각하고 있다고 확신했다. 헬름스는 스페이스X의 신청을 승인하기로 마음을 굳혔다. 하지만 정치적 압박이 점점 커지고 있어 상부의 압력을 막아줄 사람이 필요했다. 그래서 지휘 계통의 상부에 있는 4성 장군 케빈 칠턴(Kevin Chilton)을 찾아갔다. 칠턴 역시 NASA 우주 비행사 출신으로 공군의 우주 작전을 책임지고 있었다.

"나보다 높은 사람들한테서 내 결정을 막으려는 전화가 많이 걸려왔죠. 칠턴 장군님도 전화를 여러 통 받았다는데, 기본적으로 스페이스X에 SLC-40을 임대해주지 말라는 요청이었다고 합니다. 플로리다주 우주공항청 사람들과 이야기해봤더니 모두 머스크가 케이프 커내버럴에 오는 것으로 알고 있더라고요. 스페이스X가 오는 것에 반대하는 사람은 경쟁업체들뿐이었어요. 말 안 해도 누군지 아실 거예요." 헬름스가 말했다.

협상과 로비는 2007년까지 계속되었다. 2007년에는 어떻게든 결정을 내려야 했다. 결정적인 순간은 그해 봄 헬름스가 칠턴을 만났을 때였다. 우주 비행사 두 사람이 임대를 결정하는 지휘

계통에 있었다는 것은 순전히 우연이었다. 하지만 스페이스X에는 이것이 유리하게 작용했다. 헬름스는 임대에 반대하는 사람은 언젠가 스페이스X와 경쟁해야 할지도 모르는 업체들밖에 없다고 설명했다. 그러면서 공정한 것 같지 않다고 덧붙였다. 헬름스와 칠턴은 모두 NASA에서 우주 비행사로 10년 이상 근무했다. 덕분에 국방부에서만 성장한 사람들보다 우주 산업에 대해 폭넓은 시각을 갖게 되었다. 두 사람은 스페이스X가 정체된 로켓 발사 업계에 혁신의 바람을 몰고 올지도 모른다고 생각했다.

"나는 칠턴 장군님에게 우리 45우주비행단 입장에서는 이것이 우리 단에도 이익이 되고 국가에도 이익이 되는 일이라고 말씀드렸습니다. 장군님도 스페이스X가 정부에 도움이 되는 방향으로 업계를 뒤흔들어 놓을 것으로 생각한다고 말씀하셨죠. 그러면서 저를 지원하겠다고 하셨어요." 헬름스가 말했다.

이 면담이 끝난 뒤 헬름스는 임대차 계약서에 서명하기로 했다. 헬름스는 서명하기 전에 두 군데에 전화를 걸었다. 한 군데는 머스크였다. 머스크는 고맙다고 말했다. 또 한 군데는 유나이티드 론치얼라이언스의 CEO 마이크 개스였다.

개스가 가장 먼저 한 말은 "대단히 실망스럽습니다"였다. 그러고는 별 다른 말을 하지 않았다.

2007년 11월 1일, 헬름스와 머스크를 비롯한 여러 관계자가 참석한 가운데 SLC-40에서 공식 착공식이 거행되었다. 미국을

지배해온 로켓 회사에는 안타까운 일이었지만, 이로써 스페이스X
는 세계에서 가장 명망 있는 발사 시설에 발을 들여놓게 되었다.

매우 공격적인 스페이스X

처음 몇 달 동안은 발사장 공사가 더디게 진행되었다. 2008년 2월
스페이스X는 공사를 빠르게 진행시킬 사람을 찾아냈다. 브라이
언 모스덜이었다. 모스덜은 보잉, 록히드마틴, 제너럴다이내믹스
등 미국의 방위 산업을 이끌어온 기업체 소속으로, 발사대를 건설
하기도 하고 로켓을 발사하기도 하며 1991년부터 케이프 커내버
럴에서 일해온 '올드 스페이스[1]' 시대의 인물이었다. 그에게는 스
페이스X에 절실히 필요했던 현지 지식이 있었다. 1990년대 초에
는 센타우르 상단 로켓을 결합한 버전의 타이탄 로켓을 발사하기
위해 SLC-40을 업그레이드하는 작업에 참여하기도 했다. 그는
1991년에 작업 중 4미터 깊이의 구덩이에 빠져 죽을 뻔한 경험이
있어 안전 절차를 상당히 중시했다.

모스덜은 플로리다에서 로켓을 발사한 경험도 있었다. 2005년
보잉과 록히드가 양사의 로켓 사업을 합병했을 때 모스덜은 최고
발사 책임자가 되어 아틀라스 로켓과 델타 로켓 발사를 지휘했다.

---

1 old space. 정부 기관 주도로 우주 개발이 이루어지던 시대를 말한다. 이에 반해 민간이
주도해 상업적 목적으로 우주를 개발하는 시대를 '뉴 스페이스(new space)'라고 한다.

이 두 로켓은 정찰 위성, GPS 위성, NASA의 중요한 과학 임무를 수행하는 위성 등을 발사하는 미군의 주력 로켓이었다. 그에 비하면 스페이스X는 아무것도 아니었다.

보잉에 있을 때 모스덜 밑에서 일하던 엔지니어 닐 힉스는 2007년에 스페이스X로 이직했다. 힉스는 그해 내내 모스덜에게 전화해 스페이스X에 와서 재능을 발휘해보라고 했다. 모스덜은 이렇게 말했다. "나를 띄워줘 기분은 좋았지만 진지하게 생각해보지는 않았습니다. 나는 스페이스X가 파워포인트 회사라고 생각했거든요. 아마 당시에는 대부분이 그렇게 오해했을 거예요." 그 말은 스페이스X가 화려한 마케팅 프레젠테이션과 보도자료로 치장된 회사였지 실상은 빈 껍데기라는 뜻이었다.

2008년 1월 스페이스X는 모스덜을 호손의 본사로 초대했다. 당시 그는 유나이티드론치얼라이언스에서 골치를 썩이고 있는 일이 있었기에 캘리포니아에 며칠 다녀오는 것도 괜찮겠다고 생각했다. 머스크와 자리에 앉자 대화는 자연스럽게 델타 IV 헤비 로켓으로 넘어갔다. 신형 미국산 엔진 RS-68을 쓰는 로켓이었다. 머스크는 3년 전 이 로켓을 처음 발사할 때 실패할 뻔했던 일에 대해 궁금해했다. 로켓은 센서 고장으로 주 엔진 세 개가 조기에 정지되며 재앙으로 이어질 뻔했다. 사고 조사는 수년간 이어졌다. 그래서 델타 IV 헤비 로켓은 이제 막 두 번째 비행을 마친 참이었다. 보잉 관계자와 공군으로 구성된 위원회의 기나긴 승인 절차 때문에 모스덜은 거의 미칠 지경까지 갔었다. 여기서 느낀 좌절감으로 그는 머스크의 제안이 더 솔깃하게 들렸다.

모스덜은 플로리다에 있는 발사장 책임자와 발사장 수석 엔지니어라는 두 직책을 맡기로 하고 스페이스X에 합류했다. 업무량은 많겠지만 모스덜은 스페이스X에 마음이 끌렸다. 그는 캘리포니아를 방문하는 동안 적어도 2500만 달러는 됨직한 비행 하드웨어를 목격했다. 그로 인해 스페이스X는 서류상으로만 존재한다는 그의 고정관념이 깨졌다. 그곳에서 만난 사람들도 마음에 들었다. 모두 자기 일을 잘 아는 사람들 같았다. 그렇게 해서 그는 플로리다에 근무하는 열 번째 직원이 되었다. 머스크가 그에게 지시한 내용은 간단했다. 가능한 한 빨리, 최소의 비용을 들여 발사장을 건설하라는 것이었다.

모스덜이 맨 처음 한 일은 발사장 건설 작업을 하는 첫날부터 최초로 로켓을 발사할 때까지의 마스터플랜을 작성하는 것이었다. 모스덜은 예산 편성에 반영할 목적으로, 필요할 것으로 예상되는 인력 계획을 수립하고 비용 추정치를 꼼꼼하게 계산했다. 플로리다에 있던 모스덜은 호손에 있던 발사 담당 부사장 팀 부차를 비롯한 고위 경영자들과 매주 화상 회의를 했다. 모스덜이 입사한 지 얼마 지나지 않았을 무렵 한번은 부차가 그의 계획을 설명해달라고 한 적이 있었다.

스피커폰 주위에 둘러앉은 경영자들이 듣고 있는 가운데 모스덜은 자신이 작성한 마스터플랜과 '예산 편성' 계획을 설명했다. 모스덜이 설명을 마치자 잠시 정적이 흘렀다. 곧이어 전화기 반대편에서 웃음이 터지는 소리가 들렸다. 모스덜은 자신이 뭔가 바보 같은 소리를 했나 보다라고 생각했다. 웃음이 가라앉자 모스덜은 무슨 말 때문에 웃었느냐고 물어보았다. 그러자 다른 경영자들이 스페이스X에서는 예산 편성을 하지 않는다고 했다. 그냥 사업을 집행한다는 것이었다.

그렇다고 스페이스X가 돈을 함부로 쓴다는 뜻은 아니었다. 오히려 정반대였다. 머스크는 경영자들에게 가능한 한 철저히 비용을 절감하라고 요구했다. "공격적인 것이 중요했습니다. 그때는 공격적이었어야 했어요. 그래서 계획을 세울 때도 공격적으로 세웠어야 했죠. 결재선상에 있는 모든 사람이 공격적이라고 느끼면 승인이 떨어졌어요. 그렇지 않으면 바로 퇴짜 맞았죠." 모스덜이 말했다.

이런 정신은 모스덜이 20년 가까이 일해온 대형 방산업체의 고루한 비즈니스 환경과 완전히 딴판이었다. NASA나 국방부는 새 로켓이 필요하면 방산업계에 설계를 요청했다. 그런 다음 어떤 업체가 수주하든 정부는 계약 금액을 초과해 들어간 비용이나 발사장을 개조하느라 지출한 돈까지 포함해 모든 개발 비용을 보상해 주었다. 그래서 그때까지 모스덜이 일하던 회사에서는 비용이 아무리 많이 들어도 눈 하나 깜빡하지 않았다. 2000년대 초반 보잉은 델타 IV 로켓을 발사하기 위해 플로리다의 발사장을 개조하느라 3억 7500만 달러를 지출했다. 공군은 캘리포니아에서도 델타 IV 로켓을 발사할 수 있어야 한다고 판단해 반덴버그 공군기지(현 반덴버그 우주군 기지)의 발사장을 현대화하는 데 5억 달러를 지출했다.

이런 헤픈 씀씀이는 다른 정부 기관과 우주 프로젝트로 퍼져나갔다. 2005년 정찰 위성의 제작과 운용을 담당하는 미 국가정찰국은 발사체에 실어 보낼 위성을 처리하는 새 시설을 케이프 커내버럴에 건설하기로 했다. 그렇게 해서 높이 60미터의 건물 1동을 포함한 7만 5000제곱미터 넓이의 멋진 시설이 들어섰다. 이 '동부 처리 시설'을 짓는 데 약 20억 달러의 비용이 들었다.

스페이스X가 케이프 커내버럴의 새로 인수한 발사장을 개조하기 시작했을 때 모스덜이 받은 예산은 수억 달러가 아니었다. 머스크는 발사장팀에 2천만 달러로 발사대, 지상 시스템, 격납고를 포함해 모든 것을 다 건설하라고 했다.

그래서 그들은 매우 공격적이었다.

우선 스페이스X는 처리 시설(고객의 탑재 화물을 받아 시험한 뒤 로켓에 싣는 곳)을 인근에 있는 20억 달러짜리 국가정찰국 시설만큼 호화롭게 지을 수 없었다. 그래서 스페이스X는 포트로더데일에서 조립식 건물을 짓는 회사를 불러들였다. 왕년에 이름을 떨쳤던 전 마이애미 돌핀스 쿼터백 댄 머리노가 지역 라디오에서 광고하는 회사였다. 유나이티드스틸빌딩이라는 이 회사는 기본적인 재료로 벽체를 댄 간단한 철골 구조물을 몇 달 만에 뚝딱 조립해 냈다. 그다음에는 스페이스X 직원들이 전기 시스템, 조명, 냉난방 시스템을 설치했다. 격납고는 100만 달러 미만으로 짓기로 했다.

때로는 돈을 적게 들이고 지으라는 머스크의 요구가 지나쳐 경영자들은 머스크를 우회하는 방법을 찾아야 했다. 예를 들어 격납고 콘크리트 기초 공사를 할 때는 강도를 높이기 위해 철근이 필요했다. 모스덜은 머스크가 비용 때문에 구매 주문을 승인하지 않으려 했다고 했다. 발사장 팀원들이 값싼 중국산 철근을 찾아냈지만, 머스크는 철근이 왜 필요하냐면서 그마저도 승인을 거부했다. "토목 엔지니어나 구조 엔지니어라면 그것이 말도 안 되는 소리라는 걸 알 겁니다. 그래서 우리는 머스크의 승인이 필요 없는 금액으로 구매 주문을 잘게 쪼개 진행했지요." 모스덜이 말했다.

모스덜과 발사장 팀원들의 공격적인 정신을 보여주는 또 다른 사례는 그들이 고물을 사들인 것이었다. 로켓을 발사하려면 발사체에 연료와 산화제 등을 공급하기 위해 수 톤(문자 그대로 수 톤)에 이르는 고압의 기체와 액체를 저장할 곳이 있어야 한다. 이런 '소모품'은 여러 겹의 벽으로 이루어진 약 15센티미터 두께의 압력 용기에 저장된다. 예컨대 로켓은 엔진을 점화하기 전에 엔진에 남아 있을지도 모를 휘발성 혼합 가스를 제거하기 위해 퍼지[1]를 하는데, 이때 주로 질소를 사용한다. 질소를 비롯한 여러 소모품은 길이 9미터, 지름 2미터 정도 되는 매우 무거운 탱크에 저장된다. 여러 종류의 팰컨9 로켓 소모품을 저장하려면 압력 용기 여러 개가 필요했는데, 새 용기의 가격은 대략 300만 달러였다. 그러니 압력 용기 몇 개만 사더라도 발사장 전체 예산이 다 날아갈 판이었다.

그래서 스페이스X 직원들은 버려진 발사대를 기웃거리며 예전에 쓰다 남은 폐 압력 용기를 찾아다니기 시작했다. 이들은 케이프 커내버럴의 옛 발사장과 그 근처 케네디우주센터에 있는 NASA의 발사대 그리고 로스앤젤레스 서쪽의 시미힐스에 있는 오래된 산타수사나현장연구소(수십 년 전에 새턴V 로켓의 상단부 엔진을 시험하던 장소)에서 폐 압력 용기를 찾아냈다. 상용 화물 프로그램 일로 스페이스X와 협업하던 NASA 직원 캐시 루더스가 이들 거래를 성사시키는 데 결정적인 역할을 했다.

스페이스X 직원 척 와그너와 캐리 폴리히트는 버려진 발사장을 워낙 열심히 뒤지는 바람에 함께 일하던 공군 관계자들로부터 '샌포드와 아들'이라는 별명을 얻었다. 성미가 고약한 고물상 주

---

1 purge. 로켓엔진을 점화하기 전에 엔진에 있는 이물질을 밀어내기 위해 불활성 가스를 불어 넣는 작업을 말한다. 로켓 내부 배관, 밸브, 터보 펌프 등에도 퍼지가 이루어진다.

스페이스X가 폐품으로 구입한 LOX 볼을 SLC-40으로 옮기는 모습. (사진 제공: 팀 부차)

인이 등장하는 1970년대의 TV 쇼 제목에 빗댄 말이었다. 두 사람이 재활용한 것 중에는 SLC-40에서 약 3킬로미터 떨어진 제37우주발사단지에서 찾아낸 둥근 대형 탱크도 있었다.

　이 부지는 수십 년 전 아폴로 달 탐사 프로그램을 진행할 때 사용되던 곳이었다. 두 사람이 발견한 탱크는 당시에 질소를 저장하던 용기였다. 1997년부터 2002년 사이에 이곳을 델타IV 로켓 발사용으로 개조하는 작업을 할 때 모스덜은 지상 시스템 설계 및 건설 책임자로 일했다. 당시 그는 옛날 질소 탱크를 델타 로켓용으로 재활용하자고 제안했다. "그 아이디어는 바로 폐기됐습니다." 모스덜이 말했다. 보잉 관리자들은 그에게 탱크 구조 분석을 하고 재사용 승인을 받는 일이 너무 어려울 것이라면서 그냥 내버려두라고 했다.

약 20미터 높이의 이 탱크는 액체 산소(LOX)를 저장하기에 이상적인 크기였다. 38만 리터를 저장할 수 있는 새 LOX 볼(탱크가 공같이 둥글어 볼로 불렸다)을 사려면 300만 달러 정도 들 터였다. 게다가 머스크는 이미 새 탱크 구매 주문 요청을 거부한 상태였다. 모스덜은 스페이스X가 보잉과는 다른 태도를 보일 것이라고 생각했다. 헬름스는 공군의 '폐기품 목록'에 올라 있던 탱크를 기꺼이 양도했다. 공군 컴퓨터 시스템에 이 탱크의 잔존 가치가 올라가 있지 않아 스페이스X는 어림짐작으로 8만 6000달러의 견적 가격을 제시했다. 공군 측 평가자는 이 가격에 동의했다. 스페이스X는 이 가격보다 1달러를 더 지불해야 했다. 부차의 지시로 밤 사이에 바로 정부 계좌로 8만 6001달러가 송금되었고, 구매 절차는 금요일에 끝났다. 이튿날 아침 현지의 중장비 대여 및 운송 회사 베이엘브라더스가 이 거대한 탱크를 특수 운반 차량에 싣고 스페이스X 발사장으로 옮겼다. 제37우주발사단지에서 이 탱크가 사라지고 나서 한동안 보잉 직원들은 발사장에 진입하는 길을 놓쳤다며 투덜거렸다. 그동안 거대한 탱크를 기준으로 방향을 잡는 데 너무 익숙해져 있었기 때문이었다.

탱크를 옮겼다고 모든 일이 끝난 것이 아니었다. 노후화된 탱크를 사용하려면 재사용 승인을 받아야 했다. 탱크 외부를 조사해본 결과 여러 군데 녹이 슬어 있었고, 구조물의 피로 또는 균열이 의심되는 부분이 발견되었다. 따라서 누군가가 내부로 들어가서 탱크에 아무런 이상이 없는지 확인하고 이물질이 있으면 제거도 해야 했다. 이 일을 하고 싶어 하는 사람은 아무도 없었다. 결국 어느 날 오후 타일러 그리넬과 크리스 월든이라는 회사의 막내 엔지니어 두 사람이 탱크 위에 설치된 약 20미터 높이의 철제 통로 위로 올라갔다. 난간의 일부 구간은 녹슬어 있었다.

결코 안전을 장담할 수 없는 일이었다. 그럼에도 인턴 두 사람은 하네스를 착용하고 윈치(권양기)에 매달려 탱크 안으로 내려갔다. 스페이스X는 조명등을 설치하고, 유해 가스가 있는지 확인하기 위해 유해 가스 감지기를 투입하고, 신선한 공기를 불어 넣어 내부를 순환시키는 등 몇 가지 사전 조치를 해놓았다. 두 사람은 아래로 내려가면서 사진도 찍고, 육안 검사도 하고, 이물질도 제거했다. 탱크를 검사하고 시험하는 데 모두 합해 약 20만 달러가 들었다. 스페이스X는 10분의 1의 돈과 10분의 1의 시간을 들여 액체 산소 저장 용기를 갖게 되었다. 그 뒤로 수백 번의 발사가 이루어졌지만 LOX 볼은 아직도 건재하다.

몇 달 후 머스크가 회사 홍보 동영상을 찍기 위해 발사장을 찾았다. 팰컨9 로켓 발사를 상정하고 진행된 촬영 도중 머스크와 모스털은 발사장 곳곳을 돌아다녔는데, LOX 볼이 눈에 띄게 카메라에 잡혔다. 철제 통로 위에 서 있는 두 사람의 모습을 찍고 있는 카메라 앞에서 머스크는 기쁜 목소리로 이렇게 말했다. "우리는 지금 거대한 우리 회사의 액체 산소 탱크 꼭대기에 서 있습니다."

그런 다음 머스크다운 펀치라인을 터트렸다. 머스크는 때로는 영리했지만 때로는 어리석을 정도로 무모했다. 그는 사람의 진을 뺄 만큼 요구하는 것이 많았고 까다로웠다. 하지만 때로는 순진한 유머 감각을 가진 철없는 어린아이일 뿐이었다.

"사람들은 스페이스X가 배짱이 좋다고 말하죠.[1] 그 말이 맞습니다." 머스크가 농담처럼 말했다.

"저 여자 말 듣지 마세요. 미친 여자예요"
스페이스X 직원들은 발사장에 쓸 자재를 찾아다니는 한편, 케이프 커내버럴을 관리하는 보수적인 군인들을 상대하는 법도 배워야 했다. 헬름스가 지휘하는 공군 제45우주비행단은 레인지(발사 구역) 안전을 책임지고 있었다. 로켓을 발사하는 회사가 지상에 있는 인명과 재산을 보호하기 위한 안전 조치를 취하도록 감독해야 한다는 뜻이다. 그들은 이 일을 철저히 수행했고, 어떤 변화도 하지 않으려고 했다.

---

1 'to have big balls'는 '고환이 크다'라는 뜻이지만 '배짱이 좋다'라는 의미로도 쓰임. 액체 산소 탱크를 볼이라 불렀으므로 머스크는 중의적인 뜻으로 이 말을 썼다.

레인지를 이용하던 기존의 정부 계약업체들은 이런 관료주의에 익숙했고 군의 규칙과 규정을 잘 알고 있었다. 예컨대 유나이티드론치얼라이언스 같은 회사는 미국 정부의 페이로드를 실어 나르고 거기에 들어가는 돈을 모두 보상받았기에, 비용이 얼마가 들든 상관없이 이 모든 규칙을 당연한 것으로 받아들이고 따랐다.

"이런 면에서 정부는 거대한 관료주의 덩어리죠. 우리는 로켓을 어떻게 만들어야 하고 공공의 안전을 어떻게 지켜야 하는지에 관한 수많은 규칙과 규정이 있었습니다." 헬름스가 말했다.

머스크는 대부분의 규정을 불필요한 장애물로 보는 사람이다. 그래서 관리자들에게 모든 규칙과 요구 사항에 적어도 의문은 제기해보라고 했다. 헬름스는 스페이스X가 다른 정부 계약업체와는 다른 방식으로 돌아간다는 사실을 깨달았다. 헬름스는 부하들에게 레인지 안전을 확보하면서도 스페이스X와 협업할 방법, 즉 절충안을 찾아보라고 지시했다. 그는 안전 담당관들에게 스페이스X가 레인지 규정의 '취지'는 만족시키되, 규정에 명시된 까다로운 기준을 한 줄 한 줄 글자 그대로 따를 필요는 없도록 하라고 했다.

예를 들어 유나이티드론치얼라이언스는 로켓을 발사하기 전에 매번, 군사 용어로 '범용 문서 시스템'이라 불리는 500쪽 분량의 문서를 꼼꼼하게 준비했다. 이 가이드북에는 통신이나 일기 예보 등 레인지 관리 부대에서 제공해야 할 모든 서비스와 언제 이 서비스를 제공해야 할지가 장황하게 기재되어 있었다. 스페이스X

에 배치된 제45기상대대 소속 기상 통보관 마이크 매컬리넌은, 본질적으로 이 문서는 로켓 발사를 앞두고 레인지 관리 부대에 내리는 준비 명령과 같은 것이라고 말했다. 하지만 스페이스X 직원들은 로켓 발사가 있을 때마다 그런 문서를 작성하느라고 시간을 낭비하고 싶어 하지 않았다. 그 대신 이들은 표준 문서를 하나 만들어놓고 발사할 때마다 내용을 조금씩 수정하기로 했다.

"물론 레인지 관리 부대는 이것을 싫어했습니다. 하지만 스페이스X는 밀어붙였어요. 스페이스X는 아직도 처음 문서를 그대로 쓰고 있죠. 발사할 때마다 조금씩 수정해가면서 말예요. 그런데 유나이티드론치얼라이언스는 여전히 발사할 때마다 500쪽짜리 문서를 새로 만들어요. 아직도 변하지 않았다니 놀랍죠. 스페이스X는 처음부터 나흘에 한 번씩 로켓을 발사할 생각이었습니다. 그래서 언제나 일을 단순화하려고 노력하죠." 매컬리넌이 말했다.

초창기에는 레인지 관리 부대의 일부 장교들은 스페이스X를 싫어하기도 하고 헬름스의 협조적인 태도에 반감을 보이기도 했다. 헬름스는 '할 수 있는' 길을 모색하려고 해도 레인지 관리 부대원 모두가 같은 생각을 하는 것은 아니었다. 초기에 레인지 관리 부대 장교와 스페이스X 관리자들이 모여 회의를 하는 중에 이상한 일이 일어났다. 스페이스X의 항공전자 담당 부사장 한스 쾨니히스만(Hans Koenigsmann)은 테이블 중앙에 자리 잡았고, 그 옆으로 레인지 관리 부대 고위 장교가 앉아 있었다. 헬름스가 '비상 상황'에 대한 이야기를 하고 있는 중에 이 장교는 포스트잇 두 배 정도 크기로 접은 흰 종이를 쾨니히스만에게 슬쩍 건넸다.

쾨니히스만은 메모를 읽고 나서 깜짝 놀랐다. 메모지에는 '저 여자 말 듣지 마세요. 미친 여자예요'라고 적혀 있었다. '저 여자' 는 헬름스를 지칭하는 것으로, 일부 장교들이 헬름스의 부대 지휘 방식을 경멸한다는 사실을 보여주는 표현이었다. 쾨니히스만이 고개를 들며 가장 먼저 한 생각은 헬름스가 자기를 불러 무슨 내 용이냐고 물어보면 어쩌나 하는 것이었다. 그는 당황한 나머지 증 거를 없애기 위해 종이를 씹어 삼킬까 하는 생각을 잠깐 했다. 하 지만 그러면 더 눈에 띨 것 같았다. 그래서 메모지를 주머니에 넣 어 두었다가 회의가 끝난 후 쓰레기통에 버렸다. "섬뜩했지요. 자 리에 앉아 있기가 굉장히 불편했습니다." 쾨니히스만이 말했다.

다행히 메모지를 건넨 장교는 얼마 안 있어 교체되었다. 하워 드 쉰칠로즈(Howard Schindzielorz)라는 엔지니어가 레인지 관리 부 대의 수석 엔지니어로 부임했다. 그는 헬름스가 추진하는 변화를 전향적으로 받아들였다. 2008년 10월 헬름스가 다른 보직을 받아 플로리다를 떠날 무렵 스페이스X는 쉰칠로즈나 그의 부대원들과 원만한 관계를 유지하고 있었다.

플로리다 우주 공항에 입주해 있던 다른 회사 직원들도 스페이 스X에 적대적이었고 스페이스X를 깔보는 태도를 보였다. '카프리 콘 원' 시절 스페이스X는 아직 격납고가 없었다. 그래서 2009년 초에는 기술자와 엔지니어들이 사방이 트인 격납고 기초 위에서 외부에 노출된 채 로켓 작업을 했다. 유나이티드론치얼라이언스 직원들은 진입로를 따라 차를 몰다 펜스에 멈춰 서서 사진을 찍기도 하고 조롱하는 말을 던지기도 하면서, 앞으로 경쟁자가 될 스페이스X 직원들을 비웃었다. 결국 스페이스X는 시야를 차단하기 위해 체인 링크 펜스 뒤에 가리개를 설치했다. 그러자 헬름스가 개입해 즉시 중단 명령을 내렸다.

헬름스는 케이프 커내버럴의 기존 사람들이 좋든 싫든 스페이스X를 구성원으로 받아들이게 하려고 다른 방법을 썼다. 매월 케이프 커내버럴에서는 레인지를 이용하는 로켓 발사 회사 관계자들과 공군 그리고 국가정찰국 관계자들이 함께 모여 회의를 했다. 헬름스는 누구나 볼 수 있도록 자기 옆자리에 스페이스X 부사장 팀 부차를 앉혀, 그곳에 참석한 터줏대감들에게 스페이스X가 플로리다에 자리를 잡았으니 걸맞은 대우를 해주라는 메시지를 보냈다.

"헬름스는 우리가 초창기에 어려움을 극복하는 데 큰 도움을 줬어요." 부차가 말했다.

NASA는 스페이스X에 화물 운송을 위탁했으므로 다른 기관보다는 스페이스X에 우호적이었다. 유인 우주 비행을 감독하던 고위 관리자 빌 거스텐마이어(Bill Gerstenmaier)는 스페이스X의 일 처리 방식이 다르다는 점을 받아들임으로써 환영의 뜻을 분명히 보여주었다. 유인 우주 비행과 관련된 NASA의 프로그램은 모두 그를 거쳐야 했으므로 그는 중요한 우군이었다. 거스텐마이어는 NASA의 중요한 계약 체결에 큰 영향력을 행사했고, 연간 100억 달러 가까운 예산을 주물렀다.

NASA가 스페이스X와 국제우주정거장 화물 운송 계약을 체결한 지 약 1년이 지난 2009년 추수감사절 날 거스텐마이어는 스페이스X의 진행 상황을 확인하러 플로리다를 찾았다. 당시 우주왕복선의 남은 비행 일정은 5회뿐이었으므로 조만간 NASA와 계약을 맺은 민간 업체들이 국제우주정거장에 식량, 물, 과학 실험 장비 등을 운송해야 할 터였다. 거스텐마이어는 모든 것을 다 보고 싶어 했다. 그래서 모스델은 그와 함께 발사대 주변, 컨테이너 내부, 추진제 탱크 꼭대기 등을 돌아다녔다. 거스텐마이어는 스페이스X가 케이프 커내버럴 주변에서 수거해 온 모든 자재를 훑어보았다. "그는 수많은 질문을 던졌어요." 모스델이 말했다.

거스텐마이어는 SLC-40을 둘러보며 자신이 러시아에서 겪었던 이야기를 들려주었다. 그는 1996년에 러시아에 거주하면서 NASA 우주 비행사 섀넌 루시드의 미르 우주정거장 비행을 지원한 적이 있었다. 그 뒤 그는 NASA의 국제우주정거장 프로그램을 이끌었고, 지금은 소유스 로켓에 탑승할 자리를 확보하기 위해 러시아와 협상을 진행하는 중이었다. 우주왕복선 프로그램이 중단되면 NASA 우주 비행사를 국제우주정거장에 보내기 위해 러시아 로켓을 이용해야 했기 때문이다. 이 일로 그는 한 번에 몇 주씩 먼지가 풀풀 날리는 카자흐스탄의 바이코누르에 머물곤 했다. 바이코누르는 냉전 시기에 유인 우주 비행을 위해 러시아가 만든 로켓 발사 기지가 있는 곳이다.

시찰이 끝나갈 무렵 모스덜은 거스텐마이어를 LOX 볼 꼭대기에 있는 철제 통로로 안내했다. 모스덜은 통로의 녹슨 부분을 가리키며, 안전 진단을 거쳐 사용하는 데 문제없다는 판단을 받았다고 설명하면서도 멋쩍은 표정을 지었다. 말투가 부드러운 거스텐마이어는 그저 미소만 지었다.

"바이코누르와 비교하면 아무것도 아닙니다. 발사지원 시설에서 로켓으로 건너가는 다리가 나무판자로 만들어져 있었는데, 심지어 판자가 떨어져 나간 곳도 있었어요. 거길 건너가야 했죠." 거스텐마이어가 말했다.

거스텐마이어는 좀 짓궂은 유머 감각도 있었다. 그가 나중에 케이프 커내버럴을 방문했을 때 부차와 쾨니히스만이 우주 공항 남쪽에 있는 시내의 도로를 걸어가는 모습이 그의 눈에 띄었다. 이날은 반 정례화된 이삿날이었다. 스페이스X 직원들은 로켓이나 발사장 일로 플로리다에 몇 주씩 내려와 있는 동안 주기적으로 숙소를 옮겨 다녔다. 그들은 발사장에 더 가까이 있는 콘도라든가 아침 식사가 잘 나오는 호텔 등 끊임없이 조금 더 나은 방을 찾아 다녔다. 이날 부차와 쾨니히스만은 옷을 실은 카트를 끌고 붐비는 플로리다의 도로를 걸어가고 있었다. 아무렇게나 꾸린 소지품을 끌고 어기적거리며 인도를 걸어가는 두 사람의 모습은 마치 노숙자 같아 보였다.

두 엔지니어를 알아본 거스텐마이어는 차를 천천히 세우고 창문을 내렸다. "스페이스X에서 요즘 많이 힘든가 보네요." 그는 농담을 던지듯 말한 뒤, 웃음을 터트리며 차를 몰고 떠났다.

실제로 스페이스X는 팰컨9 로켓 발사대를 구축하느라 힘든 시기를 보내고 있었다. 하지만 로켓 발사는 그보다 훨씬 더 힘든 일이 될 터였다.

3장

1차 발사: 궤도에 도달하다

2008년 9월 28일,
오리건주 벤드

어느 날 저녁 늦게까지 일하던 로버트 로즈는 잠깐 쉬는 동안 인터넷 뉴스 헤드라인을 훑어보았다. 로즈는 비디오 게임 코딩 작업을 하는 프로그래머였다. 그가 참여한 작업 중에는 소니 플레이스테이션용 3인칭 슈팅 게임 〈사이폰 필터〉 시리즈가 있다. 로즈는 자신이 작성한 코드가 컴파일되기를 기다리는 중이었다. 스페이스X라는 회사가 방금 첫 로켓 발사에 성공했다는 뉴스가 눈에 띄었다. 그는 뉴스를 클릭해 발사 동영상을 찾아보았다. 로켓이 이륙할 때부터 궤도에 도달할 때까지의 전 과정을 다 본 것은 이때가 처음이었다.

그는 이 동영상을 여러 번 다시 돌려 보았다. "내가 본 동영상 중에서 가장 멋있었어요." 나중에 로즈가 말했다.

로즈는 스페이스X 웹사이트를 검색해 들어가봤다. 구인 목록을 클릭했더니 제일 윗줄에 뜨는 것이 C++ 프로그래밍 언어 등의 기량을 갖춘 비행 소프트웨어 엔지니어를 찾는다는 내용이었다. 자신에게 해당하는 자격 조건이었다. 그는 우주를 좋아했다. 그래서 지원해보기로 했다. 로즈는 자기소개서와 이력서를 제출했다. 몇 주 뒤 그는 호손에서 입사 면접을 보았다.

로즈는 스페이스X 본사에서 여러 면접관으로부터 매우 까다로운 기술적 질문을 받았다. 그는 면접관들에게 깊은 인상을 남겼다. 그래서 채용 담당자는 마지막 관문인 머스크와의 면접을 앞두고 그에게 조언을 해주었다. 로즈가 이른바 '일론 면접'을 통과할 수 있게 해주려는 것이었다. 그가 한 조언 중 하나는 머스크에게 절대 우주 엘리베이터에 관해 물어보지 말라는 것이었다. 로즈는 우주 엘리베이터에 관해 들어본 적도 없었으므로 물어볼 생각조차 하지 않았기 때문에, 오히려 이상하다는 생각이 들었다. 채용 담당자는 우주 엘리베이터에 관한 질문이 사장의 심기를 건드릴 수 있다고 걱정하는 것 같았다. 머스크는 지표면과 우주 공간을 케이블로 잇는 이론적 개념인 우주 엘리베이터를 어리석고 비현실적이라고 생각했다.

머스크는 대부분의 면접에서와는 달리 로즈에게는 기술적 질문이나 까다로운 수학적 질문을 던지며 몰아붙이지 않았다. 대신 그는 로즈의 이력서를 들여다보고 고개를 끄덕이면서 궁금한 것이 있는지 물었다. 로즈는 우주 엘리베이터에 관한 질문을 하지는 않았다. 하지만 머스크처럼 돈이 많거나 뭔가를 성취한 사람을 만나본 적이 없었기에 그 기회를 놓치고 싶지 않았다. 그래서 전기차에 관해 물어보았다. 테슬라가 완전 전기차를 만드는 이유가 무엇입니까? 휘발유 차량에서 점진적으로 전환할 시간을 벌 수 있는 하이브리드 자동차가 더 낫지 않을까요?

머스크는 바로 대답하지 않았다. 그는 천천히 의자 뒤로 몸을 기대고는 두 손으로 책상을 짚었다.

"나는 '큰일났군. 내가 무슨 말을 한 거지?'라는 생각이 들었어요. 머스크는 하이브리드 자동차는 쓸데없는 짓이고, 하이브리드를 건너뛰고 바로 완전 전기차로 가야 한다는 내용의 일장 연설을 하기 시작했습니다. 그가 무슨 말을 했는지는 생각도 안 나요. 하지만 분명히 기억나는 건 '그래, 이거야. 이 사람 밑에서 일하고 싶어'라는 생각이 들었다는 거예요. 그가 하는 말을 다 이해하지는 못했지만, 그에게는 카리스마가 있었고 에너지가 느껴졌어요. 만약 그때가 전쟁 중이었고 머스크가 나에게 '로즈 이병, 저 지뢰를 밟아'라고 말했다면 아마 그렇게 했을 겁니다." 로즈가 말했다.

로즈는 깊은 감명을 받고 집으로 돌아갔다. 그 뒤 입사 제안을 받은 로즈는 로켓에 쓸 소프트웨어를 만들기 위해 아내와 함께 오리건주 벤드에서 호손으로 이사했다. 비행 소프트웨어는 로켓과 함께 우주로 향하는 코드다. 이 소프트웨어는 로켓이 이륙하기 바로 1분 전에 로켓을 떠맡아 궤도에 도달할 때까지 로켓의 비행을 유도한다. 2009년 1월 로즈가 본사에 와서 보니 크리스 슬론이 이끄는 소규모 팀이 팰컨1 로켓의 마지막 비행을 위한 코드 작성에 집중하고 있었다. 그래서 그는 팰컨9 로켓 작업에 참여하라는 지시를 받았다.

로즈는 비디오 게임과 로켓의 유사성 때문에 이 일에서 편안함을 느꼈다. 그는 게임이 디스크에 구워져 나오던 콘솔 게임 시대에 일하던 사람이었다. 게임에 결함이 있으면 바로 소프트웨어 패치를 만들어 보급하는 요즘과 달리 2000년대에는 버그가 몇 개만 있어도 비디오 게임을 할 수 없었다. 콘솔 게임에서는 메모리가 부족하면 게임이 중단되었기 때문에 메모리 관리도 대단히 중요했다. 마찬가지로 로켓 탑재 컴퓨터도 메모리가 부족하면 로켓이 추락할 터였다.

비디오 게임 코딩 작업을 할 때는 게이머에게 풍부한 경험을 제공하기 위해 게임에 최대한 많은 기능을 집어넣는 것이 중요했다. 로켓은 그와 달랐다. 생각할 수 있는 모든 비행 모드에서 소프트웨어가 제대로 작동하도록 코딩 라인을 하나하나 면밀히 검토해야 했다. 그래서 코딩 한 줄을 검토하고 시험하는 데 몇 주가 걸릴 수도 있었다.

그 때문에 "최대한 단순하고 멍청한 소프트웨어를 만들어야 했어요. 우리는 코딩과 책임을 동의어로 생각했어요"라고 로즈가 말했다.

그럼에도 로켓을 우주로 쏘아 올리려면 코딩 작업이 많이 필요했다. 로즈는 팰컨1 로켓에 쓰던 핵심 소프트웨어를 가져다 그보다 큰 팰컨9 로켓에 맞게 고쳤다. 코딩을 아무리 단순하게 하려고 해도 팰컨9 로켓용 비행 소프트웨어는 결국 수십만 줄에 이르게 된다.

"그게 현장의 실제 모습이죠"

소프트웨어와 마찬가지로 로켓 하드웨어도 2009년 초까지는 비행 준비가 거의 되어 있지 않았다. '카프리콘 원'에서 주연 역할을 했던 1단 로켓은 분해되었다. 추진제 탱크는 추가 작업을 위해 텍사스로 보내졌고 나머지 부분은 캘리포니아로 향했다. 거기서 직원들은 멀린 엔진 아홉 개를 새 엔진부에 장착해 추가 점검을 한 뒤 삼각대에 올려 시험하기 위해 텍사스로 보냈다.

그해 7월 스페이스X는 마지막 팰컨1 로켓을 발사했다. 그로부터 몇 주 뒤 머스크는 팰컨9 로켓에 올인하겠다고 발표해 일부 직원들에게 충격을 안겨줬다. 이 발표는 스페이스X의 미래를 제시한 것이었다. 충격을 받은 직원 중에는 콰절레인 현장 책임자로 막 부임한 로저 칼슨도 있었다. 칼슨은 팰컨9 로켓 1단의 통합과 조립을 책임지는 새 보직을 받고, 노트북과 배낭 하나만 달랑 멘 채 태평양의 환초에서 텍사스로 가는 첫 비행기에 올랐다. 수백 명의 엔지니어와 기술자가 번갈아 가며 텍사스로 찾아와 다양한 부스터 부품을 조립하거나 만지작거리는 동안, 그는 때로는 며칠 동안 계속해서 그의 트레이드마크가 된 반바지와 녹색 부츠 차림으로 로켓 옆에 앉아 있어야 했다.

더운 여름철인 데다 힘든 작업이 많았다. 작업자들은 엔진 사이의 좁은 공간에 들어가 연료 공급 배관을 연결하기도 하고 강철 핀으로 부품을 고정하기도 했다. 이런 작업이 몇 시간씩 걸리는 경우도 많았다. 그사이 작업자는 공중전화 부스보다 좁은 공간에 갇혀 있어야 했다. "작업자들이 소변을 볼 수 있도록 한밤중에 양동이를 넣어줄 때도 있었습니다. 로켓 과학자 직업 설명서에는 나와 있지 않지만, 그게 현장의 실제 모습이죠." 칼슨이 말했다.

이 1단 로켓에는 실제로 이륙해 우주로 날아가는 데 필수적인 항공전자 시스템이나 배선이 없었다. 엔진과 연료 탱크는 매우 중요하다. 하지만 로켓에는 그런 금속 외에도 많은 것이 필요하다. '발사' 명령이 떨어지면 로켓은 자율적으로 비행한다. 이때 비행 컴퓨터가 속도와 압력 그리고 바람과 같은 외력 등 온갖 종류의 데이터를 수집한다. 컴퓨터에 설치된 비행 소프트웨어는 로켓이 경로를 벗어나지 않도록 이런 모든 변수의 미세한 변화에 맞춰 로켓을 통제한다. 이런 면에서 로켓은 가장 크고 가장 강력한, 하늘을 나는 컴퓨터라 할 수 있다.

그해 여름과 가을에 이루어진 주요 작업 중에는 로켓 이곳저곳에 전기를 공급하고 센서와 항공전자 장치 사이에서 신호를 전달하는 수백 가닥의 케이블을 배선하는 작업이 있었다. 로켓 외부에 설치된 '배선로'를 따라 고압의 가스관을 용접하는 작업도 끝냈다. 이제 이 모든 것을 작동시킬 소프트웨어 개발이 남았다.

로즈는 가을부터 이 비행 소프트웨어를 시험하기 시작했다. 그는 특히 정확한 타이밍에 멀린 엔진을 점화하고 종료할 수 있는지 확인하고 싶었다. 팰컨9 로켓의 설계상 엔진 아홉 개 전부를 동시에 종료하는 것은 바람직하지 않았다. 연료 공급 배관이 파열될 수 있기 때문이었다. 그래서 서로 마주 보고 있는 엔진 두 개씩 종료시켜야 했다. 로즈는 수십 밀리초 간격을 두고 엔진을 종료할 수 있게 소프트웨어를 코딩하는 데 많은 시간을 들였다.

어느 날 저녁 로켓이 아직 맥그리거의 격납고에 있을 때 기술자들은 처음으로 로켓을 지상 지원 장비에 연결할 준비를 했다. 이들은 종일 사전 준비를 한다고 힘들었던 터라, 빨리 연결 작업을 끝내고 로켓에 탑재한 컴퓨터와 지상 시스템 사이에 데이터가 원활하게 흐르는 모습을 지켜보고 싶었다. 이 순간은 영화 〈크리스마스 대소동〉에서 체비 체이스가 온 식구를 앞마당으로 불러내 크리스마스 조명등에 첫 불을 밝히는 모습을 보게 하는 장면을 떠올리게 했다. 하지만 로켓을 지원 장비에 연결했는데도 아무런 일도 일어나지 않았다.

모두가 소프트웨어를 만든 로즈를 쳐다보았다. 그의 귀에 그날 하루를 기분 좋게 마무리하고 싶었던 사람들의 입에서 나오는 짜증 섞인 한숨 소리가 들렸다. 로즈는 하드웨어 문제일 수도 있다고 생각했다. 하지만 그렇다고 해서 격납고의 소음을 뚫고 그의 귀에 들어오는 비아냥거리는 소리를 어떻게 할 수는 없었다. 시간이 흐르자 사람들이 하나둘 격납고 밖으로 빠져나갔다. 로즈는 자정이 훌쩍 넘은 시간까지 혼자 남아 문제가 무엇인지 파악하려고 했지만 문제를 찾지 못했다.

다음 날 아침, 몇 시간 자는 둥 마는 둥 한 로즈가 다시 격납고로 갔다. 이번에는 소프트웨어를 제쳐두고, 로켓과 지상 시스템이 제대로 연결되었는지 확인하기 위해 로켓 인터페이스를 구석구석 살펴보기 시작했다. 그때 칼슨이 격납고로 들어왔다. 로즈는 칼슨에게 자기는 소프트웨어 만지는 사람이지만, 자신이 보기에는 케이블이 제대로 연결되어 있지 않은 것 같다고 말했다. 그러자 칼슨이 자세히 들여다보더니 훈련 교관처럼 큰 소리로 자기 눈에도 케이블이 제대로 연결되어 있지 않은 것으로 보인다고 말했다. 그들은 곧 맥그리거에 가져온 인터페이스가 호손에서 개발된 인터페이스를 약간 수정한 것이라는 사실을 알아냈다. 그래서 커넥터가 1~2밀리미터 정도 떨어져 있어 연결이 제대로 되지 않았던 것이었다.

스페이스X가 첫 번째 팰컨9 로켓 작업을 할 때는 엔지니어와 기술자들이 급하게 개발된 새 하드웨어로 작업해야 했기 때문에 이와 유사한 문제를 수없이 겪었다. 매일 한 걸음 앞으로 나갔다가 두 걸음 뒤로 물러서게 만드는 문제를 발견하기 일쑤였다.

그해 여름 팰컨1 로켓 작업에 참여했던 다른 엔지니어들도 칼슨과 마찬가지로 텍사스로 넘어왔다. 잭 던(Zach Dunn)은 팰컨1 프로그램 후반부에 중추적인 역할을 한 사람으로, 1단 로켓 추진 시스템을 감독했다. 이제 팰컨1 로켓 발사팀은 팰컨9 로켓 1단부 최종 조립과 시험에 투입되었다. 던은 며칠씩 공장에서 잘 정도로 팰컨1 로켓 개발을 위해 열심히 일하던 사람이었다. 그런데 로켓을 격납고에서 삼각대로 이동하기 위한 팰컨9 로켓의 초도 시험 비행 준비는 그보다 훨씬 더 힘들었다.

"그때 아마 내 인생에서 가장 열심히 일했던 것 같습니다. 우리는 1단 로켓 시험 준비를 위해 몇 달 동안 일주일 내내 쉬지 않고 일했어요." 던이 말했다.

정해진 출근 시간은 없었지만, 작업은 보통 오전 9시경에 시작되었다. 해가 진 뒤에도 작업은 계속되었는데 하루에 12시간을 넘기는 일이 잦았다. 엔지니어들이 맥그리거에 오면, 한 달 이상 머물더라도 주말에 쉴 수가 없었다. 텍사스에는 일하러 온 것이었다. 결코 끝날 것 같지 않던 그해 여름에 현지 직원들은 가끔 주말에 쉬기도 했다. 그린 데이의 히트곡 〈Wake Me Up When September Ends(9월이 끝나면 날 깨워줘)〉는 그해 여름의 배경 음악이 되었다.

작업 환경이 좋은 것도 아니었다. 주변 지역은 방울뱀이 출몰한다는 안전 경고판이 필요할 정도로 시골이었다. 작업자들은 뱀한테 물리지 않기 위해 아무것이나 함부로 만지지 말고 항상 장갑을 껴야 한다는 소리를 들었다. 이 지역에서는 귀뚜라미가 봄에 부화해 긴 여름을 성충으로 보내다 가을이 되면 죽는다. 이 시끄러운 곤충은 불빛에 이끌리기 때문에 건물 입구 주변에 떼로 모여든다. 맥그리거 시험장의 귀뚜라미들은 땀에 젖은 엔지니어들이 시험을 하려고 모이곤 하는 벙커를 특히 좋아했다. 그해 가을, 비행 준비가 완료된 팰컨9 로켓을 삼각대에 올릴 무렵 귀뚜라미가 벙커 바깥에 모여들어 눈더미처럼 쌓였다. 이 귀뚜라미 떼가 죽으면서 안 그래도 사방에 쓰레기가 쌓여 있던 벙커 내부에 악취를 더했다. 던은 "완전히 돼지우리 같았어요"라고 말했다.

텍사스 중부 지방의 악천후도 이들을 괴롭히는 데 한몫 거들었다. 가을로 접어들면서 한랭전선과 돌풍 전선이 30미터 높이의 삼각대 위에서 일하는 엔지니어와 기술자들을 주기적으로 덮치곤 했다. 아침이 되면 이들은 메탈리카의 〈For Whom the Bell Tolls(누구를 위하여 종은 울리나)〉를 쾅쾅 틀어놓고 길고 긴 또 하루를 시작할 마음의 준비를 했다. 하루는 전날의 시험 데이터를 검토하고 그날 할 일을 계획하는 것으로 시작되었다. 머스크는 2주 안에 1단 로켓 작업을 끝내라며 끊임없이 직원들을 압박했다. 머스크의 구미에는 결코 빠른 것이 아니었지만, 2009년 11월 중순이 되자 마침내 로켓은 최종 발사 준비를 위해 플로리다로 다시 이송될 준비가 된 것으로 보였다.

하지만 이 때문에 엄청나게 많은 새로운 문제가 발생했다. 스페이스X는 1단 로켓과 같이 그렇게 큰 무언가를 국토의 절반을 가로질러 운송해본 적이 없었다. 텍사스 중부에서 플로리다의 스페이스 코스트까지는 교통량이 많지 않으면 약 16시간 만에 갈 수 있다. 하지만 팰컨9 로켓 1단부가 넓게 뚫린 고속도로로 갈 수는 없을 터였다.

최악의 육로 운송이 이들을 기다리고 있었다.

공짜 사탕

평판 트레일러에 실린 팰컨9 로켓은 모든 방향에서 트레일러트럭 밖으로 삐죽 튀어나왔다. 일반적인 장거리 운송 트레일러트럭의 폭은 2.4미터다. 그런데 팰컨9 로켓 1단부를 지지하는 대형 강철 받침대는 폭이 일반 트레일러트럭의 거의 두 배에 가까운 4.2미터였다. 트레일러의 상단은 보통 도로를 기준으로 4.1미터 높이다. 이 정도 높이면 일반적으로 4.3에서 4.9미터 높이인 고가도로나 육교 밑을 무리 없이 지나갈 수 있다. 하지만 1단 로켓은 받침대 위에 놓여 있어 그 높이가 지상에서 5.4미터에 이르렀다. 끝으로, 트레일러트럭은 트럭과 트레일러의 길이를 합해 약 21미터다. 그런데 트럭 전면에서 트럭 뒤로 불쑥 튀어나온 팰컨9 로켓 끝까지의 길이는 36미터나 되었다. 이 적재물은 넓기만 한 것이 아니라 대단히 높고 길기도 했다.

트레일러트럭 운전사가 단순히 10번 고속도로를 타고 텍사스에서 플로리다까지 로켓을 운송할 수는 없었다.

NASA나 다른 미국의 로켓 제조업체는 대형 부스터를 운반할 때 보통 하늘이나 바닷길을 택했다. 1970년대에 NASA는 보잉747 여객기 두 대를 개조해 우주왕복선의 궤도선을 실어 날랐다. 우주왕복선의 거대한 새턴V 로켓과 외부 연료 탱크는 루이지애나주의 미슈조립공장에서 멕시코만을 거쳐 케네디우주센터까지 바지선으로 실어 왔다. 하지만 이런 운송 방법은 느리기도 하고 돈도 많이 들었다. 머스크는 팰컨9 로켓을 만들 때 도로를 이용해 운반할 수 있게 크기를 최대한 줄여서 만들게 했다. 그래서 적어도 이론적으로는 육로 운송이 가능한 크기였다.

스페이스X는 운송 회사 한 곳과 완성된 1단 로켓 운송 계약을 체결했다. 이 회사는 두 명의 운전사를 배치하고, 폭이 넓은 화물을 운송할 수 있게 지정된 도로를 따라 운송하는 이동 경로를 짰다. 첫날 이동은 순조로웠다. 하지만 루이지애나주에 도착하자 난관에 봉착했다. 이 경로는 루이지애나주 북부에서 시작해 10번 고속도로 남쪽으로 내려가 습지대를 따라가는 길이었는데, 종종 오지를 지나기도 했다. 이 길에는 트레일러트럭의 통행을 방해할 고가도로나 육교는 없었지만 낮게 걸린 신호등과 전선이 많았다. 그

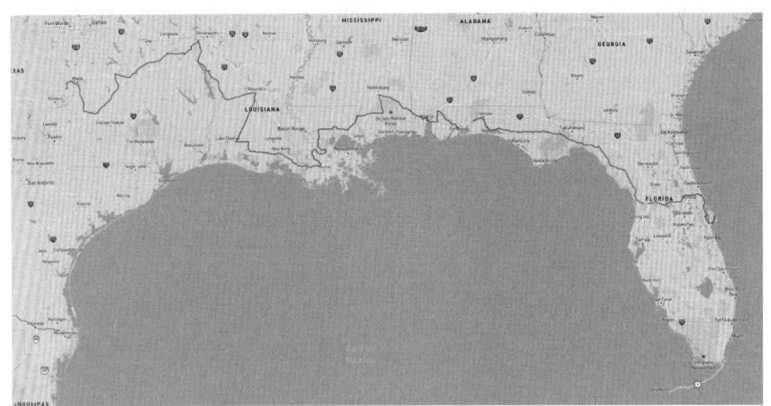

2009년 팰컨9 로켓의 구불구불한 이동 경로. (사진 제공: 로저 칼슨)

러다 보니 칼슨을 포함해 몇몇이 달라붙어 통행을 도와야 했다.

칼슨은 주로 크리스 톰슨과 함께 포드 플렉스 SUV를 타고 대열 앞에서 달렸다. 톰슨은 뮬러와 함께 창립 직원으로 입사한 사람이었다. 이들과 함께 이동하는 또 다른 차량에는 범퍼에 5.4미터 높이의 장대를 달고 그 꼭대기에 깃발을 꽂아두었다. 이 깃발이 장애물에 부딪히면 칼슨과 톰슨은 포드 플렉스에서 뛰어내려 트레일러트럭이 지나갈 때까지 긴 막대로 전선이나 기타 장애물을 들어 올렸다. 그런 다음 다시 SUV를 타고 트레일러트럭을 앞질러 원래의 자리로 돌아갔다.

"매일 아침 앞차의 장대 높이를 다시 쟀습니다. 어느 날 길이를 쟀더니 장대가 몇 센티미터 밑으로 내려가 있더라고요. 등에 소름이 쫙 끼쳤죠." 칼슨이 말했다.

스페이스X는 루이지애나주의 한적한 도로를 따라가는 여정을 수월하게 하려고 비번인 주 경찰관을 고용했다. 덕분에 적색 신호등에서도 멈추지 않고 지나갈 수 있었고, 트레일러트럭이 너무 길어 교차로에서 회전할 방법이 없을 때는 대각선으로 원활하게 통과할 수도 있었다. 어느 날 이들은 커다란 신호등이 여러 개 낮게 매달려 있는 교차로를 지나가야 했다. 트레일러트럭이 힘들게 조금씩 전진하는 사이에 각 방향으로 교통이 1킬로미터 이상 정체되어버렸다. 스페이스X 직원들은 진땀을 흘리며 어쩔 줄 몰라 했다. 하지만 그들이 고용한 주 경찰관은 아무 일도 아니라는 듯이 침착했다. 그는 꽉 막힌 길을 이리저리 둘러보고는 말했다. "그냥 기다리게 두세요. 내가 여러분과 일하지 않았다면 저쪽 출구 어딘가에 앉아 있다가 딱지를 떼겠죠. 서두르지 말고 차근차근 지나갑시다."

이들은 근처에 호텔이 없을 때는 선시커 RV(캠핑카의 일종) 안에서 잠을 잤다. 당시 유행하던 인터넷 밈 중에 옆면에 '공짜 사탕'이라고 쓴, 오싹한 느낌을 주는 밴이 나오는 밈이 있었다. 일종의 다크 유머로, '사탕을 공짜로 주겠다는 낯선 사람을 조심하라'는, 아이들에게 주는 부모의 주의를 패러디한 것이었다. 일행이 텍사스 중부의 맥그리거에서 출발하기 전에 현장 책임자 톰 마큐직은 재미로 캠핑카 옆면에 '공짜 사탕'이라는 글을 써넣었다. 칼슨은 톰슨이 캠핑카에서 나오는 모습을 찍은 뒤 그가 곧 체포될 것이라며 일행과 함께 톰슨을 놀리기 시작했다. 주 경찰관 중에 키가 168센티미터 정도 되는 경찰관이 자기보다 큰 톰슨에게 톰슨 정도는 쉽게 수갑을 채울 수 있다고 말했다.

그러자 톰슨이 응수했다. "안 될걸요."

경찰관이 '과연 그럴까'라는 표정을 짓더니 단번에 톰슨에게 수갑을 채웠다. "정신을 차리고 보니 내가 수갑을 찬 채 차 벽에 밀려 있더라고요." 톰슨이 말했다.

11월 22일 일요일, 일행은 90도로 방향을 틀어야 하는 교차로를 만났다. 이 교차로는 36미터 길이의 트레일러트럭이 방향을 틀기에는 너무 좁았다. 트럭이 교차로에 도착해보니 예상보다 교차로가 더 좁았다. 칼슨을 비롯한 스페이스X 직원들은 차에서 내려 공간을 확보하기 위해 활톱으로 도로 표지판을 자르기 시작했다. 이들은 이미 여러 번 이 톱으로 나무나 기타 장애물을 자른 경험이 있었다. 표지판을 자르면서 이들의 마음이 초조해지기 시작했다. 차가 보이지 않는 곳까지 길게 밀려 있기 때문이었다. 이들을 호위하던 경찰관은 이 지역 사람들은 일요일 늦은 오후쯤이면 뉴올리언스 세인츠 풋볼 경기를 보며 술을 마셔 모두 적당히 취해 있을 것이라고 말했다. 그러다 집에 가는 길에 길이 막혀 기다려야 하는 일이 생기면 로켓에 무슨 짓을 할지도 모른다고 했다.

절망적인 상황에 빠진 일행은 교차로를 비워주기 위해 결국 경로를 벗어나 직진하기로 했다. 마음을 죄며 긴 하루를 보낸 직원들은 휴식이 필요했다. 직원들은 각자 차를 끌고 뿔뿔이 흩어져 트레일러트럭을 하룻밤 주차할 곳을 찾기 시작했다. 직원 하나가 하역장이 있는 대형 창고를 발견하고는 문에 적힌 전화번호로 전화를 걸었다. 관리인은 200달러를 내면 주차할 수 있다고 했다. 대신 로켓 파손에 대한 책임은 지지 않겠다고 했다. 결국 직원들은 로켓을 지키기 위해 창고 주위를 감시하며 밖에서 잠을 잤다. 머릿속에는 온통 다음날은 또 무슨 일이 벌어질까 하는 생각뿐이었다.

얼마 지나지 않아 우려하던 또 다른 사고가 일어났다. 로켓이 아직 루이지애나주를 지나고 있을 때 이들은 영화 〈백 투 더 퓨처〉 세트장같이 생긴 작은 마을의 광장으로 접어들었다. 광장으로 향하는 주도로를 따라가면 90도 회전을 몇 번 해야 했다. 행렬은 천천히 움직였고, 칼슨을 비롯한 일행은 CB 무전기[1]로 연락을 주고받으며 로켓 옆에 붙어 걸어갔다. 길 양편의 점포 건물은 거의 도로 가장자리까지 나와 있었다. 아니나 다를까, 트레일러트럭이 방향을 틀기 시작하자 로켓 한쪽 끝이 앞으로 튀어나온 건물 지붕에 부딪힐 것 같았다.

칼슨을 비롯한 직원들은 트럭 운전사에게 이 사실을 알리기 위

---

[1] 시민 밴드 라디오(citizen band radio). 국가가 정한 특별한 주파수대에서 누구라도 허가 없이 사용할 수 있도록 개방한 생활 무전기.

해 바로 CB 무전기의 '송신' 버튼을 눌렀다. 하지만 그 무전기는 한 번에 한 사람만 송신할 수 있어, 그들이 지르는 소리는 모두 서로 상쇄되어 묻혀버렸다. 경고가 늦어진 탓에 트럭 운전사는 제때 브레이크를 밟을 수 없었다. 그래서 방향을 틀던 로켓 상단 테두리가 목조 건물에 부딪치며 로켓과 건물이 모두 손상되어버렸다. 칼슨과 톰슨을 비롯한 스페이스X 직원들(스콧 문, 브래드 오브락토, 조 피츠제럴드)은 가슴이 찢어질 것 같았다. 며칠 동안 정신없이 이 일에 매달려왔는데 결국 일이 이렇게 되고 말았다. 트럭 운전사도 눈물을 터트렸다. 이 사고로 한동안 모두 정신을 차리지 못했다.

"현장에는 우리 다섯 명밖에 없었어요. 끔찍했죠. 모두 비명을 질렀습니다. 모두 그 자리에서 무너져 내렸죠. 내 인생 최악의 순간이었어요." 칼슨이 말했다.

그들은 모두 그 자리에 몇 분 동안 우두커니 서서 마음을 가다듬었다. 목적지까지 가는 것 외에는 다른 방법이 없었다. 운전사는 다시 트럭에 올라 차를 뒤로 뺐다. 로켓 상단 테두리가 완전히 빠져나올 때까지 건물에 부딪쳐 긁히는 소리가 들렸다. 일행 중 가장 직급이 높은 톰슨이 머스크에게 전화를 걸었다. 그는 이런 상황에서 머스크가 어떤 격한 반응을 보일지 잘 알고 있었기에 마음의 준비를 단단히 했다. 하지만 톰슨이 금속 테두리가 원위치로 되돌아갔고 페인트칠만 조금 벗겨졌다고 설명하자 머스크는 대수롭지 않게 받아들이는 것 같았다. 머스크는 탱크는 괜찮을 것이라 생각하고 로켓 운송을 서두르라고 지시했다.

다음 날 칼슨이 일일 보고서를 제출하자 머스크의 기분이 달라졌다. 칼슨은 스페이스X 본사 내에 널리 공유되는 자신의 일일 보고서에 자부심을 느끼고 있었다. 그는 매일, 전날 운송 중에 일어난 일을 구체적으로 보고하면서 때로는 배경 설명까지 덧붙이곤 했다. 루이지애나에서 로켓이 건물에 부딪치는 사고가 일어난 다음 날의 일일 보고서에서, 그는 아직도 그 충격에서 벗어나지 못하고 있다면서, 이 사고를 2008년에 일어난 팰컨1 로켓 3차 발사 시의 사고에 비유했다. 당시 팰컨1 로켓은 1단과 2단이 충돌하면서 임무가 실패로 끝났었다. 하지만 호손에 있던 모든 사람이 칼슨의 설명에 동의하는 것은 아니었다. 그 사고가 부주의로 일어난 것이라며 칼슨이 자기 책임을 다하지 않고 있다고 머스크에게 말하는 직원도 있었다.

이 말을 들은 머스크는 흥분했다. 그는 포드 플렉스를 몰고 루이지애나주의 또 다른 샛길을 지나고 있던 톰슨에게 전화를 걸었다. 머스크는 톰슨을 질책한 뒤 그에게 칼슨을 즉시 해고하라고 말했다. 칼슨은 무슨 대화가 오가는지도 모르는 체 톰슨 옆에 앉아 있었다. 톰슨은 자신은 칼슨의 상사가 아니기 때문에 그럴 권한이 없다고 했다. 머스크는 톰슨이 칼슨을 해고하지 않으면 톰슨 먼저 해고하고 칼슨을 해고하겠다고 했다. 통화는 그렇게 끝났다. 톰슨은 칼슨에게 태연자약하게 별일 아니라고 말했다. 두 사람은 계속 차를 몰았다. 머스크는 이 문제를 다시는 제기하지 않았다.

일행은 마침내 펄강을 건넜다. 미시시피주, 앨라배마주, 플로리다주에서는 급커브 구간이 그다지 많지 않았다. 플로리다주에 도착한 다음에는 쉬지 않고 계속 달렸다. 플로리다주에서는 규격을 벗어나는 대형 화물의 야간 고속도로 통행을 허용했기 때문이다. 서둘러야 할 이유가 더 있었다. 11월 24일 화요일 오후 5시까지는 목적지에 도착해야 했다. 추수감사절 기간의 늘어나는 교통량을 감안해 플로리다주의 도로에서는 거의 일주일 동안 대형 화물의 통행이 금지되기 때문이었다. 일행은 밤새 계속 달려온 덕분에 화요일 오후 3시 21분, 스페이스X 격납고에 도착할 수 있었다.

이로써 열흘에 걸친 1900킬로미터의 힘든 여정이 끝났다.

이들이 도착하기를 기다리던 사람 중에는 로켓 1단부 작업을 하느라 맥그리거에서 그해 대부분을 보낸 항공전자 엔지니어 캐트리오나 체임버스가 있었다. 체임버스가 기억하고 싶어 하지 않는 당시의 기억 중 하나는 귀뚜라미 썩는 냄새였다.

"트레일러트럭이 들어오는데 맥그리거 특유의 냄새도 함께 밀려들어 왔어요. 맥그리거에 도착했다는 사실을 바로 알았습니다. 우리가 가장 먼저 한 일은 로켓단에 남아 있던 죽은 귀뚜라미를 진공청소기로 빨아내는 것이었어요." 체임버스가 말했다.

텍사스에서 오는 길은 평균 시속 16킬로미터의 거북이 같은 속도로 이동한 길고 힘든 여정이었다. 이 여정을 통해 스페이스X

는 뼈아픈 교훈을 얻었다. 스페이스X 엔지니어들은 바닥의 폭이 좁은 특수 받침대와 적재함 바닥을 지면 가까이 낮춘 맞춤형 트랜스포터를 개발했다. 덕분에 그다음부터 스페이스X는 고속도로를 통해 기존 로켓보다 훨씬 적은 비용을 들여 팰컨9 로켓을 운송할 수 있었다.

미친 듯이 일하고 죽기 살기로 놀다

1단 로켓이 플로리다에 도착하면서 스페이스X는 대형 로켓 초도 발사의 막바지 단계에 접어들었다. 2010년 1월 26일 2단이 도착했고, 곧이어 두 발사체가 결합되어 하나의 로켓이 되었다. 한 달 뒤 매우 중요한 연료 주입 시험이 끝났고, 3월 중순에는 최대 출력 종합 연소 시험에 성공했다. 이제 로켓과 지상 시스템은 발사 준비가 거의 끝났다.

하지만 공군 관계자들은 핵심 안전 문제에 매우 단호한 태도를 보였다. 로켓이 고장 나면 파괴할 수 있는 기능에 관한 문제였다. 이것을 비행 종단 시스템이라고 하는데, 쉽게 말해 로켓 1단과 2단에 폭발물을 묶어놓고 각 폭발물을 점화장치와 수신기에 연결해놓은 것이다. 로켓이 궤도를 벗어나면 레인지 안전 담당자가 점화장치에 신호를 보내 지상에 있는 사람이나 재산에 피해를 끼치기 전에 로켓을 폭파한다.

머스크가 생각하기에 이것은 간단한 장치였다. 2008년에 그는 헬름스에게 이렇게 말했다. "이 비행 종단 시스템이라는 건 전구와 똑같은 거 아닌가? 켰다 껐다 할 수 있는 전구 말이에요. 이 경우에는 켜면 로켓이 폭발하는 거지." 그 말은 맞다. 하지만 이 특별한 전구를 켜지도록 하는 것이 그리 쉬운 일은 아니었다.

이 골치 아픈 일은 결국 스페이스X에 네 번째로 입사한 한스 쾨니히스만에게 돌아갔다. 원래 이 독일 출신 엔지니어는 팰컨1 로켓의 항공전자 장치를 담당했는데, 시간이 지나면서 서서히 무게중심이 비행 안전에 관한 일로 옮겨갔다. 태평양에 있는 콰절레인 환초의 오멜렉섬에서 로켓을 발사할 때는 위험성이 크지 않았다. 조그만 섬에 있는 이 발사장 주변은 바다였고, 인근에 인구 밀집 지역이 없었기 때문이다. 그래서 팰컨1 로켓에는 비행을 강제 종료시킬 폭발물이 필요 없었다. 그냥 엔진 연소만 종료시키면 되었다. 하지만 플로리다주에는 팰컨9 발사장 주위에 값비싼 항공우주 시설이 몰려 있었고, 인근에는 케이프 커내버럴이나 코코아 비치 같은 도시도 있었다. 따라서 로켓이 궤도를 벗어나면 바로 폭발물을 사용해 강제 종료해야 할 수도 있었다.

쾨니히스만은 2009년 말부터 모든 신경을 팰컨9 로켓의 비행 종단 시스템에 쏟기 시작했다. 이 시스템에 들어가는 모든 하드웨어는 '인증'을 받아야 했다. 일련의 정교한 시험을 거쳐야 한다는 뜻이었다. 공군은 이 시험에 요구되는 사항을 말 그대로 커다란 책 한 권에 정리해놓았는데, 이 책에는 시험 과정이 한 줄 한 줄 자세히 적혀 있었다. "하드웨어를 검증하는 절차가 하나하나 문서화되어 있었고, 매우 엄격했습니다." 쾨니히스만이 말했다.

머스크는 이런 엄격한 요구 사항에 직면하자 비행 종단 시스템 승인 때문에 발사 일정이 늦어질까 봐 아낌없이 지갑을 열었다. 쾨니히스만은 25만 달러를 주고 우주 인증을 받은 수신기 두 대를 구입했다. 이 수신기는 지상에서 보내는 신호를 수신해 로켓에 실린 폭발물로 전송하는 기기였다.

가장 큰 문제는 수신기와 점화 회로 등 비행 종단 시스템에 전원을 공급하는 배터리였다. 여기에 쓰이는 전원은 로켓에 탑재된 기본 전원과 분리되어 있어야 했다. 쾨니히스만은 팰컨1 로켓에 쓰던 것과 같은 배터리를 쓰기로 했다. 이 배터리는 하나가 양장본 책 정도의 크기였다. 공군이 정한 규정에 따르면 여기에 쓰이는 배터리는 한 번의 충전으로 영하 29도와 영상 71도 사이를 왕복하는 주기적 노출(이것을 열주기 시험이라고 한다)을 24번까지 견딜 수 있어야 했다.

쾨니히스만은 이렇게 말했다. "그 사람들은 실제 환경과는 전혀 관계없는 환경 시험을 극단적으로 실시했어요. 배터리는 온도의 주기적 변화를 싫어하죠." 이 시험 과정에서 배터리가 전압 요건에 맞지 않으면, 예컨대 20볼트여야 하는데 잠시라도 18볼트로 떨어지면, 전체 인증 시험이 다 불합격이었다. 실제 일부 배터리에서 이런 일이 발생했다.

몇 주가 지나자 스페이스X 엔지니어들은 배터리 셀을 하나하나 조사해 결함 유무를 확인하기 위해 CT 스캐너까지 사용하게 되었다. 2010년 초반까지도 비행 종단 시스템은 팰컨9 로켓 초도 발사의 발목을 잡고 있었다. 쾨니히스만은 다른 부서 직원들과 인턴까지 동원해 셀 결함 유무를 확인하는 작업과 열주기 시험을 시켰다. 이들은 주말까지도 쉬지 않고 밤낮없이 하루 24시간 필사적으로 이 일에 매달렸다. 이 과정에서 쾨니히스만은 위아래 모두를 신경 써야 했다. 머스크는 수시로 진행 상황을 확인하길 원했다.

"머스크에게 최대한 솔직하게 보고하려고 했어요. 하지만 그러면 우리가 힘들어졌어요. 내 생각에는 직원들에게 소리 지른다고 일 처리가 빨라지는 건 아니거든요. 불안감과 불필요한 스트레스만 유발하죠. 그렇지 않아도 스트레스를 받고 있는 사람들인데… 소리 지르는 것보다는 아이스크림이나 뭔가 맛있는 것을 사줬다면 훨씬 더 나았을 거예요." 쾨니히스만이 말했다.

당시 테슬라도 경영하던 머스크는 자신이 전기 자동차 회사에서 일하기 때문에 배터리 전문가가 되었다고 생각했지만, 비행 종단 시스템에 사용되는 배터리의 화학적 특성은 자동차용 배터리와 완전히 달랐다. 그는 쾨니히스만과 레인지를 관리하는 공군 관계자들 그리고 로켓 발사 허가를 내줄 연방항공청을 못마땅하게 생각했다.

2월에 제45우주비행단에 새 사령관이 부임하면서 일의 진행

속도가 빨라졌다. 사령관 에드 윌슨(Ed Wilson) 소장은 쉰칠로즈를 비롯한 레인지 관계자들에게 스페이스X가 배터리와 나머지 비행 종단 시스템 인증을 받을 수 있게 도와주라고 지시했다.

2010년 봄이 되자 팰컨9 로켓 팀원들은 정말로 한 팀처럼 결속하기 시작했다. 밤늦게까지 장난기 섞인 농담을 해가며 힘든 일에 시달린 결과였다. 이들은 대부분 20대의 젊은이들이었다. '보호자' 역할을 할 나이 든 사람은 쾨니히스만과 부차를 비롯해 소수에 불과했다. 이 엔지니어들은 호텔이나 모텔 또는 장기 숙박을 할 수 있는 주택이나 아파트에서 지냈는데, 일을 하지 않을 때는 밤새도록 로큰롤을 틀어놓고 놀았다. 케이프 커내버럴 정문에서 가까운 술집 중 한 곳인 '피시립스 워터프론트 바앤드그릴'은 직원들이 자주 가서 스트레스를 해소하는 곳이었다. 피시립스는 가족 친화적인 식당을 표방하고 있었기에, 스페이스X 직원들이 술 마시며 장난을 치다 영화 〈애니멀 하우스의 악동들〉 수준으로 소란스러워지면 이들을 식당에서 쫓아내는 일도 드물지 않게 일어나곤 했다. 그러면 '보호자'들은 식당 지배인을 찾아가 스페이스X 직원들과 관련한 문제가 발생하면 경찰을 부르지 말고 자기네를 불러달라고 부탁했다.

"우리는 미친 듯이 일했지만 놀 때도 정말 열심이었어요." 잭던이 말했다.

때로는 쫓겨난 직원들이 몰래 담을 넘어 들어가 피시립스에 남아 있던 친구들과 합류하기도 했다. 다른 꾀를 쓰는 사람도 있었다. 어느 날 밤 당시 20대 후반이었던 던은 다시는 오지 말라는 소리를 듣고 식당에서 쫓겨났다. 이튿날 그는 긴 머리를 아주 짧게 자르고 피시립스에 갔다. 이들은 피시립스가 받아주지 않을 때는 한 블록 떨어진 '그릴스 시푸드 덱앤드티키 바'로 갔다. 한번은 이곳에서 던이 술이 취해, 껍질이 단단한 바위새우 여러 마리를 껍질째 먹은 적이 있었다. 이 모습을 본 종업원이 이런 농담을 던졌다. "먹는 사람이 자기가 먹는 음식보다는 더 똑똑해야 하지 않을까요?"

그럼에도 이들은 우주 비행에 혁명을 일으킬 사람들이었다.

아무도 모르는 태평양 한가운데서가 아니라 플로리다에서 로켓을 쏘아 올릴 준비를 하면서 스페이스X는 최고 수준의 그룹에 합류했다. 스페이스X 엔지니어와 기술자들은 매일 출근길에 자동차를 몰고 앨런 셰퍼드와 거스 그리섬이 미국 최초의 유인 우주 비행을 떠난 역사적인 발사대 옆을 지나갔다. 이들은 마지막 우주 왕복선 발사를 가까이에서 목격하면서 언젠가 자신들이 우주 비행사를 우주로 보낼 날이 올지도 모른다는 상상을 했다.

선샤인 스테이트(플로리다주의 별칭)는 캐트리오나 체임버스가 자란 스코틀랜드 고지대의 칙칙한 잿빛 도시 인버네스와 기분 좋은 대조를 이루었다. 옥스퍼드대학교에서 공학을 전공한 체임버스는 2005년에 오빠 앤드루를 따라 스페이스X에 입사해 항공전자 분야에서 일해왔다. 스페이스X는 체임버스에게 팰컨9 첫 발사가 있기 1년 전부터 플로리다 해안가의 콘도를 임차해주었다. 체임버스는 친한 회사 친구 플로렌스 리와 함께 이 콘도에서 지냈다. 두 사람은 일이 힘들 때면 기분을 전환하기 위해 시간을 쪼개 공군기지 해변에서 조깅을 하곤 했다. 체임버스는 일을 하다 졸리면 팰컨9 로켓의 인터 스테이지로 들어가 몇 분씩 눈을 붙였다. 이곳에는 음향 블랭킷이 설치되어 있어 외부 소음이 차단되었다. 늦은 밤에는 캘리포니아에 있는 남편에게 전화를 걸어 대화를 나누다 잠들곤 했다.

콰절레인과 케이프 커내버럴의 또 다른 차이는 시간이었다. 팰컨9 로켓 발사팀은 로켓을 발사한다는 경험을 음미할 시간이 조금 더 있었다. 콰절레인에서는 발사하기 전의 일정이 너무 빡빡해 로켓 발사의 의미를 생각해볼 시간이 거의 없었다. 쾨니히스만과 부차는 케이프 커내버럴에서는 조금 더 나은 발사 경험을 하고 싶었다. 그래서 발사 예정일을 이틀 앞둔 6월 2일 저녁, 두 사람은 팰컨9 엔지니어 수십 명을 자기네가 지내는 아파트로 초대했다. 직원들이 거실에 모이자 쾨니히스만은 〈이륙: 발사대에서의 성공과 실패(Liftoff: Success and Failure on the Launch Pad)〉라는 DVD를 틀었다. 직원들은 과거에 일어났던 로켓 사고와 폭발 장면이 담긴 영상을 보면서 마음을 비우고, 최악의 상황이 발생하더라도 그것이 세상의 종말을 의미하는 것은 아니라는 사실을 깨달았다.

발사 예정 시각이 24시간도 채 남지 않은 이튿날 오후, 대서양으로부터 전형적인 여름철 뇌우가 밀어닥쳤다. 마치 하늘에 구멍이 난 것처럼 케이프 커내버럴에 한 시간 만에 76밀리미터의 폭우가 쏟아졌다. 네 개의 높은 피뢰탑 덕분에 낙뢰 피해를 보지는 않았지만 거의 옆으로 쏟아지는 빗줄기가 발사대를 때리는 것은 피할 수 없었다. 폭풍우가 지나가자 엔지니어들이 로켓을 점검했다. 점검을 시작한 지 얼마 지나지 않아 2단부에서 문제가 발견되었다. 2단에서 나오는 데이터의 흐름이 핸드폰 통화가 끊어지듯이 중간중간 끊기는 것이었다. 안테나 구역으로 물이 새어 들어간 것이 분명했다.

이 문제를 해결하기 위해 모두 발사대에 모였다. 머스크는 부차와 항공전자 엔지니어 뷸렌트 알탄을 비롯해 거기에 모인 엔지니어들과 해결책을 상의했다. 안전한 방법은 원통형의 헤이그-파 텔레메트리 안테나를 제거하고 새 안테나를 설치하는 것이었다. 하지만 안테나가 로켓에 단단히 결속되어 있어 안테나를 교체하면 로켓 발사가 상당히 지연될 터였다. 그래서 다른 방법을 시도해보기로 했다. 이들은 급히 헤어드라이어와 비슷하게 생긴 휴대용 히트건을 가져왔다. 그런 다음 알탄이 크레인을 타고 올라가 몇 분 동안 물이 새어 들어간 부위를 향해 히트건을 이리저리 움직이며 작동시켰다. 히트건으로 안테나 구역의 습기를 말리려는 것이었다.

그날 저녁 알탄을 비롯한 일부 직원들이 안테나에 달라붙어 진땀을 흘리는 동안 머스크는 여기저기 돌아다니며 기술자나 초급 엔지니어, 부사장 등을 가리지 않고 만나는 직원마다 질문을 던졌다. "어떻게 해야 속도를 더 높일 수 있을까요?" 처음에 직원들은 2단부 안테나의 습기 말리는 일에 관해 묻는 것으로 생각했다. 하지만 머스크의 질문은 향후 계획, 즉 로켓 발사 속도를 높이려는 자신의 목표를 어떻게 하면 빨리 달성할 수 있을까라는 것이었다. 만족스러운 답을 듣지 못한 머스크는 옆으로 누워 있는 로켓 옆 바닥에 다리를 꼬고 앉았다. 머스크는 두 손으로 턱을 괴고 마치 명상을 통해 답을 찾으려는 사람처럼 알 수 없는 미래를 응시했다. 몇 시간 뒤 차를 타고 호텔로 돌아가는 길에도 머스크는 여전히 팰컨9 로켓 발사를 쉽고 빠르게 할 수 있는 방법을 비롯해 미래 문제를 고민하고 있었다. 자정이 훌쩍 넘은 시각에 부차가 모는 차 안에서 머스크는 발사 책임자 부차에게 로켓 생산량을 늘리는 방법과 팰컨9 로켓 코어를 착륙시키는 방법 그리고 아직 설계조차 되지 않은 팰컨 헤비에 대해서까지 이것저것 물어왔다.

부차에게는 그보다 더 시급한 문제가 있었다. 잠시 눈을 붙인 그는 새벽녘에 팀원들과 창문이 없는 발사통제센터로 들어가 로켓과 기타 시스템 점검에 들어갔다. 알탄이 손을 본 후 텔레메트리 데이터의 흐름이 조금 나아지긴 했지만 간헐적으로 끊기는 현상은 여전했다. 대부분의 직원은 비행 중 2단과의 교신이 끊어질지도 모르기 때문에 로켓을 발사하지 않으리라 생각했다. 발사 창(발사 가능 시간대)이 열리기 한 시간쯤 전에 머스크는 발사 가능 여부를 확인하기 위해 직원들의 의견을 물어보았다. 부차와 알탄 그리고 항공전자 담당 부사장 제프 워드 모두 2단 텔레메트리 신호가 고르지 않아 걱정된다는 말을 상당히 장황하게 했다. 대놓고 말하지는 않았지만 사실상 발사하면 안 된다는 뜻이었다.

하지만 직원들의 의견 청취를 끝낸 머스크는 모두가 경악할 발언을 했다. "잘 알겠습니다. 발사하지 말아야 할 이유는 없군요."

이에 따라 발사팀은 현지 시간 오후 1시 30분을 발사 시각으로 정하고 카운트다운에 들어갔다. 카운트가 순조롭게 진행되던 중 오후 1시에 발사 구역으로 지정된 해역으로 배 한 척이 무단 침입했다. 레인지 안전 담당자는 로켓이 이륙하다 폭발할 때를 대비해 배가 들어오지 못하도록 출입 금지 구역을 설정한다. 발사통제센터에 있던 엔지니어들은 분위기가 가라앉지 않도록 애썼다. 스페이스X 본사에 있던 직원 중 하나는 포토샵을 이용해 리처드 셸비가 출입 금지 구역에서 제트스키를 타는 합성 사진을 만들었다. 셸비는 앨라배마주 출신의 공화당 유력 상원의원으로, 자신의 주에 큰 공장이 있는 유나이티드론치얼라이언스의 이익을 대변하는 인물이었다. 통제실의 엔지니어들은 이 사진을 돌려 보았다.

얼마 지나지 않아 스페이스X에 반가운 소식이 전해졌다. 신임 공군 사령관 윌슨은 블랙호크 헬리콥터를 보내 프로펠러 블레이드의 강한 바람으로 배에 위협을 가하라고 했다. 그런 다음 부차에게 전화를 걸어 어떻게든 출입 금지 구역의 배를 내쫓겠다고 말했다. 배는 출입 금지 구역을 벗어났고, 카운트다운은 계속되었다.

발사 시각이 몇 초 남지 않았을 때 아홉 개의 멀린 엔진 중 한 곳에 TEA-TEB 점화제(트리에틸알루미늄-트리에틸보란 점화제)가 제대로 공급되지 않고 있다는 신호가 떴다. 이 때문에 자동으로 발사가 중단되었고 케빈 밀러는 가시방석에 앉게 되었다. 제일 먼저 뮬러가 찾아왔고 뒤이어 머스크가 왔다. 헤드셋을 쓰고 있는 밀러의 한쪽 귀로는 잭 던이, 다른 쪽 귀로는 부차가 어떻게 돌아가느냐고 묻는 소리가 들렸다. 발사 창은 현지 시간으로 오후 3시면 닫히기 때문에 밀러는 빨리 문제를 해결해야 한다는 압박감을 느꼈다.

엔진에 TEA-TEB 점화제가 충분히 공급되지 않은 상태에서 엔진을 점화시키면 좋지 않은 결과를 초래할 수 있었다. 맥그리거에서 연소 시험을 하던 중 엔진에 점화제가 공급되지 않아 가스 발생기가 폭발한 적도 있었다. 스페이스X는 처음으로 발사하는 팰컨9 로켓의 TEA-TEB 점화제 공급 기준을 보수적으로 높게 잡았다. 밀러는 머스크와 뮬러 등의 허락을 받아 공급 기준을 조금 낮추었다. 직원들은 새로 설정한 기준에 맞춰 로켓의 비행 소프트웨어를 업데이트한 뒤 발사 시각을 오후 2시 45분으로 다시 설정했다.

이번 카운트다운은 완벽했다. 문제가 발생한 엔진은 하나도 없었다. 천지가 진동하는 소리가 나더니 로켓은 피뢰탑을 지나 힘차게 하늘로 솟구쳐 올랐다. 팰컨9 로켓은 음속 장벽을 돌파하면서 눈에 보이는 충격파를 만들어냈다. 로켓이 공기가 희박한 대기권 상층부로 올라가면서 그 뒤로 배기가스 기둥이 빠르게 옆으로 퍼져나갔다.

머스크는 긴장한 표정으로 통제실 안에 있는 체임버스의 책상 뒤에 서서 머리 위의 대형 스크린을 통해 발사 과정을 지켜보았다. 격렬한 음파가 건물을 휩쓸고 지나가자 두 사람은 로켓이 만들어내는 굉음을 느낄 수 있었다. 로켓이 하늘로 올라가는 모습을 볼 수 있을 뿐만 아니라 체감할 수 있다는 사실이 믿기지 않았다. 체임버스는 화면에 뜬 데이터를 지켜보며 마음을 가라앉히려고 애썼다. 하지만 마음속으로는 너무 기뻐서 자리를 박차고 일어서고 싶었다. 1단 로켓의 연소가 끝나자 체임버스는 더는 참지 못하고 자리에서 벌떡 일어나 허공으로 주먹을 휘둘렀다.

아홉 개의 엔진이 임무를 완수한 모습을 보고 머스크는 들뜬 마음으로 대형 스크린 앞을 떠났다. 그다음에 무슨 일이 일어나든 이 정도면 충분했다. 1단 로켓이 계획대로 비행을 완료한 것만으로도 성공한 발사라고 홍보할 수 있을 터였다.

통제센터 바로 앞에서는 로저 칼슨이 직원 및 그 가족 수백 명과 함께 잔디밭에 서서 기대에 찬 표정으로 하늘을 올려다보고 있었다. 칼슨은 이 팰컨9 로켓 1단 운송을 마친 뒤 플로리다의 격납고에서 1단과 2단의 체결 조립 작업을 감독했다. 그는 1단 로켓의 추진제가 모두 연소되고 나면 1단과 2단을 분리해주는, 단 분리 장치를 설치하는 힘든 작업을 지켜보았다. 단 분리 장치를 설치하는 데는 사흘이 걸렸다. 그는 단 분리가 다양한 이유로 실패할 수 있다는 사실을 잘 알고 있었다. 칼슨 옆에는 분리 장치 설치 작업에 참여했던 엔지니어 데이비드 프라이드호프가 서 있었다.

카운트다운이 진행되던 마지막 순간 프라이드호프는 칼슨에게 이렇게 말했다.

"성공하면 좋겠어요."

로켓이 하늘로 치솟자 잔디밭에 모여 있던 스페이스X 직원들은 환호성을 지르며 기뻐했다. 하지만 칼슨과 프라이드호프는 감정을 자제했다. 비행을 시작한 지 182초 후 로켓의 주 엔진이 꺼졌다. 4초 뒤 단 분리 장치가 작동했다. 1단이 떨어져 나가며 2단의 단발 멀린 엔진이 점화되었다. 로켓은 계속 날아갔다. 그제야 칼슨과 프라이드호프도 점점 더 열광하는 직원들의 축하 분위기에 동참했다.

그날 팰컨9 로켓은 궤도까지 올라가게 된다. 실제 드래건 우주선과 같은 크기와 모양의 드래건 모사체를 실은 2단 로켓은 몇 분을 더 날아가 지구 저궤도에 도달했다. 스페이스X는 팰컨1 로켓을 처음 세 번의 발사에서 실패했지만, 그보다 훨씬 크고 복잡한 팰컨9 로켓은 첫 발사에서 궤도에 진입시켰다. 로켓은 놀랍도록 정확하게 목표 궤도에 안착했다.

로켓이 궤도에 안착하자 발사팀 직원들은 눈을 가늘게 뜨거나 비비면서 밝은 해가 비치는 밖으로 나와 동료들과 재회했다. 그들은 몇 주 동안 창문도 없는 통제실에 갇혀 로켓 발사 통제 훈련을 하다 이제 그 결실을 보고 나오는 길이었다. 체임버스는 이렇게 말했다.

"우리는 의기양양하게 걸어 나왔어요. 밖에서 몇 시간이나 우릴 기다리고 있던 가족과 친구들을 만났죠. 말로는 다 설명할 수 없는 뿌듯한 느낌이 들었습니다."

완벽하지는 않았지만 놀라운 성과였다. 로켓은 발사 후 2초 만에 60도 회전했다. 엔진 정렬이 살짝 어긋난 것이 이 회전의 원인이었다. 하지만 로켓의 유도항법제어 시스템이 회전 동작을 감지하고 로켓이 통제 불능 상태에 빠지기 전에 회전을 멈추게 했다. 두 번째 문제는 그보다 훨씬 뒤에 발생했다. 스페이스X는 2단부 멀린 엔진을 재점화하여 태평양 상공에서 대기권으로 재진입시킬 계획이었다. 이런 목적으로 소량의 연료를 보존하는 것이 표준 절차다. 그래야 2단 로켓이 제어되지 않는 커다란 우주 파편이 되어 지구 저궤도를 돌지 않을 것이기 때문이다. 태평양 상공에서 2단을 재진입시키면 대기권에서 타지 않고 남은 금속이 있더라도 태평양으로 떨어져 인명이나 재산에 피해를 주지 않을 것이다. 로켓 발사 회사는 일반적으로 남위 48도에 있는 포인트 니모[1]를 추락 목표 지점으로 삼는다. 포인트 니모는 육지에서 가장 멀리 떨어진 태평양의 한 지점으로 사방 어느 쪽으로도 육지까지 1600킬로미터가 넘는다.

하지만 2단 로켓이 지구 대기권으로 재진입하기 전에 스페이스X는 2단 로켓의 회전을 제어하지 못하게 되었다. 재진입 전에 추진제 탱크를 비우는 과정에 추진제가 뿜어져 나오면서 2단 로켓이 회전하기 시작한 것이었다. 바로 밑은 호주의 뉴사우스웨일스주였고, 동이 트기 몇 시간 전이었다. 일찍 일어난 사람들은 하늘을 보다가 밝게 빛나며 회전하는 막대사탕 같은 것을 발견했다. 2단 로켓이 대기권에 진입해 타는 동안 지역 TV와 라디오 방송국에는 UFO를 목격했다는 제보가 쏟아져 들어왔다.

팰컨9 로켓 발사는 미국의 우주 정책 역사에서 매우 중요한 순간에 이루어졌다. 유인 우주 비행의 미래를 두고 백악관과 의회 사이에서 치열한 싸움이 벌어지고 있었다. 우주왕복선이 퇴역할 시점이 다가오자, 우주왕복선을 만들던 대형 항공우주 기업들은 차세대 로켓도 자기네가 계약해 우주왕복선과 비슷한 규모의

---

1 Point Nemo. 지구상의 어떤 땅에서도 제일 먼 바다 위의 지점. 해양 도달불능점이라고도 한다.

큰돈을 받아내기 위해 의회를 압박했다. 하지만 오바마 백악관은 우주 비행에 들어가는 비용을 낮추기 위해 지금까지 해오던 방식을 잠시 중단하고 스페이스X 같은 신생 기업에 기회를 주고 싶어 했다. 그래서 팰컨9 로켓의 첫 발사는 오바마 대통령 우주 정책의 정당성을 확인해줄 시금석 역할을 하게 되었다. 만약 발사가 실패한다면 민간 기업은 아직 우주 비행의 주역이 될 준비가 되지 않았다는 반대파의 의견이 정당화될 터였다.

오바마 대통령의 우주 정책 수석 고문인 NASA 부국장 로리 가버는 이런 사실을 너무나도 절실하게 느끼고 있었다.

"나는 나 자신의 명성뿐만 아니라 오바마 정부 우주 정책의 성패가 팰컨9 로켓 발사 결과에 크게 좌우될 것이라는 점을 잘 알고 있었어요."

팰컨9 로켓 발사가 성공했다고 해서 머스크를 비판하는 사람들이나 기존의 정부 계약업체들과 결탁된 의회 의원들의 마음을 누그러뜨릴 수는 없었다. 팰컨9 로켓 발사의 성공은 미국의 국익을 위해서라도 축하받았어야만 할 일이었다. 스페이스X는 로켓을 전부 미국에서 만들었기에 미국에 전략적 이점을 가져다줄 터였기 때문이다. 당시 미국의 국가 안보 위성은 대부분 아틀라스V 로켓에 실려 궤도로 올라갔는데, 유나이티드론치얼라이언스는 이 로켓에 러시아에서 구매한 엔진을 사용했다. 팰컨9 로켓을 이용하면 경제적이면서도 러시아에 의존할 필요가 없어질 터였다.

하지만 일이 그렇게 돌아가지는 않았다. 의회의 우주 정책을 좌우하는 의원들, 예컨대 기존의 항공우주 거물들과 결탁된 셸비 같은 사람들은 팰컨9 로켓 발사를 무시하는 듯한 반응을 보였다. 심지어 텍사스주 출신 중진 상원의원 케이 베일리 허치슨(Kay Bailey Hutchison)조차 팰컨9 로켓 발사를 부정적으로 평가했다. "분명히 말하지만, 이 대단치 않은 성공조차도 예정보다 1년 이상 늦었습니다. 게다가 다른 민간 우주 기업도 프로젝트의 목표 기한을 계속 늦추고 있어요." 허치슨이 말했다. 허치슨의 이런 반응은 거의 이해할 수 없을 정도였다. 허치슨은 친기업적 공화당 의원이었고, 스페이스X는 성공한 기업이었다. 스페이스X는 텍사스주에서 사업 규모를 점점 키워가고 있는 회사로, 맥그리거 시험장에 근무하는 인원만도 근 100명에 이르렀다. 게다가 스페이스X의 성공은 우주정거장에도 매우 중요했다. 우주정거장을 관리하는 휴스턴 NASA 센터는 허치슨이 자란 곳에서 불과 몇 킬로미터 떨어진 곳에 있었다.

하지만 팰컨9 로켓은 원초적인 그 무시무시한 힘에도 불구하고 항공우주 업계의 거대한 로비의 벽을 뚫을 수는 없었다.

그럼에도 머스크는 자기 회사가 큰일을 해냈다는 사실을 알고 있었다. 직원들은 이 로켓을 발사대에서 띄워 올리기 위해 너무나도 열심히 일했다. 직원들이 마지막 피치를 올리고 있을 때 그는 직원들에게 로켓 발사가 성공하면 비상근무 체제에서 벗어나 며칠 쉴 수 있게 해주겠다고 약속했다. 머스크는 자신이 약속한 대로 팰컨9 로켓 발사가 끝나자 전 직원에게 독립기념일이 낀 한 주 전체를 쉴 수 있게 휴가를 부여했다.

"한 주 내내 이메일을 받을 필요가 없었어요. 전 직원이 세계 곳곳으로 떠났죠. 최고의 한 주였어요." 체임버스가 말했다. 체임버스는 볼리비아로 여행을 떠나 해발 6천 미터가 조금 넘는 우아이나포토시산을 등반했다.

팰컨9의 궤도 진입을 이끈 소프트웨어 개발자 로버트 로즈는 아무 데도 가지 않았다. 그는 마지막까지 플로리다에 머물다 로켓 발사 사흘 전에 캘리포니아로 돌아가 둘째 아들을 출산하는 아내 곁을 지켰다. "팰컨9의 탄생은 보지 못했지만 우리 아이가 태어나는 걸 봤어요." 로즈가 말했다. 로즈는 일주일간의 휴가를 가족과 함께 보냈다.

로켓 발사에 성공한 발사 책임자 부차는 캠핑카를 빌려 아내 조와 두 딸, 장모와 함께 캘리포니아 곳곳을 여행했다. 가족들은 매머드레이크에서 승마 체험도 하고, 타호 호수에서 진행되는 독립기념일 불꽃놀이도 관람했다. 부차는 팰컨9 로켓 발사 준비를 한다고 오랜 시간 가족과 떨어져 지냈던 터라 며칠 쉴 수 있다는 것이 너무 반가웠고, 사랑하는 가족과 함께 독립기념일을 보낼 수 있어서 너무 좋았다. 살날이 얼마 남지 않았던 장모는 죽기 전에 마지막으로 파도가 부서지는 해안가에서 샤워를 한번 해보고 싶다고 했다. 어느 날 저녁 그의 장모는 캘리포니아 센트럴 코스트의 피스모 해변에서 소원을 이루었다.

그로부터 2주 뒤 그의 장모는 숨을 거두었다.

4장

2차 발사: 드래건 우주선의 데뷔

2010년 10월,
캘리포니아주 호손

팰컨9 로켓 발사가 성공하고 몇 달이 지난 후 머스크는 크리스 톰슨을 호손 공장에 있는 자기 자리로 불렀다. 머스크의 업무 공간은 대부분의 직원보다 두 배 정도 넓었지만 벽이 없다는 점에서는 다른 직원들과 다를 바 없었다. 호손 공장 정문 근처의 1층에 있는 머스크의 자리에서 보면 스페이스X 엔지니어들이 일하는 모습이 거의 다 보였다. 마찬가지로 엔지니어들도 머스크를 볼 수 있었다.

톰슨과 머스크의 관계는 그다지 매끄럽지 않았다. 스페이스X가 설립되고 8년이 지난 후에도 초기에 영입한 부사장들은 그대로 남아 있었다. 팰컨1 로켓 발사 초기의 어려움을 이겨내고 결국 성공을 맛본 사람들이었다. 하지만 톰슨은 다른 사람들보다 자주 머스크와 충돌했다. 그러다 보니 두 사람의 관계가 악화되었다. 결국 2년 뒤 톰슨은 회사를 떠나는 첫 번째 부사장이 된다. 하지만 이 당시에는 두 사람 사이에 심각한 알력은 없었다. 머스크가 톰슨을 부른 이유는 드래건 우주선의 첫 비행에 싣고 갈 화물에 관한 이야기를 하려는 것이었다.

"머스크가 태연한 표정을 유지하려고 애쓰고 있다는 사실을 한눈에 알 수 있었죠. 포커페이스를 하고 있었지만 포커페이스가 바로 무너질 것처럼 보였어요." 톰슨이 말했다.

머스크는 톰슨에게 드래건에 탑재할 화물은 '일급비밀'이라고 말했다. 톰슨은 왜 스페이스X가 일급비밀 화물을 드래건 우주선에 실으려고 하는지 이해할 수 없었다. 이번에 발사할 드래건 우주선은 NASA에 보여주려는 단순한 시범 비행용이었지, 군을 위한 비밀 임무용이 아니었기 때문이다. 탑재 화물의 비밀 등급이 어느 정도냐고 물었더니 머스크는 '극비'라고 대답했다. 톰슨이 당황해서 계속 질문을 던지자 머스크는 영국의 코미디 극단 몬티 파이선을 연상시키는 농담을 던지며 그의 질문을 이리저리 피해 나갔다.

결국 머스크는 솔직히 털어놓았다. 드래건 우주선은 11킬로그램짜리 르 브루에르 치즈 한 덩이를 싣고 우주로 날아갈 것이라고 했다.

"머스크가 치즈를 싣고 갈 것이라고 말하자 갑자기 맥이 탁 풀렸어요. 말 그대로 눈물이 났죠. 그러자 머스크가 마치 천식 환자가 기침하듯이 큰 소리로 특유의 너털웃음을 터트리더군요. 하도 웃어서 눈에 눈물이 다 비쳤어요. 그렇게 우스웠나 봅니다. 나는 '맙소사, 겨우 잘난 치즈 한 덩이를 쏘아 올린단 말이지'라는 생각이 들었어요." 그러고 나서 두 사람은 머스크의 컴퓨터로 몬티 파이선의 〈치즈 가게〉 스케치[1]를 보면서 웃음을 터트렸다. 머스크가 치즈를 실어 보내겠다는 장난스러운 생각을 갖도록 만든 코미디였다.

40년 된 코미디 스케치를 기리기 위해 치즈 덩어리를 쏘아 올리는 것이 조금 이상해 보일 수도 있겠지만 머스크에게는 그럴 만한 이유가 있었다. 우선, 머스크는 재미를 좋아하는 사람이었는데, 이 치즈가 훌륭한 웃음거리 소재가 되리라고 생각했다. 치즈 덩어리를 우주로 쏘아 올리면 언론에서 외면하기 어려운 이야깃거리가 되리라는 생각도 있었다. 게다가 발사가 이루어진 다음에 탑재 화물을 공개한다면 이튿날까지도 언론의 주목을 받을 수 있을 터였다. 마지막으로, 치즈는 NASA와 국방부의 로켓을 발사하는 정장 차림의 정부 계약업체와 스페이스X를 차별화시킬 요소가 될

---

1 sketch. 1분에서 10분 정도 길이로 구성된 짧은 코미디. 이런 하나의 에피소드를 스케치라 하고, 이런 스케치로 구성한 코미디를 스케치 코미디라고 한다.

터였다. 머스크는, 스페이스X는 멀릿[2] 헤어스타일처럼 앞에서는 비즈니스를 하지만 뒤로는 재미를 즐기는 회사라는 이미지를 주고 싶었다.

이때가 톰슨에게는 머스크와 함께 일하며 정말로 즐거웠던 순간이었다. 톰슨은 장난기 어린 머스크의 아이디어를 실행에 옮겼다. 그는 구조팀 팀원 몇 명을 불러 비밀을 엄수하라는 명령을 내린 뒤 비행 중 치즈가 흐르거나 냄새가 새 나오지 않도록 식품용 실리콘 포장재로 치즈를 밀봉하라고 했다. 그런 다음 머스크의 아이디어에 따라 〈특급 비밀〉이라는 영화 포스터에서 장화 신은 소의 그림을 잘라내 치즈 덩어리 위에 붙였다. 스페이스X는 드래건 우주선에 번호가 적힌 패치 수백 개도 함께 실어 보냈다. 그런 다음 비행이 종료된 후 직원들에게 자기 사원 번호와 일치하는 패치를 나눠줬다. 2012년 4월 톰슨이 스페이스X를 떠날 때 그는 자랑스럽게도 2번이 적힌 패치를 들고 집으로 돌아가게 된다.

매직 드래건

드래건 우주선은 머스크의 궁극적 목표인 인류의 화성 정착으로 나아가는 큰 발걸음이었다. 로켓은 지구 중력의 사슬을 끊는 데 유용하지만, 별 사이를 비행하려면 다른 유형의 비행체가 필요하

---

2 mullet. 앞머리, 옆머리 등은 짧은데 상대적으로 뒷머리만 긴 남성 헤어스타일을 말한다.

다. 로켓의 비행시간은 대개 10분 미만이지만, 우주선이 우주의 목적지까지 가려면 몇 개월 또는 몇 년을 날아야 한다. 그래서 스페이스X가 로켓 제작을 시작한 지 얼마 지나지 않아 머스크는 직원들에게 우주선 제작에 대한 생각을 하라고 압박했다. 그는 이런 비전을 직원들이 계속 보게 하려고, 스페이스X를 설립하자마자 승무원 좌석까지 갖춘 우주선 모형 제작을 의뢰했다. 그는 이 우주선에 '매직 드래건'이라는 이름을 붙였다. 은연중에 대마초 흡연을 암시하는 포크송 〈Puff, the Magic Dragon(마법의 용 퍼프)〉에서 따온 이름이었다.

진짜 우주선보다는 연극용 소품에 더 가깝게 생긴 이 소형 우주선 모형은 머스크가 보여주고 싶었던 화려함과 날렵함이 부족했다. 결국 스페이스X는 매직 드래건을 덮개로 덮어놓았다가 설립 초기에 이따금 엘세군도에 있는 공장을 방문하는 VIP에게만 보이게 되었다. 스페이스X가 정부 계약을 따려고 노력하기 시작하면서, 머스크는 대마초를 연상시키는 매직 드래건이라는 이름이 NASA 같은 가족 친화적 기관에 좋은 이미지를 주지는 못하리라고 생각했다. 그래서 그는 우주선 이름에서 '매직'을 빼고 그냥 드래건이라고 부르기 시작했다.

머스크가 초기부터 우주선에 집중한 것은 현명한 선택이었다. NASA는 2006년과 2008년에 신생 기업 스페이스X에 구명 밧줄을 던져주었는데, 두 번 다 드래건 우주선 덕분이었다. 먼저 스페이스X는 2006년에 식량과 물, 과학 실험 기자재 등의 화물을 국제우주정거장에 운송할 수단을 개발하는 계약을 따냈다. 2억 7800만 달러에 달하는 이 계약은 회사의 초기 성장에 중요한 역할을 했을 뿐만 아니라 세 번에 걸친 팰컨1 로켓 발사 실패를 극복하는 데도 큰 도움을 주었다. 이 정도 금액이면 수백 명 규모의 회사로서는 큰돈이었지만, 스페이스X는 팰컨9 로켓과 제40우주발사단지의 발사대 그리고 드래건 우주선을 만들어야 했다. 이 작업은 스페이스X가 팰컨1 로켓을 궤도에 진입시키기 위해 노력하던 2007년과 2008년에도 계속 진행되었다.

드래건 우주선 추진 시스템 책임자로 영입된 젊은 엔지니어 데이비드 기거(David Giger)는 이렇게 말했다. "당시의 스페이스X에는 말도 안 되게 큰돈이었죠. 하지만 양날의 검이기도 했어요. 한편으로는 '와, 우리가 엄청난 금액의 계약을 따냈구나'라고 생각하면서 안도의 한숨이 나왔죠. 하지만 또 한편으로는 '큰일 났군, 팰컨1 로켓도 날려야 하는데 이걸 동시에 어떻게 다 하지?'라는 생각이 들었어요."

기거는 거의 자동으로 드래건 우주선의 추력기를 개발하는 일을 맡게 되었다. 당시 스페이스X의 주목표는 팰컨1 로켓을 발사하는 것이었기에 엔진 경험이 있는 사람은 모두 멀린 1C 엔진 개발에 매달렸다. 2006년 봄 그윈 샷웰은 NASA에 제출할 제안서 작업을 하다가 기술적 도움이 필요해지자 가장 최근에 영입한 추진 시스템 전문가 기거를 끌어들였다. 그렇게 해서 기거는 스티브 데이비스가 이끄는 드래건팀에 합류하게 되었다. 드래건팀은 기본적인 질문부터 시작했다. 지구 대기권으로 재진입할 때 발생하는 열로부터 드래건을 보호하기 위해 어떤 방열 시스템을 사용할 것인가? 엔진은 몇 가지 종류를 사용할 것인가? 선실 내부는 어떻게 배치할 것인가?

드래건팀의 의사 결정 기준은 비용과 단순성이었다. 머스크는 드래건팀에 하나의 엔진만 사용해 우주선의 모든 기능을 수행하게 만들라고 지시했다. 그때까지 화물과 승무원을 실어 나르던 대부분의 궤도 우주선은 특정 작업을 수행하는 다양한 크기의 여러 엔진을 사용해왔다. 드래건 우주선의 경우에는 최대 25분 동안 계속 연소할 수 있으면서 1초도 안 되는 짧은 시간 연소할 수도 있는 새로운 추력기를 설계해야 했다. 이 작업은 우주선 엔진 전문가 딘 오노가 주도했다. 이렇게 해서 드라코(Draco) 엔진이 탄생하게 되는데, 드라코는 라틴어로 드래건(용)이라는 뜻이다.

드래건팀의 규모는 작았지만 2008년 당시 스페이스X의 생존은 이 팀에 달려 있었다. 머스크는 회사의 재무를 보수적으로 관리해왔지만 그해 여름에는 한계 상황에 이르렀다. 스페이스X와 테슬라가 흔들리고 있었고, 머스크 본인도 개인 파산이 얼마 남지 않은 상황이었다. 그해 가을이 되자 스페이스X가 급여를 지급하지 못할 것이라는 소문이 회사 전체로 퍼져나가기 시작했다. 스페이스X는 2008년 12월 '상용 재보급 서비스'라는 NASA의 두 번째 계약을 따내면서 숨을 돌리게 되었다. 이 계약을 이행하려면 드래건이 우주정거장에 10여 번의 재보급 임무를 수행해야 했다. 계약 기간에 스페이스X가 궤도로 운반해야 할 화물은 작은 코끼리 열 마리에 해당하는 무게였다. 그 대가로 스페이스X는 지금까지 번 돈보다 훨씬 많은 16억 달러를 받게 되어 있었다.

일이 중요한 만큼 돈의 규모도 컸다. 그때까지 어떤 민간 기업도 국제우주정거장에 가는 우주선을 만든 적이 없었다. 오직 정부만 하던 일이었다. 게다가 스페이스X는 재사용할 수 있는 우주선을 만들겠다는 머스크의 꿈을 실현하기 위해, 다른 우주선처럼 드래건을 우주정거장까지 올려 보내 화물을 전달한 다음 다시 지구 대기권으로 떨어뜨려 불타게 할 수도 없었다. 드래건은 온전한 상태로 지구로 귀환해야 했다.

스페이스X는 드래건을 태평양에 떨어뜨린 뒤 건져 올리는 방식을 목표로 삼았다. 새로운 아이디어는 아니었다. 이미 NASA가 머큐리, 제미니, 아폴로 우주선을 지구로 귀환시킬 때 쓰던 방식이었다. 하지만 이런 방식으로 마지막 우주선이 귀환한 것은 30년도 넘은 일이었고, 게다가 NASA는 우주선 회수를 위해 미 해군의 도움을 받을 수도 있었다.

해군에게서 도움을 받을 수 없는 스페이스X는 로저 칼슨을 필두로 한 10여 명의 엔지니어와 기술자들에게 의존했다. 드래건은 초도 비행에서 지구를 거의 두 바퀴 돈 다음 캘리포니아 해안에서 600여 킬로미터 떨어진 바다에 떨어졌다. 스페이스X 엔지니어들이 정말로 궁금하게 생각했던 것은 우주선이 어떤 상태로 귀환할까 하는 것이었다. 숯처럼 검게 탔을 수도 있고 유해 화학 물질이 나올 수도 있었다. 칼슨이 이끄는 소규모 팀은 1960년대와 1970년대에 항공모함과 여러 척의 지원함 그리고 여러 대의 헬리콥터가 동원되어 수행했던 작업을 소수의 인원으로 해야 했다.

칼슨은 먼저 이 일에 동원할 선박을 찾기 시작했다. 석유 회사가 해양 플랫폼 수백 개를 운용하고 있어 온갖 종류의 작업선이 있는 멕시코만 연안과 달리 남부 캘리포니아에는 이런 배가 거의 없었다. 칼슨은 드래건 우주선을 들어 올릴 대형 A-프레임 크레인을 장착한 배를 찾지 못하자 어쩔 수 없이 바지선을 빌려 개조하기로 했다. 칼슨은 75미터 길이의 바지선을 임차했다. 드래건이 위험한 상황이 되면 대피할 공간이 필요했기 때문이었다. 그런 다음 이동식 크레인을 빌려 바지선 한쪽 끝에 체인으로 결박한 뒤 체인을 배 갑판에 용접해 붙였다. 팀원들은 통제실로 쓰기 위해 컨테이너도 하나 빌려 바지선 갑판에 실었다. 드래건을 실을 자리에는 고무를 입힌 '받침대'를 설치했다. 이들은 위험한 상황을 염두에 두고 우주선에 불이 붙으면 바닷물을 뿌리기 위해 받침대 주위에 노즐도 설치했다.

드래건 회수가 시범 비행의 필수 조건은 아니었지만 우주선 재사용을 추구하고 있던 머스크는 시도해볼 만한 가치가 있다고 생각했다. 그래서 그는 작업에 필요한 최소 인원의 팀과 적은 예산을 승인했다. 바지선 임차료는 하루에 4만 달러였고, 바지선을 끌고 갈 예인선도 최소한 그 정도 돈은 들 터였다. 여기에 직원들이 타고 갈 배와 다른 비용까지 더하면 하루에 10만 달러가 넘는 돈이 들 것으로 보였다. 머스크가 쓰려고 하는 돈을 초과하는 금액이었다.

"그 정도면 당시로서는 스페이스X에 큰돈이었기 때문에 머스크와 직접 대화해야 했어요. 결국 돈을 지불하지 않으면 예인선을 놓칠 지경까지 갔죠." 칼슨이 말했다.

예인선은 대부분 연안용이었고, 가장 가까운 곳에서 구할 수 있는 심해용 예인선은 샌프란시스코에 있었다. 머스크는 발사일이 확실해질 때까지 예인선 임차료를 지불하지 않겠다고 우겼는데, 발사일은 계속 늦춰지고 있었다. 하지만 이 때문에 예약했던 예인선을 놓칠 위기에 처했다. 2010년 12월 초, 칼슨은 더는 미룰 수 없는 시점에 도달했다. 예인선이 롱비치까지 오려면 이틀 걸릴 터였고, 거기서 우주선이 떨어질 곳까지 가려면 이틀이 더 소요될 터였다. 드래건을 회수하기 위해 바지선을 보내려면 예인선에 돈을 지불해야 했다. 마침내 칼슨은 예인선이 샌프란시스코에서 출발해야 할 시각을 겨우 네 시간 앞둔 새벽 2시에 머스크의 승인을 받을 수 있었다. 머스크는 찡그린 얼굴 이모티콘과 함께 'OK'라는 간결한 문자를 보내왔다.

예인선은 롱비치에서 바지선과 연결되었다. 12월 5일 일요일 이른 아침 소규모 선단이 5~10노트의 속도로 낙하 예상 지점을 향해 이동하기 시작했다. 마침내 바다에 나서서 역사적인 날을 맞이하러 수평선을 향해 달려가는 직원들의 마음은 들떴다. 하지만 첫날 저녁 이들은 위성 전화로 온 한 통의 전화를 받았다. 로켓에 문제가 생겨 발사가 취소되었다는 연락이었다.

낙담한 대원들은 바지선을 돌려 항구로 향했다.

긴급 조치가 멀린을 살리다

무슨 일이 일어났던 것일까? 일요일이었던 그날 스페이스X는 로켓을 발사하기 전에 마지막으로 비디오카메라를 이용해 로켓 내부 검사를 진행했다. 2단에 동력을 공급하는 멀린 엔진을 책임진 엔지니어 에릭 팰리치는 노즐 끝에서 위로 7센티미터가량 간 금을 발견했다. 2단부 엔진은 지구 대기권 상공에서 점화하므로 진공에서 최적의 성능을 발휘하도록 설계되어 있다. 그래서 2단부 엔진 노즐의 길이는 1단부 멀린 엔진의 두 배가 넘는 2.7미터에 이른다.

하지만 이 큰 노즐에 작은 균열이라도 있으면 비행 도중 나쁜 결과를 초래할 수 있다. 노즐이 뜨거워지면 균열이 급속히 늘어나면서 노즐이 찢어질 가능성이 커진다. 팰리치가 발견한 결함은

2010년 말까지는 드래건 우주선 시범 비행을 마치겠다는 스페이스X의 야심 찬 계획을 무너뜨릴 수도 있는 것이었다. 머스크는 직원들에게 어떻게 하면 좋겠느냐고 물었다.

처음에는 아무도 말을 하지 못했다. 그러다 바로 문제의 원인 파악에 나섰다. 엔지니어들은 1단과 2단 사이에 있는 '인터 스테이지'에 질소 가스를 공급하는 2.5센티미터 굵기의 배관 때문에 생긴 일이라는 사실을 알아냈다. 약 4.5미터 높이의 인터 스테이지 아래로는 1단 로켓의 추진제 탱크가 있고 그 위로는 2단 로켓의 탱크가 있다. NASA는 1단 로켓 추진제 탱크 위에 얼음이 맺힐까 봐 이것을 막기 위해 인터 스테이지에 질소를 주입하는 방안을 제안했다. 그런데 이 질소가 2단 로켓 노즐 쪽으로 직분사 되다시피 했다. 그러는 바람에 노즐이 조금씩 앞뒤로 휘다가 결국 균열이 생긴 것이었다.

노즐을 그대로 두고는 로켓을 발사할 수 없었다. 그래서 발사팀원들은 대안을 찾아 분주하게 움직였다.

확실한 해결책은 노즐을 교체하는 것이었다. 케빈 밀러는 NASA의 슈퍼구피 화물기를 이용해 대체 노즐을 운송할 수 있을지 알아보기 위해 전화를 걸었다. 하지만 스페이스X에는 당장 교체할 수 있는 진공 노즐이 준비되어 있지 않았다. 까다로운 제작 과정을 거쳐 새 노즐을 만든 뒤 플로리다로 운반해 팰컨9 로켓에 부착하려면 한 달은 걸릴 것 같았다. 한 달이면 스페이스X에는 영원과 맞먹는 시간이었다. 엔지니어들은 다른 해결책을 찾기 시작했다. 톰 뮬러는 부차, 샷웰, 모스덜, 톰슨 등과 밤샘 회의를 하던 중 노즐 끝을 몇 센티미터만 잘라내면 발사에 성공할 수도 있겠다는 사실을 깨달았다. 금이 간 부분을 잘라내면 2단 엔진의 성능이 저하될 수는 있었다. 하지만 드래건 우주선 초도 비행의 성공 여부를 판단하는 데 있어 팰컨9 로켓엔진의 완전한 성능이 필요하지는 않았다.

모두가 자기 생각에 동의하자 톰슨은 핸드폰을 꺼내 들었다. 그는 자신이 최고의 기술자라고 생각하는 마티 앤더슨(Marty Anderson)에게 이 일을 맡기고 싶었다. 12월 6일 월요일 아침 앤더슨은 호손에 있는 공장에서 2교대 근무를 마치고 나오다 톰슨의 전화를 받았다. 톰슨은 2단 엔진 노즐 문제를 설명한 뒤 그에게 플로리다로 날아와 노즐을 35센티미터가량 잘라 달라고 부탁했다. 앤더슨은 난색을 표했다. 자신은 스페이스X를 사랑하기에 회사를 위해서라면 무슨 일이든 하겠지만 비행기는 탈 수 없다고 했다.

앤더슨은 스페이스X에 입사하기 전에 비행기 정비사로 20년 동안 일했다. 그는 9/11 테러가 일어나기 몇 년 전에 아메리칸항공에서 꿈에 그리던 일자리를 얻었다. 하지만 항공업계에 불황이 닥치면서 앤더슨도 대량 해고의 물결에 휩쓸리게 되었다. 그는 생활비를 벌기 위해 자존심을 버리고 통근 버스 정비 일을 했다. 그러다 스페이스X가 매력적인 일자리를 제시하자 기회를 놓치지 않고 바로 받아들였다. "이 일을 할 수 있다면 무상으로라도 여기 왔을 거예요. 생활비는 다른 일을 해서 벌더라도 말이에요. 머스크한테도 이 말을 수백 번 했습니다." 앤더슨이 말했다. 톰슨은 믿음직하고 숙련된 그의 솜씨에 의존하게 되었다. 얼마 지나지 않아 그는 앤더슨에게 스페이스X에서 가장 어려운 금속 가공 작업을 맡기기 시작했다.

앤더슨은 항공사에서 일한 경험이 있는데도, 아니 오히려 그 경험 때문에 비행기 타는 것을 싫어했다. 앤더슨은 "비행기를 싫어하는 건 아닙니다. 하지만 그동안 비행기를 워낙 많이 탔기에 확률상 조만간 내 차례가 오지 않을까 하는 느낌이 들어서죠"라고 말했다.

하지만 그날 아침의 통화에서 톰슨은 끈질기게 부탁했다. 스페이스X는 노즐 문제로 난관에 봉착했다. 톰슨은 자신이 가장 믿을 만한 사람이 필요했다. 비행 직전에 로켓엔진의 일부를 잘라낸다는 생각을 하는 것 자체가 미친 짓이나 다름없었다. 게다가 NASA가 승인해줄지도 불투명했다. 하지만 스페이스X가 그해에 드래건을 발사할 수 있는 유일한 방법은 노즐을 잘라내는 것이었고, 그러려면 앤더슨의 기술이 필요했다. 이런 이야기를 들은 앤더슨은 마음을 고쳐먹었다. 톰슨 덕분에 버스 정비하는 일에서 벗어나 새로운 삶을 살게 되었으니 회사가 한 달의 시간을 벌 수 있도록 최선을 다하자는 생각이었다. 그는 야간 항공편을 이용해 화요일 아침까지 플로리다에 가겠다고 했다.

앤더슨의 친구이자 또 다른 구조물 기술자 릭 코르테스도 앤더슨과 함께 가기로 했다. 그날 두 사람은 노즐을 잘라내는 가장 좋은 방법이 무엇일까 생각하며 작업 준비를 했다. 앤더슨은 크기가 다른 금속 절단용 양철가위 30개를 챙겨서 출발했다. 이 때문에 로스앤젤레스국제공항에서 짐을 부칠 때 의심의 눈초리를 받았다. 하지만 항공사 직원은 크게 문제 삼지 않고 화물칸에 실어주었다.

앤더슨은 48시간 동안 한숨도 자지 못했으므로 이때쯤이면 몸이 노곤해져 있어야 했다. 하지만 코르테스의 눈에도 그가 불안에 떨고 있는 모습이 확실히 보였다. 코르테스는 앤더슨을 데리고 공항 바에 들러 맥주 두어 잔을 들이부었다.

맥주 효과 덕분에 앤더슨은 편안하게 비행기 여행을 마칠 수 있었다.

두 사람은 올랜도에서 렌터카를 빌려 타고 케이프 커내버럴로 향했다. 앤더슨은 통제센터에 들러 톰슨과 부차를 비롯한 엔지니어들과 만났다. 그는 그들에게 세 가지를 물었다. 로켓에 연료가 주입된 상태인가? 비행 종단 시스템이 활성화되어 있는가? 부스터에 전원이 들어와 있는가? 모두 아니라는 대답을 들은 그는 작업복으로 갈아입고 크레인으로 향했다. 그는 그곳에서 톰슨 밑에서 일하는 구조팀의 중견 엔지니어 플로렌스 리를 만났다. 두 사람은 인터 스테이지로 들어가는 출입구가 있는 30미터 상공으로 함께 올라갔다.

크레인 버킷을 타고 올라가다 보니 추위가 느껴졌다. 플로리다 중부 지방은 기후가 온화하지만 그날 아침에는 드물게 기온이 영하로 떨어졌었다. 스페이스 코스트에는 아직도 차가운 북풍이 불고 있었다. 몸을 구부려 로켓 안으로 들어가자 바람을 피할 수 있어 안도감이 들었다. 앤더슨은 반짝이는 로켓 내부 벽면과 돔형의 천장을 보고 잠시 감탄했다. 길이를 늘인 노즐이 달린 멀린 엔진이 그의 머리 위에 교회 종처럼 매달려 있었다. 나중에 앤더슨은 "마치 성당 내부에 들어와 있는 것 같았어요"라고 말했다.

앤더슨은 작업에 착수했다. 그는 먼저 노즐 끝에서 35센티미터 높이로 노즐 둘레에 선을 그리는 일부터 했다. 그런 다음 큰 양철가위를 들고 이 선에서 3센티미터가량 아랫부분에서부터 잘라 들어가기 시작했다. 대부분의 로켓 하드웨어와 마찬가지로 2단부 멀린 엔진 노즐도 최소의 무게로 최대의 성능을 발휘하게 만들어졌다. 스페이스X는 2단 엔진 노즐을 만들기 위해 나이오븀을 주성분으로 하는 합금을 선택했다. 나이오븀은 티타늄만큼 단단하면서도 강철이 끓는 온도에서도 견디는 금속이다. 노즐은 두께가 탄산음료 캔의 두 배 정도밖에 되지 않았지만 그래도 굉장히 단단했다. 앤더슨은 자른 조각을 바로 떼어낼 수 없었다. 그래서 선 바로 아래로 20센티미터가량 잘라 들어간 다음 다시 아래쪽으로 절단해서 떼어내야 했다.

앤더슨이 노즐 조각을 잘라내면 리는 그것을 받아서 크레인 버킷 안에 대기하던 다른 두 엔지니어에게 건넸다. 앤더슨은 추운 날씨에 바깥에 있는 엔지니어들이 안쓰러웠다. 그에 비하면 자신과 리는 편안한 편이라 생각했다. 하지만 그도 힘들기는 매한가지였다. 노즐은 밑부분 지름이 2.4미터였으므로 잘라내야 할 부분은 모두 7.6미터나 되었다. 반쯤 작업을 마치고 나니 가위를 잡고 있던 손에 통증이 느껴졌다. 손을 내려다보니 양철가위 손잡이에 닿아 끼고 있던 장갑뿐만 아니라 손까지 찢겨 있었다. 10센트짜리 동전 크기만 한 하얀 뼈까지 보였다. 리가 그에게 좀 쉬라고 했다. 하지만 앤더슨은 리에게 덕트 테이프를 건네달라고 하더니 테이프로 상처 부위를 감쌌다.

앤더슨은 큰 가위로 1차 절단 작업을 마친 뒤 작은 양철가위를 들고 길이가 줄어든 노즐 주위를 매끄럽게 다듬었다. 네 시간 후에 작업이 모두 끝났다. 앤더슨은 밖으로 나가기 전에 잠시 멈춰서서 자신의 작품을 감상했다. 가장자리가 워낙 매끈해 잘라냈다는 사실조차 알 수 없을 정도였다. 그럼에도 두 번째 팰컨9 로켓을 발사하려면 해야 할 일이 아직 많이 남아 있었다. 앤더슨은 자기 솜씨에 만족했을지 모르지만 NASA를 설득하는 것은 다른 문제였다.

스페이스X는 2006년에 NASA와 협력 관계를 맺은 후부터 회사와 업무적 연관이 있는 NASA 관계자들과 신뢰를 쌓아왔다. 스페이스X와 체결한 계약을 관리하는 NASA 엔지니어 마이크 호카척(Mike Horkachuck)은 스페이스X 엔지니어들과 4년 동안 같이 일해왔으므로 회사의 기술력을 속속들이 알고 있었다. NASA의 상용 화물 운송 프로그램 책임자 앨런 린든모이어(Alan Lindenmoyer)도 스페이스X가 모든 일을 제대로 잘하고 있다고 믿고 있었다. 린든모이어는 드래건 우주선 발사를 앞둔 월요일 아침, 발사 준비 상태 점검 회의를 위해 플로리다에 도착했다. 로켓 발사 전에 고위 관계자들이 모여 해결해야 할 문제가 있는지 논의하는 이 자리에서 스페이스X 엔지니어들은 노즐 문제를 공개했다. 이들은 퍼지 가스 송풍구로 질소가 뿜어져 나와 노즐에 닿자 노즐이 종잇장처럼 펄럭이는 모습이 담긴 동영상을 재생했다.

"그들은 이미 문제가 뭔지 알고 있었습니다. 남은 것은 이 문제를 어떻게 해결할 것인가였죠. 우리는 그들이 로켓을 격납고로 다시 끌고 가 노즐을 교체해야 할 것이라고 생각했어요. 그랬으면 몇 주가 늦어졌겠죠." 린든모이어가 말했다.

스페이스X 엔지니어들이 노즐을 잘라내는 해결책을 제안하자 린든모이어는 충격을 받았다. NASA의 문화에 익숙한 그로서는 믿을 수 없는 생각이었다. NASA라면 결코 그런 위험을 감수하지 않을 터였다. NASA 엔지니어라면 몇 주 동안 면밀하게 조사한 뒤 몇 단계에 걸친 시험과 인증 절차를 거칠 터였다. 이것은 승무원 세 명이 목숨을 잃은 아폴로 1호 임무의 실패를 비롯해 수십 년에 걸친 우주 비행을 통해 NASA가 힘들게 얻은 교훈의 결과였다.

하지만 린든모이어의 임무는 NASA의 민간 우주 파트너들을 열린 마음으로 대하는 것이었다. 부시 정부는 미국 민간 기업에 우주정거장에 화물을 운송할 기회를 주기로 했다. 민간 기업에는 새로운 비즈니스 영역이었다. 그래서 NASA는 무엇을 만들어달라는 식으로 장비를 발주하는 대신, 제공받고 싶은 서비스가 무엇이라는 식으로 용역을 발주했다. 덕분에 업체는 자기만의 방식으로 일할 수 있는 유연성을 더 많이 갖게 되었다.

이것을 보여주기 위해 린든모이어는 매 분기 스페이스X를 방문할 때 절대 테이블 앞자리에 앉지 않았다. 린든모이어는 이렇게 말했다. "2006년 첫 회의에서 나는 머스크를 비롯한 참석자들에게 스페이스X가 알아서 모든 일을 해야 한다는 점을 분명히 했어요. 우리는 투자자일 뿐이라면서, 우리가 원하는 것은 스페이스X가 우리 일을 제대로 해주는 것이라고 말했죠."

카고 드래건(Cargo Dragon)의 첫 비행 목표는 우주정거장에 가는 것이 아니었다. 우주선을 궤도에 올린 다음 우주선 조종 능력을 시험해본 뒤 지구로 귀환시키는 것이 목표였다. 드래건을 우주정거장에 보내는 것이 아니다 보니 엄밀히 말해 NASA는 금이 간 노즐 문제에 대해 어떻게 하라고 말할 자격이 없었다.

린든모이어는 스페이스X 관계자들과 회의를 마친 뒤 플로리다에 남았고, 호카척은 다음 날 NASA 고위 관리자들에게 보고하기 위해 워싱턴 DC로 날아갔다. 이 자리에는 두 명의 핵심 관리자가 참석했다. 한 사람은 유인 우주 비행 책임자 빌 거스텐마이어였다. 하지만 이번 임무는 우주정거장에 가는 것이 아니었기 때문에 그의 직접적인 소관 업무가 아니었다. 이 일에 직접적으로 관련된 관리자는 우주탐사 프로그램을 총괄하는 더그 쿡(Doug Cooke)이라는 경험 많은 엔지니어였다.

쿡은 1970년대에 우주왕복선 개발에 참여하면서 일을 배웠다. 그는 1986년의 챌린저호 폭발 사고 당시 우주왕복선 프로그램 사무실에서 일했고, 2003년의 컬럼비아호 사고 당시에는 사고조사위원회의 기술 고문이었다. 30년에 걸친 우주왕복선 비행 경험은 그를 위험 혐오자로 만들었다.

스페이스X는 자신의 필요에 맞게 드래건을 설계할 자유가 있었기에, 쿡 같은 고위 관리자는 스페이스X의 기술력에 대해 그렇게 자세히 알 수 없었다. 하지만 쿡은 스페이스X가 제공한 노즐 절단 관련 기술 정보를 검토한 호카척을 신뢰했다. 호카척은 이렇게 보고했다. "맞습니다, 노즐 끝을 몇십 센티미터 잘라내면 멀린 엔진의 성능이 떨어질 것입니다. 하지만 이번 드래건 우주선은 우주정거장에 가는 것이 아니기 때문에 2단 로켓의 완전한 성능이 필요하지 않습니다. 연소실의 압력이 높다는 점을 고려하면 노즐의 구조적 안정성이 걱정되긴 합니다." 하지만 호카척은 보고를 마치면서 자신은 스페이스X가 제안한 해결책을 믿는다고 말했다.

쿡은 호카척의 생각에 동의하지 않았다. 스페이스X의 결정이 마음에 들지 않았던 것이다. 쿡은 이렇게 말했다. "나는 우주왕복선을 비행하며 많은 일을 겪어봤습니다. 그런데 그 건은 정상을 좀 벗어난 것 같았어요." 그는 호카척에게 시간이 걸리더라도 스페이스X가 노즐을 교체하는 것이 좋겠다고 말했다. 하지만 그는 NASA가 스페이스X에 그렇게 하라고 강요할 권한이 없다는 사실도 알고 있었다. 그는 이렇게 말했다. "그건 우리 우주선이 아니었어요. 그러니 우리가 선택할 문제가 아니었죠." 쿡은 호카척에게 발사의 결정과 그 결정에 따르는 결과는 모두 스페이스X의 몫이라고 말했다.

화요일 오후 늦은 시각, 항공전자 담당 부사장 한스 쾨니히스만은 플로리다에서 발사 준비 상태를 확인하기 위한 마지막 원탁회의를 열었다. 그는 부차, 뮬러, 톰슨 등 테이블에 앉은 사람들에게 한 명씩 돌아가며 로켓 발사 준비가 끝났는지 물어보았다. 그들은 모두 자기네 팀이 맡은 분야는 발사 준비가 끝났다고 대답했다. 그러자 쾨니히스만은 자신을 그저 참관인으로만 생각하고 있던 린든모이어 쪽을 쳐다보았다.

"쾨니히스만이 날 쳐다봤을 때 깜짝 놀랐어요. 나는 NASA에겐 권한이 없다는 점을 분명히 밝혔죠. 하지만 NASA가 스페이스X의 계획에 반대하지 않는다는 말은 했어요." 린든모이어가 말했다.

린든모이어는 스페이스X의 발사 욕구를 이해했다. 스페이스X는 NASA 계약 두 건을 따낸 후 미친 듯이 직원을 채용해, 지금은 1000명이 넘는 직원이 새로운 대형 로켓과 우주선을 동시에 만들고 있었다. 하지만 NASA로부터 돈을 받으려면 정해진 중간 목표를 달성해야 했다. 이번 첫 번째 시범 비행의 경우에는 로켓이 플로리다의 발사탑을 벗어나기만 하면 돈을 받을 수 있었다. 발사가 몇 주나 몇 달 지연되면 회사의 프로젝트를 계속 진행하는 데 절실히 필요한 자금 투입이 그만큼 뒤로 밀릴 터였다.

린든모이어는 발사가 실패하면 어떤 결과가 초래될지도 잘 알고 있었다. 그는 열 명도 되지 않는 직원을 데리고 스페이스X와 오비털사이언스(Orbital Sciences)의 NASA 계약을 관리하고 있었다. 이 일은 NASA에서 중요도가 떨어지는 일이었기에 린든모이어와 스페이스X는 남들 눈에 띄지 않게 활동할 수 있었다. 덕분에 NASA와 의회에 있는, 스페이스X와 민간 우주 산업에 회의적인 사람들의 간섭을 최소화할 수 있었다. 전통적인 정부 계약업체를 대변하는 로비스트들은 NASA와 의회 관계자들에게 머스크가 믿을 수 없는 사람이라고 속삭였다. 그들은 머스크가 무모한 사람이라고 말했다. 그러니 스페이스X가 노즐을 잘라내는 무모한 짓을 하고 실패한다면 제 발등을 찍는 꼴이 될 터였다.

"나는 스페이스X의 혁신적인 시도를 지켜주고 싶어서 NASA와 스페이스X의 거리를 유지하려고 노력했어요. 하지만 실패한다면 그로 인해 곤경에 빠졌을 거예요. 우리도, 스페이스X도 큰 비판을 받았겠죠. 의회는 우리에게 더 깊이 개입하라고 했을 겁니다." 린든모이어가 말했다.

다음 날 아침 발사가 예정된 가운데 시간이 지나 화요일 밤이 되었다. 머스크의 머릿속에는 온갖 생각이 맴돌았다. 노즐을 잘라낸 채 발사할 경우의 장단점을 따져보던 머스크는 핸드폰을 꺼내 그가 가장 신뢰하는 NASA 엔지니어 빌 거스텐마이어에게 전화를 걸었다. 거스텐마이어는 머스크가 겨우 여섯 살이던 1977년에 NASA 근무를 시작한 인물로, 머스크보다 거의 한 세대 위의 나이였다. 하지만 이때는 서로를 존중하는 사이였다. 쿡이 발사를 감독하는 책임자였지만 머스크는 거스텐마이어의 승인을 받고 싶었다. 머스크는 "이렇게 발사하는 것이 어리석은 짓일까요?"라고 물어보았다.

거스텐마이어는 스페이스X의 데이터를 검토했다. 그에게는 다른 무엇보다도 데이터가 가장 중요했다. 그는 상단 로켓을 건드렸지만, 이것이 다음 날 발사에 문제가 되지는 않을 것이라고 말했다. 이 말을 들은 머스크는 자신감이 더 생겼다. 거스텐마이어와 통화를 마친 머스크는 발사 책임자 부차에게 전화를 걸었다.

"예정대로 발사하세요."

드래건 우주선 회수 작전

칼슨을 비롯해 드래건 회수에 나섰던 대원들은 노즐이 손상되어 회항해야 한다는 말을 들은 지 몇 시간 지난 뒤 또 다른 위성 전화를 받았다. 이번에는 돌아오지 말고 그 자리에서 대기하라는 내용이었다. 다음 날 아침 일찍 다시 전화가 걸려왔다. 노즐 문제가 어떻게든 해결될 것 같으니 드래건 낙하 예상 지점으로 가라는 전화였다. "우리는 모두 스페이스X가 참 대단하다고 생각했어요. 육지에서 또 다른 놀라운 일이 벌어지고 있었던 거죠. '이런 일을 어떻게 해냈을까? 불가능해 보이는데 어떻게 해결했지?' 하는 생각이 들었어요." 칼슨이 말했다.

로켓 발사가 지연되면서 우주선 회수 선단은 계획보다 며칠 더 바다에 머무르게 되었다. 예인선에는 연료가 충분했지만, 직원들을 태우고 가던 26미터 길이의 작업선 글래디스 S호는 길어질 항해에 대비가 되어 있지 않았다. 그래서 이들은 작업선을 바지선에 묶고 예인선이 배 두 척을 모두 끌고 가기로 했다. 그날 밤 십여 명의 직원이 아래층 갑판에서 잠을 청하는 동안 엔진을 끈 글래디스 S호는 심뜩할 만큼 조용했다. 배가 파도에 흔들리는 가운데 직원들은 2X4 목재로 급히 만든 작고 소박한 침대에 누워 잠이 들었다. 그러다 한밤중에 거대한 굉음이 정적을 깨뜨렸다. 글래디스 S호가 요동치기 시작했다. 직원들이 식사를 준비하던 작은 조리실에서 우당탕대는 소리가 들렸다. 직원들은 급히 갑판 위로 올라갔다. 바다가 거칠어지며 작업선 앞쪽의 연결 갈고리가 부러져 예인선과의 연결이 끊겨 있었다. 글래디스 S호는 바로 엔진 시동을 다시 걸었다. 직원들은 거칠게 흔들리는 배 안에서 불안한 잠을 이어갔다.

하지만 이것은 나쁜 징조가 아니었다. 화요일 아침 직원들이 예상 낙하 구역에 도착하자 바다가 잔잔해졌다. 직원들은 바지선으로 건너가 크레인과 두 척의 고무보트 운용 연습을 하는 등 마지막 준비를 했다.

칼슨을 비롯한 대원들은 드래건이 낙하산에 끌려간다든가 하는 모든 종류의 우발 상황에 대비한 백업 계획을 세워두었다. 스페이스X는 로스앤젤레스와 샌프란시스코의 중간쯤에 있는 모로베이 근처에서 드래건 낙하 시험을 했다. 한번은 헬리콥터가 4킬로미터 상공에서 드래건 캡슐을 떨어뜨렸는데, 바람이 유난히 많이 불던 날이라 캡슐이 떨어진 다음에도 낙하산은 바람을 받아 공중에 떠 있었다. 드래건은 카이트서핑 하듯이 캘리포니아주의 마지막 원자력 발전소인 디아블로 캐년 발전소를 향해 곧장 미끄러지기 시작했다. 그래서 근처에서 이 시험 장면을 촬영하던 지원 헬리콥터가 수면 가까이 날아가 낙하산을 바다에 빠뜨려야 했다.

칼슨은 드래건이 우주에서 귀환할 때도 이런 일이 일어날까봐 며칠 동안 밤잠을 설쳤다. 낙하산 문제가 발생해 드래건이 바지선이나 예인선에 부딪히면 어떻게 하지? 낙하산을 바다에 빠뜨

드래건 낙하 시험 도중 바람이 불어 드래건이 디아블로 캐년 원자력 발전소 쪽으로 끌려가고 있다. (사진 제공: 로저 칼슨)

릴 헬리콥터도 없을 터였다. 그가 생각해낸 해결책은 헬리콥터보다 훨씬 간단한 비행 물체였다. 바로 티셔츠였다. 칼슨은 경기장에서 뒤편에 있는 관람석까지 기념 티셔츠를 쏘아 보내는 데 쓰는 강력한 공기 대포를 구입했다. 직원들은 단단한 물체를 뭉쳐 무거운 탄알을 만들었다. 낙하산이 바람을 머금고 있으면 낙하산에 쏘아 그 무게로 바다에 가라앉히려는 것이었다. 그들은 티셔츠를 쏘는 연습까지 했다. 그러면서 이런 활동을 경비 처리할 수 있다는 생각을 하며 대단히 즐거워했다.

드래건 비행이 있기 전날, 예행연습을 마친 칼슨은 몇몇 직원과 예인선 조타실에 모여 다음 날 아침에 할 일을 최종 점검했다. 해가 수평선 아래로 떨어질 무렵 그들은 녹색섬광이라는 보기 드문 광학 현상을 목격했다. 칼슨은 이렇게 말했다. "2초 동안 온 세상이 녹색으로 바뀌었어요. 나는 녹색섬광이 신화에나 나오는 것인 줄 알았죠. 그런데 바다가 워낙 탁 트여 있어 탐조등이 켜진 것처럼 확실하게 보였어요. 나는 그것을 길조로 받아들였어요." 녹색은 가도 된다는 뜻이었다.

이튿날 아침, 잠에서 깬 대원들은 호손에서 온 위성 전화를 통해 드래건 우주선을 실은 팰컨9 로켓이 발사되었다는 소식을 들었다. 드래건이 팰컨9 로켓 2단에 실려 궤도에 올라간 지 약 75분후, 글래디스 S호에 타고 있던 엔지니어 에릭 홀트그렌과 에릭 매시는 머리 위로 지나가는 우주선의 텔레메트리 신호를 포착했다. 모든 것이 정상이며, 드래건이 지구를 한 바퀴 더 돌고 정해진 낙하지점으로 낙하할 것이라는 뜻이었다. 하늘은 쾌청했다. 칼슨은 두 척의 고무보트를 수십 킬로미터 떨어진, 타원형으로 설정된 예상 낙하 구역의 서쪽 끝으로 보냈다. 바지선은 동쪽 끝에 남아서 기다리기로 했다.

고무보트를 타고 일렁이는 바다 위를 가로지르던 케빈 목(Kevin Mock)은 청록빛 바닷물을 보고 감탄을 금치 못했다. 너울은 높이가 10미터나 되었지만 물결과 물결 사이의 30초 동안은 수면이 거울 같았다. 고무보트가 서쪽으로 멀어지면서 곧 바지선과 수평선에서 보이던 다른 배들이 목의 시야에서 사라졌다. 목을 세상과 이어주는 장치는 드래건의 낙하 상황을 알려주는 무전기뿐이었다. 목은 플로리다주에 있는 엠브리-리들 항공대학교에서 항공 공학 학위 취득 후 스페이스X에 입사한 지 1년도 채 되지 않았다. 그는 2009년 1월 텍사스로 이주해 우주에서 드래건에 동력을 제공할 추력기 시스템을 시험하는 업무를 도왔다. 45톤이 넘는 추력을 내는 멀린 엔진의 굉음에 비하면 드래건의 추진 시스템이 내는 소리는 속삭이는 소리 같았다. 드래건 우주선에 장착된 16개의 드라코 추력기는 각각의 추력이 40킬로그램에 불과했다. 1마력이 되지 않는다는 뜻이다. 하지만 우주의 마이크로 중력에서는 이런 작은 추력으로도 큰 기동력을 발휘할 수 있다.

이제 목은 드래건이 낙하하면 드래건을 '안전'하게 만들기 위해 추진팀 직원들을 이끌고 바다 한가운데로 향하는 중이었다. 이들이 해야 할 가장 중요한 일은 누출되는 추진제가 있는지 확인한 뒤 연료 탱크를 비우는 것이었다. 이것은 위험한 작업이었다. 대부분의 우주선이나 인공위성과 마찬가지로 드래건의 추력기에도 섞이기만 하면 자연 연소하는 하이퍼골릭 추진제를 사용했다. 하이퍼골릭 추진제를 사용하면 내부에 있는 추진제 밸브를 여닫는 것만으로도 추력기를 켰다 껐다 할 수 있어 추력기 자동이 매우 용이하다. 드라코 엔진에 사용한 연료에는 또 다른 장점도 있었다. 연료로 쓴 모노메틸 하이드라진과 산화제로 쓴 사산화질소는 둘 다 실온에서 장기간 보관할 수 있다. 그래서 우주선에 쓰기에 이상적이었다.

하지만 한 가지 문제가 있었다. 우주 비행에는 항상 문제가 있기 마련이다. 하이퍼골릭 연료는 독성이 매우 강하다. 1960년 소련의 바이코누르 우주선 발사 기지에서 작업자들이 하이퍼골릭 연료를 주입한 R-16 대륙간탄도미사일 2단부를 만지던 중 사고가 발생했다. 소련 전략 로켓군 사령관 미트로판 네델린이 부하들에게 발사 기한을 맞추라고 독촉하는 과정에 2단 엔진이 점화되었다. 이 사고로 300명이 목숨을 잃었다. 오늘날 네델린 참사로 알려진 이 사고는 역사상 최악의 로켓 사고로 기록되었다. 목의 임무는 드래건에 그런 사고가 나지 않게 막는 것이었다. 하지만 몇 가지 알 수 없는 사항 때문에 조심스러웠다. 우선, 이들은 드래건의 배관과 연료 탱크가 지구 대기권에 재진입할 때 발생하는 열과 충격을 얼마나 잘 견뎌낼지 알 수 없었다. 또, 우주선에 연료가 얼마나 남아 있을지도 알 수 없었다. 이들이 추정하기로는 380리터가량 될 것 같았다.

목을 비롯한 엔지니어들과 이들이 고용한 두 잠수부는 우주선이 음속 이하로 속도를 줄이는 과정에 두 번 연달아 터진 소닉 붐을 듣고 드래건 우주선의 도착이 임박했음을 알아차렸다. 얼마 지나지 않아 우주선의 작은 보조 낙하산 두 개가 펴지더니 곧이어 주 낙하산 세 개가 전개되는 모습이 보였다. 드래건은 1.6킬로미터가량 떨어진 곳에 낙하했다. 이들은 고무보트의 속도를 높여 우주선을 추격했다. 다행히 드래건이 가라앉는 것 같지는 않았다. 구조적 결함이 없다는 좋은 신호였다. 묵은 끝에 하이퍼골릭 연료 탐지기를 매단 6미터 길이의 접이식 장대를 펼쳐 드래건 가까이 대보았다. 그런 다음 무전기를 꺼내 들고 작업선에 있는 직원들에게, 모든 것이 양호해 보이고 연료 누출도 감지되지 않았다고 보고했다. 묵 일행은 우주선 주위에 부유장비를 설치하고 바지선으로 끌고 갔다.

드래건이 가까이 다가오자 칼슨은 안도감과 우려가 뒤섞인 표정으로 드래건을 바라보았다. 드래건이 물 위에 떠 있기는 했지만, 물이 너무 많이 들어가 있어 임시로 설치한 크레인으로 들어 올릴 수 없으면 어떻게 하나 걱정되었다. 제임스 캐머런 감독의 영화 〈어비스〉의 한 장면이 계속 그의 머릿속을 맴돌았다. 심해에서 예기치 못한 생명체와의 조우를 다룬 이 공상과학 영화에서는 탐사선 한 척이 강력한 폭풍우에 휩쓸린다. 아수라장 속에서 크레인과 케이블 시스템 전체가 탐사선에서 떨어져 물속으로 가라앉는다. 칼슨은 이렇게 말했다.

"우리 크레인이 바다로 빠지며 드래건을 끌고 가라앉는 악몽을 꿨어요."

그런 걱정을 할 필요는 없었다. 크레인이 드래건의 도킹 링[1]을 잡고 바다에서 끌어올려 받침대에 내려놓는 데 성공했기 때문에 우발 상황에 대비한 계획은 필요가 없어졌다. 이때가 현지 시간으로 오후 1시였다. 바닷물이 높아지기 시작했다. 일몰까지는 아직 네 시간이나 남았기에 드래건을 고정한 뒤 추진 시스템의 압력을 방출할 시간은 충분했다. 목이 이끄는 직원들은 방호복을 입고 공기호흡기를 착용한 채 이 작업을 했다. 마치 팬데믹 기간에 생물학적 유해 물질을 다루는 것 같았다. 이 작업이 끝나자 우주선은 조금 더 안전해졌다. 하지만 추진제를 모두 제거하기 위한 이틀 분량의 작업이 남아 있었다.

그날 밤 직원들은 바지선에서 작업선으로 건너가기 전에 잠시 경이에 찬 눈으로 드래건을 바라보았다. 불과 몇 시간 전만 해도 로켓 상단에 탑재되어 하얗게 빛을 반짝이며 플로리다에 있던 우주선이 아니던가. 그 옆에서 찍은 사진을 보내준 친구도 있었는데… 그런데 그 우주선이 벌써 지구를 거의 두 바퀴 돌고 그들 눈앞에 누워 있었다. 우주선은 불에 약간 그을린 마시멜로처럼 보였다. 페인트가 조금 벗겨지기는 했지만 그것 말고는 모두 온전했다. 대기권을 통과한 금속 특유의, 토스트 구울 때 나는 냄새 비슷

---

1 docking ring. 자성이 있는 연결 장치가 달린 원형의 밀폐된 해치로, 우주선이 다른 우주선이나 우주정거장과 도킹할 때 사용한다.

한 환상적인 냄새도 났다. 우주선 감상을 끝낸 직원들은 글래디스 S호로 건너가 좁은 침대에서 또 하룻밤을 보냈다.

다음 날 아침 직원들은 작업선에서 바지선으로 다시 건너가 하이퍼골릭 추진제 제거 작업을 시작했다. 바다 위에서 배를 바꿔 타는 것은 힘든 일이었다. 글래디스 S호는 충격을 흡수하기 위해 대형 트럭 타이어가 부착되어 있는 바지선 측면을 들이받다시피 하며 배를 붙였다. 그런 다음 직원들이 한 사람씩 줄사다리를 조심스럽게 기어올라 바지선으로 건너갔다. (이후의 비행에서 회수 작업에 참여한 스페이스X 엔지니어 한 사람이 배를 옮겨 타다 물에 빠진 적도 있다.) 배를 옮겨 탄 여섯 명의 엔지니어와 기술자들은 드래건에 부착된 네 개의 탱크에서 산화제를 제거한 뒤 위험 물질 보관 용기에 채웠다. 이 작업을 하는 데만 꼬박 여덟 시간이 걸렸다. 다음 비행부터 스페이스X는 추진 시스템 감압 작업만 마치면 연료를 제거하지 않고도 도로를 이용해 드래건을 운송해도 된다는 교통부의 승인을 받게 된다. 하지만 이번 첫 비행에서는 일반인들을 위험에 빠뜨리지 않기 위해 이 궂은 일을 바다에서 해야 했다.

이들이 작업하고 있는 동안 기상 상황이 나빠졌다. 큰 파도가 연신 바지선에 부딪히며 짠 바닷물을 여기저기 뿌려댔다. 기밀복 덕분에 작업자들의 몸이 젖지는 않았지만, 바지선 위는 갈수록 춥고 미끄러웠다. 게다가 작업을 끝마치기도 전에 날이 어두워지기 시작했다. 글래디스 S호 선장이 이들을 옮겨 태우려고 바지선으로 배를 붙이다가 해상 상태가 너무 위험하다고 판단해 접근을 포기했다.

칼슨이 대비 계획을 세워놓지 않은 우발 상황이었다. 바지선은 밤을 보낼 준비가 되어 있지 않았다. 그는 임기응변으로 여기에 대처했다. 작업선에 남아 있던 직원들에게 그래놀라 바 같은 가공식품과 커피를 채운 보온병 등을 쓰레기봉투에 담게 했다. 다른 봉투에는 침낭 여섯 개를 말아 넣었다. 그런 다음 글래디스 S호를 바지선 가까이 붙이게 한 뒤 쓰레기봉투를 바지선으로 던졌다. 회수팀원들(목과 마이클 알텐호펜이라는 엔지니어 그리고 해병대에서 복무한 경력이 있는 세 명의 기술자 돈 벨, 제이컵 포스터, 월터 곤잘레스)은 간단한 통제실로 쓰기 위해 바지선 갑판에 실어둔 6미터 컨테이너 안으로 들어갔다. 온종일 기밀복을 입고 작업하느라 기진맥진한 이들은 가공식품으로 저녁을 때우자마자 곯아떨어졌다. "사내 여섯 명이 나무 바닥에 나란히 누워 꿀잠을 잤죠. 너무 지쳐 있어서 그날 밤 배가 얼마나 요동쳤는지도 잘 몰라요." 목이 말했다.

다음 날 아침 목 일행은 연료 회수 작업을 재개했다. 글래디스 S호에서 이 모습을 지켜보던 칼슨은 놀라움을 금할 수 없었다. 작업선에 남아 있던 일부 직원은 뱃멀미로 구역질을 하는 등 맥을 못 추고 있었다. 그런데 바지선에 있는 직원들은 힘들고 어려운 작업을 계속 이어가고 있는 것이 아닌가. 칼슨은 "스페이스X는 물론 어디에서도 보지 못한 아주 힘든 작업이었어요"라고 말했다.

이튿날 이 소규모 선단은 전리품을 끌고 무사히 롱비치항에 입항했다. 많은 동료가 스페이스X 공장에서 30킬로미터를 달려와 회수팀원들을 개선하는 영웅처럼 맞이했다. 이들은 환호성을 지르며 드래건이 의기양양하게 귀환하는 순간을 함께 즐겼다.

2주 뒤 안팎을 깨끗이 세척한 드래건은 스페이스X 크리스마스 파티에서 주연 역할을 맡았다. 회사는 드래건 주위에 커다란 커튼을 치고 한쪽은 유리 벽을 설치해 내부가 보이게 했다. 파티에 참석한 사람들은 복도를 따라 공장 뒤편으로 가 여러 가지 색깔의 무대 조명을 받으며 누워 있는 드래건을 볼 수 있었다.

드래건은 이런 영예로운 대접을 받을 자격이 있었다. 반세기가 넘는 우주 비행의 역사에서 스페이스X처럼 우주선을 만들어 궤도에 쏘아 올린 후 회수한 민간 기업은 없었다. 목은 드래건 전시실을 떠나지 못하고 한동안 머물렀다. 그는 대학 시절에 NASA의 케네디우주센터에서 인턴으로 일했다. 우주왕복선 프로그램에 관련된 일을 하는 것이나 놀라운 우주 하드웨어를 가까이에서 보는 것은 꿈 같은 일이었다. 하지만 그는 곧 NASA가 자기에게 맞지 않는다는 사실을 깨달았다. 인턴으로 일하는 동안 의미 있는 일을 한 것이 하나도 없는 것 같았다. 그런데 스페이스X에서는 입사 첫해에 자기 손을 더럽혀 가며 작은 역사를 만들었다. 목은 이렇게 말했다. "바로 저 자리에 앉아 바다에서 막 끌어올린 이 우주선을 바라보고 있었죠. 무슨 일이 일어났는지 생각하며 경외의 눈으로 바라봤던 것 같아요."

칼슨에게도 드래건 회수는 인생 최고의 순간이었다. 그는 1967년 아폴로 1호 화재 사고가 일어난 지 얼마 지나지 않아 태어났다. 이 끔찍한 사고로 우주선 안에 갇혀 있던 NASA 우주 비행사 세 명이 목숨을 잃었다. 그의 부모는 아폴로 1호의 젊은 비행사 로저 채피의 이름을 따서 그의 이름을 지었다. 칼슨은 우주 비행사를 달로 보낸 새턴V 로켓 발사 장면을 보며 자랐다. 그는 우주 비행사들의 용기에 감탄했다. 하지만 가장 인상 깊었던 것은 우주선의 낙하였다. 그는 해군 잠수부들이 헬리콥터에서 뛰어내려 우주 비행사들이 우주선 밖으로 나올 수 있도록 돕는 장면을 좋아했다. "나도 커서 그런 일을 하고 싶다고 생각했어요." 칼슨이 말했다. 그는 드래건을 회수하러 물속에 뛰어들지는 않았지만 그 작업을 지휘했다. 이날 그는 선홍색 정장에 나비넥타이를 매고 만면에 웃음을 띠며 파티장을 누볐다. 그에게는 역대 최고의 크리스마스 파티였다.

스페이스X는 나중에 이 소중한 우주선을 호손에 있는 드래건 비행관제센터 바깥에 매달았다. NASA와 스페이스X의 유인 우주 비행을 중계할 때면 진행자 뒷배경에 이 드래건이 보인다. 오늘날 이 드래건은 감동적인 볼거리를 넘어, 다른 드래건의 무사 귀환을 책임이라도 지겠다는 듯 조용한 파수꾼의 모습으로 남아 관제센터를 지켜보고 있다.

5장

C5-2

3차 발사:
드래건 우주선의 필사적 비행

2012년 5월 25일,
텍사스주 휴스턴

이제 거의 다 왔다.

컴컴한 우주에서 반짝이는 흰색 드래건 우주선이 국제우주정거장 근처에 아슬아슬하게 머물러 있었다. 국제우주정거장과의 거리는 76미터에 불과했다. 하지만 NASA의 허가 없이는 더는 가까이 접근할 수 없었다. 정거장에 있는 우주 비행사들의 목숨이 달린 일이기에 NASA는 언제든 드래건의 비행을 중단시킬 수 있었다.

일촉즉발의 상황이었다. 휴스턴과 호손에는 긴장이 고조되고 있었다.

머스크와 드래건의 비행을 책임진 스페이스X 엔지니어들은 초조하고 불안한 마음을 억누르며 호손에서 우주선을 지켜봤다.

시간이 갈수록 이들의 속이 타들어갔다. 드래건이 위치를 유지하기 위해 소중한 연료를 계속 소모하고 있었기 때문이다. 10분이 지났다. 다시 20분이 지났다. 드래건은 홀딩 패턴[1]을 유지하고 있었다. 센서가 우주정거장을 자동 추적하지 못하고 있었기 때문이다. 그래서 우주선은 우주정거장과 결합할 자기 위치를 정확하게 결정할 수 없었다.

예정되었던 자동 결합이 무산되면서 이제 드래건의 운명은 휴스턴에 있는 서른여덟 살의 기계 엔지니어 손에 놓이게 되었다. NASA의 비행관제센터에 있던 비행 관제사 홀리 라이딩스(Holly Ridings)는 어려운 결정에 직면했다. 라이딩스는 센터의 비행 규칙을 어기고 센서에 문제가 있는 드래건을 우주정거장으로 계속 가도록 허용할 수도 있었고, 드래건의 지원을 끊고 비행을 중단시키는 안전한 선택을 할 수도 있었다. 라이딩스의 선배들이었다면 우주정거장에 있는 세 명의 우주 비행사를 위해 망설임 없이 가장 안전한 방법을 선택했을 것이다. 하지만 라이딩스는 스페이스X에 시간을 더 주고 싶었다.

라이딩스는 비행 관제를 할 때 보통은 자리에 앉지 않고 관제센터 뒤편에 서서 왔다 갔다 하면서 일했다. 하지만 이날 아침에

---

1 holding pattern. 비행기가 어떤 사정으로 착륙하지 못하고 상공을 선회하며 대기하는 상태. 여기서는 우주선이 우주정거장에 결합하지 못하고 대기하고 있다는 뜻이다.

는 윙윙거리는 교신 소리가 들리는 이어폰을 끼고 책상에 앉아 눈앞의 데이터에 집중했다. 라이딩스는 이렇게 말했다.

"나는 앉아 있는 것을 싫어해요. 보통은 계속 서서 왔다 갔다 하죠. 하지만 그날은 정신을 완전히 집중하고 앉아 있었어요. 온 신경을 곤두세우고 그 순간에 집중했죠."

사흘 전 드래건은 세 번째 발사하는 팰컨9 로켓에 실려 우주로 향했다. 이번 드래건은 1년 반 전에 시험 발사한 첫 번째 드래건보다 훨씬 높이 그리고 훨씬 멀리 날아 궤도에 안착했다. 이제 이 임무에서 가장 어려운 부분인, 드래건을 우주정거장에 버싱[1]시킬 시간이 다가왔다. 라이딩스를 비롯한 비행 관제사들은 이 작업을 하기 위해 자정이 되기 훨씬 전에 관제센터에 도착했다. 하지만 예정 시각보다 몇 시간이나 늦은 다음 날 동틀 무렵이 되어도 우주정거장의 로봇 팔로 드래건을 포획하는 작업이 이뤄지지 않고 있었다.

라이딩스는 몇 분 안에 드래건의 버싱을 허용할지 말지 결정해야 했다. 긴박한 순간이었지만 라이딩스는 이런 순간을 위해 평생 훈련해왔다. 그는 컨트리 가수 조지 스트레이트 덕분에 유명해진 텍사스주 팬핸들에 있는 작은 도시 애머릴로에서 자랐다. 초등

---

1 berthing. 배를 정박한다는 뜻이지만, 우주공학에서는 로봇 팔을 이용해 우주선을 다른 우주선이나 우주정거장에 결합(도킹)시키는 것을 의미한다.

2010년 관제 책임자 홀리 라이딩스가 자기 자리에 앉아 데이터를 검토하고 있다. (사진 제공: NASA)

학교 6학년 때 그는 역사적인 우주왕복선 발사 장면을 보기 위해 동급생들과 학교 식당에 모였다. 선생님 한 분이 커다란 브라운관 텔레비전을 카트에 싣고 식당으로 들어왔다. 애머릴로의 어린 학생들은 우주왕복선 챌린저호가 발사 73초 만에 폭발하며 교사 크리스타 매콜리프를 비롯해 일곱 명의 우주 비행사가 죽는 모습을 지켜보았다. 일순간 식당 안에 정적이 감돌더니 뒤이어 선생님들의 얼굴에 눈물이 흘러내렸다. 이 모습은 라이딩스의 뇌리에 강한 인상을 남겼다. 열두 살 소녀는 다시는 그런 끔찍한 일이 일어나지 않도록 무언가를 해야겠다고 결심했다.

그로부터 10년이 조금 더 지난 후 라이딩스는 어린 시절의 약속을 지키기 위해 NASA 공무원이 되어 새로운 국제우주정거장 프로그램에 참여했다. 얼마 지나지 않아 그는 관제 책임자로 승진했다. 라이딩스는 2009년에 우주왕복선을 우주정거장에 도킹시키는 임무를 끝낸 후 다음에 무슨 업무를 할 것인지 고민했다. NASA 엔지니어로 일하고 있던 남편 마이클 베인은 라이딩스에게 민간 우주 비행 분야에서 일해보라고 제안했다. 베인은 앞으로는 그 분야가 대세가 될 것이라고 생각했다.

한동안 라이딩스는 스페이스X뿐만 아니라 NASA의 화물 우주선을 개발하던 오비털사이언스의 일까지 맡았다. 2011년 스페이스X의 첫 드래건 비행 날짜가 가까워지자 라이딩스는 우주정거장으로 향하는 드래건의 첫 비행을 관제할 관제 책임자로 자리를 옮겼다. 챌린저호 사고 이후 25년 만에, 드래건의 우주정거장 충돌 같은 끔찍한 일이 일어나지 않도록 하는 책임을 맡게 된 셈이다.

센서 오작동에 대한 스페이스X의 해결 방안을 곰곰 생각하던 라이딩스의 마음 한구석에 이런 여러 상념이 스쳐 지나갔다. 해결 방안은 현재 돌아가고 있는 드래건의 비행 소프트웨어를 다시 코딩하는 것이었는데, NASA는 하지 않는 일이었다. 라이딩스는 이렇게 말했다. "여기서는 우주정거장에 근접한 우주선의 소프트웨어에 손을 대면 모두 신경을 바짝 곤두세우죠. 상당히 우려스러운 일이니까요."

시간이 흐르자 라이딩스는 뒤돌아서서 수석 관제 책임자 놈 나이트와 이 문제를 상의했다. 라이딩스는 NASA의 국제우주정거장 책임자 마이크 서프레디니(Mike Suffredini)가 다른 NASA 고위 관계자들과 함께 복도를 지나가고 있다는 사실을 알고 있었다. 하지만 이 순간 이 방의 최종 결정권자는 라이딩스였다. 그의 말은 바로 신의 말씀이었다.

라이딩스는 중요한 일을 앞두고 늘 그래왔듯이 자기 팀 소속 비행 관제사들에게 계속 진행해야 할지 말아야 할지 의견을 물었다. 일부 관제사가 진행하지 말아야 한다고 답했다. 만약 라이딩스가 드래건의 진행을 허용하려면 부하 직원들의 의견을 거스르는 결정을 내려야 했다. 비행관제센터에서는 거의 일어나지 않는 일이었다.

드래건이 위치를 유지하고 있는 동안 라이딩스는 호손에 있는 자신의 카운터파트인 미 해군 조종사 출신 존 쿨러리스(John Couluris)와 계속 연락을 주고받았다. 쿨러리스는 드래건을 우주정거장에 보냈다가 안전하게 귀환시키는 업무에 참여하고자 5년 전에 스페이스X에 입사했다. 그는 3년 동안 라이딩스와 긴밀히 협력하며 신뢰 관계를 구축해왔다. 쿨러리스는 개인 핸드폰을 통해 낮고 차분한 목소리로 라이딩스에게 스페이스X를 믿으라고 했다.

하지만 정말 믿을 수 있을까? 잘못된 결정을 내린다고 경력이 완전히 망가지지는 않을 터였다. 하지만 일이 잘못되면 자기뿐만 아니라 NASA에 있는 다른 여성들에게까지도 불이익이 돌아갈 수 있었다. 라이딩스가 NASA의 첫 여성 관제 책임자는 아니었다. 하지만 라이딩스보다 먼저 그 위치까지 오른 50여 명의 직원 중 여성은 다섯 명밖에 없었다. 라이딩스는 남성 위주의 우주 업계에서 자신을 증명하려고 애쓰는 다른 여성들에게 피해를 줘서는 안 된다는 부담감을 안고 있었다.

스페이스X와 드래건에 시간이 얼마 남지 않은 상황에서 라이딩스는 숨을 한 번 깊이 들이마신 뒤 전화를 걸었다.

"공포에 질린 표정이 역력했어요"

쿨러리스는 뉴욕에서 태어났다. 그의 아버지는 노스롭그루먼에서 오랫동안 엔지니어로 일하며 아폴로 우주 비행사를 달에 실어 나른 달 착륙선 개발에도 참여했다. 그는 아버지의 영향을 받아 우주 비행을 좋아하게 되었을 뿐 아니라 국가를 위해 봉사하고 싶다는 열망을 품게 되었다. 쿨러리스는 렌셀러폴리테크닉대학교에서 항공우주공학 석사 학위를 취득한 뒤 해군에 입대해 P-3 정찰기를 몰기 시작했다.

그는 1990년대에 남미에서 초계기를 몰고 마약 단속 작전에 참여하기도 했고, 아이슬란드 기지에서 적 잠수함을 추적하기도 했다. 1990년대 말에는 유고슬라비아의 침공을 저지하려는 노력의 일환으로 시칠리아에 있던 순항 미사일을 코소보 상공을 통해 운반하는 비행 작전을 지휘했다. 그는 공로 훈장 두 개를 받은 뒤 해군의 시험 비행 조종사가 되었다. 그러다 일부 동료가 신생 항공사 제트블루(JetBlue)에 입사하려고 해군을 떠나기 시작하자 그도 그들과 합류하기로 했다. 제트블루 본사가 롱아일랜드에 있다 보니 그는 자신이 성장한 곳으로 돌아간 셈이었다.

2000년대 초만 해도 제트블루는 공격적인 신생 기업이었다. 쿨러리스는 당시 입사한 수백 명의 조종사 가운데 한 사람이었다. 그러다 델타항공이나 유나이티드항공 같은 대형 항공사들이 이 신생 벤처기업을 무너뜨리기 위해 저가 지역 항공사를 설립하면서 제트블루는 거센 역풍을 만나게 되었다. 쿨러리스는 경쟁 항공사의 좌석 예약률과 요금을 알아보려고 자신의 코딩 기술을 이용해, 경쟁사들이 온라인에 올린 좌석 배치도를 긁어 오는 프로그램을 만들었다. 이것을 이용해 제트블루는 적절한 요금을 책정할 수 있었다. 덕분에 쿨러리스는 경영진으로 승진해 결국 승무원 운용 책임자가 되었다.

쿨러리스가 제트블루에 입사한 데에는 스톡옵션을 모아뒀다가 언젠가 현금화해 우주 기업을 창업해야겠다는 생각도 한몫했다. 하지만 2006년에 유가가 100달러를 돌파하면서 스톡옵션이 무용지물이 되어버렸다. 그와 함께 우주 기업가가 되겠다는 그의 꿈도 산산조각 났다. 그럼에도 그는 아버지의 업계에서 일하고 싶었다. 쿨러리스는 스페이스X의 활동을 예의 주시하고 있다가 그해 말에 이력서를 보냈다.

몇 주 후 머스크로부터 전화가 걸려왔다. 머스크는 쿨러리스가 요금과 정시 출발 면에서 업계 선두를 달리는 제트블루 출신이라는 점이 마음에 들었다. 머스크는 스페이스X가 빈번한 운항이나 다음 비행까지의 소요 시간 최소화 등 항공업계의 운영 방식을 모방하기를 바랐다. 그는 쿨러리스에게 로켓과 우주선 회수 작업을 감독하고 우주선 운용 부서를 설립해달라고 했다. 2007년 4월 스페이스X에 입사했을 때 쿨러리스는 직원들의 평균 연령보다 열 살 정도 많은 서른여섯 살이었다.

그가 맡은 첫 임무는 스페이스X가 궤도에서 드래건을 안전하게 운용할 수 있다고 NASA를 설득하는 것이었다. 그는 휴스턴의 존슨우주센터를 처음 방문했을 때 임무 운용국 사람들과 이야기를 나누었다. 우주 비행사를 훈련시켜 안전하게 우주로 보냈다가 귀환시키는 책임을 맡은 부서다. 쿨러리스는 당시 기준으로는 정통에서 벗어난 스페이스X의 철학을 설명하느라 애를 먹었다. 머스크는 우주선을 만들어 바로 NASA에 파는 방식을 원하지 않았다. 그보다는 우주선을 만들어 NASA의 화물을 운반해준 뒤 운송료를 받고 싶어 했다. 쿨러리스는 페덱스 같은 역할을 하겠다는 것이라고 설명했다. 우리한테 화물을 맡기면 NASA를 대신해 우리가 화물을 배달하겠다고 했다.

"지금은 당연한 소리처럼 들리지만, 당시 그들의 얼굴에는 공포에 질린 표정이 역력해 보였어요. '이런 친구들하고 페이팔 출신의 그 친구가, 우주 비행사 여섯 명이 타고 있는 1천 억 달러짜리 우리 우주정거장에 접근한다고?'라는 표정이었어요." 쿨러리스가 말했다.

스페이스X는 팰컨9 로켓이나 발사대에서 그랬던 것처럼 드래건 우주선에서도 가능한 많은 부분을 자체 제작하려고 애썼다. 예컨대 드래건에는 우주에 올라가는 동안 과학 실험 재료를 차갑게 보관할 동력식 화물 보관함이 필요했다. 보관함의 각 칸에는 걸쇠를 두 개씩 달아야 했는데, NASA 공급업체에서는 걸쇠 하나당 1500달러를 요구했다. 걸쇠 개수를 생각하면 무시하지 못할 금액이었다. 스페이스X 엔지니어 한 사람이 화장실 걸쇠를 보다가 좋은 아이디어를 떠올렸다. 그는 드래건에도 비슷한 걸쇠를 쓰면 되지 않을까 생각하게 되었다. 결국 스페이스X는 하나당 30달러를 들여, 항공우주용으로 쓰이고 있는 값비싼 잠금장치보다 더 안정적인 잠금장치를 제작할 수 있었다.

또 다른 예로는 드래건의 화물 선반에 화물을 고정하는 데 사용하는 띠를 들 수 있다. 스페이스X는 먼저 NASA가 우주왕복선 화물칸에서 쓰던 우주용 띠를 사용해봤다. 이 띠는 가격이 매우 비쌌다. 그래서 대안을 찾다가 결국 자동차 경주 대회에서 쓰는 안전띠에서 해결책을 얻을 수 있었다. 스페이스X는 정해진 중간 목표를 달성해야 NASA로부터 돈을 받을 수 있었다. 대안으로 제시한 해결책의 실행 가능성을 증명하는 것도 그중 하나였다. 이렇게 받는 돈은 회사의 생존에 매우 중요했다. 그래서 쿨러리스의 우주선 운용팀은 구조팀이 첫 화물 선반을 만들고 시험하는 것을 지원하기 위해 드래건 우주 비행 훈련을 중단했다. 운용팀 엔지니어들은 NASA의 요구 사항을 충족시켜 돈을 받아내려고, 필요한 훈련까지 중단해가면서 구조팀 팀원들과 함께 철 구조물을 리벳으로 고정하고 용접하고 사포로 문질렀다.

스페이스X와 체결한 화물 운송 계약을 관리하는 NASA 관계자 마이크 호카척은 이렇게 말했다. "거의 모든 설계나 제작 과정에서 스페이스X의 중요한 선택 기준은 비용이었어요." 스페이스X의 서비스 모델은 NASA가 원가에 일정한 이윤을 더해 계약업체에 보상하는 기존의 원가 가산 방식과 달랐다.

"원가 가산 방식 계약하에서는 자신이 설계한 부품을 만드는 데 얼마나 들지에 대해 말하는 엔지니어가 거의 없었어요. 하지만 스페이스X 엔지니어들은 항상 부품을 직접 만들지 살지 고민했습니다. 이들은 항공우주용으로 쓸 수 있는 품질의 부품 가격을 제안받으면, 우리 공장에서 만들면 5천 달러 미만으로 만들 수 있는데 5만 달러나 10만 달러를 주고는 못 산다고 말하곤 했죠." 호카척이 말했다.

스페이스X는 인증 과정의 일환으로, 자사가 공격적으로 만든 대체품이 NASA의 엄격한 안전 기준에 부합한다는 점을 확신시켜야 했다. 2010년에 있었던 첫 번째 시범 비행에서는 드래건이 우주정거장 근처까지 날아갈 예정이 아니었기에 검사가 그다지 까다롭지 않았다. 이 때문에 더그 쿡은 스페이스X가 멀린 엔진의 노즐을 잘라내고 드래건을 발사해도 막지 못했다. 하지만 이번에는 상황이 달랐다. 드래건의 두 번째 비행은 NASA의 가장 중요한 자산으로 향하는 것이었다. 그러려면 드래건은 항법 시스템과 통신 시스템 등을 다중화하여 고장이 여러 번 발생해도 견딜 수 있는, 완전한 성능을 갖춘 우주선이어야 했다. 언제든 이 일에 관련된 수많은 NASA 관계자 중 한 사람이 비행을 중단시킬 수 있었다.

처음으로 전화를 건 관계자는 캐시 루더스(Kathy Lueders)였다.

루더스를 위해서라도 해내야 한다

루더스는 1990년대에 뉴멕시코주립대학교에서 산업 공학을 전공한 뒤 인근에 있는 화이트샌즈 시험장에서 NASA 근무를 시작했다. 몇 년 뒤 루더스는 휴스턴으로 자리를 옮겨 국제우주정거장 관리 부서에서 근무했다. 2006년 부서 책임자 마이크 서프레디니는 루더스에게 국제우주정거장에 가는 민간 우주선의 '요구 조건' 초안을 작성하라고 했다.

요구 조건은 장황했고, 한동안 스페이스X의 생존을 괴롭히는 골칫거리였다. 하지만 우주선의 안전을 담보하는 필요악이었다. 요구 조건은 우주선을 어디에서 발사해야 할지부터 화물은 얼마나 실을 수 있는지와 우주선 내부에 날카로운 물건이 있으면 안 된다는 내용까지 셀 수 없이 많았다.

NASA는 스페이스X가 성공하기를 바랐다(스페이스X뿐만 아니라 오비털사이언스나 다른 민간 우주 기업도 마찬가지였다). 그래서 서프레디니는 루더스에게 드래건의 요구 조건을 '간결하게' 작성하라고 지시했다. 루더스는 이 점을 염두에 두고 있었기에 민간 기업에 규칙과 요구 조건을 엄격하게 적용하려는 중간 상사들과 여러 번 충돌해야 했다. 대개는 루더스의 뜻이 관철되었다. 그리하여 우주왕복선은 요구 조건이 1만 개가 넘었지만 드래건은 400개 정도로 마무리되었다.

스페이스X 사무실이 아직 엘세군도에 있던 시절에 루더스는 스페이스X와의 첫 회의 장소에 관제 책임자를 비롯한 NASA 임무 운용국 사람들을 초대했다. 루더스는 NASA 사람들이 그들이 지닌 경험을 공유할 것으로 생각했다. NASA 참가자들은 대부분 폴더를 가져왔다. 회의가 끝날 무렵이 되자 테이블 위에 스무 권이 넘는 바인더가 쌓였다. 전부 우주 비행 안전에 관한 모범 사례를 소개하는 내용이었다. 임무 운용국 관계자들이 모두 떠나고 루더스 혼자 스페이스X 직원들과 남게 되자, 루더스는 쌓였던 바인더를 확 밀어버렸다.

그런 다음 이렇게 말했다. "이런 거 신경 쓰지 말고 여러분 방식대로 한번 해보세요."

루더스는 드래건 회의에 정기적으로 참석하던 그윈 샷웰과 친분이 두터워졌다. 두 여성은 NASA의 앨런 린든모이어와 함께 스페이스X가 안고 있는 문제에 대해 솔직하게 대화를 나누곤 했다. 기술 문제뿐만 아니라 재정 문제도 마찬가지였다. 사교성이 뛰어난 샷웰은 영업을 이끌고, 여러 이사를 관리하고, 회사 장부를 정리하는 등 스페이스X를 위해 일인다역을 했다. 샷웰은 초창기에 스페이스X에 합류해 우주 비행의 혁명을 이끄는 머스크를 지원해 왔다. 두 사람은 역동적인 조화를 이루었다. 머스크는 가끔 말도 안 되는 소리를 했지만, 샷웰의 말은 NASA와 다른 고객들이 신뢰했다. 머스크는 까칠한 태도로 사람들의 기분을 상하게 할 때가 있었지만 샷웰은 벨벳처럼 부드럽게 사람을 대했다. 이것이 고객을 확보하고 유지하는 데 중요한 역할을 했다. 하지만 사람의 마음을 끄는 그 미소 뒤에는 강철 같은 강인함이 숨어 있었다.

샷웰은 2006년에 NASA로부터 화물 우주선 개발 계약을 따낸 데 이어 그 뒤에 화물 운송 계약까지 따냄으로써 스페이스X를 재무적으로 구했을 뿐만 아니라 그 후에 이루어질 모든 일의 토대를 구축했다. 샷웰은 한 인터뷰에서 이렇게 말한 적이 있다.

"이 두 프로그램이 스페이스X의 성공에 결정적인 역할을 했어요. 그 계약을 따내 NASA와 협업하지 않았다면 오늘날의 스페이스X는 없었을 거예요. 진정한 협력 관계란 이런 것이죠."

이 협력 관계는 루더스와 린든모이어에게 스페이스X의 재무

적 어려움을 털어놓는 수준으로까지 확장되었다. 샷웰과 린든모이어는 분기 회의 도중 밀실로 들어가 스페이스X의 현금 소진율과 유동성 현황에 대해 솔직하게 논의하곤 했다.

"스페이스X는 줄타기하는 상황이었어요. 샷웰에게는 자기 컴퓨터에 개인적으로 관리하는 스프레드시트가 있었죠. 그 스프레드시트로 회사의 재무 상태를 추적하다가 자기가 본 것을 나에게 얘기하곤 했어요. 나는 '이런, 금방 돈이 다 떨어지겠군'이라고 생각하며 회의장을 떠날 때가 많았습니다. 스페이스X는 아직 계약 체결도 되지 않은 수입원에 의존하고 있었어요. 샷웰이 계약을 성사시키고 있었지만, 회사가 빠르게 성장하다 보니 현금 소진율도 그만큼 빨랐습니다." 린든모이어가 말했다.

샷웰과 루더스는 스페이스X와 NASA 엔지니어들 사이의 분쟁을 중재하기도 했다. 샷웰은 처음에는 스티브 데이비스, 나중에는 데이비드 기거가 이끌던 드래건팀을 관리했다. 기거나 쿨러리스를 비롯한 스페이스X 엔지니어들은 가끔 NASA의 특정 요구 조건이 지나치게 빡빡하다면서 완화해줄 것을 요구했다. 샷웰은 그 요구가 타당하다고 생각되면 루더스에게 스페이스X의 주장을 전달했다. 루더스는 NASA로 돌아와 '요구 조건을 제시한 사람'과 다툼을 벌였다. 루더스는 같은 편 직원들에게 어려운 요구를 하며 스페이스X 직원들의 신뢰를 얻었다. 샷웰은 루더스가 휴스턴의 전통적인 우주 문화에 맞서 얼마나 열심히 싸우고 있는지 알았기에 드래건 팀원들에게 '루더스를 위해서라도 이 일을 꼭 해내야 한다'고 말하곤 했다.

"샷웰은 가운데 끼어 있었어요. 우리는 이쪽에서 밀었고 루더스는 반대쪽에서 밀었죠. 우리는 자주 충돌했지만 그 덕분에 좋은 우주선을 만들 수 있었어요." 항공전자 담당 부사장 뷸렌트 알탄이 말했다.

2010년 봄, 결국 스페이스X는 요구 조건을 직접 처리할 사람을 영입했다. 아비 트리파티(Abhi Tripathi)는 NASA에서 공무원으로 근무하며, 인간을 다시 달에 보내려는 컨스털레이션 프로그램(Constellation Program)에 참여했다. NASA에서는 컨스털레이션 프로그램의 로켓과 우주선, 달 착륙선이 요구 조건을 충족하는지 확인하는 일에 수백 명이 매달렸다. 하지만 스페이스X에서는 드래건의 요구 조건을 이해하고 조율하는 업무를 맡은 사람이 한 사람도 없었다. 항공우주공학 중에서 이 분야는 '시스템 공학'에 속한다. 머스크가 스페이스X에 허용하지 않는 직책이었다.

"오리엔테이션을 받다 나 말고 또 한 사람이 같은 일을 하라고 채용되었다는 사실을 알게 되었어요. 둘 다 같은 날, 같은 자리에 채용된 것이었죠. 왜 그런지 아세요? 한 달 정도 지나면 둘 중 한 사람이 그만두거나 잘릴 거라고 생각했대요." 트리파티가 말했다.

그는 곧 그 이유를 알게 되었다. 오리엔테이션이 끝난 후 트리파티는 공장을 한 바퀴 둘러보았다. 클린 룸에 있던 드래건 우주선도 봤다. 그런 다음 스프레드시트를 하나 받았다. 스페이스X가 요구 조건을 관리하는 도구였다. 그는 드래건 우주선이 NASA의 요구 조건을 모두 충족한다는 사실을 NASA에 보여주라는 지시를 받았다.

"NASA에서는 요구 조건 하나당 수천 번의 회의를 거치지 않으면 아무것도 만들어지지 않아요. 모든 관계자가 요구 조건을 승인하기 전까지는 아무런 행동도 취하지 않죠. 게다가 요구 조건 하나 바꾸려면 몇 달씩 걸리기도 합니다. 그런데 여기 오니 내 눈앞에 거의 완성된 우주선이 있는 거예요." 트리파티가 말했다.

트리파티는 회사를 그만두지 않고 일에 몰두했다. 그는 우주선의 각 부분을 만드는 사람들을 찾아다니면서 만났다. 드래건 설계와 제작에 참여한 엔지니어의 3분의 1 정도는 요구 조건을 이해하고 거기에 맞추려고 최선을 다하는 것 같았다. 하지만 3분의 2는 요구 조건에 대한 생각 없이 그저 자신이 생각하는 최고의 방법에 따라 설계하는 것 같았다. 그래서 드래건 엔지니어들은 트리파티가 다가오면 별로 반가워하지 않았다. 일을 더 해야 한다는 뜻이었기 때문이다.

NASA도 트리파티를 경계하기는 마찬가지였다. NASA 엔지니어들은 우주선이 특정 요구 조건을 충족하는지 확인하기 위해 계약업체로부터 수백 페이지 분량의 문서를 받는 데 익숙해 있었다. 그런데 스페이스X에서는 엔지니어가 트리파티에게 부품 설계 도의 스크린샷 한 장과, 길어야 반 페이지 분량의 설명만 보낼 때도 있었기 때문이다.

"처음에는 스페이스X가 NASA의 요구 사항을 그리 존중하지 않았던 것 같아요. 그러다 보니 우리가 하는 일이 NASA의 신뢰를 얻지 못했죠. 결국 스페이스X의 신용이 바닥나는 바람에 내가 루더스에게 다시는 '쓰레기'를 제출하지 않겠다고 보증해야 했어요. 정말로 쓰레기라는 표현을 썼어요." 트리파티가 말했다.

그럼에도 스페이스X와 함께 일하는 NASA 관계자들은 스페이스X 엔지니어들이 진심으로 우주 비행을 위해 노력한다는 사실을 알게 되었다. 예컨대 스페이스X는 드래건이 우주선의 배경 소음이 낮아야 한다는 요구 조건을 충족한다는 사실을 보여주는 시험을 일요일 새벽 2시에 하자고 NASA에 제안했다. 그때가 대형 용접기가 꺼져 있어 공장이 조용한 유일한 시간이었기 때문이다.

스페이스X 엔지니어들은 해야 할 하드웨어 작업이 너무 많아 서류 작업을 할 시간이 거의 없었다. 사내에서는 C1이라고 부르는 첫 번째 드래건 비행은 우주에 머무르는 시간이 3시간밖에 되지 않았기 때문에 대충 넘어간 것이 많았다. 하지만 C2를 위해서는 드래건을 국제우주정거장까지 날아갈 수 있는 정교한 우주선으로 완전히 다시 만들어야 했다. 그러려면 항공전자 장치를 삼중화하고, 화물 선반을 설치하고, 성능이 개선된 태양전지판을 부착한 새 동체를 개발하고, 능동 온도 제어 시스템을 추가하는 등의 작업이 필요했다.

팰컨9 로켓 버전 1.0은 드래건 우주선만 실어 올릴 수 있었다. 그러다 보니 드래건팀은 우주선을 빨리 만들어야 한다는 강박에 사로잡혔다. C2가 비행할 준비가 될 때까지는 로켓 발사가 없을 것이기 때문이었다. 결국 로켓 발사 사이의 간격이 18개월로 늘어났다. 6년 전 팰컨1 로켓의 초도 발사 이후 가장 긴 공백 기간이었다. 기거에게는 1년 반에 이르는 C1과 C2 사이의 이 공백기가 인생에서 가장 힘든 시기였다.

"드래건팀은 빨리 움직여야 한다는 압박을 엄청나게 받았죠. 우리는 우주선을 완전히 다시 설계했는데, 어마어마한 작업이었어요. 나는 2011년에 320일 이상 일한 것 같아요. 그 기간에 우리는 말도 안 될 만큼 많은 것을 만들었죠. 루더스 주도로 주말에도 회의를 하는 등 우리 때문에 NASA도 많이 힘들었어요." 기거가 말했다.

또 다른 이유는 돈이었다. C2 작업을 할 당시에 스페이스X의 직원은 약 2천 명이었다. 스페이스X는 2008년 말에 NASA로부터 16억 달러라는 엄청난 규모의 재보급 서비스 계약을 따냈다. 하지만 대부분의 계약대금은 식량과 물을 실어 나르기 시작해야만 지급될 예정이었다. 그러려면 C2가 성공해야 했다.

하드웨어팀이 드래건을 만드는 동안 우주선 운용 직원들도 업무에 매진했다. 호손의 쿨러리스와 휴스턴의 라이딩스를 필두로 스페이스X와 NASA 연합팀은 수십 번의 시뮬레이션을 거치며 협력하는 법을 배워 나갔다. 훈련은 드래건의 정상적인 발사에서부터 우주정거장 버싱, 다양한 문제와 예상치 못한 시나리오(예컨대 드래건이 우주 파편에 맞거나 드라코 추력기의 절반이 작동하지 않는 등의 문제)에 대처하는 것까지, 여러 영역에 걸쳐 진행되었다.

이런 시뮬레이션을 하는 동안 특히 쿨러리스와 라이딩스 사이에 끈끈한 유대 관계가 형성되었다. 쿨러리스는 비행기를 몰 듯이 차분하게 상황을 통제하며 우주선 운용을 지휘했다. 라이딩스는 우주선과 우주정거장을 운용해본 실제 경험을 전수했다. 시뮬레이션을 통한 이런 협력이 이루어지는 사이에 향후 드래건 비행 시 발생할지도 모를 긴박한 상황을 처리하는 데 필요한 신뢰가 조성되었다.

"우리는 상대방 목소리의 억양만 듣고도 이렇게 해도 된다는 뜻인지 또는 정보가 더 필요하다는 뜻인지 등을 알 수 있는 수준에 이르렀어요. 마치 다른 사람과 함께 조종석에 앉아 비행기를 모는 느낌이었어요. 그러다 보니 놀라운 팀워크가 형성됐어요." 쿨러리스가 말했다.

하지만 스페이스X의 공격적인 엔지니어들과 NASA의 점잖은 공무원들이 함께 일하다 보니 때때로 갈등이 조성되기도 했다. 스페이스X는 빠르게 움직이려고 했고 불필요한 관습을 깨고 싶어 했다. NASA는 1천 억 달러짜리 우주정거장과 거기 타고 있는 우주 비행사를 보호해야 했다.

"스페이스X 사람들은 문제를 실시간으로 해결하기 위해 공격적인 아이디어를 낼 때가 있죠. 하지만 우리는 의견을 모으는 데 시간이 걸려요. NASA는 팀이에요. 스페이스X도 팀이죠. 우리는 하나의 큰 팀이 되어야 했습닌다." 라이딩스가 말했다.

드래건이 실패하면 우주정거장의 쓸모가 줄어든다

당초 NASA와 스페이스X는 드래건의 시범 비행을 세 번 하기로 했다. 하지만 2010년 12월 C1 비행이 이루어질 때 스페이스X는 이미 예정된 일정보다 뒤처져 있었다. 두 번째 드래건은 우주정거장 아래 1.6킬로미터까지 비행한 후 몇 가지 기동을 해본 뒤 낙하할 예정이었다. 세 번째 시범 비행에서야 우주정거장에 버싱하기로 되어 있었다.

드래건이 두 번째 시험 비행에서 우주정거장에 버싱하기 전에 하부 근접 비행이 필요하다고 NASA가 판단한 이유는, 스페이스X의 위치 제어 기술이 검증되지 않았기 때문이었다. 드래건은 라이다를 기본 위치 센서로 사용했다. 라이다(lidar)는 '레이저 시각화, 탐지 및 거리 측정(laser imaging, detection, and ranging)'의 줄임말로, 우주정거장에 레이저 펄스를 발사한 뒤 펄스가 반사되어 돌아오는 시간을 재 거리를 측정한다. 드래건에는 두 대의 라이다와 두 대의 열화상 카메라가 있었다. 열화상 카메라는 우주정거장의 흑백 이미지를 촬영한 뒤 이것을 내장된 기준값과 비교해 우주정거장까지의 거리와 속도를 측정한다. 이 카메라는 라이다를 교차 확인하기 위한 백업용이었다.

그런데 두 번째 시범 비행 일자가 2012년으로 넘어가면서 이 거리 센서들이 더 정교해지기 시작했다. 쿨러리스는 유도 및 항법 엔지니어 폴 포케라, 폴 우스터와 C2와 C3 비행 목표를 한 번의 비행으로 통합할 수도 있다는 데 의견 일치를 보았다. 위험하기도 했고 드래건팀에 업무 부하가 엄청나게 가중되는 일이기도 했다. 하지만 일정을 맞출 수 있는 유일한 방법이었다.

쿨러리스는 먼저 라이딩스에게 전화를 걸어 NASA의 의견을 물어보았다. 라이딩스는 이 문제를 루더스와 논의했고, 두 사람 모두 그렇게 해도 괜찮다고 생각했다. 하지만 부국장보 더그 쿡의 승인이 필요했다. 2011년 여름 샷웰과 머스크가 쿡을 만난 후 NASA는 이 계획대로 추진하는 데 잠정적으로 동의했다.

쿨러리스는 스페이스X가 두 임무를 통합해 C2 임무에서 우주정거장 도킹까지 시도하기로 한 결정이 재정적 압박 때문은 아니었다고 말했다. 오히려 근접 센서의 준비 상태와, 약간의 운만 따른다면 두 임무의 목표를 한 번에 달성할 수 있다는 전반적인 판단이 작용했다는 것이다. 물론 이 결정으로 스페이스X는 드래건과 팰컨9 로켓 한 기를 절약하는 효과를 거두었고, 화물 운송 대금을 확보하는 시점도 앞당길 수 있었다.

쿨러리스는 스페이스X가 늘 재정 압박 속에서 운영되었다는 점도 인정했다. "머스크가 예전에 이렇게 말한 적이 있어요. 알루미늄 덩어리나 회로 더미처럼, 자신에게는 이 프로젝트에 쏟아부을 수 있는 '작은 금고'가 하나 있을 뿐이라고요." 쿨러리스는 말했다. "우리는 그걸 일종의 한정된 자원으로 여겼고, 그만큼 신중하게 써야 했습니다. 그래서 늘 예민했고 어떻게든 버텨내며 일했죠."

C2의 계획이 바뀌면서 스페이스X는 정거장에 있는 우주 비행사들에게 우주선 잡는 법을 가르쳐야 했다. 우주왕복선이나 러시아의 소유스 우주선과 프로그레스 우주선은 모두 우주정거장에 직접 도킹했다. 하지만 드래건은 단순하게 만들기 위해 도킹 포트까지 자율적으로 비행을 제어할 기능을 빼고 만들었다. 그래서 정거장에 있는 우주 비행사가 대형 로봇 팔을 뻗어 드래건을 잡고 도킹 포트로 이동시켜야 했다.

수년 동안 여러 우주 비행사가 드래건 설계에 도움을 주기 위해 스페이스X를 방문했다. 처음 방문한 우주 비행사 중 일부는 샷웰이 직접 안내해 공장을 둘러보기도 했고, 머스크의 테슬라를 타고 공장 근처의 도로를 달리는 호사를 누리기도 했다. 쿨러리스 밑에서 일하는 로라 크랩트리(Laura Crabtree)는 우주 비행사들을 자주 만났다. 우주 비행사들은 크랩트리에게 이 야심만만한 회사에 대해 많은 질문을 했다.

"우리는 그들의 우려를 덜어주려고 했어요. 모두 우리를 우주 카우보이 정도로 생각하고 있더라고요. 그래서 우리는 스페이스X가 금방 없어질 회사가 아니라는 사실을 보여주고 싶었습니다. 또 우리가 아는 최고의 방법으로, 그리고 가장 안전한 방법으로 일하고 있다는 것도 보여주려고 했죠." 크랩트리가 말했다.

C2 비행이 가까워지자 크랩트리는 우주 비행사 훈련시키는 일을 도왔다. 훈련을 받은 우주 비행사 중에는 돈 페팃(Don Pettit)이라는 똑똑하고 카리스마 넘치는 50대 후반의 엔지니어도 있었다. 그는 2012년 5월 드래건이 우주정거장에 갔을 때 정거장에 있던 유일한 NASA 우주 비행사였다.

C2 발사가 가까워지면서 휴스턴의 우주 비행사들과 엔지니어들 사이에서는 회의론이 일었다. 그 무렵 6년 이상 스페이스X와 같이 일해왔던 루더스는 존슨우주센터 복도에서 이런 상황을 심심찮게 접했다. 루더스에게 다가와 "나라면 그 일 못할 것 같아요"라고 말하는 사람이 일주일에 서너 명은 되었다. 그들은 스페이스X가 성공하리라고 믿지 않았다.

하지만 루더스는 NASA에 다른 선택의 여지가 없다는 사실을 알고 있었다. 루더스는 "그것이 우리에게 유일한 희망이었어요"라고 말했다.

NASA는 10년 반 가까이 걸려 지표에서 수백 킬로미터 상공에 국제우주정거장을 건설했다. 국제우주정거장은 공학의 승리일 뿐만 아니라 국제 협력의 승리이기도 했다. 미국이 러시아, 유럽, 일본, 캐나다 등과 긴밀히 협력해 정거장을 운영하고 있기 때문이었다. NASA가 정거장을 건설한 주된 이유 중 하나는 무중력 상태에서 인간의 건강을 연구하고, 지구와 다른 환경에서 과학 연구를 수행하기 위해서였다. 하지만 우주왕복선의 은퇴로 이런 계획에 큰 구멍이 생겼다.

NASA는 생물학 연구를 위해 냉동 시설 등과 같이 통제된 환경에서 실험 재료를 정거장에 보내야 했다. 그래서 우주선에 동력식 화물 보관함을 설치하라는 요구 조건을 스페이스X와 오비털 사이언스에 부과했다. NASA가 보급을 의존한 다른 두 우주선, 즉 유럽우주청과 일본 우주개발국이 제작한 보급 우주선에는 이런 기능이 없었다. 게다가 이들 우주선은, 러시아 우주선과 마찬가지로 과학 실험 재료를 싣고 지구로 귀환할 수도 없었다. 바다에 떨어져 회수된 뒤 재사용하도록 설계된 우주선은 드래건이 유일했다. 따라서 만약 드래건이 실패한다면, NASA가 궤도에 건설한 값비싼 거대 정거장은 생물학 연구에는 사실상 쓰일 수 없게 될 터였다.

"우리는 우주왕복선으로 이 일을 했었는데 우주왕복선이 사라져버렸어요. 동력식 화물 보관함에 시료를 실어 보내고 받지 못하면 생물학 연구는 할 수 없어요. 어쩌면 동료들의 생각대로 스페이스X가 실패할 수도 있었겠죠. 하지만 그렇다고 해서 다른 선택의 여지가 있었던 것도 아니잖아요?"루더스가 말했다.

드래건을 구한 라이딩스

C2 발사 며칠 전 쿨러리스는 4교대로 근무하는 스페이스X의 비
행관제센터 운용팀 직원들을 모두 불러 모았다. 그는 직원들에게
열심히 일해줘서 고맙다는 말과 함께 그들이 안전한 비행을 위해
할 수 있는 모든 예방 조치를 다 취했다고 생각한다고 했다. 스페
이스X는 남부 캘리포니아에 큰 지진이 발생하면 드래건 관제를
케이프 커내버럴의 백업 팀에 넘길 비상 계획까지 세워뒀다.

쿨러리스는 팀원들에게 실제 비행이 시작되면 분명히 시뮬레
이션으로 훈련하지 않은 상황도 발생할 것이라고 했다. 그러면서
중요한 출격을 앞둔 조종사처럼 로켓 발사 전날 밤에는 잠을 이
루지 못할 수도 있다고 했다. 하지만 잠들려고 술을 마시거나 수
면제를 복용해서는 안 된다고 주의를 줬다. 그러면 정신만 혼미해
질 뿐이라고 했다. 쿨러리스가 팀원들에게 전한 가장 중요한 메시
지는 "여러분은 준비됐어요. 우리는 할 수 있는 모든 것을 다 했어
요"라는 말이었다.

세 번째 팰컨9 로켓은 플로리다 시간으로 새벽 3시 44분에 발
사되었다. 캘리포니아 시간으로는 자정 직후였다. 드래건 프로그
램 책임자 기거는 발사 현장을 지키고 있다가 드래건이 궤도에 오
르자 비행기를 타고 호손으로 돌아갔다. 그는 호손으로 돌아가는

비행기 안에서도 Wi-Fi 망을 이용해 텔레메트리 데이터를 받아 보았다. 이번 비행은 드래건의 첫 장시간 우주 비행이었으므로 스페이스X와 NASA는 천천히 신중하게 진행했다. 우주선은 궤도에서 많은 시험을 거친 뒤 비행 3일째가 되어서야 우주정거장에 버싱할 예정이었다.

기거를 비롯한 몇몇 드래건 엔지니어는 너무 신경이 쓰여 우주선이 정거장에 도착할 때까지 관제센터를 떠날 생각이 없었다. 항상 좌중의 어른이었던 샷웰은 직감적으로 드래건 팀원들이 언젠가는 잠을 자야 한다고 생각해, 오래된 스타 왜건 몇 대를 빌려 호손 주차장에 세워두었다. 이 차는 할리우드 영화배우들이 촬영 중간에 휴식을 취할 수 있도록 개조한 캠핑카로, 소파와 분장 공간까지 있었다. 스페이스X는 영화 업계에서 쓰다 버린 이 1980년대 빈티지 모델을 빌려 와 오렌지색 카펫을 깔고 여기저기 합성수지 커버를 씌웠다.

"무슨 예기치 못한 일이 생길까 봐 집에 갈 수가 없었습니다. 아드레날린이 계속 뿜어나왔던 것 같아요. 로켓을 발사하고 나서부터 버싱을 시도할 때까지 한 시간이나 잤는지 모르겠어요." 기거가 말했다.

알탄은 호손에서 로켓 발사를 지켜보다가 드래건이 태양전지판을 펼치면서 모든 것이 계획대로 진행되자 관제실이 들썩이는 것을 느꼈다. 하지만 중요한 시험의 순간이 다가오자 그의 마음속에 불안감이 엄습했다. 그는 드래건의 항공전자 시스템을 책임지고 있었는데, 우주정거장과의 통신 기능도 여기에 포함되어 있었다. 2년 전 우주왕복선 아틀란티스호는 '상용 궤도 운송 서비스용 극초단파 통신 장치'라는 투박한 이름을 가진 서류 가방 크기의 무선 장치를 우주정거장에 운반했다. 스페이스X는 이를 뻐꾸기(cuckoo)와 발음이 같은 CUCU라고 불렀다. NASA는 이렇게 부르는 것을 그리 좋아하지 않았다. 하지만 스페이스X 엔지니어들이 그보다 더 이상한 약어를 몇 개 제안하자 NASA는 그냥 CUCU라는 이름을 그대로 쓰기로 했다.

우주 비행사들은 CUCU 무선 장치를 우주정거장 한쪽 끝에서 다른 쪽 끝까지 깔린 케이블에 연결했다. 100여 미터 길이의 이 케이블은 우주정거장 끝에 있는 대형 안테나에 연결되어 있었다. 알탄은 CUCU 무선 장치가 매우 강한 신호를 내보내기는 하지만 케이블을 따라 전송되는 과정에 신호가 점차 약해진다는 점이 걱정스러웠다. 이 신호가 우주정거장 안테나에서 발산될 때쯤에는 말 그대로 블루투스 장치에서 나오는 신호의 세기 정도밖에 되지 않는다.

NASA는 27킬로미터 떨어진 곳에서부터 드래건이 우주정거장과 교신을 시작할 것을 요구했다. 알탄은 그렇게 멀리 떨어진 곳에서 오는 미약한 신호를 드래건에 달린 두 개의 안테나가 수신할 수 없을까 봐 안절부절못했다. 통신이 연결되지 않으면 비행 임무는 종료되고 드래건은 귀환해야 했다.

"내가 책임진 부분이 잘못되어 드래건이 실패로 돌아갈까 봐 비행 내내 신경이 곤두서 있었어요." 알탄이 말했다.

그는 발사 당일부터 다음 날 드래건이 서서히 우주정거장에 가까워질 때까지 한잠도 자지 못하고 자리를 지켰다. 하지만 그의 걱정은 기우였다. 드래건은 400킬로미터라는 말도 안 되게 먼 거리에서부터 우주정거장의 신호를 수신했다. 드래건과 우주정거장의 통신이 연결되자 알탄은 안도의 한숨을 크게 내쉬었다. 그런 다음 관제센터를 벗어나 주차되어 있던 스타 왜건 한 대에 들어가 그대로 곯아떨어졌다.

드래건의 비행 임무는 상당히 순조롭게 진행되어 이틀째 되는 날 처음으로 2500미터 거리를 두고 우주정거장 아래에서 비행하게 되었다. 이 시점에서 드래건은 당초 C2 비행의 목표로 잡아놓았던 테스트를 할 예정이었다. 여기에는 유도항법 시스템의 시연도 포함되어 있었다. 드래건이 이 테스트를 통과하면 그다음 날 우주정거장에 버싱할 수 있는 허락을 받을 수 있었다. 하지만 드래건은 우주정거장 아래에서 비행하는 동안 GPS 시스템이 작동되지 않는 등 여섯 차례가 넘는 고장을 경험했다.

이때 C1 비행과 C2 비행 사이에 이루어졌던 힘든 작업이 빛을 발했다. C1 우주선은 어떤 시스템도 이중화되어 있지 않았다. 하지만 지금은 드래건의 백업 시스템으로 이런 단일 고장을 모두 해결할 수 있었다. 그래서 우주선은 비행을 계속해 결국 경주로를 돌 듯이 우주정거장 주위를 돌다가, 정거장 아래 약 1킬로미터 지점으로 돌아와 도킹을 위한 최종 접근을 준비했다.

쿨러리스는 어수선한 마음으로 몇 시간 눈을 붙인 뒤 5월 24일 저녁 자리로 되돌아왔다. 휴스턴의 라이딩스와 팀원들은 그보다 조금 늦게 비행관제센터로 돌아왔다. 이때까지는 스페이스X가 드래건 관제 권한을 가지고 있었다. 하지만 우주선이 정거장에서 2.4킬로미터 거리 이내로 들어가면 정거장에 있는 우주 비행사는 어떤 이유로든 접근 중단을 요구할 수 있었고, 그 최종 결정권은 라이딩스에게 있었다. 라이딩스는 이런 사실을 염두에 두고 드래건을 우주정거장 아래쪽 244미터 거리까지 서서히 접근시키라고 지시했다.

이 위치로 이동하는 과정에 우주선에 있던 두 개의 라이다 중 하나가 결함 있는 데이터를 전송하기 시작했다. NASA 관제 규칙에 따르면 라이다 하나만 정상으로 작동해도 드래건은 우주정거장에 접근할 수 있었다. 둘 다 작동하지 않으면 비행은 자동으로 중단되어야 했다. 문제가 하나 더 있었다. 드래건은 두 대의 열화상 카메라가 최대 10퍼센트의 오차 범위 내에서 라이다 데이터를 교차 확인하게 되어 있었다. 그런데 이 카메라가 전송하는 데이터의 오차가 20퍼센트까지 나왔다. 쿨러리스와 라이딩스는 개인 핸드폰으로 이 문제를 자세히 논의했다. 결국 두 사람은 드래건이 정거장에 가까워질수록 오차가 줄어들 것으로 생각하고 열화상 카메라의 판독값 허용 오차 한도를 20퍼센트까지 늘리기로 합의했다.

정밀성이 중요했다. 드래건과 우주정거장은 모두 시속 약 2만 7천 킬로미터라는 어마어마한 속도로 지구 주위를 돌고 있었다. 제트 여객기가 순항 고도에서 비행하는 속도의 30배에 이르는 속도다. 두 비행체의 상대 속도는 거의 0에 가까웠다. 하지만 NASA가 다루어야 할 상대는 몇 톤 무게의 우주선이었고, 이 우주선이 경로를 벗어나면 우주 비행사가 거주하는 우주정거장에 쉽게 충돌할 수 있었다.

드래건은 다시 천천히 우주정거장에 접근하기 시작했다. 드래건이 76미터 이내로 접근하자 첫 번째 라이다가 오탐[1] 데이터를 전송하기 시작했다. 61미터 거리가 되자 두 라이다 모두 곧 장애가 일어날 것 같다는 신호를 보내왔다.

그러다 두 번째 라이다가 완전히 기능을 멈추었다.

폴 우스터는 드래건을 안전한 거리까지 뒤로 빼자고 요청했다. 쿨러리스는 운항을 책임지고 있던 엔지니어 제프 툴리에게 이 요청을 전달했다. 드래건이 중요한 기동을 하려면 두 사람이 같이 명령을 내려야 했다. 〈스타트렉〉 오리지널 시리즈에서 커크 선장

---

1 false positive. 정상인 데이터를 비정상으로 탐지해 보고하는 것.

과 스팍이 동시에 우주 함선 엔터프라이즈호에 자폭 명령을 내려야 했던 것과 같은 방식이다. 두 사람이 명령을 내리자 드래건이 뒤로 물러나기 시작했다. 쿨러리스는 라이딩스에게 전화를 걸어 방금 일어났던 일을 설명했다.

라이다가 고장 나고 19초가 지났을 때였다. "그동안 함께 많은 연습을 해왔고 팀원들의 협력이 잘 이루어졌기 때문에 재빨리 이 기동을 할 수 있었어요. 드래건이 비행 중단 직전까지 간 상황이라 안 그랬으면 큰일 날 뻔했죠." 쿨러리스가 말했다.

드래건은 라이다가 이상 신호를 보내기 시작한 지점, 즉 정거장에서 76미터 떨어진 지점으로 되돌아갔다. 그사이 스페이스X와 NASA 직원들은 문제 파악에 착수했다. 확인 결과 라이다에서 발사한 레이저가 우주정거장의 전용 반사판에서만 반사된 것이 아니라 근처의 일본 모듈 키보에서도 반사된 것으로 밝혀졌다. '레이저 대즐링(laser dazzling)'으로 알려진 현상이다. 항법팀은 라이다의 관측 면적을 좁히자고 제안했다. 관측할 수 있는 면적을 좁히면 키보 모듈은 관측 범위에서 벗어날 터였다. 하지만 이렇게 하려면 소프트웨어를 지금 수정해야 했는데, 우주정거장 근처에서 소프트웨어에 손을 대는 것은 NASA의 비행 규칙에 위배되는 일이었다.

결정은 라이딩스의 손에 달려 있었다.

라이딩스가 휴스턴에서 이 문제를 검토하는 사이에 쿨러리스는 또 다른 긴급한 문제로 고민에 빠졌다. 직원들이 드래건에 남은 추진제 양을 따져봤더니, 한 번 더 버싱을 시도할 수 있을 만큼 남아 있지 않을 수도 있다는 판단이 내려졌기 때문이었다. 다시 말해, 라이딩스가 오전 중에 소프트웨어 수정을 허락하지 않으면 다음 날은 연료가 부족해서라도 버싱을 시도할 수 없을 것 같았다.

드래건의 추력기도 문제였다. 드래건의 위치가 우주정거장보다 몇십 미터 아래에 있다 보니 궤도 속도가 정거장보다 조금 더 빨랐다. 그래서 시간이 지남에 따라 우주선이 정거장보다 앞에서 표류하게 되었다. 이렇게 앞에서 표류하는 우주선의 속도를 줄이기 위해 드라코 추력기가 계속해서 빠르게 켜지고 꺼지기를 반복하며 브레이크 역할을 했다. 이 때문에 추력기가 급속히 뜨거워졌다. 드라코는 완전히 가동되면 자체 냉각 시스템이 작동하게 되어 있다. 하지만 켜졌다가 워낙 빨리 꺼지는 바람에 냉각 시스템이 작동할 겨를이 없었다. 그러다 보니 드래건의 추력기가 한계 온도에 가까워졌다. 추력기가 한계 온도에 도달해도 비행은 자동으로 중단되어야 했다.

"온도가 점점 올라가는 것을 지켜보는 것이 정말 고통스러웠어요. 과열에 아주 가까워지고 있었죠. 어떻게 해서든 우주정거장으로 가야 했습니다. 아니면 비행 임무는 그것으로 끝이었어요." 기거가 말했다.

하지만 라이딩스는 상황을 판단할 시간이 필요했다. 라이딩스는 드래건을 안전하게 우주정거장에 버싱시키는 것이 자신의 임무라고 생각했다. 그는 NASA가 수문장이 되어서는 안 된다고 생각했지만, 우주정거장도 보호해야 했다. NASA 관제 책임자들의 세계에서는 스페이스X가 제안한 것과 같은 소프트웨어 수정은 큰일 날 소리였다. 몇몇 동료는 라이딩스에게 소프트웨어를 수정하면 다른 곳에서 오류가 발생할지도 모르니 드래건의 소프트웨어에 손을 대게 해서는 안 된다고 말했다.

대부분의 사람은 이렇게 위험 부담이 큰 결정을 내려야 한다는 압박감에 시달리고 싶어 하지 않을 것이다. 라이딩스는 이렇게 말했다. "나는 이런 일을 하라고 훈련받아온 관제 책임자였어요. 이 일은 정말로 어려운 문제가 생길 때가 가장 재미있어요. 아무리 어려운 문제라도 결정을 내려줘야 해요."

그래서 홀리 라이딩스는 결정을 내렸다.

라이딩스는 휴스턴에서 팀원들과 상의를 하면서도 한편으로는 호손에 있는 쿨러리스와 개인 핸드폰으로 대화를 이어가고 있었다. 라이딩스는 쿨러리스의 목소리에서 해결책에 대한 자신감을 읽을 수 있었다. 위치 센서는 앤드루 하워드라는 엔지니어가 개발했는데, 그는 쿨러리스의 신뢰를 받고 있었다. 그리고 쿨러리스는 라이딩스와 수년간 함께 훈련하며 라이딩스의 신뢰를 얻었다.

라이딩스는 일부 팀원들의 우려에도 불구하고 쿨러리스에게 소프트웨어를 업데이트하라고 했다.

스페이스X는 소프트웨어를 수정한 뒤 라이다 두 개를 재설정하고, 드래건을 우주정거장에서 30미터 떨어진 다음 대기 위치까지 이동시키기 시작했다. 우주정거장에서는 돈 페팃이 드래건을 잡기 위해 로봇 팔의 위치를 조정하기 시작했다. 30미터 떨어진 대기 위치에 안착한 드래건은 우주정거장에서 불과 9미터 아래에 있는 마지막 대기 위치까지 이동해도 된다는 허락을 받았다. 하지만 우주선이 16미터 안으로 들어가자 두 번째 라이다에서 발사한 레이저가 도킹 링에 반사되어 대즐링 현상이 일어나기 시작했다.

그러다 두 번째 라이다의 기능이 정지되었다.

"거의 다 갔었어요. 이제 라이다 한 대와 열화상 카메라 두 대에 의존해야 했기 때문에 자리에 앉아 있는데 진땀이 났죠. 교차 확인을 못 하거나 남은 라이다마저 고장 나면 그걸로 끝이었어요." 쿨러리스가 말했다.

드래건은 의도적으로 초당 7센티미터 이하의 느린 속도로 어렵게 비행을 이어갔다. 스페이스X는 두 번째 라이다를 재설정했지만, 우주선이 마지막 대기 위치에 도달하자마자 다시 기능을 멈췄다.

이 무렵 우주정거장에 있던 페팃은 버싱 준비가 끝났다는 신호를 지상으로 보냈다. 그러자 스페이스X는 드래건을 자유 표류 모드로 전환했다. 더는 추력기를 쓰지 않는다는 뜻이다. 페팃에게는

15분의 여유밖에 없었다. 그 안에 드래건을 잡지 못하면 드래건은 로봇 팔이 닿을 수 있는 거리를 벗어나 표류할 터였다. 드래건이 자유 표류에 들어가자 남아 있던 라이다 하나마저 간헐적으로 대 즐링 현상을 보이기 시작했다.

캐시 루더스는 휴스턴의 비행관제센터 근처에 있는 사무실에 앉아 우주에서 펼쳐지는 이 드라마를 지켜보았다. 루더스는 소프 트웨어 수정을 허락한 라이딩스의 결정을 두고 일부 관계자들로 부터 불평의 소리를 들었지만, 관제 책임자 라이딩스가 훌륭한 결 정을 내렸다고 생각했다. 페팃이 드래건을 향해 로봇 팔을 천천히 뻗기 시작하자 루더스 등에 진땀이 흘렀다. 남은 라이다가 언제 기능을 멈출지 모른다는 걱정 때문이었다.

"솔직히 나는 '이것보다 더 느리게 로봇 팔을 작동시킬 수도 있 을까'라고 생각했어요. 내가 느리다고 생각한 이유는 아마 우주선 을 빨리 포착하기를 바랐기 때문일 겁니다. 사실 페팃은 시뮬레이 션할 때보다 느리게 팔을 뻗지 않았거든요. 어쨌든 거의 다 됐어 요. 우리는 여러 가지 시험을 하느라 궤도에서 사흘을 보냈어요. 그러다 드디어 여기까지 왔어요. 정말 가슴이 벅찼죠." 루더스가 말했다.

휴스턴 시간으로 오전 8시 56분 페팃이 우주선을 포착했다. 페 팃은 휴스턴의 비행관제센터에 드래건의 꼬리 부분을 잡았다고 연락했다.

루더스는 우주선이 우주정거장에 결합된 모습을 보고 기쁨을 억누를 수 없었다. 동료들을 압박하고 밀어붙이며 말도 안 되는 이 민간 우주선 아이디어를 추구한 지 6년이 지났다. 많은 NASA 직원이 성공하리라고 생각하지 않은 아이디어였다. 그런데 이제 이 새끼 드래건이 둥지를 떠나 날개를 펼쳤다.

"우주선이 얼마나 아름답게 모습을 드러내는지 상상도 할 수 없을 거예요. 그 모습은 정말 놀랍습니다. 우주선은 캄캄한 어둠 속에서 나와 정거장으로 다가오죠. 처음에는 아주 작은 불빛이 보이다가 다가오면서 점점 불빛이 커져요. 그 생각을 하면 지금도 감정이 벅차올라요." 루더스가 말했다.

호손의 스페이스X 직원들은 기쁨에 겨워 제정신이 아니었다. 비행이 시작되기 전 드래건 팀원 대부분은 우주선이 정거장에 결합할 확률을 기껏해야 50퍼센트 정도로 보았었다. 이들이 생각한 가장 가능성이 높은 시나리오는 드래건이 정거장 가까이 가서 많은 데이터를 수집하겠지만 결국은 그냥 되돌아오는 것이었다. 하지만 드래건은 최종 목표까지 달성했다. 머스크는 쿨러리스에게 다가가 그와 악수를 한 뒤 "믿을 수 없는" 일을 해줘 고맙다고 말했다. 그냥 듣기 좋으라고 한 소리가 아니라, 머스크의 진심 어린 칭찬이었다.

우주선 운용 계획 담당자 로라 크랩트리는 방 뒤편에 앉아 있었다. 크랩트리는 드래건 포획이 몇 시간 지체되는 바람에 NASA

의 운용 계획 담당자와 우주정거장 스케줄 변경을 조율했다. 동료들이 자리에서 벌떡 일어나 서로 끌어안고 하이파이브를 할 때 크랩트리는 자리에 기대앉아 울음을 터트렸다.

"우리가 계획하고 훈련했던 모든 일이 결실을 맺었어요. 그건 안도와 기쁨의 눈물이었죠. 그 순간 우리는 지금까지 오직 국가만 할 수 있었던 일을 해냈던 거예요. 조금 지나니 우리가 얼마나 큰 일을 해냈는지 서서히 느껴지기 시작했어요." 크랩트리가 말했다.

"내가 한 가장 의미 있는 일이었어요"

머스크와 샷웰의 공동 비서 얼리사 세이거는 샴페인 수백 병을 주문했다. 샴페인은 비행관제센터 바로 앞에 쌓여 있었다. 관제센터에 있던 직원들이 공장 동료들과 합류하면서 샴페인 병이 비기 시작했다. 기거, 쿨러리스, 알탄을 비롯해 드래건 운용 요원들은 기쁨과 피로로 제정신이 아닌 상태에서 샴페인을 들이켰다.

페팃이 드래건을 붙잡아 우주정거장의 계류장으로 옮긴 지 두어 시간 뒤 NASA가 준비한 기자 회견이 열렸다. 휴스턴에서는 라이딩스와 서프레디니가 참석했다. NASA 관계자들의 모두 발언이 끝나자 화면은 휴스턴에서 호손으로 넘어갔다. 호손에는 머스크가 만면에 웃음을 띤 채 린든모이어 옆에 앉아 있었다.

머스크는 이렇게 말했다. "우리 스페이스X 직원들은 말로는 다 표현할 수 없는 흥분과 환희를 느끼고 있습니다. 잘못될 수 있는 일이 너무 많았는데도 결국 성공했습니다. NASA 관제센터와 스페이스X 관제센터가 힘을 합해 막판에 발생한 몇 가지 문제를 해결할 수 있었습니다. 오늘은 정말 환상적인 날이에요. 오늘 일은 우주여행의 중요한 역사적 진전으로 기억될 것입니다. 앞으로도 이런 일이 많이 일어났으면 좋겠습니다."

머스크와 린든모이어는 비행관제센터 바로 앞에 앉아 있었다. 이들의 뒤에는 1년 반 전에 바다에서 회수한 C1 드래건이 걸려 있었다. 이들의 앞에는 수백 명의 직원이 초승달 모양으로 둥그렇게 서 있었다. 발언 말미에 머스크가 직원들의 노고를 치하하는 말을 하자 직원들은 "일론! 일론! 일론!"이라고 외치며 환호성을 질렀다. 정말로 마음에서 우러난 반응이었다. 머스크는 말을 잠시 멈추고 린든모이어를 끌어안았다. 그런 다음 스페이스X를 믿어준 NASA에 감사를 표했다.

드래건에 관여했던 몇몇 고위 관계자는 기자 회견이 진행되는 동안 머스크 근처의 바닥에 앉아 있었다. 이들은 행복감과 안도감으로 가득 찬 상태에서 그 순간 감정에 사로잡혀, TV 촬영 중인데도 잠시 머스크에게 달려가 끌어안고 싶은 충동을 느꼈다. 쿨러리스는 "마지막 순간에 이성을 되찾았죠"라고 말했다.

그날 아침 드래건의 버싱이 끝나고 나니 우주정거장 승무원 세 사람이 잠자리에 들 시간이었다. 덕분에 지난 3일 동안 마음을 졸여가며 밤샘 작업을 하던 스페이스X 직원들은 다시 관제센터로 돌아와, 해치 개방을 할 때까지 12시간의 여유 시간을 갖게 되었다. 기진맥진한 이들은 집으로 돌아가 잠을 잤다.

물론 이 말은 농담이다.

이들은 금요일 한낮에 로스앤젤레스로 나가 먹고 마시며 즐겼다. 스위스 출신의 기거는 베니스 비치 보드워크에서 '온 더 워터 프론트'라는 스위스 식당을 발견했다. 이 식당은 브라트부르스트 소시지와 큰 맥주잔에 따라 내놓는 바이에른 맥주를 팔았다. 기거는 1년 넘게 해변에 가본 적이 없었다. 그는 술기운과 만족스러운 성취감으로 적당히 알딸딸한 상태에서 동료들과 파도를 바라보며 느긋한 시간을 보냈다.

다음날 페팃과 유럽 우주 비행사 앙드레 카위퍼르스, 러시아 우주 비행사 올레그 코노넨코는 드래건의 해치를 열었다. 모든 것이 정상이었다. 페팃은 드래건 내부에서 마치 새 차 냄새처럼 좋은 냄새가 난다는 재치 있는 말을 했다. 드래건은 엿새 동안 우주 정거장에 결합되어 있다가 페팃이 결합을 풀자 드라코 추력기를 점화해 지구로 귀환했다. 드래건은 발사한 지 9일이 조금 더 지난 5월 31일 바하반도 앞의 태평양에 낙하했다.

그로부터 반년도 지나지 않아 스페이스X는 실제 임무를 수행하는 첫 번째 우주선을 우주정거장에 쏘아 올렸다. 스페이스X는 여기에 상용 재보급 서비스-1이라는 이름을 붙였다. 우주 비행사 서니 윌리엄스가 드래건 해치를 열어보니 동력식 화물 보관함 안에 이들에게 선물하는 특별식이 들어 있었다. 스페이스X는 발사 네 시간 전에 텍사스의 블루벨 매장에서 구매한, 초콜릿 스월이 들어간 바닐라 아이스크림 한 상자를 우주선에 실었다. 과학 실험 재료도 많이 들어 있었다. 국제우주정거장은 드래건 덕분에 획기적인 과학 연구를 하겠다는 약속을 이행할 수 있었다.

쿨러리스는 C2 비행을 성공적으로 마무리 지음으로써, 제트블루를 떠나 아버지의 뒤를 이어 우주 업계에 투신하겠다는 자신의 결심이 옳았음을 증명했다. 그는 그 뒤 리처드 브랜슨이 설립한 버진오빗(Virgin Orbit)에서 발사 책임자로 일하기도 하고, 제프 베이조스가 설립한 블루오리진에서 달 탐사 프로그램 책임자로 일하기도 하는 등 다른 우주 억만장자 밑에서도 일하게 된다. 쿨러리스가 머스크에게 가장 크게 감명받은 것은 큰 도약을 위해 위험을 기꺼이 감수하려는 그의 태도였다. 머스크의 이런 태도 덕분에 스페이스X는 C2와 C3를 하나의 비행으로 묶어 기록적인 시간 안에 NASA의 요구 조건을 충족시킴으로써 전체 비행 목표를 달성하는 큰 도약을 할 수 있었다.

"그 비행은 내 인생을 확인시키는 것이었어요. 조종사가 되어 비행 임무를 수행했던 그 모든 시간 그리고 스페이스X에 입사해 훈련했던 그 모든 시뮬레이션이 그 한 순간을 위한 것이었어요." 쿨러리스가 말했다.

홀리 라이딩스도 우주정거장으로 가는 드래건의 첫 번째 비행 임무를 무사히 마치고 자신에 대해 더 많이 알게 되었을 뿐 아니라 자기 능력에도 더 많은 자신감을 갖게 되었다. NASA의 상사들도 이런 사실을 알게 되었다. 2018년 라이딩스는 여성으로는 처음으로 수석 관제 책임자로 승진했다. 드래건이 우주정거장에 결합하는 과정에 그가 보여준 대담한 의사 결정도 이 승진에 한몫했다. 현재 라이딩스는 아폴로 계획 이후 반세기 만에 다시 달에 가려는 NASA의 프로그램에 참여하고 있다.

드래건 비행의 성공이 갖는 의의는 아직도 여전하다.

라이딩스는 이렇게 말한다.

"당시에는 그 의의를 제대로 깨닫지 못했죠. 벌써 11년이 흘렀어요. 나는 인류가 평화로운 우주탐사를 해야 한다고 믿고 있고, 모두 이 믿음을 공유하고 있다고 생각해요. 그래서 개인적으로는 당시의 내 결정이 지금까지 내가 한 일 중에서 가장 의미 있는 일이었다고 생각합니다."

6장

떠나는 사람들

2012년 1월,
캘리포니아주 반덴버그 공군기지

NASA의 우주 화물 운송 서비스를 시작하자 스페이스X는 젊은
엔지니어들이 가고 싶어 하는 선망의 대상이 되었다. 많은 엔지니
어가 스페이스X에 지원서를 내기 시작했다. 알래스카에서 부시
파일럿[1]으로 일하던 벤저민 켈리(Benjamin Kellie)도 그중 하나였
다. 그는 오하이오주립대학교에서 공학을 전공하며 주로 풍력 터
빈 같은 대체 에너지 분야에 집중했다. 하지만 로켓과 우주선 분
야의 일을 하면 정말 재미있을 것 같다는 생각이 들었다.

켈리가 1차 전화 면접을 통과하자 2012년 1월 스페이스X 채

---

1 bush pilot. 소형 비행기를 몰고 큰 비행기가 갈 수 없는 지형이 험한 벽지를 운항하는 조
   종사.

용 담당자는 켈리에게 선임 엔지니어들과의 면접을 위해 호손으로 오라고 했다. 그는 월요일 아침에 시작되는 면접 시간에 맞추기 위해 일요일에 도착할 수 있도록 여행 일정을 잡았다. 하지만 로스앤젤레스에 도착한 직후 핸드폰이 울리면서 켈리가 생각했던 계획이 틀어져버렸다. 스페이스X의 반덴버그 공군기지 발사 운영 책임자 리 로즌(Lee Rosen)의 전화였다. 로즌은 켈리에게 로스앤젤레스에서 북쪽으로 240킬로미터 떨어진 곳으로 오라고 했다.

켈리는 "모르는 사람이었는데, 나보고 자기 집으로 오라고 했어요"라고 말했다.

그는 그다음 날 아침부터 스페이스X 공장에서 힘든 면접이 줄줄이 예정되어 있다는 것을 알았기에 일요일 저녁에는 푹 쉴 생각이었다. 하지만 로즌은 그를 직접 만나고 싶다며 북쪽으로 세 시간 거리에 있는 자기 집에 와서 저녁 식사나 같이 하자고 했다. 켈리는 흐름대로 따라가는 것이 좋겠다고 생각하고, 렌터카를 한 대 빌려 끝없이 이어지는 로스앤젤레스 고속도로의 차량 행렬 속으로 뛰어들었다.

오랫동안 공군에서 복무했던 로즌은 1년 전에 장교 계급장을 스페이스X 배지와 바꾸고 회사의 두 번째 팰컨9 로켓 발사대 운영을 책임지게 되었다. 태평양 연안에서 뻗어 올라가는 험준한 산 사이에 있는 반덴버그 공군기지는 극궤도 발사에 이상적인 장소였다. 이름에서 알 수 있듯이 극궤도 위성은 서쪽에서 동쪽으로

도는 궤도 대신 지구의 남과 북 양극을 통과하는 궤도를 돈다. 극궤도는 지구를 관측하기에 좋은 곳이다. 지구가 자전하기 때문에 남극과 북극을 도는 위성은 하루에 지구의 모든 지역을 다 관측할 수 있다.

잭 던은 로즌의 요청에 따라 발사대 개발 관리를 맡고 있었다. 당시 발사대 현장에 근무하는 엔지니어와 기술자는 몇 명 되지 않았다. 그러다 발사대를 빨리 준비하라는 압력이 커지면서 새로운 인력을 수혈받을 필요성도 커졌다.

켈리는 로즌의 집에서 발사대에 근무하는 사람들을 만나 로켓을 비롯한 여러 이야기를 나눴다. 이들은 대화를 나누며 집에서 담근 와인을 마셨다. 얼마 뒤 이들은 〈댄스 댄스 레볼루션(DDR)〉 비디오 게임을 했다. 와인이 다 떨어지자 로즌의 아내 도러시아는 켈리에게 커피를 가져다주었다. 커피 덕분에 켈리는 어느 정도 술이 깬 상태로 로스앤젤레스까지 장거리 운전을 할 수 있었다.

켈리는 새벽 4시경에 호텔로 돌아왔다. 그는 침대에서 몇 시간 뒤척이다 숙취가 가시지 않은 피곤한 몸을 이끌고 스페이스X 사무실로 갔다. 면접을 보러 온 사람으로서 썩 좋은 준비 자세는 아니었다. 일반적으로 지원자는 스페이스X 본사 1층의 엔지니어들이 사용하는 넓은 사무실의 뒤편 벽을 따라 배치되어 있는 회의실 중 한 곳에서 면접을 본다. 회의실 이름은 '버즈 올드린' 같은 식으로 우주 비행 영웅들의 이름을 따서 붙였다. 면접은 몇 시간 동안 진행되는데, 보통 네 명 이상의 스페이스X 직원들이 차례로 들어와 다양한 질문을 하며 채용 후보자를 평가한다. 면접 방식은 활기 띤 토론이 될 수도 있고, 벽에 있는 화이트보드를 이용해 방정식이나 기타 기술 문제를 풀게 할 수도 있다.

아직 머리가 띵한 그에게는 천만다행으로, 그날 켈리는 쏟아지는 질문 공세에 시달릴 필요가 없었다. 발사 담당 부사장 팀 부차는 면접 장소에 나와 그에게 아무런 질문도 하지 않았다. 당시 부차는 발사 운영과 팰컨9 로켓 제작을 모두 관리하고 있었기에 너무 바빠 길게 면접할 시간이 없었다. 부차는 켄턴 루커스에게 자기 대신 켈리를 면접하라고 했다. 루커스는 어깨를 으쓱하고는 반덴버그 발사대 직원들이 그의 기개와 창의성을 좋아한다고 말했다. 그 말로 부차는 통과되었다. 켈리와 루커스는 같이 점심을 먹고 공장을 둘러보았다. 그날 오후 켈리가 비행기를 타고 오하이오주 콜럼버스로 돌아오자마자 메일을 열어보니 받은 편지함에 반덴버그 발사대 건설하는 일을 하라는 메일이 들어와 있었다.

"나중에 우리는, 내가 본 면접은 술 마시고 DDR 게임하는 것이라는 농담을 하곤 했지요." 켈리가 말했다.

2013년의 LOX 대규모 증발 사건

스페이스X는 거의 10년 전에 반덴버그 공군기지에서 로켓 발사를 시도한 적이 있었다. 머스크는 스페이스X 공장과 가깝다는 이유로 이 공군 시설을 팰컨1 로켓 발사 장소로 선택했다. 소규모의 발사팀원들은 발사대를 구축한 뒤 2005년 5월 스페이스X 최초로 종합 연소 시험을 마쳤다. 그런데 갑자기 공군이 겁을 내기 시작했다. 공군은 록히드가 신형 아틀라스V 로켓을 발사할 수 있도록 제3우주발사단지를 개조하는 데 2억 달러를 투자했다. 게다가 스페이스X의 팰컨1 로켓 발사대 인근에는 10억 달러짜리 국가정찰국의 정찰 위성을 탑재한 강력한 타이탄 IV 로켓이 발사대에 세워져 있었다.

결국 상황이 악화되면서 스페이스X가 밀려났다. 공군 관계자는 머스크에게 팰컨1 로켓 시험 발사를 하려면 타이탄 IV 로켓이 발사될 때까지 몇 달은 족히 기다려야 할 것이라고 말했다. 머스크는 씩씩거리며 반덴버그를 포기하고 스페이스X의 남은 자원을 태평양 한가운데 있는 콰절레인 환초에 투입했다. 스페이스X를 망하게 할 수도 있는 필사적인 몸부림이었다.

6년 뒤 타이탄IV 로켓은 퇴역했고, 스페이스X는 팰컨9 로켓 발사에 성공하며 믿을 만한 로켓 발사업체임을 증명했다. 공군은 스페이스X의 복귀를 반기며 타이탄 로켓 발사장으로 쓰던 제4우주발사단지 동쪽 발사장을 스페이스X에 임대해 주기로 했다. 로즌의 영입은 순조로운 업무 진행에 도움이 되었다. 로즌은 반덴버그 공군기지에서 제4우주발사대대의 대대장으로 근무했었기에 공군의 언어를 구사할 수 있었을 뿐만 아니라 공군의 요구 조건을 충족하는 방법도 알았다.

타이탄 로켓 발사탑에는 구리가 매우 많아서 계약업체는 스페이스X에 100만 달러를 내고 발사탑을 철거하기로 했다. 발사탑 철거가 끝나자 스페이스X는 콘크리트를 타설하고, 격납고를 짓고, 액체 산소와 케로신 추진제를 저장할 대형 탱크(쓰다 버린 폐용기가 많았다)를 설치하는 등 스페이스X의 필요에 맞는 발사장을 구축하기 시작했다.

로즌의 팀원들은 크기와 성능이 더 뛰어난 팰컨9 로켓을 만드느라 여념이 없는 호손의 엔지니어들이 로켓을 완성하기 전에 발사대를 구축해야 했다. 팰컨9 로켓 버전 1.0은 드래건 우주선만 실어 올릴 수 있었지만, 버전 1.1은 상용 위성도 운반할 수 있을 것이므로 팰컨9 로켓을 통해 비정부 발사의 시대가 활짝 열릴 터였다. 버전 1.1은 캘리포니아에서 초도 발사가 이루어질 터이므로 스페이스X의 미래는 반덴버그에 달려 있었다.

"우리는 계속 압박에 시달렸어요. 늘 로켓이 금방 완성될 것이라는 위협을 느꼈죠. 언제나 6개월 안에 준비된다고 했으니까요. 물론 로켓은 2013년 중반이 되어서야 완성됐죠. 하지만 2011년부터 계속해서 6개월 안에 로켓이 올 것이라는 말을 들었어요." 던이 말했다.

이 무렵 스페이스X는 창업한 지 10년이 되었지만, 여전히 신생 기업처럼 혼돈과 긴박감의 소용돌이 속에서 움직이고 있었다.

2013년 여름 첫 번째 팰컨9 로켓 버전 1.1이 반덴버그에 도착했을 때는 벽에 칠한 페인트가 채 마르지 않은 집에 이사한 것처럼 로켓이나 발사대 모두 많은 부분이 아직 검증되지 않은 상태였다.

로켓을 발사대로 이송한 뒤 수직으로 기립시키는 트랜스포터와 팰컨9 로켓의 적합성 검증 시험을 마친 후 초점은 종합 연소 시험으로 넘어갔다. 이 단계에서는 새 로켓의 추진 시스템과 발사 직전에 로켓에 연료를 공급하고 로켓을 지원하는 지상 시스템을 함께 검증하게 된다. 8월 말 부차가 이끄는 발사팀은 이 중요한 시험을 이끌기 위해 서둘러 로스앤젤레스에서 출발했다.

몇 번의 우여곡절 끝에 로켓이 카운트다운의 마지막 순간에 도달해 연소실 안에서 산소와 케로신을 점화하기 전에 엔진 내부의 터보 펌프가 돌아가기 시작했다. 하지만 작업자 한 사람이 실수로 점화 전에 헬륨이 엔진으로 흘러가도록 방치하는 바람에 시험이 중단되었다. 절차에 따라 엔지니어들은 추진제를 배출하고 종합 연소 시험 카운트다운을 다시 하기 위해 로켓 밸브를 열었다. 하지만 2단부 액체 산소 탱크의 충전・배출 밸브에 개방 명령을 내렸는데 아무 일도 일어나지 않았다. 밸브가 막힌 것이었다.

로켓 발사 장면을 본 적이 있다면 카운트다운이 끝나는 마지막 몇 분 동안 로켓에서 하얀 연기가 뭉게구름처럼 피어오르는 광경을 봤을 것이다. 이는 로켓 내부의 저장 탱크에서 증발된 액체 산소다. 로켓은 대부분 산화제로 액체 산소를 쓴다. 추진제를 연소

시켜 효율적인 반응을 일으키는 데 가장 효과적인 산화제이기 때문이다. 기본적으로 액체 산소는 다른 산화제보다 가격 대비 효과가 더 좋다. 액체 산소의 단점은 비등점이 극도로 낮다는 것이다. 물은 섭씨 100도에서 끓는데, 물의 주요 구성 성분인 산소는 섭씨 영하 182.9도에서 끓는다. 산소의 화학적 성질은 기체다.

로켓 근처의 통제실에 있던 잭 던은 충전·배출 밸브가 막혔다는 사실을 알고 가슴이 철렁 내려앉았다. 그는 바로 기다리는 것 외에는 다른 방법이 없다는 사실을 깨달았다. 물론 팰컨9 로켓 상단부에 있는 LOX(액체 산소)는 결국 모두 증발할 터였다. 하지만 워낙 양이 많아 그렇게 빨리 증발하지는 않을 것이다.

"반덴버그는 안개가 낀 데다 기온이 섭씨 7도라 빨리 증발하지는 않을 것 같았습니다. 우리는 꼬박 사흘을 기다려야 했어요." 던이 말했다.

고통스러운 기다림이었다. 로켓에서 케로신을 빼내는 동안 스페이스X 직원들은 발사대 근처에 접근할 수 없었다. 엔지니어와 기술자들이 로켓에 올라가 밸브를 열어보려고 했지만 레인지(발사 구역) 안전을 책임지고 있던 엄격한 공군 관계자들은 허락하지 않았다. 절박해진 발사팀원들은 갖가지 기발한 아이디어를 생각해냈다. 그중 하나가 총으로 2단 로켓을 쏘는 것이었다. 그렇게 해서 생긴 구멍으로 LOX가 다 빠져나가면 2단부를 수리해 다시 시험하자는 생각이었다. 하지만 곰곰 생각해보니 휘발성이 강한 액체 산소에 강력한 발사체를 쏘는 것은 좋은 생각이 아닌 듯했다.

그래서 그들은 기다렸다. 거의 3만 7천 리터에 이르는 액체 산소는 꾸준히 증발되어 사라지고 있었다. 2단부 탱크에 들어 있던 LOX 양이 서서히 줄어드는 것을 통제실에서 지켜보던 던은 사흘째가 되자 인내심이 거의 한계에 다다랐다. 근처에 있던 또 다른 엔지니어 리키 림은 같은 행동을 계속 반복했다. 림은 15분마다 밸브 개방 명령 스위치를 눌렀다. 밸브가 열리지 않으면 그는 1969년에 발표된 레드 제플린의 명곡 〈How Many More Times〉를 틀었다. 로버트 플랜트가 구슬픈 목소리로 노래를 부르고 지미 페이지가 블루스 조로 애절하게 기타를 치는 동안 던은 "제발 물은 안 돼, 제발 물은 안 돼, 제발 물은 안 돼"라고 흥얼거렸다. 이 곡은 연주 시간이 9분 가까이 되었다. 곡이 끝나면 밸브가 열리는지 다시 확인할 시간이 거의 다 되어갔다.

던은 어떤 이유에서든 밸브에 물이 생겨 밸브가 막혔을까 봐 두려웠다. 2단부 탱크에 LOX가 가득 찬 상태에서 물이 생긴 밸브를 잠궈놓으면 밸브가 액체 산소 가까이 있기 때문에 물이 얼었을 터였다. 스페이스X 반덴버그 발사장의 유체와 전기 제어 및 고출력 전기 시스템은 모두 던이 관리했기에, 물 때문에 밸브가 막혔다면 그것은 던의 책임이었다.

"나는 액추에이터 라인에 물이 생겼을까 봐 정말 두려웠어요. 거기에 물이 생겼다면 내가 책임지고 있는 지상 쪽에서 들어갔을 터였으니까요. 이 일로 사나흘을 까먹었는데 그게 내 잘못이 아니었으면 좋겠다고 생각했어요." 던이 말했다.

액추에이터는 물리적으로 밸브를 여는 기계 장치다. 이 장치는 질소 가스가 6밀리미터의 라인을 따라 흘러가 밀어주는 방식으로 작동한다. 던의 팀원들은 종합 연소 시험 준비를 하는 과정에 라인에 물기가 남아 있어 라인이 얼까 봐, 지상 시스템의 다른 액추에이터와 밸브는 물론 이 라인도 세척하고 건조했다.

물론 다른 가능성도 있었다. 예컨대 어떤 알 수 없는 이유로 밸브에 이물질이 끼어 밸브가 작동하지 않을 수도 있었다. 밸브가 작동하지 않은 이유가 물 때문인지 아닌지는 밸브의 온도가 얼음이 녹는 온도인 0도가 되면 알 수 있을 터였다. 통제실에는 이 밸브의 온도를 측정하는 센서가 있었는데, 던이 로버트 플랜트의 노래를 들으면서 신경 쓰고 있던 것 중의 하나도 바로 이 센서였다.

"온도가 0도가 되니 정말로 밸브가 열렸습니다. 로켓을 눕힌 뒤 2단부 액추에이터 라인을 떼어냈더니 라인에서 끈적끈적한 갈색 물이 흘러나오더라고요. 아마 세척하는 과정에 들어갔던 듯해요. 쥐구멍에라도 들어가고 싶을 만큼 난처했고, 큰 좌절감을 느꼈어요." 던이 말했다.

치킨 게임

나중에 LOX 대규모 증발 사건으로 불리게 되는 이 일이 일어나는 동안 팀 부차는 부차대로 지옥과 같은 시간을 보냈다. 2002년 머스크가 초기에 영입한 사람 중 한 명인 부차는 회사에서 존경받고 사랑받는 사람이었다. 그는 두뇌가 명석했고 마음이 너그러웠을 뿐만 아니라 펜실베이니아 철강 산업 지역의 블루칼라 가정에서 성장했기에 힘들게 일하는 데 익숙했다. 2013년 가을 무렵 그는 이미 스페이스X에서 수십 번의 종합 연소 시험과 발사 카운트다운을 이끌며 11년의 고된 시간을 보냈다. 하지만 LOX 대규모 증발 사건과 그에 대한 머스크의 반응으로 두 사람의 관계는 회복할 수 없을 정도로 손상되었다.

"그 사건으로 내 스페이스X 경력은 끝났어요." 부차가 말했다.

부차에게는 스페이스X에서 보낸 11년이 힘들기는 했지만 궁극적으로는 보람 있는 시간이었다. 그가 이끈 발사팀은 세 번의 실패 끝에 2008년 9월 팰컨1 로켓 발사를 성공시켰다. 그리고 그로부터 2년도 채 지나지 않아 모두의 예상을 뒤엎고 처음 발사한 팰컨9 로켓을 궤도에 올려놓았다. 하지만 머스크는 그에게 더 많은 것을 요구했다. 팰컨9 로켓 발사 운영뿐만 아니라 로켓 제작까지 관리해달라고 요구한 것이었다.

팰컨9 부스터 모델 1.0은 개발 버전이었지만, 모델 1.1은 대량생산을 염두에 둔 버전이었다. 머스크는 목표를 간단명료하게 설정하는 것을 좋아했다. 하지만 발사팀이 따라가기에는 지나치게 야심 찬 목표가 많았다. 예컨대 로켓을 격납고에서 끌고 나와 발사하는 데까지 한 시간 안에 끝낼 수 있게 하라는 식이었다. 팰컨9 로켓을 일주일에 한 대씩 발사할 수 있게 하라는 목표도 있었다. 그런데 이번에는 부차에게 팰컨9 로켓 연간 생산량이라는 새로운 목표를 부여했다.

"머스크는 언제나 간단한 숫자로 목표를 설정할 수 있었습니다. 우리의 새 목표는 코어 40개, 2단부 20개, 페어링 14개, 드래건 6대였어요. 이 모든 것을 4만 6천 제곱미터 규모의 호손 공장에서 직원 1천 명을 데리고 만들어야 했어요." 부차가 말했다.

부연하자면, 이 말은 1년에 스무 번 로켓을 발사할 수 있는 역량을 빨리 갖추라는 뜻이었다. (당시 스페이스X의 연간 발사 횟수는 평균 1회였다.) 코어를 40개로 한 이유는 단일 코어로 운용되는 팰컨9 로켓뿐만 아니라 머스크의 비전인 '팰컨 헤비'까지 염두에 둔 것이었다. 팰컨 헤비는 팰컨9 로켓 코어 3개를 하나로 묶어 훨씬 더 무거운 중량을 궤도로 운반할 로켓이었다. 따라서 머스크는 연간 10회의 팰컨9 로켓 발사와 10회의 팰컨 헤비 발사를 구상했던 것이다.

이 말을 듣고 팰컨9 로켓 1단 코어를 재사용히는 것이 좋지 않겠느냐는 생각이 든다면 당신만 그런 것이 아니다. "재사용도 가능하겠다는 생각이 들었어요. 나는 그런 생각을 강력하게 지지했어요. 코어 40개를 제작하고 싶지는 않았거든요." 부차가 말했다.

부차가 생산량 증가에 착수한 사이에 다른 부서는 팰컨9 로켓 개량 작업에 들어갔다. 추진팀은 멀린 1C 엔진을 멀린 1D 엔진으로 업그레이드해 무게는 그대로 유지하면서 추력을 크게 향상시켰다. 이들은 연소실을 제작하는 새 공정도 도입했다. 연소실은 추진제가 들어와 연소한 뒤 로켓을 띄워 올리는 추력을 만들어내는 엔진의 심장이다.

새 제작 공정을 도입한 이유는 2012년 10월 NASA의 첫 실제 화물 보급 임무를 수행한 팰컨9 로켓의 네 번째 비행에서 엔진에 문제가 발생했기 때문이다. 로켓의 멀린 1C 엔진 아홉 개 중 하나가 발사 후 79초 만에 고장 났다. 로켓은 엔진 고장을 이겨내고 드래건을 우주정거장까지 보내는 데는 성공했지만(그리하여 정거장에 있던 우주 비행사들에게 블루벨 아이스크림을 배달할 수 있었지만), 또 다른 탑재 화물인 소형 ORBCOMM 통신 위성을 목표 궤도로 보내는 데는 실패했다. 머스크는 한스 쾨니히스만에게 조사를 맡겼고, 쾨니히스만은 케빈 밀러와 함께 조사를 시작했다. 몇 달 후 두 사람은 연소실 부실 제작이 엔진 고장의 원인이라는 결론을 내놓았다. 스페이스X는 조사가 진행되는 동안 5개월 가까이 운영을 중단해야 했다.

"엔진 문제로 NASA의 화물을 운송하는 임무가 중단돼버렸습니다." 쾨니히스만이 말했다.

다음 화물 운송 임무를 위해 스페이스X가 임시방편으로 취한 조치는 전단간섭법이라는 검사 방법을 이용해 각 연소실의 결함 여부를 면밀히 검사하는 것이었다. 스페이스X는 멀린 1D 엔진으로 업그레이드하기 위해 연소실에 니켈-코발트 합금을 도금하는 방식에서 구리 합금으로 연소실을 만드는 방식으로 바꾸어 이미 설계와 시험을 마친 상태였다. 이로써 문제가 완전히 해결되었다.

그 외에 또 하나 크게 바뀐 것은 로켓의 밑부분이었다. 처음의 팰컨9 로켓엔진은 격자 모양으로 배치되어 추진제 탱크 바닥과 엔진 장착대 상단부 사이에 상당히 넓은 공간이 남아 있었다. 이 공간이 너무 넓어 엔지니어들은 농담 삼아 '댄스 플로어'라고 불렀다. 이 쓸데없는 공간은 불필요한 무게만 잡아먹고 있었기에 머스크는 디자인을 개선하기로 했다. 머스크와 구조물팀은 '콜라병 형'과 '옥타웹(Octaweb) 형'이라는 두 가지 안을 놓고 고민에 빠졌다. 콜라병 형을 택하면 사실상 엔진을 추진제 탱크의 하부 돔에 거의 닿을 정도로 장착할 수 있을 터였다. 하지만 머스크는 가운데 엔진 하나를 배치하고 그 주위에 원형으로 여덟 개의 엔진을 배치하는 옥타웹 형을 선택했다. 이렇게 하면 각각의 멀린 엔진 사이에 알루미늄판을 넣을 공간이 생겨 개별 격실을 만들 수 있으므로 엔진 하나가 고장 나도 다른 엔진에 영향을 미치지 않을 것이다.

머스크는 2011년 2월에 이 결정을 내렸다. 구조 시스템 책임자 마크 훈코사(Mark Juncosa)는 머스크와 회의를 마친 후 옥타웹 설계와 제작을 담당할 팀을 구성하기 시작했다. 훈코사는 프로젝트를 이끌 책임자로 샘 스털츠를 선정한 후 스털츠와 함께 롭 쿨린(Robb Kulin)의 자리로 갔다. 쿨린은 골절 연구로 박사 학위를 받은 재료 과학 엔지니어였다. 그날은 그가 스페이스X에 입사한 지 사흘째 되는 날이었다. 훈코사는 쿨린에게 이렇게 말했다. "큰 일을 하나 맡기겠네. 옥타웹이라는 새로운 프로젝트가 하나 생겼는데, 지금부터 그 일을 하도록."

옥타웹은 버전 1.1이 로켓을 완전히 재설계한 것과 다름없다는 것을 보여주는 좋은 예다. 스페이스X는 2년이 넘는 기간에 걸쳐 성능뿐만 아니라 공정까지 고려해가며 로켓을 처음부터 다시 제작했다. 머스크는 엔지니어들에게 운용 측면을 고려해 제작과 운반과 발사를 쉽게 할 수 있도록 로켓을 설계하라고 강조했다. 이 버전부터 팰컨9 로켓은 그냥 또 하나의 중형 발사체가 아니라는 점을 처음부터 분명히 밝힌 셈이었다.

나중에 비행 신뢰성 책임자가 되는 쿨린은 이렇게 말했다.

"그것이 훗날 팰컨9 로켓이 성공하는 밑바탕이 되었어요. 처음 몇 차례 로켓을 시험하고 발사하면서 얻은 교훈으로 재사용 가능성을 조금씩 높이고 운용 방법을 수정하면서, 설계에 반영해 지금처럼 빨리 로켓을 준비해 재사용할 수준에 이르게 되었죠."

로켓 개량 작업의 일환으로 구조팀은 복합 소재 페어링을 개발해야 했다. 로켓 상단에서 위성을 보호하는 기능을 하는 페어링을 전체적으로 더 가볍게 만들기 위해서였다. 또, 항공전자팀은 로켓의 전자 시스템을 완전히 이중화함과 동시에 로켓에 탑재된 컴퓨터의 크기와 무게를 획기적으로 줄였다.

머스크는 언제나 그러하듯이, 더 빨리 만들어내라고 직원들을 재촉했다. 그는 로켓 탑재 컴퓨터 관련 회의를 할 때면 소형화의 필요성을 강조하려고 자기 핸드폰을 테이블 위에 던지며, "이 아이폰이 여러분이 로켓에 설치한 항공전자 시스템보다 더 많은 일을 할 수 있다"라고 말하곤 했다. 개발 프로젝트가 늘 그렇듯이 각 팀은 새 하드웨어를 만드는 데 어려움을 겪었다.

부차는 이렇게 말했다. "우리는 일정을 놓고 치킨 게임을 벌였습니다. 일정이 가장 지연되는 사람이 가장 질책을 많이 받았죠. 나머지 사람들은 그것을 방패막이 삼아 그 뒤에 숨었고요. 우리는 모두 돌아가며 한 번씩 방패막이가 됐어요. 뮬러가 머스크에게 엔진이 늦어졌다고 보고하면 내가 뮬러를 찾아가 감사 인사를 했고, 내가 머스크에게 발사장이 일정보다 늦어졌다고 보고하면 사람들이 나한테 몰려와 고맙다고 인사하곤 했죠."

페이로드 페어링 개발은 버전 1.1에서 가장 큰 과제였다. 페어링은 로켓의 맨 상단에 있는 둥그런 덮개로, 로켓이 상승하는 중에 탑재 화물을 보호하다가 위성이 분리되기 전에 열리면서 떨어져나간다. 당시 이 분야의 지배적인 사업자는 나중에 RUAG로 이름을 바꾸는 스위스 기반의 콘트라베스스페이스였다. 이 회사는 스페이스X의 경쟁사인 유나이티드론치얼라이언스에 비슷한 크기의 아틀라스V 로켓 페어링을 약 500만 달러에 팔고 있었다. RUAG는 스페이스X에도 비슷한 가격에 팰컨9 로켓 페어링을 만들어주겠다고 제안했다. 하지만 머스크는 평소와 마찬가지로 페어링을 자체 제작하면 비용을 크게 절감할 수 있을 것이라고 생각했다.

머스크는 팰컨9 로켓 발사 대가로 6천 만 달러를 받아 수익을 내려는 계획을 세우면서 페어링 가격을 대략 100만 달러로 계산했다. 하지만 제작팀이 첫 번째 페어링 제작에 들어가자 부차는 걱정이 되기 시작했다. 페어링 제작 공정이 노동 집약적이었기 때문이다. 제작의 기본 아이디어는 젖은 신문지 조각을 풍선에 붙여 조형물을 만드는 종이죽 조형과 비슷했다. 스페이스X는 페어링에 탄소섬유 복합재 판을 사용했다. 작업은 레이저 도구가 특정 탄소섬유 조각을 배치할 곳을 표시하면 기술자가 그곳에 탄소섬유를 배치하는 식으로 이루어졌다. 부차가 약 반년 동안 이 작업을 지켜본 결과, 가장 솜씨 좋은 기술자가 하루에 배치할 수 있는 탄소섬유 조각은 대략 100개였다. 그런데 페어링 한쪽에 붙여야 할 조각은 수천 개나 되었다. 이 작업이 끝나면 페어링을 대형 오븐에 넣고 경화해야 했다.

부차는 생산 계획을 세우기 위해 숫자를 계산해봤다. 머스크의 목표에 맞추려면 오븐을 한 대 더 구입해야 할 것 같았다. 또, 인건비와 재료비를 고려했을 때 100만 달러로는 페어링 하나를 만들 수 없을 것 같았다. 그의 추정에 따르면 최종 비용은 400만 달러 가까이 될 듯했다. 2012년 어느 일요일, 머스크의 기대와 현실 사이의 괴리가 수면 위로 떠올랐다. 첫 번째 오븐이 스페이스X 공장에 인도되기로 한 전날이었다. 부차는 오븐을 어디에 두면 좋겠느냐고 묻기 위해 머스크에게 전화를 걸었다. 그랬더니 머스크가 그날 오후에 공장에서 회의를 하자고 불렀다.

이 회의에 참석한 또 다른 중요 인물은 구조 시스템 책임자 마크 훈코사였다. 코넬대학교에서 경제학을 전공한 훈코사는 2005년에 스페이스X에 입사했다. 그는 특유의 헝클어진 갈색 머리로도 유명했지만 놀라울 정도로 에너지가 넘쳐흐르는 사람이었다. 대중에게는 잘 알려져 있지 않지만, 훈코사는 스페이스X가 팰컨9 로켓과 스타십을 쏘아 올리는 과정에 매우 중요한 역할을 한 사람이다. 그는 머스크가 무엇을 원하는지 직관적으로 알아차렸을 뿐만 아니라 주어진 과제가 무엇이든 전력을 다해 달려들었다. 머스크는 지연되는 프로젝트가 있으면 훈코사를 보내 해결하게 했다. 스타링크나 스타십 같은 대형 프로젝트가 문제에 봉착했을 때도 훈코사가 나서서 해결한 적이 여러 번 있었다. 머스크는 다른 무엇보다도 어려운 일을 창의적으로 해내는 능력을 중요하게 생각했는데, 이런 면에서 훈코사는 누구보다도 뛰어났다.

스페이스X에서 10년간 일하다 2020년에 퇴사한 아비 트리파티는 이렇게 말했다. "머스크를 제외하면 마크 훈코사가 스페이스

X에서 가장 중요한 기술 인력이에요. 그는 남들 눈에 안 띄게 움직이죠. 〈왕좌의 게임〉을 본 적이 있다면 훈코사를 거기 나오는 왕의 핸드라고 생각하면 됩니다. 훈코사는 머스크의 오른팔로, 머스크가 가장 신임하는 수석 고문이죠."

나중에 '블랙 선데이 회의'로 불리게 되는 이 회의가 열리던 무렵 훈코사는 크리스 톰슨의 뒤를 이어 구조 시스템 담당 부서를 책임지고 있었다. 안타깝게도 부차와 훈코사는 회의가 열리기 전에 입을 맞출 시간이 없었다. 서로 자기 일에 바빠 시간 여유가 없었기 때문이다. 머스크는 일요일에 두 사람을 불러 페어링 제작이 어떻게 되어 가는지 물었다. 부차는 페어링 제작에 필요한 시간을 노동력 관점에서 설명했다. 그는 페어링 하나 만드는 데 대략 5천 시간, 즉 반년 이상 걸릴 것이라고 했다.

"머스크는 비용 차트를 보지도 않고 그 정도면 페어링 한쪽당 200만 달러가 들겠다고 말했습니다. 1초도 안 걸렸어요. 머스크는 그만큼 숫자에 빨라요. 그래서 비용 차트를 보여줄 필요도 없었죠. 그러다 '아냐, 잠깐 기다려봐, 그 정도로 들지는 않을 것 같은데…'라고 말하더군요." 부차가 말했다.

머스크는 페어링 하나 제작하는 데 1천 시간이면 충분할 것이니 400만 달러가 아니라 100만 달러면 될 것이라고 했다. 훈코사가 머스크의 견해를 지지하면서 이때부터 회의 분위기가 나빠졌다. 이 의견 불일치는 머스크가 얼마나 직원들을 정신없이 몰아붙이면서까지 야심 차게 비용 목표를 달성하려고 했는지 잘 보여준다. 결국 스페이스X는 팰컨9 페이로드 페어링의 비용 목표를 달성하지 못하고 페어링 하나 만드는 데 600만 달러를 들이게 된다. 페어링을 자체 제작하기로 했지만 다른 업체와 마찬가지로 수작업으로 탄소섬유 복합재를 배치해서는 게임의 판도를 바꿀 수 없었던 것이다. 이런 높은 비용 때문에 스페이스X는 결국 페어링을 회수해서 재사용하는 길로 가게 된다.

2013년 3월 스페이스X는 NASA의 화물 보급 임무를 위한 두 번째 로켓을 발사했다. 공식적으로는 상용 재보급 서비스-2(CRS-2)로 알려진 임무였다. 팰컨9 로켓 버전 1.0의 마지막 발사였기에 로켓 개발팀원이나 발사장 관리팀원 모두 큰 압박감을 느꼈다. 부차는 대부분의 프로젝트의 일정 목표와 비용 목표를 달성하고 있다고 생각해 꽤 만족감을 느끼고 있었다. 하지만 블랙선데이 회의 같은 의견 불일치가 한 번씩 일어나면서 한때 긴밀했던 머스크와의 유대 관계에 금이 가기 시작했다. 이 균열은 LOX 대규모 증발 사건을 계기로 파열로 이어졌다.

머스크는 3일간의 기다림을 참지 못하고 수시로 부차에게 전화를 걸어 조급함을 드러냈다. 머스크는 하루면 액체 산소가 다 증발할 것으로 생각했다. 하지만 안개가 자주 끼는 반덴버그는 열대 기후에다 햇빛이 풍부한 케이프 커내버럴과 달랐다. 부차는 진짜 문제는 LOX가 다 증발된 후에 발생했다고 말했다. 스페이스X

는 2단부의 충전·배출 밸브를 교체해야 했다. 그런데 이 밸브는 로켓 안쪽 깊숙한 곳에 묻혀 있었다. 따라서 밸브를 교체하려면 로켓 안쪽으로 안전하게 들어갈 수 있게 세워져 있던 로켓을 옆으로 눕혀야 했다.

하지만 이 때문에 또 다른 문제가 생겼다. 로켓은 내부에 압력이 있는 것이 좋다. 콜라 캔을 예로 들어보자. 캔이 밀봉되어 있을 때는 내부 압력이 있어 상당히 튼튼하다. 하지만 캔을 따면 내부 압력이 사라져 쉽게 찌그러진다. 로켓의 구조물과 추진제 탱크에도 비슷한 원리가 적용된다. 그래서 발사대로 이송하는 동안이나 발사대에 기립해 있을 때는 불활성 질소 가스로 2단부 내부를 가압한다. 액체 산소가 증발하는 동안에도 그 상태가 유지되었다. 하지만 밸브를 교체하려면 압력을 낮춰야 했다. 문제는 로켓이 옆으로 눕혀 있을 때 압력을 낮추면 로켓 상단에 있는 탑재 화물의 무게 때문에 로켓 구조물이 휠지도 모른다는 것이다. 탑재 화물이 가지 끝에 달린 사과처럼 아래쪽으로 힘을 가할 것이기 때문이다.

실제로 이런 일이 일어날지에 대해서는 논란의 여지가 있었다. 문제의 탑재 화물은 무게 500킬로그램의 CASSIOPE라는 비교적 작은 캐나다 위성이었기에 로켓 구조물을 휘게 하지는 않을 것 같았다. 그럼에도 구조 시스템 책임자 훈코사는 이송 중에는 로켓에 압력을 유지해야 한다고 주장해왔고, 이제는 그 압력이 제거되면 구조물이 휘어버릴까 봐 우려하고 있었다. 훈코사는 부차와 상의해 로켓 상단부를 밴드로 감은 뒤 크레인에 걸어 구조물이 휘어지지 않을 정도로 들어 올리기로 했다. 여기서 최악의 시나리오는 페이로드 부분이 떨어져 나가면서 위험한 하이퍼골릭 추진제가 유출되어 유독성 폭발이 일어나는 것이었다.

이 작업이 진행되는 동안 머스크는 다른 일에 매여 있었다. 그러다 작업이 끝나갈 무렵 그는 반덴버그의 상황을 보여주는 비디오 모니터를 쳐다보았다. 머스크는 로켓이 크레인에 걸려 있는 모습을 보고 길길이 날뛰었다.

"나에게 전화를 걸더니 거친 말을 퍼붓더군요. 굉장히 화가 난 것 같았어요. 하도 소리를 지르고 공격적인 말을 해 소름이 끼칠 정도로 위협을 느꼈어요." 부차가 말했다.

머스크가 화를 낸 이유는 팰컨9 로켓 버전 1.1 운용 계획을 세우던 초기에 최대 무게의 탑재 화물을 실었을 때만 구조물이 휠 가능성이 있다고 판단했기 때문이다. 그래서 반덴버그에 있는 엔지니어들이 왜 비교적 가벼운 캐나다 위성 때문에 크레인을 동원하고 밴드를 사용하며 시간을 낭비하는지 이해할 수 없었던 것이다. 그 순간 머스크에게는 한 가지 목표밖에 없었다. 빨리 그 빌어먹을 로켓을 궤도에 쏘아 올리는 것이었다. 그 밖의 것은 모두 불필요한 시간 낭비였다. 그런 데 쓸 시간도 없었고, 그런 일에 낭비할 돈도 없었다.

그래서 부차에게 심한 말을 퍼부었던 것이다. 오랫동안 발사 책임자로 일했던 부차는 자신은 그저 훈코사가 제시한 계획대로 따랐을 뿐이라고 설명했다. 그는 몇 분만 있으면 작업이 다 끝난다고, 그리고 작업하는 데 실제로 시간이 그리 많이 걸리지 않았다고 말했다. 하지만 아무 소용 없었다.

"그날이 내가 스페이스X를 떠나야겠다고 결심한 날이었어요. 하지만 이번 로켓 발사와 케이프 커내버럴에서 있는 또 다른 로켓 발사는 끝내고 갈 생각이었죠." 부차가 말했다.

그는 스페이스X에 조금 더 남아 있었다.

"뭣 때문에 이렇게 신이 났어?"

반덴버그 발사팀의 고난은 2013년의 LOX 대규모 증발 사건으로 끝난 것이 아니었다. 그로부터 일주일이 조금 더 지난 9월 7일, 발사가 몇 달 늦춰질 수도 있는 재앙이 발생해 반덴버그 발사장을 뒤집어놓았다.

그 무렵 스페이스X는 종합 연소 시험에 성공하고 발사 전까지 몇 가지 주요 시험만 남겨둔 상태였다. 로즌과 던은 그중 하나인 물 분사 시스템 시험을 미뤄두고 있었다. 이 시험을 하면 한동안 발사대 작동을 중단해야 해 다른 작업을 할 수 없었기 때문이다.

로켓이 발사되면 음향 에너지라 불리는 엄청난 양의 소음과 진동이 발생한다. 가스는 음속보다 빠르게 엔진 노즐을 빠져나가며 어마어마한 충격파를 발생시킨다. 로켓 발사 순간의 소음은 거의

200데시벨에 육박한다. 이해를 돕기 위해 비교하자면, 착암기가 내는 소음은 100데시벨이고, 항공모함 갑판에서 나는 소음은 평균 140데시벨이다. 이 정도면 로켓 꽁무니에서 나는 소음이 얼마나 강렬한지 알 것이다. 문제는 이 에너지가 발사대로 배출되었다가 위로 반사되어 꽤 약한 편인 로켓 구조물과 로켓 상부에 있는 민감한 위성에까지 영향을 미칠 수 있다는 점이다.

이에 대한 해결책이 물 분사 시스템이다. 로켓 하단부와 배기가스가 빠져나가는 곳에 대량의 물을 분사하는 시스템이다. 이렇게 하면 소리를 감쇄할 수 있을 뿐 아니라 발사대의 열 손상도 줄일 수 있다. 대개 이런 소음 억제 시스템은 로켓 배기가스를 발사대에서 옆으로 돌려 배출하는 화염 유도로와 함께 사용된다.

벤저민 켈리는 스페이스X에 입사한 뒤 반덴버그 발사장에서 물 분사 시스템을 맡아 책임지게 되었다. 이 시스템은 발사장보다 300미터가량 더 높은 곳에 있는 100만 리터 용량의 거대한 물탱크에서 물을 공급받았다. 실로 엄청난 양의 물이었다. 이 탱크에 저장된 물이면 올림픽 수영장을 거의 반쯤 채울 수 있다. 이 물은 90센티미터 굵기의 관을 타고 내려와 발사대 근처에서 여섯 개의 관으로 분기된 후 노즐을 통해 발사대에 분사된다.

스페이스X는 여섯 개의 관으로 분기되는 지점에 각각 버터플라이 밸브를 설치하고 저압의 물로 시험을 마친 상태였다. 높은 수압의 물로 시험했을 때 가장 크게 우려되는 점은 이 관을 통과하는 물의 흐름을 너무 빨리 차단하는 것이었다. 90센티미터 굵기의 관을 타고 아래로 흘러내리는 물은 달리는 화물 열차와 비슷하다. 당신이 전속력으로 달리고 있는데 누군가가 당신 바로 앞에 있는 문을 닫는다고 상상해보라. 물은 결과가 그보다 조금 더 나쁘다. 압축성 유체에는 탄성이 있기 때문이다. 다시 말해 물이 스프링처럼 압축되었다가 폭발하듯 뒤로 밀려난다. 관 속에서 생기는 이런 압력 충격파를 전문 용어로 '수격 현상(water hammering)'이라고 한다.

2013년 9월 7일 반덴버그 팀원들이 로켓 발사 일정에 맞추기 위해 미친 듯이 일에 몰두하던 중에 이런 일이 일어났다. 켈리는 물 분사 시스템 시험 계획을 세우면서 시험이 끝나면 각 밸브를 하나씩 잠그라는 지침을 마련해놓았다. 켈리의 뜻은 밸브 하나를 잠그고 나서 다음 밸브를 잠그는 식으로 한 번에 하나씩 차례대로 잠그라는 것이었다. 하지만 당시 수습 중이던 관리인은 가능한 한 빨리 모든 밸브를 잠가야 한다는 뜻으로 이 지침을 해석했다. 그 결과 버터플라이 밸브가 너무 빨리 닫히면서 무시무시한 수격 현상이 일어났다.

급수 본관이 파열해버렸다.

발사장은 영화 〈광란의 골프장〉에서 빌 머리가 물을 부어 뒤쥐를 쫓아내려고 지하수를 퍼 올리는 장면이 나오는 골프장의 모습으로 바뀌었다. 물은 비탈길을 따라 흘러내렸다. 그러다 발사장에 있는 스페이스X 본관 아래에서 솟아올랐다. 발사대의 모든 틈에서 물이 솟아올라 발사장 일대가 물바다가 됐다. 발사장에서 로켓 추진제 탱크로 이어지는 주도로도 물에 쓸려 나갔다.

"이제 끝났구나 싶었어요. 이 일로 발사가 몇 달 뒤로 밀릴 것이라고 생각했죠." 던이 말했다.

이 일이 켈리와 던을 비롯한 반덴버그 직원들에게 얼마나 고통스러웠을지 알려면 잠시 한발 물러나 들여다볼 필요가 있다. 켈리는 몇 달 동안 하루도 쉬지 않고 아무리 해도 끝나지 않는 이 발사 작업에 매달렸었다. 엄밀히 말해 그는 새벽 세 시부터 오후 세 시까지 현장에서 일하는 '주간 근무' 요원이었다. 하지만 그는 발사대의 수석 엔지니어로서 책임감과 주인의식을 갖고 새벽 한 시경에 현장에 도착해 오후 다섯 시까지 일했다. 켈리를 비롯한 엔지니어들이 너무 지쳐 차를 몰고 집에 갈 수 없을 때도 많아 사무실에 이들을 위한 임시 잠자리까지 마련되어 있었다. 이런 생활을 몇 달 하다 보니 켈리는 이 힘든 시간이 빨리 끝나기만 기다렸다. 그런데 자기가 책임진 시스템이 발사장 전체를 물바다로 만드는 사건이 터져버린 것이었다.

"심신이 지쳐서 '언제쯤이면 이 일이 끝날까?'라는 생각뿐이었습니다. 그러다 무너져버렸어요. 물론 엄청난 잘못이기는 했지만, 내가 실수를 저질러서가 아니었어요. 그보다는 발사가 훨씬 더 멀어졌기 때문이었어요. 나는 이 빌어먹을 로켓을 우주로 빨리 보내고 싶었어요. 로켓에 대고 욕을 하곤 했죠. 로켓을 쳐다보고 '우주로 빨리 꺼져버려'라고 중얼댔어요. 우리는 제정신이 아니었어요." 켈리가 말했다.

켈리는 자신이 이 잘못을 책임져야 한다고 생각했다. 입사한 지 1년이 조금 넘은 시점에 그는 이 엄청난 실수에 대한 책임을 지고 사직하기로 했다. 그는 발사대에서 나와 팰컨9 로켓에 쓸 케로신이 저장되어 있는 대형 탱크가 있는 곳으로 걸어갔다. 가다 보니 던과 로즌, 부차가 우울한 표정으로 길 한가운데 난 3미터 너비의 구덩이를 바라보고 있었다. 켈리는 자신의 불찰로 일이 이렇게 되었다며 책임을 지고 사직하겠다는 의사를 밝혔다.

"던이 펄펄 뛰며 나한테 화를 내더군요. 그가 한 말은 대충 이런 거였어요. '그래, 자네는 그만두고 우리끼리 알아서 이 일을 해결하라 이거지? 그게 자네 계획이었어? 우리는 모든 일이 잘 돌아갈 때 쓰려고 자네를 고용한 게 아냐. 자네를 고용한 건 일이 엉망이 될 때를 대비한 거였어. 그러니 10초만 더 자책한 뒤 신발 끈을 동여매고 다시 시작해보자고!'" 켈리가 말했다.

그렇게 해서 그들은 다시 일을 시작했다. 잠시 머리를 식힌 켈리와 던, 로즌은 토목 공사를 전문으로 하는 현지 업체를 불렀다. 자정 무렵이 되자 굴착기를 비롯한 중장비가 투입되어 엉망진창이 된 현장을 정리하기 시작했다. 놀랍게도 정리 작업은 며칠밖에 걸리지 않았다.

대범람이 발생한 지 3주 후 팰컨9 로켓이 준비되었다. 제4우주 발사단지 동쪽 발사장도 준비가 끝났다. 그리고 벤저민 켈리도 완벽하게 준비된 상태였다. 켈리는 다른 업무를 하면서도 발사대 기술자들의 작업을 조율했고, 9월 29일 이른 새벽에는 발사대 기술자들과 로켓 주위를 돌며 마지막 점검을 했다. 태평양의 차가운 바닷물 때문에 해안 안개가 자주 끼는 반덴버그에서는 드물게 맑은 밤이었다. 켈리는 하늘에서 밝게 빛나는 별을 보고 감탄했다.

그날 아침 '레드팀'이 발사대 곁을 떠나기 전에 수석 기술자 러스 차이는 스페이스X의 새로운 발사 전통을 만들었다. 그는 레몬 머랭 파이와 초콜릿 크림 파이를 켈리 얼굴에 던졌다.

그런 다음 레드팀원들은 수백 미터 떨어진 조그만 콘크리트 블록 건물로 철수했다. 법으로 허용된 로켓과 가장 가까운 거리, 즉 폭약량 안전거리[1]에 있는 건물이었다. 이 말은 폭발 반경 바로 뒤에 있다는 뜻이다. 켈리와 차이는 발사 후 발사대를 안전하게 보호하는 책임을 진 레드팀의 일원으로 소방 장비를 착용하고 나란히 서 있었다. 두 사람은 양철 같은 소리가 나는 스피커를 통해 카운트다운하는 소리를 들었다.

비행통제실 안에 있는 발사팀원들은 로켓이나 지상 시스템에서 아무런 기술적 문제를 발견하지 못했다. 하지만 상층부의 바람

---

1 quantity-distance line. 폭발물과 특정 시설과의 최소 안전 거리.

은 팰컨9 로켓이 견딜 수 있는 한계에 가까워지고 있었다. 문제는 높은 고도에서의 절대 풍속이 아니라 전단 작용[1]이었다. 전단 작용은 로켓이 대기권을 통해 상승하는 중에 바람의 방향과 속도가 급격하게 변할 때 일어난다. 전단력이 강하면 로켓 구조 시스템이 손상될 수 있고, 심할 경우에는 파괴될 수도 있다. 머스크는 이를 로켓이 음속 장벽을 돌파할 때 '대형 해머로 얻어맞는 것'과 같다고 간결하게 설명했다.

하지만 발사 창이 열리기 30분 전에 띄운 기상 풍선에 따르면 윈드시어(급변풍)가 허용 한계치의 몇 퍼센트 이내인 것으로 나타났다. 카운트다운은 마지막 몇 초를 남겨두고 있었다. 훨씬 강력한 신형 팰컨9 로켓 발사를 지켜보기 위해 머스크가 통제실에 와 있는 가운데 던이 마이크를 잡고 카운트다운을 하고 있었다.

"카운트다운은 난생처음이었어요. 너무 긴장해서 숫자 10을 거꾸로 세는 것도 못할 뻔했어요. 카운트다운하는 데 부담감과 불안감이 너무 컸어요. 그냥 외워서 하면 틀릴까 봐 숫자를 종이에 적어놓고 읽었던 기억이 납니다. 실제 상황인 데다 녹화 테이프가 평생 남을 것이라 실수하지 않으려고 했죠." 던이 말했다.

---

1 물체 안의 어떤 면에 크기가 같고 방향이 서로 반대가 되도록 면을 따라 평행하게 작용하는 힘을 '전단력'이라 하고, 전단력이 가해져 물체 내부에서 어긋남이 생기는 것을 '전단'이라 한다.

주의 깊게 들어보면 그의 목소리에서 약간의 긴장감, 흥분, 피곤함 등이 느껴지지만 그래도 던은 실수 없이 무난하게 카운트다운을 했다. T-5초가 되자 물 분사 시스템이 작동하기 시작했고, T-0이 되자 아홉 개의 멀린 엔진이 굉음을 토하며 살아났다. 몇 초 뒤 던이 "발사!"라고 외치자 아름다운 푸른 바다와 하늘을 배경으로 흰색 팰컨9 로켓이 우주를 향해 솟아오르기 시작했다.

로켓의 굉음은 폭발 반경 가장자리에서 로켓 발사를 지켜보던 켈리의 가슴을 찢어놓았다. 로켓이 하늘로 솟구치자마자, 발사 성공이 확인되려면 아직 한참 남았는데도 차이는 소리를 지르며 풀쩍풀쩍 뛰면서 허공에 주먹질을 해댔다. 그러다 켈리 쪽으로 몸을 돌리더니 그의 어깨를 끌어안았다. 차이는 기쁨을 주체하지 못하고 녹초가 된 켈리를 붙잡고 봉제 인형 다루듯 마구 흔들었다.

"뭣 때문에 이렇게 신이 났어?" 차이가 너무 일찍 좋아하는 듯해 켈리가 물었다.

"로켓이 발사대에서 사라졌잖아. 저 빌어먹을 놈이 이제 다시는 돌아오지 않을 거 아냐!" 차이가 큰소리로 대꾸했다.

켈리가 생각해보니 그 말이 맞았다. 다음 날 새벽 한 시에 피곤한 몸을 이끌고, 로켓을 발사대에서 떠나보내기 위해 끝도 없어 보이는 마라톤을 하러 발사장으로 나오지 않아도 될 터였다. 켈리도 순간 완전한 안도감과 해방감을 느껴, 저도 모르게 풀쩍풀쩍 뛰기 시작했다.

가장 중요한 톱니바퀴의 마모

발사 창이 열리기 한 시간 전, 부차는 마지막 몇 분을 남겨놓고 카운트다운을 중단해야 할지도 모른다고 걱정했다. 상층부의 바람이나 기술적인 문제 때문이 아니었다. 머스크의 도착이 늦어지고 있기 때문이었다. 마침내 머스크와 당시 그의 아내였던 배우 탈룰라 라일리가 근사한 차림새로 예정보다 조금 늦게 통제실에 도착했다. 현지 시간으로 오전 9시 15분 전이었다. 로켓이 이륙하자 머스크 부부는 불꽃 쇼를 직접 보려고 통제실 밖으로 뛰어나갔다.

발사 직후 통제실 안에 있던 사람들은 만면에 웃음을 띠며 서로를 끌어안았다. 머스크도 직원들과 함께 발사 성공을 기뻐했다. 반덴버그에서의 첫 발사가 해피엔딩으로 끝났는데도 오랫동안 근무한 스페이스X를 떠나기로 한 부차의 결심은 변하지 않았다.

부차와 머스크의 관계는 악화 일로를 걷고 있었고, 창립 멤버들은 뒤로 물러나고 있었다. 머스크는 2002년에 크리스 톰슨, 톰 뮬러와 함께 스페이스X를 설립했다. 톰슨은 2012년 5월에 회사를 떠났고, 2013년에는 뮬러가 점점 커지는 추진팀 책임자 자리에서 물러나 기술 개발에 전념하기로 했다. 초창기의 핵심 직원이었던 한스 쾨니히스만과 그윈 샷웰은 그보다 더 오래 스페이스X에 남는다.

이들은 스페이스X의 초창기 직원들로, 회사를 밀고 당기며 설립 초기의 힘든 시기를 넘기는 데 주도적인 역할을 했다. 그러다 마침내 성공을 맛보았다. 하지만 그 성공을 만끽하거나 아니면 잠시 숨이라도 돌릴 여유를 전혀 가질 수 없다는 사실을 알게 되었다. 머스크는 쉴 틈 없이 이들을 몰아붙였다.

"우리는 팰컨1 로켓 발사에 성공하면, 또 국제우주정거장 화물 보급 임무에 성공하면, 잠시만이라도 가속 페달에서 발을 떼고 숨을 돌릴 여유가 있을 줄 알았어요. 하지만 그런 일은 일어나지 않았죠. 계속 가속 페달만 밟았어요." 부차가 말했다.

부차는 타고 있던 차에서 내리고 싶었지만 케이프 커내버럴의 제40우주발사단지에서 팰컨9 로켓 버전 1.1의 첫 번째 발사를 이끌기로 약속한 상태였다. 룩셈부르크 통신회사 SES의 위성을 운반하는 이번 비행 임무는 팰컨9 로켓을 이용해 처음으로 정지 천이 궤도에 탑재 화물을 운반하는 것이었기에 더욱 특별했다. 이 비행이 성공하면 스페이스X는 지구 상공 3만 5400킬로미터의 정지 궤도에 위성을 쏘아 올리는 수익성 높은 시장을 공략할 수 있을 터였다.

각기 다른 이유로 일주일 동안 두 번이나 발사가 연기된 끝에 2013년 12월 3일 저녁에 SES-8 위성을 실은 로켓이 발사되었다. 위성이 천이 궤도에 성공적으로 안착하자 머스크는 부차에게 다가가 축하한다고 말했다. 그런 다음 이 발사 책임자에게 그다음 날 자기 사무실로 오라고 했다.

이튿날 부차와 만나 이야기를 나누던 중에 머스크는 부차가 건강이 좋지 않다는 느낌을 받았다. 실제로 부차는 건강이 좋지 않았다. 부차는 배가 계속 아프면서 메스꺼운 증세가 있다고 했다. 머스크는 부차에게 건강을 회복할 수 있게 무엇이든 돕겠다고 했다. 그는 부차에게 자기가 아는 로스앤젤레스의 시더스-사이나이 메디컬 센터에 있는 의사를 찾아가보라고 했다. 이곳에서 부차는 SIBO, 즉 소장 세균 과증식 증후군 진단을 받았다. 스트레스는 이 병을 악화시키는데, 그가 캘리포니아와 플로리다에서 많은 스트레스를 받은 것은 틀림없는 사실이었다. 의사는 그에게 실험용 약물을 처방해주었다. 그는 그 약을 복용하고 증세가 호전되었다. 머스크는 자기가 부차를 너무 몰아붙였다는 사실을 깨닫고 그가 건강을 회복할 수 있도록 3개월의 휴가를 부여했다.

"머스크는 내가 도움이 필요하다는 사실을 알고 날 도와주었죠. 사람들이 잘 모르는 그런 면이 있어요." 부차가 말했다.

3개월이 지난 후에도 스페이스X를 떠나겠다는 부차의 마음은 그대로였다. 그는 새로운 에너지를 가진 신규 멤버들이 성장해 회사의 주요 분야를 이끌고 가는 모습을 볼 수 있었다. 뷸렌트 알탄은 항공전자팀, 마크 훈코사는 구조팀, 잭 던은 추진팀을 이끄는 등 2세대 영입 인재들이 약진하고 있었다. 부차는 스페이스X가 이제 자리를 잡았다고 생각했다. 훨씬 강력한 신형 팰컨9 로켓 발사에 성공했고, 드래건과 상용 위성이 궤도로 날아가고 있었으며, 미대륙의 동안과 서안 양쪽에서 발사대를 운영 중이었다. 이로써 사업의 핵심은 준비되었다. 팰컨9 로켓의 착륙과 재사용, 유인 우주 비행, 팰컨 헤비 로켓 제작 등 앞으로의 스페이스X 주요 목표도 몇 년 안에 차례대로 달성될 것으로 보였다. 그 순간을 함께하면 영광스럽겠지만 그에게는 재회해야 할 가족이 있었다. 그는 가족과 재회했다. 초창기부터 스페이스X의 가장 중요한 톱니바퀴였던 팀 부차는 그렇게 회사를 떠났다.

그럼에도 언제나 그래왔듯이 머스크의 기계는 계속 굴러갔다.

7장

바지선

2014년 4월 20일,
캘리포니아주 호손

잭 던은 깜짝 놀라 눈을 떴다.

그는 비몽사몽간에 자기 핸드폰이 울리고 있다는 것을 알아차리고 어둠 속을 더듬어 핸드폰을 집어 들었다. 전화를 받았더니 명령조의 우렁찬 목소리가 들렸다.

"J-3 일동은 조용히 해주세요! J-3 일동은 조용히 해주세요!"

던은 당황했다. 그는 캘리포니아에 있었고, 부활절 새벽 네 시였다. J-3가 뭐지? 왜 조용히 하라는 거지? 왜 모르는 사람이 한밤중에 나한테 전화를 걸었지? 던이 정신을 차리기도 전에 다시 목소리가 들렸다.

"지금부터 참석자 확인을 할 테니 J-3 일동은 조용히 해주세요!" 그런 다음 참석자 확인이 시작되었다. 먼저 "해군!"이라고 하니 "예!" 하는 소리가 들렸다. 이 소리는 육군, 공군, 해안경비대, 북미항공우주방위사령부(NORAD)를 거쳐 마지막에 "국방부!"로까지 이어졌다. 국방부를 대표하는 사람도 전화기에 대고 자신이 참석한 사실을 확인해주었다.

참석자 확인이 진행되자 잭 던의 머릿속에서 안개가 서서히 걷히면서 정신이 맑아졌다. 이틀 전인 2014년 4월 18일 스페이스X는 아홉 번째 팰컨9 로켓을 발사했다. 세 번째 NASA 화물 보급 임무를 수행하기 위해서였다. 발사 후 1단 로켓은 플로리다 해안에서 수백 킬로미터 떨어진 대서양으로 낙하했다. 놀라울 정도로 제어된 낙하였다.

로켓에서 송출된 영상은 추적 항공기를 통해 스페이스X의 비행통제실로 중계되어 보는 사람들을 조바심 나게 했다. 1단에 탑재된 카메라는 로켓이 바다 근처에서 속도를 줄이더니 부드럽게 수면에 낙하하는 디지털 영상을 보여주었다. 낙하 직후 영상이 끊어지고 8초 후에 데이터 스트림마저 완전히 중단되면서 로켓의 운명을 알 수 없게 되었다. 로켓은 어떻게 되었을까? 깊은 바닷물 속으로 바로 가라앉았을까? 수면에 부딪혀 산산조각이 났을까? 아니면 부드럽게 수면으로 떨어져 지금은 바다에 둥둥 뜬 채 스페이스X 직원들이 와서 건져주기를 참을성 있게 기다리고 있을까?

로켓의 운명을 알고 싶어 가장 안달복달하는 사람은 머스크였다. 로켓의 성공적인 연착륙으로 흥분한 머스크는 로켓의 운명을 알기 위해 조바심쳤다. 그는 거의 미친 사람처럼 로켓의 행방을 찾아 나섰다. 1단을 회수할 수만 있다면 앞으로 로켓 착륙 방법을 개선하는 데 필요한 귀중한 정보를 얻을 수 있을 터였다. 그뿐만 아니라 얼마나 재정비해야 로켓을 재발사할 수 있을지도 알 수 있게 될 터였다.

"기상 조건과 바다 상태로 봤을 때 부서진 게 분명했어요. 하지만 머스크는 희망을 버리지 않고 가서 찾아오라고 우리에게 엄명을 내렸어요. 요지부동이었어요." 던이 말했다.

머스크는 전면 압박 공세를 펼쳤다. 발사 다음 날인 토요일 아침 그는 그윈 샷웰과 당시 발사 및 우주선 운용 책임자였던 던을 자기 자리로 불렀다. 이미 로켓이 낙하한 해상으로 회사 조종사들을 보냈지만 대서양에서 발생한 폭풍 때문에 수색 작업이 난항을 겪었다. 결국 그들은 아무것도 찾을 수 없었다.

머스크, 던, 샷웰은 수백 통의 전화를 걸며 해군이나 해양경비대에 영향력을 행사할 수 있는 사람을 찾아 나섰다. 이들은 합성개구레이더(SAR)를 장착한 해군의 P-3 오라이언 정찰기 몇 대를 동원하고 싶었다. SAR은 구름을 뚫고 수면에 있는 잔해를 정확히 찾아낼 수 있다. 대부분의 통화는 별무소득이었다. 하지만 저녁 무렵 머스크는 해군 고위층에 있는 사람과 연락이 닿았다. 토요일 밤늦게 던은 도와주겠다는 약속도 확실히 받지 못한 채 호손의 스페이스X 본사 근처에 있는 회사 아파트로 돌아갔다. 그러다 몇 시간 후에 핸드폰이 울려 불안한 마음으로 잠이 든 그를 깨운 것이었다.

"스페이스X?" 국방부 대표의 참석을 확인받은 전화기 속 목소리가 외쳤다.

던은 "미키마우스처럼 끽끽거리는 소리로 간신히 '예…'라고 말한 기억이 생생해요"라고 말했다.

이 대답을 들은 전화기 속의 목소리가 "스페이스X 담당자는 현재 상황을 브리핑해 주세요"라고 말했다. 던의 현재 상황은 부스스한 머리에 속옷 차림으로 침대에 걸터앉아 있는 것이었다. 아직 불을 켜지 않아 침실은 어두웠다. 60초 전만 해도 그는 곤히 잠들어 있었다. 그런데 지금 그는 J-3 요원(합동참모본부의 1성 장군들 및 기타 장교들) 및 주요 군부대의 고위 장교들과 전화 통화를 하고 있었다.

던은 로켓 발사와 착륙 과정을 간단히 설명한 뒤 부스터를 온전히 회수하고 싶다고 말했다. 만약 부스터가 부서졌으면 그 잔해라도 찾고 싶다고 했다.

던이 즉석 브리핑을 마치자 관계자들은 오라이언 P-3의 출동을 허락했다. 힘들게 얻은 승리였다. 하지만 그날 아침 P-3 정찰기가 이륙 준비를 하고 있을 때 스페이스X 조종사가 팰컨9 로켓의 것으로 추정되는 잔해가 흩어진 지역을 발견했다는 소식이 들려왔다. 부스터는 바다에 떠 있는 것이 아니라 산산조각 난 것이

바지선

253

었다. 유감스러웠지만 던은 어쩔 수 없이 P-3 비행을 취소했다.

이로써 머스크, 던, 샷웰을 비롯한 여러 사람이 참여한, 48시간에 걸친 치열한 부활절 로켓 수색 작업이 마무리되었다. 이때는 스페이스X가 자체 동력을 이용해 로켓을 지구에 다시 착륙시키는 방법으로 1단 로켓을 회수하기 위해 허겁지겁 질주하던 중요한 시기였다. 이런 일은 로켓 역사상 전례가 없었다. 하지만 머스크는 이 일이 가능하다고 확신했다. 그래서 그 증거로 로켓을 찾으려고 혈안이 되었던 것이다. 일부 엔지니어는 머스크만큼 확신을 갖지 못했지만 머스크의 확고한 의지 때문에 로켓 회수에 전력을 기울였다.

던은 낙하한 로켓을 찾기 위해 분주히 움직이던 때를 되돌아보며 이렇게 말했다.

"그런 때는 항상 힘들어요. 하지만 우리가 무슨 일을 할 수 있는지 제대로 알 수 있는 순간이기도 하죠. 그게 전형적인 머스크의 순간이에요. 물론 결국 로켓을 회수하지는 못했어요. 하지만 끝날 때까지 포기하지 않는 자세에 대해 더 깊이 배울 수 있었죠."

재사용 로켓을 향한 험난한 길

스페이스X가 등장하기 전에도 로켓을 발사한 뒤 착륙시키려는 시도가 있었지만, 결국 모두 포기했다. 미 국방부, NASA, 미국 유수의 항공우주 기업들 모두 빠르게 재사용이 가능한 로켓 개발을 시도해보았다. 하지만 개발에 실패하자 모두 다시 소모성(일회용) 부스터로 되돌아갔다.

이런 시도를 가장 오랫동안 한 곳은 NASA였다. NASA가 저비용 우주 비행의 중요성을 깨달은 것은 마지막 세 번의 아폴로 비행이 취소된 1960년대 후반으로 거슬러 올라간다. 인류가 최초로 달에 첫발을 내디뎠는데도 미국 정부는 거대한 새턴V 로켓의 발사 비용에 큰 충격을 받았다. 이 로켓은 한 번 발사할 때 현재 가치로 수십억 달러가 들었다. NASA는 보다 지속 가능한 미래를 위해 우주왕복선으로 눈을 돌렸다. NASA의 유인 우주 비행 책임자는 우주왕복선을 이용하면 1파운드(약 450그램)의 화물을 궤도로 올려보내는 비용을 25달러까지 낮출 수 있을 것이라고 했다. 일반인도 우주로 가는 표를 살 수 있을 것이라고도 했다. "우리는 완전히 새로운 우주 탐험의 시대를 열 것입니다." 1969년 NASA가 주최한 우주왕복선 심포지엄에서 조지 뮬러(George Mueller)가 한 말이다.

NASA는 우주왕복선을 제작함으로써 세계 최초로 재사용할 수 있는 우주선을 만드는 데 성공했다. 착륙할 때 긴 활주로가 필요한 이 유명한 궤도선은 수십 번 우주를 비행했다. 우주선 양 측면에 부착된 길고 하얀 부스터는 대서양에서 회수해 수리를 거쳐 재사용했다. 발사할 때마다 한 번 쓰고 버리는 것은 주황색의 대형 외부 연료 탱크뿐이었다. 우주왕복선은 1981년 데뷔할 당시에는 기술의 경이로 여겨졌지만, 애초의 원대한 목표와는 거리가 멀었다. 궤도선은 비행과 비행 사이에 엄청난 유지보수가 필요했다. 한 가지만 예를 들면, 궤도선이 착륙할 때마다 지구 대기권에 재진입할 때 발생하는 열을 효과적으로 막아주는 2만 1천 개의 깨지기 쉬운 타일을 하나하나 꼼꼼하게 검사해야 했다.

이런 모든 작업을 위해 NASA는 수천 명의 기술자와 엔지니어를 상비 인력으로 유지해야 했다. 우주왕복선이 총 135회 비행하는 동안 1986년의 챌린저호와 2003년의 컬럼비아호 등 두 차례의 치명적인 사고가 발생하면서 서류 작업과 절차가 더욱 까다로워져 비용은 더 상승했다. 2011년 우주왕복선 프로그램이 종료되고 나서 그동안 들어간 비용을 집계해보니 파운드당 궤도 진입 비용은 거의 2만 5000달러에 달했다. NASA의 낙관적인 예상치보다 1천 배나 많은 금액이다. NASA는 재사용할 수 있는 로켓을 만드는 데 필요한 요구 조건은 대부분 충족했지만 우주 비행을 지속 가능하게 만드는 데 필요한 핵심 조건, 즉 신속하고 저렴한 재사용이라는 조건을 충족하는 데는 실패했다.

엄청난 발사 비용 문제를 해결하려는 다음 시도는 1991년에 이루어졌다. 미 국방부는 공식적으로는 전략방위구상(Strategic Defense Initiative)으로 알려진 '스타워즈' 프로그램을 발표했다. 당시 공상과학 소설가 제리 포넬(Jerry Pournelle)을 비롯한 소수의 지지자는 재사용할 수 있는 우주선을 이용해 우주 기반의 방어 시스템을 구축할 수 있다며 댄 퀘일 부통령을 설득했다. 결국 공군은 지상에서 발사해 궤도에 도달한 뒤 수직으로 착륙하는 우주선을 염두에 두고 맥도널더글러스(McDonnell Douglas)에 자금을 지원해, 3분의 1 크기의 시제품을 만들게 했다. 이 프로젝트는 실험적 성격의 '델타 클리퍼(Delta Clipper)' 프로젝트, 즉 DC-X로 알려지게된다.

소규모 엔지니어로 구성된 팀은 신속하게 네 개의 RL-10 엔진을 장착한 발사체 개발에 착수했다. 고작 100명에 불과한 팀이 단 21개월 만에 DC-X를 만들어냈다. 이 발사체는 1993년 여름에 완성되었다. 12미터 높이의 흰색 DC-X는 〈새터데이 나이트 라이브(Saturday Night Live)〉의 콘헤드(Coneheads) 코너에 등장해 인기를 얻은 머리털 없는 원뿔 모양의 머리를 닮은 모양이었다. 그해 8월 화이트샌즈 미사일 발사장의 콘크리트 발사대 위에 로켓이 세워졌고, 그 옆에 있는 트레일러에 일곱 명의 맥도널더글러스 엔지니어가 앉아 있었다. 그 가운데에는 아폴로 우주 비행사였던 피트 콘래드(Pete Conrad)도 있었다. 이들의 감독 아래 로켓은 45미터가량 상승한 뒤 옆으로 이동해 107미터 떨어진 곳에 착륙했다. 먼지가 걷히자 피라미드형의 흰색 몸체에 그을음이 낀 DC-X가 당당하게 서 있는 모습이 드러났다. 비행시간은 59초였다.

하지만 두 번의 비행이 더 이루어진 뒤 1993년 가을, 공군은 프로그램의 지원을 끊었다. 냉전이 끝나면서 클린턴 정부가 '스타워즈' 구상에 대한 자금 지원을 중단하기로 한 것이었다. 그러자 NASA가 개입해 그 공백을 메웠다. NASA는 퍼듀대학교를 졸업한 젊은 엔지니어 댄 덤바허(Dan Dumbacher)를 영입해 이 프로그램을 맡겼다.

덤바허는 속도와 비용을 염두에 두고, DC-X의 재발사 시간을 8시간으로 단축하고 비행 사이에 발사체 유지보수 인력은 50명만 투입하는 방안을 밀어붙이기로 했다. 덤바허가 이끄는 NASA 팀은 신속한 로켓 재발사 시연 일자를 1996년 7월 초로 잡고 연료 탱크의 무게를 줄이는 등 발사체 개조에 나섰다.

NASA 국장 댄 골딘(Dan Goldin) 등 VIP와 400여 명의 방문객이 모인 가운데 6월 7일 정오 뉴멕시코주에서 DC-X의 첫 비행이 시작되었다. 발사체는 600미터 상공에 도달했다가 사막에 착륙했다. 팀원들이 로켓을 회수해 두 번째 비행을 준비하던 중 산안드레스산맥 일대에 뇌우가 몰려와 그날 일정이 중단되었다. 그다음 날 오전에는 다른 곳에서 화이트샌즈 시험장 상공을 쓰기로 되어 있었다. 그래서 델타 클리퍼는 첫 비행 후 26시간이 지난 6월 8일 오후에 다시 비행했다. 이번에는 처음보다 더 높이 올라갔다. 대부분의 방문객이 이미 가고 없었지만, 그렇다고 3킬로미터 상공까지 날아올랐다는 승리의 기쁨은 전혀 줄어들지 않았다.

하지만 몇 주 후 바로 다음 비행에서 델타 클리퍼의 착륙용 다리 하나가 펴지지 않으면서 이 승리의 기쁨은 날아가버렸다. 낙하

시의 충격으로 액체 산소 탱크가 폭발했다. 이로써 델타 클리퍼는 더는 비행하지 못하게 된다.

이 프로그램은 로켓 정치의 희생양이 되었다. 날개 달린 우주왕복선에 매달려 대부분의 경력을 쌓은 NASA의 주요 관계자들은 수직으로 이착륙하는 DC-X 방식을 좋아하지 않았다. 그러다 보니 추가 일거리를 확보하려는 경쟁에서 DC-X의 크기를 키워 제작하겠다고 제안한 맥도널더글러스는, 날개 달린 우주 비행기라는 개념으로 X-33을 제안한 록히드에 밀리고 말았다.

덤바허는 이렇게 말했다. "NASA가 X-33을 택한 것은 비행기처럼 착륙하는 단발 궤도 우주 비행기에 대한 열망이 컸기 때문이었어요. 그렇게 해서 수직 착륙 기술은 종언을 고했죠."

X-33의 운명도 순탄치 않았다. 일단 기술적 난제가 워낙 많았다. 특히 엔지니어들은 극도로 낮은 온도에서 액체 수소를 저장할 연료 탱크를 만드는 데 어려움을 겪었다. NASA는 2000년까지 이 프로그램에 거의 10억 달러를 투자했지만 비행을 시도하기까지는 해결해야 할 과제가 많이 남아 있었다. X-33의 미래는 NASA가 재사용할 수 있는 로켓 기술을 개발하기 위해 우주발사구상 (Space Launch Initiative)이라는 또 다른 프로그램을 시작하면서 더 불투명해졌다. 이 말은 NASA가 2001 회계연도에 우주왕복선과 X-33 그리고 완전히 새로운 발사체 등 서로 다른 세 가지 재사용 발사체 프로젝트 예산을 요청한다는 뜻이었다. 백악관 예산관리

실이 발끈했다.

파티는 곧 끝났다. 2001년 2월 NASA는 X-33 프로젝트를 중단했다. 2년 뒤 우주왕복선 컬럼비아호가 16일 간의 궤도 임무를 마치고 지구로 귀환하던 중 폭발해 탑승한 우주 비행사 일곱 명이 전원 사망했다. 이 두 번째 사고 이후 우주왕복선의 시대는 저물기 시작했다. 2004년에는 우주발사구상도 폐기되었다. 불과 몇 년 전까지만 해도 NASA는 재사용할 수 있는 저비용 로켓에 대한 믿음이 컸기에 그것을 실현하고자 서로 다른 세 가지 프로그램에 자금을 지원했다. 이제 이 기술은 세계 최고의 우주 기관인 NASA에 들어설 자리가 없게 되었다. NASA는 소모성 대형 로켓을 발사하던 아폴로 시절로 회귀하고 있었다.

머스크는 NASA가 재사용할 수 있는 저비용 로켓 개발을 포기하던 2002년에 스페이스X를 설립했다. 그는 항공우주 업계가 정부의 자금 지원 보장 없이는 혁신적인 아이디어를 추구하지 않으려 한다고 생각했다. 맥도널더글러스는 자체 자금으로 델타 클리퍼를 계속 개발할 수도 있었다. 록히드도 X-33 개발을 계속 밀어붙일 수 있었다. 어느 회사가 되었든 발사체 개발에 성공했더라면 NASA와 군의 임무를 수행해주고 많은 보수를 받을 수 있었을 것이다. 하지만 이 전통적인 정부 계약업체들은 거액의 정부 돈을 선지급 받는 데 익숙해져 있었다.

이 전략은 꽤 오랫동안 통했다. 록히드와 나중에 보잉에 인수되는 맥도널더글러스는 그로부터 거의 20년 가까이 정부와 우주 관련 계약을 체결하고 계속해서 거액을 받아내게 된다. 그들의 그런 잔치는 스페이스X가 재사용할 수 있는 저비용의 팰컨9 로켓을 개발해 그들의 먹거리에 손을 댈 때까지 계속 이어진다.

불덩어리, 그래스호퍼, 조니 캐시

스페이스X는 처음부터 회수와 재사용을 염두에 두고 로켓을 개발했다. 최초의 팰컨1 로켓은 인터 스테이지에 낙하산을 넣고 발사되었다. 머스크는 1단을 회수하려고 엔지니어 한 명을 군용 함정에 파견하기까지 했다. 하지만 이 일은 실패로 끝났다. 팰컨1 로켓 1단은 시내버스보다 작은 흰색 원통이었는데, 이것이 포말이 하얗게 부서지는 바다로 추락했기 때문이었다. 이것을 찾는 일은 건초더미에서 바늘 찾기와 같았다.

머스크는 팰컨9 로켓은 훨씬 더 크기 때문에 우주에서 떨어지는 모습을 더 쉽게 볼 수 있으리라 생각했다. 그래서 2010년 6월 그는 자신의 다소 팔콘 제트기를 보내 로켓의 재진입을 모니터링하고 있다가 회수용 배를 낙하지점으로 안내하라고 했다. 비행기에는 입사한 지 3주밖에 되지 않은 아비 트리파티가 타고 있었다. 당시 그는 드래건이 NASA의 요구 조건을 충족시킬 수 있도록 지원하는 업무를 맡고 있었다.

팰컨9 로켓의 1단과 2단은 우주의 경계선 근처인 약 80킬로미터 상공에서 분리된다. 그 뒤 1단 로켓은 관성에 의해 한동안 계속 상승하다가 중력을 못 이기고 지구로 떨어진다. 맨 처음 팰컨9 로켓을 회수하러 갈 때는 주도면밀한 계획이 서 있지 않았다. 그래서 조종사는 항공고시보, 즉 NOTAM에 위험 구역으로 고시된 지역을 향해 날아갔다. 항공고시보에는 로켓 발사 시 비행기와 선박이 피해야 하는 잠재적 위험 구역이 명시되어 있다. 첫 번째 팰컨9 로켓을 발사할 때는 이 위험 구역이 대부분 버뮤다 삼각지대에 걸쳐 있었다.

트리파티와 두 명의 조종사는 조종석의 무전기를 통해 로켓이 발사되었다는 소식을 들었다. 그 말에 흥분한 이들은 약 150미터 상공까지 하강했다. 파도가 일렁이는 바다 위를 선회하는 동안 버뮤다 남쪽에 있는 이 지역에서 그동안 많은 비행기와 배가 사라졌다는 도시 괴담이 트리파티의 머릿속을 맴돌았다. 비행기에 탑재된 컴퓨터도 불안해하는 듯했다. 컴퓨터는 "기수를 올리시오, 기수를 올리시오, 기수를 올리시오"라는 기계음을 계속 내보냈다. 작은 비행기는 점점 더 큰 원을 그리며 선회했다. 트리파티는 수색 작업이 헛수고라는 사실을 깨달았다.

"내 일은 쌍안경을 들고 로켓 잔해를 찾는 것이었어요. 그런데 잔해가 전혀 보이지 않았습니다. 설령 잔해가 있었다 해도 파도와 구분할 수 없었을 거예요. 로켓이 산산조각 나서 아무것도 남지 않았나 봐요." 트리파티가 말했다.

스페이스X 엔지니어들은 대부분 달랑 낙하산 하나만 장착한 채 그 정도 높이에서 음속보다 몇 배나 빠른 속도로 떨어지는 로켓을 회수하는 것은 가망성이 없다고 생각했다. 낙하산이 펼쳐지기도 전에 대기의 힘이 로켓을 산산조각 낼 터였다. 하지만 머스크는 그렇다고 하더라도 적어도 큰 덩어리는 바다에 떨어질 테니 회수할 가능성이 있을 것이라고 믿었다. 그는 로켓이 온전히 떨어질 확률이 10퍼센트밖에 되지 않는다고 해도 로켓을 회수하기 위해 노력해야 한다고 했다.

저스틴 리치슨(Justin Richeson)이라는 젊은 항공역학 엔지니어에게 첫 번째 팰컨9 발사 데이터를 검토한 뒤 두 번째 발사에서 로켓이 온전히 재진입할 가능성을 높이라는 임무가 주어졌다. 리치슨 팀은 몇 가지 문제를 발견했는데, 그중 가장 큰 문제는 대기 마찰열이었다. 그래서 두 번째 팰컨9 로켓을 발사할 때는 엔진 부분을 포함해 1단부 주변에 코르크 단열재를 집어넣었다. 이들은 코르크 단열재가 1단이 낙하할 때 발생하는 마찰열을 어느 정도 막아줄 것으로 기대했다.

두 번째 팰컨9 로켓을 발사할 때는 리치슨이 트리파티와 함께 잔해를 찾으러 나섰다. 이번에는 일찌감치 통보를 받았기에 트리파티는 사전 준비를 철저히 했다. 그는 예정된 발사 궤도를 바탕으로, 로켓 재진입을 관찰하려면 다쏘 팰콘 제트기가 어디에 있어야 할지 정확하게 계산해냈다. 2010년 12월 8일 오전에 로켓이 발사되었을 때 트리파티는 좋은 위치에서 기다리고 있었다.

이번에는 로켓 추락 장면을 놓치지 않았다. 트리파티는 비행기의 유리창을 통해 1단이 우주에서 떨어질 것으로 예상되는 곳을 뚫어지게 바라보았다. 마침내 하늘을 가로질러 떨어지는 불덩어리가 눈에 들어왔다. 떨어지던 불덩이는 산산조각이 나 대서양으로 곤두박질치며 장관을 연출했다. 5분가량 지난 뒤 트리파티 옆에 있던 위성 전화기의 벨이 울리기 시작했다. 머스크였다.

"로켓 직접 봤나?" 머스크가 물었다. 트리파티는 직접 확인한 상태였고 본 대로 상사에게 보고했다. "젠장, 알았네. 고마워." 머스크는 전화를 끊었다.

두 번에 걸친 로켓 회수 시도가 실패한 뒤 머스크는 낙하산 말고 다른 방법을 써야 한다고 생각하게 되었다. 그는 당시 다른 신생 우주 기업들이 시도하던 방법을 보고 많은 아이디어를 얻었다. 2009년 NASA는 민간 우주 기업들이 참여해 소형 로켓을 45미터가량 상승시킨 뒤 인근에 있는 착륙장에 착륙시키는 '달 착륙선 챌린지(Lunar Lander Challenge)'라는 대회에 자금을 지원했다. 이 발사체는 몇 시간 내에 연료를 재보급받은 뒤 원래의 발사대로 다시 돌아가야 했다.

2009년 10월 말, 캘리포니아 소재의 작은 기업 매스틴스페이스시스템스(Masten Space Systems)가 소형 로켓으로 이 대회에서 우승하며 100만 달러의 상금을 받았다. 2등은 텍사스에 소재한 아르마딜로에어로스페이스(Armadillo Aerospace)가 차지했다. 머스크는 아르마딜로의 설립자이자 비디오 게임 개발자인 존 카맥(John Carmack)과 친한 사이였기에 이 대회에 대해 잘 알았다.

매스틴스페이스시스템스는 2010년에 또 다른 중요한 기록을 세웠다. 매스틴은 좀비(Xombie)라는 이름의 발사체를 만들어 캘리포니아주에 있는 모하비 항공우주 공항에서 발사했다. 이 소형 발사체는 100여 미터 상승한 뒤 엔진을 껐다가 몇 초 후 다시 점화해 이륙했던 발사대로 연착륙했다. 그때까지 수직으로 이륙했다가 공중에서 엔진을 재점화한 로켓은 없었다. 15년 전에 DC-X 로켓이 성취한 바를 한 단계 더 끌어올린 것이었다. 매스틴은 큰 돈 들이지 않고 소규모의 팀으로 이 일을 해냈다. 따라서 스페이스X도 DC-X 프로젝트 같은 대규모 정부 지원 없이도 추진 착륙 기술 개발에 필요한 자금을 자체 조달할 수 있을 터였다.

매스틴의 공동 창업자 조너선 고프(Jonathan Goff)는 이렇게 말했다. "우리는 고작 직원 다섯 명과 인턴 서너 명밖에 없는 작은 회사였어요. 그런데 갑자기 나타나 달 착륙선 챌린지에서 존 카맥을 이긴 겁니다. 그런 다음 공중에서 엔진 재점화도 했죠. 내 생각에는 이것을 보고 머스크가 이 일에 큰돈을 들이지 않아도 된다는 사실을 깨달은 듯해요."

머스크는 낙하산을 이용한 팰컨9 회수에 두 번이나 실패한 뒤 2011년 어느 주말에 회의를 소집했다. 몇몇 핵심 엔지니어들과 팰컨9 로켓 1단부를 온전히 회수할 방안을 논의하기 위해서였다. 이들은 로켓 자체 동력으로 수직 착륙하는 방법을 택하기로 했다. 이 방법에는 단점이 여럿 있었다. 복귀를 위해 로켓 속도를 줄이는 데 쓸 연료를 남기려면 발사할 때 사용할 추진제가 줄어들 터였다. 수직 착륙을 하려면 착륙용 다리 및 기타 구조물을 추가해야 할 테니 그로 인한 불이익도 만만치 않을 것이다. 경제적인 관점에서도 재사용이라는 미명 아래 화물 탑재 용량을 대폭 줄이는 것은 불합리한 결정일 수 있었다.

스페이스X는 아직 팰컨9 발사 초기 단계였기에 실제 임무를 수행하는 로켓을 대상으로 착륙용 다리를 시험한다면 너무 위험할 것 같았다. 게다가 멀린 엔진이 지상 가까이에서 작동할 때 일어날 일에 대해서도 확신을 갖지 못했다. 예컨대 고도 센서가 먼지와 배기가스 속에서 고도를 정확하게 탐지할 수 있을지에 확신이 없었다. 일종의 테스트베드(testbed)가 필요했다. 이 주말 회의에서 머스크는 구조 시스템 시험을 책임지고 있는 엔지니어 크리스 핸슨(Chris Hansen)에게 테스트베드를 만들라고 지시했다.

"우리 팀은 다양한 시험대를 만들어야 할 책임이 있었어요. 그래서 머스크가 나에게 하늘을 나는 시험대를 만들라고 한 것이지요." 핸슨이 말했다.

그는 소규모 팀을 꾸렸다. 항공전자 시스템은 더그 버나우어가 맡았다. 추진 엔지니어 샤나 디에스(Shana Diez)는 탱크에서 단발 엔진으로 추진제를 흘려보내는 배관 작업을 맡았다. 이들은 맥그리거에서, 팰컨9 로켓 버전 1.0의 1단부 인증 시험용 탱크와 개발 시험을 할 때 여러 번 사용되었던 멀린 엔진 등 여러 부품을 긁어모았다. 항공전자 시스템 부품은 호손에 걸려 있는 C1 드래건 우주선에서 빼냈다. 그렇게 해서 여기저기서 끌어모은 부품으로 급조한 약 30미터 높이의 투박한 발사체가 탄생했다. 처음에는 이 발사체에 '호퍼(뛰는 벌레)'라는 이름을 붙였다. 그러다 핸슨은 텍사스의 벌판에서 이 발사체를 시험하면서 '그래스호퍼(메뚜기)'라고 부르기 시작했다. 이 이름은 그대로 굳어졌다.

당초 머스크는 6개월 안에 그래스호퍼가 만들어지기를 바랐지만, 꼬박 1년이 지난 2012년 9월이 되어서야 그래스호퍼의 비행 준비가 완료되었다. 직원들이 모두 너무 바빴기 때문이다. 그래스호퍼 프로그램은 안 그래도 팰컨9 로켓 버전 1.1 개발이나 카고 드래건을 우주정거장으로 보내려는 노력 등으로 한계에 내몰린 인력을 더 힘들게 했다. 추진팀이나 항공전자팀, 소프트웨어팀 모두 핸슨을 도와줄 여력이 없었다.

비행 소프트웨어 책임자 로버트 로즈는 이렇게 말했다. "머스크를 비롯한 몇 사람 빼고는 스페이스X에서 그래스호퍼가 좋은 아이디어라고 생각하는 사람은 아무도 없었어요. 직원들은 그래스호퍼를 엄청난 시간 낭비라고 생각했죠. 스페이스X는 돈에 쪼들리는 데다 하고 싶은 일을 다 할 수 있을 만큼 자원도 충분하지

그래스호퍼의 착륙용 다리 작업을 하고 있다. (사진 제공: 크리스 핸슨)

않았어요. 게다가 머스크는 밤낮없이 로켓 발사 횟수를 늘리라는
둥 드래건을 빨리 띄우라는 둥 잔소리를 해댔죠."

엔지니어들은 로켓 재사용의 장단점에 대해 공개적으로 논쟁
을 벌이고 그래스호퍼에 비판적인 목소리를 냈다. 이들은 여분의
연료와 착륙용 다리 같은 것 때문에 단점이 많을 뿐만 아니라 재
정비를 쉽게 할 수 있을지 없을지도 불분명하다고 했다. 그러면서
우주왕복선도 재정비에서 어려움을 많이 겪었다고 지적했다. 게
다가 고객이 재사용 로켓을 이용하려고 하지 않을지도 모른다고
했다.

그런데도 초기의 그래스호퍼 시험은 호손에 있는 직원들 사이에서 인기를 끌었다. 직원들은 3층에 모여 대형 스크린 프로젝터로 시험 장면을 지켜봤다. 이들의 축제 같은 분위기는 항공전자 엔지니어 에드윈 츄와 브라이언 화이트가 바이올린과 기타를 연주하면서 더욱 고조되었다. 그래스호퍼가 상승했다가 하강할 때면 두 사람은 과장된 몸짓으로 조니 캐시의 〈Ring of Fire〉를 불렀다. 이들은 특히 후렴구를 큰 목소리로 강조했다.

나는 불의 고리로 빠졌어
나는 내려갔어, 아래로, 아래로, 아래로
불길은 더 높이 치솟았어
불은 타오르고 있어, 훨, 훨, 훨

2012년 가을 그래스호퍼가 초기 시험 비행을 할 때 일부 스페이스X 직원들은 투덜대다가 그래스호퍼가 추락할 것처럼 보이자 환호성을 질렀다. 만약 이 발사체가 실패작으로 판명되면 더는 그래스호퍼 프로젝트에 동원되지 않을 수도 있다는 일말의 희망 때문이었다. 그래스호퍼가 첫 시험 비행을 할 무렵 핸슨은 다른 시제품에 집중할 겸 딸 출산을 앞둔 아내 곁을 지키기 위해 캘리포니아에 머물려고 프로그램 통제권을 디에스에게 넘겼다. 두 사람은 디에스가 2주간의 휴가를 마치고 돌아오는 시점에 업무 인계

인수를 하기로 했다. 두 사람이 머스크에게 그런 내용을 보고하자, 머스크는 휴가를 그렇게 길게 가는 사람이 있다는 사실을 믿을 수 없다고 했다. 너무 지루할 것 같다는 말도 덧붙였다.

블루오리진에서 스페이스X로 넘어온 샤나 디에스는 시험 비행 프로그램의 수석 엔지니어가 되어 그래스호퍼를 점점 더 높은 곳으로 상승시켰다. 2013년 10월의 마지막 비행에서 그래스호퍼는 730미터까지 올라갔다가 안전하게 착륙했다. 그 무렵이 되자 호손의 직원들은 디에스와 그 팀원들에게 진심 어린 환호를 보내기 시작했다. 스페이스X는 이 허름한 시험용 발사체를 통해 많은 것을 배웠다. 지상 가까이에서 엔진을 점화하면 어떤 일이 일어나는지 알게 되었고, 먼지를 뚫고 고도를 측정하는 방법이나 엔진 추력을 급격히 올리거나 낮추는 방법 등을 배웠다. 또 착륙용 다리도 시험했고, 연료 탱크가 어느 정도 찬 상태에서 발사체를 착륙시키는 시험도 해보았다. 이런 정보는 팰컨9 프로그램뿐만 아니라 화성 여행이라는 머스크의 비전을 달성할 스타십에도 도움을 주게 된다. 디에스가 나중에 스타십 엔지니어링을 이끌게 되는 것도 우연이 아니다.

그동안에도 머스크는 전 직원이 모이는 기회만 있으면, 스페이스X를 설립한 목적은 인류를 다행성종으로 만들기 위해 우선 화성에 정착시키는 것이라는 그의 평소 지론을 폈다. 로켓 재진입 작업을 지원하고 있던 저스틴 리치슨은 다른 직원들과 마찬가지로 고개를 끄덕이며 그의 말을 들었다. 리치슨은 "농담처럼 들렸어요. 우리는 '그래, 마음대로 떠드시오'라는 심정이었죠"라고 말했다. 하지만 그래스호퍼의 성공과 흔들리지 않는 머스크의 신념을 본 직원들은 마음을 바꾸었다. 리치슨도 마찬가지였다.

머스크는 매주 재진입 팀원들을 임원 회의실에 불러 모아 진행 상황에 대한 회의를 열었다. 2013년에 개최된 한 회의가 끝나자 머스크는 회의장을 뜨려고 자리에서 일어섰다. 그는 문으로 걸어가다가 갑자기 멈춰서서 뒤로 돌아 엔지니어들을 빤히 쳐다보며 이렇게 말했다. "우리가 내딛는 걸음이 작은 발걸음처럼 보일 수도 있습니다. 하지만 우리가 정신을 바짝 차리고 이 첫걸음을 내딛지 않으면 나나 여러분의 생애에는 화성에 갈 수 없을 겁니다."

"굉장히 강렬한 인상을 받았어요. 내가 본 머스크의 모습 중 그때가 가장 진지한 모습이었어요. 그때 처음으로 그가 허튼소리 하는 것이 아니라는 사실을 깨달았어요. 그게 정말로 회사의 진짜 목표라는 사실을 알게 된 거죠." 리치슨이 말했다.

머스크는 2011년에 NASA 제트추진연구소에 근무하던 라스 블랙모어(Lars Blackmore)라는 엔지니어를 영입했다. 수직 착륙 문제를 해결하기 위한 또 하나의 중요한 조치였다. 블랙모어는 우주선이 추진 방식으로 행성 표면에 하강할 수 있도록 유도하는 알고리즘(일련의 규칙 및 세부 명령)을 공동 개발한 사람이다. G-FOLD라는 이름의 이 알고리즘은 추진제 소모를 최소화하면서 정확한 위치에 착륙할 수 있도록 만들어졌다. G-FOLD는 기본적으로 화성에 로버를 내려보내려고 개발된 것이었지만, 그 원리는 기다란 로켓을 지구 대기권을 통과해 지상에 착륙시키는 데도 적용될 수 있을 터였다.

팰컨9 로켓 1단은 2단과 분리된 후에도 민간 여객기보다 열 배이상 빠른 마하 9의 속도로 대기권 위로 정신없이 솟구쳐 오른다. 이 1단 로켓이 지상에 착륙하려면 지구 대기를 통과하는 과정에 발생하는 엄청난 열을 어떻게든 견뎌내야 한다. 그러지 못하면 귀환하는 과정에 산산조각 나고 만다. 로켓이 찌그러지지 않도록 하는 것도 중요하다. 전체적인 크기로 비교하면 로켓의 알루미늄 동체(로켓을 보호하는 외피)은 맥주 캔보다 더 얇다. 로켓은 대기권을 통과해 귀환할 때 정확한 받음각[1]을 유지해야 한다. 그렇지 않고 옆으로 기울어지면 압력에 의해 로켓이 찌그러지고 만다.

대기권 상층부를 통과해 내려오는 로켓을 조종하는 것은 쉬운 일이 아니었다. 공기가 희박한 데다 멀린 엔진의 추력도 온전히 받지 못해 1단부의 제어가 잘 되지 않았다. 이 문제를 해결하기 위해 엔지니어들은 1단부 상단 가까이에 압축 질소로 구동되는 작은 추력기를 달았다. 로켓이 하강할 때 이 '냉가스 추력기'로 질소를 조금씩 분사해 부스터의 방향을 적절히 잡아주려는 것이었

---

[1] angle of attack. 로켓과 공기가 만나는 각도를 말한다.

다. 이 방법은 어느 정도 도움이 되었지만, 이런 간단한 추력기만으로는 충분한 효과를 낼 수 없었다. 이 문제를 해결한 것은 네 개의 '그리드 핀(격자형 날개)'이었다. 평평한 치즈 강판처럼 생긴 가로 120센티미터, 세로 150센티미터 크기의 그리드 핀은 20도까지 롤링, 피칭, 요잉을 할 수 있다. 이것을 부착하자 로켓은 착륙 지점을 향해 정밀하게 방향을 조정할 수 있게 되었다.

묠러가 이끄는 추진팀에도 큰 과제가 떨어졌다. 로켓이 귀환할 때 각각 다른 환경에서 엔진을 세 번 점화하는 것이었다. 묠러는 지상에서 엔진을 점화할 때도 문제를 많이 겪었다. 그런데 이제는 공중에서 세 번이나 재점화해야 했다. 한 번은 우주에서, 또 한 번은 대기권 상층부의 경계 지점에서, 그리고 마지막 한 번은 대기권 하층부에서다. 처음에는 단 분리 후 멀린 엔진 하나 또는 세 개를 '부스트백 점화(boostback burn)'시켜 로켓의 속도를 줄인 뒤, 지상에 착륙하는 궤도나 해상에 있는 드론십(무인 선박) 갑판에 착륙하는 궤도에 진입시킨다. 다음에는 대기권 상층부에서 엔진 세 개를 '진입 점화(entry burn)'시켜 로켓 속도를 줄인다. 마지막으로 로켓이 지상 가까이 내려오면 가운데 있는 멀린 엔진 하나를 재점화해[2] 로켓이 착륙하기 전에 거의 공중에 정지하는 수준으로 속도를 떨어뜨린다.

2 이것을 착륙 점화(landing burn)라고 한다.

그 이전에 NASA는 이런 환경에서의 엔진 점화를 컴퓨터 시뮬레이션을 통해 모델링한 뒤 여기에 '초음속 역추진'이라는 멋진 이름을 붙여놓았다. 하지만 초음속으로 대기권을 통과해 내려오는 로켓의 엔진을 점화해본 사람은 현실 세계에서는 아무도 없었다. 이런 모습을 한번 상상해보라. 로켓이 믿을 수 없이 빠른 속도로 공기를 가르며 떨어지고 있다. 사방에서 날카로운 바람 소리가 들리고 로켓 온도는 섭씨 538도가 넘는다. 이 상황에서 로켓을 폭발시키지 않고 엔진을 점화하는 것이다. 뮬러의 팀은 과학 이론을 실제 상황으로 바꿔야 했다.

로켓이 지구로 귀환할 때 앞쪽 끝이 되는 뭉툭한 꼬리 부분은 심각한 장애물이었다. 역사상 가장 빠른 비행기인 록히드의 SR-71 '블랙버드'는 공기역학적으로 설계되어 기수가 길고 날렵하다. 그런데 팰컨9 로켓의 꼬리 부분은 아홉 개의 커다란 엔진 노즐이 튀어나와 있어 거의 절망적인 상황이었다.

"아홉 개의 종이컵을 조종면[1]으로 쓰는 셈이에요. 바늘처럼 생긴 SR-71보다 속도는 세 배나 빠른데 공기역학과는 가장 거리가 먼 모양을 하고 있죠. 받는 힘이 엄청나서 바깥쪽 엔진은 밖으로 벌어지려고 했어요. 그래서 진입 점화한 후에는 바깥쪽 엔진을 꼬

---

1 승강타나 방향타 등과 같이 비행기의 방향이나 자세를 조종하는 비행기의 외부 장치를 말한다.

리 깃털처럼 접어 넣고 단단히 고정해 단면적을 최대한 줄였습니다." 뮬러가 말했다.

이렇게 그간 준비해온 모든 것을 실제 상황에 적용한 시험은 2013년 9월 CASSIOPE 위성을 쏘아 올리는 비행 임무에서 이루어졌다. 문제 많았던 바로 그 반덴버그에서의 첫 발사였다. 팰컨9 로켓 버전 1.1로 전환해 발사한 이 비행에서 추진팀 엔지니어들은 엔진만 효율적이면서도 가격 대비 성능이 좋은 멀린 1D 엔진으로 업그레이드한 것이 아니었다. 이들은 로켓이 재진입의 충격을 이겨내게 만들어야 했을 뿐만 아니라 고속으로 떨어지는 중에 여러 번 점화도 할 수 있게 해야 했다.

뮬러는 발사장으로 가서 부차, 쾨니히스만과 함께 발사 장면을 지켜봤다. 세 사람은 독창적이면서도 뛰어난 회사의 핵심 엔지니어들이었다. 이들은 10년 이상 각자의 부서를 책임져왔고, 로켓을 만들었으며, 대부분 안전하게 로켓을 발사해왔다. 이제 이들은 로켓을 착륙시켜 재사용하는 것이 가능한지 알아보고자 했다.

발사에 성공한 뒤, 세 사람은 머스크의 비행기에서 보내오는 로켓 재진입 영상을 지켜보았다. 이번에는 불덩어리가 보이지 않았다. 로켓은 엔진 세 개의 점화에 성공해 대기권을 통과해 떨어지는 속도를 줄였다. 착륙 점화가 계획대로 이루어지지는 않았지만, 그래도 로켓은 온전한 상태로 빙빙 돌면서 수면으로 내려와 쾅 하고 바다에 부딪혔다.

바로 그 순간 뮬러와 부차, 쾨니히스만은 로켓 재사용이 가능할 뿐만 아니라 생각보다 성공이 훨씬 가까워졌다는 사실을 깨달았다. 머스크는 뉴멕시코주에 있는 화이트샌즈 미사일 시험장에서 그래스호퍼보다 훨씬 더 높이 올라가는 발사체 시험을 계획했다. 맥그리거에서는 최대 고도가 800미터로 제한되었다. 뉴멕시코주에서는 100킬로미터 이상까지도 올라갈 수 있었다. CASSIOPE 위성을 쏘아 올릴 무렵 이 새 시험장은 4분의 3정도 건설이 끝난 상태였다. 하지만 더는 건설할 필요가 없었다. 팰컨9 로켓이 바다로 떨어진 다음에는 더는 그런 시험을 할 필요가 없어졌기 때문이다. 이제부터는 실제로 우주에 갔다가 돌아오는 로켓을 대상으로 착륙 방법을 개선해나가면 되리라는 것이 머스크의 판단이었다.

"실시간 중계되는 동영상을 통해 엔진의 불꽃이 바다로 내려오는 장면을 본 기억이 나요. 그런 다음 로켓이 보였어요. 로켓이 내려와 바다로 떨어지더니 폭발해버렸죠. 비현실적이라는 느낌이 들었어요. 처음으로 성공한 거잖아요? 나는 '바지선 준비해. 착륙용 다리도 준비해. 이거 되는 일이야'라고 생각했어요." 뮬러가 말했다.

제발 사용 설명서 좀 읽어보세요

바지선을 준비하는 일은 벤저민 켈리에게 떨어진다.

켈리는 반덴버그의 발사대 구축에 자신이 가진 모든 것을 쏟아 부었다. 일은 정신없이 바쁘게 돌아갔지만 의미 있는 작업이었다. 하지만 CASSIOPE 위성을 쏘아 올리느라 아드레날린이 고조된 상태에서 벗어나자 채울 수 없는 공허감이 몰려왔다. 회사의 로켓 발사 초점이 플로리다로 바뀌면서 반덴버그에서 있을 다음 비행 은 몇 년 후가 될 것 같았다.

"로켓을 발사할 때까지 우리는 고삐 풀린 사이코패스처럼 일 했습니다. 로켓 발사가 끝나자 공군과 절차서 작성하는 일을 하게 되었어요. 하루 종일 자리에 앉아 회의만 했죠. 그건 우리가 잘하 는 일이 아니었어요." 켈리가 말했다.

스페이스X에서 큰 프로젝트를 마친 뒤 '일상적인' 삶으로 돌아 가는 것은 힘든 도전이었다. 몇 달에 걸쳐 치열하게 작업하는 동 안 직원 한 사람 한 사람이 하는 일이 모두 중요했다. 동료들의 생 계뿐만 아니라 때로는 동료들의 목숨까지도 달려 있었다. 직원들 은 끈기 있고 똑똑하며 창의적이어야 했다. 짧은 순간에 결정을 내릴 준비가 되어 있어야 했다. 이들이 하는 일은 짜릿하면서도 사람을 기진맥진하게 만들었다. 그러다 발사가 끝나고 나면 과도 기도 없이 바로 삶의 속도가 뚝 떨어졌다. 발사가 성공한 날 밤은 기분이 최고조에 달했다. 그리고 그 후에는 밑바닥을 기기 시작했 다. 스페이스X는 직업이 아니라 하나의 생활 양식이었다.

켈리와 같이 일하던 동료들은 반덴버그를 떠나기 시작했다. 잭 던과 리 로즌은 호손의 본사로 갔다. 〈댄스 댄스 레볼루션〉을 함께 즐기던 동료들이 떠나고 나니 재미가 없어졌다. 켈리의 사생활도 마찬가지였다. 결혼 생활은 파탄 직전이었다. 그는 늦었을 수도 있다고 생각하면서도, 미친 듯이 일해야 하는 이 일을 그만두겠다고 아내에게 한 약속을 지켰다. 2년이 20년처럼 느껴졌다. 2014년 7월 켈리는 스페이스X를 떠났다. 그는 시애틀로 이사한 뒤 새로운 삶에 적응하느라 어려움을 겪었다. 결국 그의 결혼 생활은 실패로 돌아갔다.

2개월 뒤 스페이스X의 옛 동료가 전화를 걸어왔다. 그가 제안한 새로운 도전 과제는 신선했고 구미가 당겼다. 스페이스X는 루이지애나주 남부의 모건시티에서 바지선 한 척을 임차했다. 이 한적한 작은 도시에 가서 로켓이 착륙할 수 있게 바지선을 개조할 사람이 필요했다. 그에게 주어진 시간은 8주였다. 그 안에 바지선을 준비해 플로리다로 옮겨 둬야 했다. 이튿날 켈리는 여행 가방 하나를 챙겨 들고 루이지애나행 비행기에 올랐다.

모건시티는 허리케인이 상륙하면 쉽게 침수되는 도시 중 하나다. 탁한 아차팔라야강 유역을 따라 세워진 모건시티와 멕시코만 해수면과의 높이 차이는 불과 2미터밖에 되지 않는다. 하지만 바다와 가까워서 모건시티에는 대형 조선소가 있다. 스페이스X는 맥도너머린서비스라는 예인선 회사로부터 마맥 300호라는 바지선을 임차했다. 이름에서 알 수 있듯이 이 바지선은 길이가 대략

90미터였고 폭은 약 30미터였다. 마맥 300호는 맥도너가 보유한 바지선 중에서 가장 좋은 배는 아니었다. 선령이 15년을 넘었기 때문에 흠이 난 곳이 꽤 많았다. 켈리는 이 바지선을 좀 더 생동감 있게 '흠씬 두들겨 맞은' 배라고 표현했다. 마맥 300호에는 안타까운 일이지만, 스페이스X는 거기에다 로켓을 떨어뜨려서 이 배를 더 두들겨 팰 예정이었다.

켈리가 모건시티에 도착해보니 마맥 300호에는 로켓 착륙을 위한 준비가 전혀 되어 있지 않았다. 그는 전형적인 스페이스X 방식대로 그때그때 봐가며 즉석에서 문제를 해결해야 했다. 예컨대 로켓이 착륙하고 나면 연료 탱크와 엔진에 남은 위험한 가스를 퍼지 하기 위해 로켓에 공기를 불어 넣을 공기 압축기가 필요했다. 퍼지를 해서 로켓이 안정되어야 새어 나온 연료나 점화제에 불이 붙을까 봐 걱정할 필요 없이 사람이 접근할 수 있을 터였다. 이 일을 수락하기 전에 켈리는 그런 시스템에 대한 엔지니어링 작업이 모두 끝났다는 말을 들었다. 그리고 실제로 스페이스X 문서에는 공기 압축기 시스템의 개략도가 그려져 있었다. 하지만 이 개략도에는 '공기 압축기'라고 써넣은 원이 있었고, 원에다 선을 긋고 선 끝에 사각형을 그려 넣었다. 사각형 안에는 '추후 결정'이라고 적혀 있었다.

스페이스X 엔지니어들의 일상은 늘 그런 식이었다.

켈리가 일을 시작한 첫 주에 큰 '날개' 두 개가 도착했다. 바지선 양 측면에 용접해 붙여 로켓이 착륙할 수 있게 폭을 넓히려는 것이었다. 나중에 유도·항법·제어팀이 양쪽으로 3미터씩 폭을 더 넓혀달라고 요구해 전체 폭은 45미터로 늘어났다. 11월 초가 되자 날개가 부착되고 로켓 착륙에 필요한 기타 하위 시스템이 설치되는 등 대부분의 기본 작업이 완료되었다. 그래서 예인선 엘스베스 III호는 마맥 300호를 멕시코만으로 끌고 나갔다. 열흘 뒤인 11월 17일 이들은 플로리다주 잭슨빌에 도착했다.

당초 스페이스X는 플로리다의 발사장에서 몇 킬로미터밖에 떨어지지 않은 커내버럴항에서 로켓 회수 작업을 하려고 했다. 하지만 커내버럴항은 과다한 수수료를 요구했을 뿐만 아니라 로켓 회사를 진지하게 받아들이지 않았다. 그래서 회수 작업할 장소를 그곳에서 해안선을 따라 240킬로미터 위쪽에 있는 잭슨빌항으로 옮겼다. 그들은 바지선을 유람선 선착장 바로 옆에 계류해두었다. 일주일에 한 번씩 디즈니 유람선 한 척이 바지선 바로 옆에 정박했다. 11월에도 플로리다에서는 바지선 갑판에 있으면 더울 때가 많았다. 바지선 갑판에서는 케이블 설치 등 수많은 작업이 진행되고 있었다. 켈리는 갑판 한가운데 놓아둔 피크닉 테이블에 앉아 파라솔 밑에서 노트북을 두드리며 작업했다. 바람의 방향이 맞으면 높은 곳에서 디즈니 유람선 승객들이 나누는 대화가 들릴 때가 있었다. 한번은 더위 속에서 땀을 뻘뻘 흘리며 일하는 스페이스X 프롤레타리아들을 내려다보던 어떤 부모가 자기 자식에게, 대학에 가지 않으면 저렇게 된다고 말하는 소리가 들렸다. 그 말을 들은 켈리가 위를 올려다보며 소리쳤다. "저기요, 나는 대학을 두 군데나 나왔다고요!"

바지선의 목적이 알려지자 구경꾼들의 태도가 바뀌기 시작했다. 처음에 머스크는 '스페이스X'의 의미와 'X 표시한 곳에 착륙하라'라는 의미를 담아 바지선 한가운데 크게 X 표시를 하자는 아이디어에 반대했다. 머스크는 로켓이 사격 표적같이 보이는 곳으로 떨어져 내려가기 시작하면 회사가 멍청해 보일 것이라고 생각했다. 그는 팰컨9 로켓을 의미하는 'F'나 팰컨9 로켓 로고 등의 대안을 고려해본 끝에 고집을 꺾었다. 그는 늘 하던 대로 켈리에게 한 줄짜리 이메일을 보냈다. 'X로 할 것.' 머스크는 바지선의 이름도 이언 M. 뱅크스(Iain M. Banks)의 공상과학소설 《컬처》 시리즈에 나오는, 의식이 있는 우주 함선의 이름을 따서 '제발 사용 설명서 좀 읽어보세요'라고 정해주었다.

2014년이 끝나갈 무렵이 되자 이 드론십을 동원할 때가 다가왔다는 사실이 분명해졌다. 스페이스X 엔지니어들은 우여곡절 끝에 마침내 드론십 갑판의 X 표시에 로켓을 착륙시켜볼 수 있겠다는 자신감을 갖기 시작했다. 그래서 스페이스X는 드래건을 이용한 화물 보급 임무를 위해 1월 초에 예정된 열네 번째 팰컨9 발사에서 해상 착륙을 시도해보기로 했다. 켈리는 '제발 사용 설명서 좀 읽어보세요' 호가, 급강하 폭격기처럼 내려올 로켓을 처리할 준비를 거의 다 마쳤다고 생각했다.

켈리는 첫 로켓 회수 작업을 위해 떠나기 하루 전날 동료 직원 롭 쿨린을 데리고 배를 한 바퀴 둘러보았다. 쿨린은 여전히 마크 훈코사 밑에서 일했는데, 당분간 로켓 착륙 작업을 지원하기 위해 잭슨빌에 와 있었다. 켈리는 쿨린에게 로켓이 진짜로 착륙하면 그다음에 할 일은 어떻게 되어가는지 물었다. 일단 로켓을 바지선에서 부두로 들어올려야 할 것이고, 그다음 로켓을 고정해야 할 것이고, 케이프 커내버럴까지 운반도 해야 할 것이므로 준비할 일이 엄청 많을 것으로 보였다. 쿨린은 이들 중 일부 작업은 아직 어떻게 할지 정해지지 않았다고 말했다.

그러면서 가장 시급한 일은 바지선에서 로켓을 내릴 장소를 찾는 것이라고 했다.

이런 반응을 본 켈리는 깜짝 놀랐다. 몇 시간 뒤면 로켓이 착륙할 터였다. 켈리는 던에게 문자를 보내 회수한 1단 로켓을 부두에 내릴 때 올려놓을 받침대 준비가 어떻게 되어가는지 물어봤다. 몇 분 뒤 던이 받은 이메일이 포워딩되어 들어왔다. 그동안 40여 명의 엔지니어들이 받침대를 어디에 놓을지를 두고 서로 주고받은 이메일 전체를 보낸 것이었다. 팰컨9 로켓 1단 바닥에는 강화 핀이 네 개 붙어 있다. 이 핀이 발사장에서 로켓 무게를 지탱한다. 이 강화 핀은 로켓에서 가장 단단한 부분이다. 로켓을 부두에 내리려면 이 핀을 받칠 커다란 받침대(기본적으로 쇳덩어리다) 네 개가 설치돼 있어야 했다. 받침대는 트립 해리스라는 엔지니어가 이끄는 케이프 커내버럴의 육상회수팀이 이미 만들어놓았다. 하지만 잭슨빌에 내려와 이 받침대를 설치할 장소를 확인한 사람은 아무도 없었다. 로켓의 크기 때문에 내려놓을 장소가 많지 않아, 이것은 작은 문제가 아니었다.

이튿날 켈리와 크리스 뉴턴이라는 스페이스X 직원은 '제발 사용 설명서 좀 읽어보세요' 호와 함께 바다로 나가지 않고 뒤에 남았다. 켈리와 마찬가지로 뉴턴도 현장에서 일하는 것을 더 좋아하고, 어떤 일에 투입되어도 주인의식을 가지고 일하는 만능 엔지니어였다. 두 사람은 로켓을 바지선에서 들어 올려 육지로 방향을 튼 다음 받침대 위에 올려놓으려면 공간이 얼마나 필요할지 알아보려고 바로 크레인 기사를 찾아보았다. 그렇게 해서 받침대 설치할 장소를 확인한 뒤 바닥을 다지기 위해 이튿날 아침부터 터파기를 하고 콘크리트를 타설할 업자를 준비해두었다.

그날 저녁 켈리와 뉴턴은 묵고 있던 호텔 '코트야드 바이 메리어트'로 돌아왔다. 이들은 그날 바지선을 출항시키고 업체를 찾고 하느라 이미 10시간 이상을 보냈다. 이제 이들은 노트북을 꺼내 받침대를 설치하기 위한 세부 도면 작업을 시작했다. 며칠 걸릴 일을 하룻밤에 다 끝내려는 것이었다. 자정 무렵이 되자 잔으로 주문하던 와인이 병 단위 주문으로 바뀌었다. 그날 저녁 던이 호텔에 체크인했다. 두 사람은 혀가 꼬부라진 소리로 던에게, 다음 날 동이 트자마자 업자가 현장에 와서 콘크리트 타설할 준비를 할 것이라고 큰소리쳤다. 이튿날 몇 시간 자는 둥 마는 둥 하고 일어난 두 엔지니어는 숙취를 무릅쓰고 현장으로 달려가 철근, 콘크리트 작업을 감독하며 또 하루를 보냈다. 같은 시각, 케이프 커내버럴에는 받침대와 이동용 컨테이너 사무실을 북쪽으로 보내려는 운반 차량이 집결했다. 해 질 녘이 되자 모든 일이 마무리되었다.

이 이야기는 스페이스X가 세상에 없던 새로운 것, 즉 배 위에 착륙할 수 있는 로켓을 얼마나 세밀한 준비 없이 허겁지겁 개발했는지 잘 보여준다. 대부분 젊은 사람이었던 스페이스X의 엔지니어들은 자신이 무엇을 모르는지도 몰랐다. 이들에게는 아주 조그만 일까지도 모든 것이 새롭고 도전 의식을 자극했으며 복잡했다. 이들은 치밀한 계획 없이, 일을 진행해가며 이것저것 만들었고 시간에 딱 맞춰 작업을 끝냈다. 스페이스X는 혁신의 속도가 워낙 빨라 엔지니어와 기술자들에게 무슨 일이 되었든 그날 가장 시급히 해결해야 할 일을 시켰다.

켈리는 이렇게 말했다. "잔인할 정도로 일이 힘들었어요. 육체적으로도, 정신적으로도, 정서적으로도 힘들었죠. 하지만 모험을 떠나고 싶다면 이보다 더 좋은 곳이 없다고 할 만한, 그런 곳이기도 했습니다."

스페이스X의 많은 엔지니어들과 마찬가지로 켈리도 드론십을 준비하는 동안 일주일에 100시간 이상 일했다. 그는 8주간 작업할 계획으로 여행 가방 하나를 꾸려 루이지애나에 왔다. 그런데 첫 번째 해상 착륙을 시도할 무렵에는 벌써 스페이스X에 복귀한 지 4개월째 접어들고 있었고, 그는 여전히 같은 여행 가방에 든 짐으로 생활하고 있었다.

많은 사람이 팰컨9 로켓 버전 1.1을 개발하고 초기 시험과 실패의 과정을 겪으며 발전시키는 데 기여했다. 스페이스X에 근무한 직원은 수천 명이 넘기 때문에 그 이름들을 모두 열거하기란 불가능하다. 하지만 인터뷰하면서 알게 된 몇 사람의 이름을 언급하자면 다음과 같다. 우선 멀린 엔진에 쓸 터보 펌프를 처음부터 새로 만든 엔지니어 마이크 로소니와 존 린다우어가 있다. 그다음으로 멀린 엔진을 개발한 엔지니어 데어린 판펠트, 에릭 머리, 윌 헬츠슬리가 있다. 그리고 재진입 시 발생하는 마찰열 보호 작업에 참여한 항공전자 엔지니어 존 바, 데니스 퐁, 케니 보로노우스키도 빼놓을 수 없다. 모두 자신이 하는 일의 중요성을 믿은 사람들이다.

"우리는 이것이 세상을 크게 변화시키리라는 사실을 깨달았어요. 더는 바다에 쓰레기를 던져버리고 그냥 돌아서지 않으려고 했죠. 우리는 하드웨어를 재사용할 생각이었어요. 그렇게 해서 우주 접근 비용을 떨어뜨리려고 했어요. 이것은 인류에게 중요한 일이에요. 그래서 우리는 엄청난 노력을 기울였습니다. 우리가 하는 일이 중요하다는 것을 믿었기 때문이죠." 켈리가 말했다.

바지선

완전히 다른 종류의 회수 임무

그렇다면 스페이스X는 왜 로켓을 육지가 아닌 바다에 착륙시키려고 그렇게 엄청난 노력을 기울였을까? 로켓 발사에 대한 통념은 발사체가 지구 표면에서 폭발적으로 치솟아 곧장 하늘로 올라가는 것이다. 이것은 맞는 말이지만, 몇 초 동안만 그렇다. 대부분의 로켓 발사는 지구 저궤도에 도달하는 것을 목표로 삼는다. 지구 저궤도에 떠 있는 물체는 시속 2만 8200킬로미터의 어마어마한 속도로 지구 주위를 돈다. 따라서 로켓 발사의 목표는 물체를 지구 상공 수백 킬로미터로 밀어 올리는 것이라기보다는, 물체에 엄청난 수평 속도를 전달하는 것이다. 만약 물체가 궤도 속도에 도달하지 못하면 지구로 다시 떨어지고 만다.

로켓은 발사 후 얼마 지나지 않아 대개 자세를 옆으로 기울여 지구 표면과 거의 수평으로 비행한다. 바로 여기에 문제가 있다. 팰컨9 로켓 1단이 거의 3분에 걸쳐 페이로드를 궤도에 밀어 올리는 비행을 하는 동안 소모하는 모든 에너지를 생각해보라. 상상하기도 힘들 정도의 어마어마한 에너지다. 1단 로켓 자체는 궤도 속도에 도달하지 못한다. 하지만 1단 로켓은 시속 6천 4백 킬로미터로 비행하며 모두 합해 120톤에 이르는 상단 로켓과 페이로드 페어링과 위성을 힘껏 집어던진다. 로켓을 발사하는 것은 세상에서 가장 큰 투창을 바다 위로 수백 킬로미터 던지는 것과 같다.

이제 이 투창을 다시 가져와야 한다.

머스크는 이렇게 말한다. "수평 속도는 아무리 강조해도 부족합니다. 그만큼 직관에 반하기 때문이죠. 기본적으로 단 분리를 한 1단 로켓은 믿을 수 없을 정도의 속도로 바다를 향해 하강합니다. 1단 로켓에는 반대 방향으로 힘을 가해 그 속도를 줄인 뒤 착륙할 만큼 추진제가 충분히 남아 있지 않아요. 그래서 로켓을 효과적으로 재사용하려면 해상 착륙을 해야 해요."

쉽게 말해 로켓을 발사장으로 되돌려보내려면 연료가 너무 많이 든다. 스페이스X가 찾은 답은 자동화된 드론십이었다. 말도 안 되는 소리처럼 들리겠지만, 엔지니어들은 로켓에 정교한 항공전자 시스템을 설치하면 배가 바다에서 5~6도 정도까지 요동친다고 해도 그 위에 착륙할 수 있으리라고 생각했다. 그러려면 드론십은 바다에서 GPS 데이터의 도움을 받아 90센티미터 이내의 정확도로 절대 위치를 유지해야 했다. 결론적으로 스페이스X 엔지니어가 해야 할 일은, 로켓을 시속 수천 킬로미터의 속도로 우주의 경계까지 쏘아 올린 뒤 속도를 줄여 바다에 있는 농구장 크기만 한, 흔들리는 목표 지점에 내려놓는 것이었다.

2015년 1월 초, 켈리와 뉴턴이 잭슨빌에서 받침대 준비 직업을 하는 동안 '제발 사용 설명서 좀 읽어보세요' 호는 떨어지는 로켓을 받기 위한 첫 번째 시도를 위해 바다로 향했다. 로켓은 세심하게 제어된 상태로 하강했지만, 내려오는 도중 그리드 핀을 움직이는 데 필요한 유압유가 떨어져버렸다. 이 로켓은 스페이스X의 다섯 번째 NASA 화물 보급 임무를 위해 플로리다주에서 새벽에 발사된 것이었다. 당시 많은 직원이 이 로켓 착륙 영상을 시청했다. 영상을 보면 캄캄한 밤에 1단 로켓이 밝게 빛나며 내려와 드론십 한쪽 구석에 부딪힌 뒤 갑판을 가로질러 미끄러지며 엄청난 폭발을 일으킨다.

"그 일이 있고 난 뒤 바지선을 완전히 다시 만들다시피 했어요. 갑판이 완전히 망가져서 나는 그 로켓을 리로이 젠킨스[1]라고 불렀어요. 배를 수리하느라 엄청 힘들었죠." 켈리가 말했다.

재진입 팀원들은 1단 로켓에 유압유가 더 필요하다는 사실을 깨달았다. 1월 10일 착륙에 실패한 로켓은 '개회로' 유압 시스템[2]을 사용했다. 개회로 시스템은 구현 비용이 적게 들지만 효율성이 떨어진다. 머스크는 엔지니어들에게 다음번 비행을 할 때는 폐회로 유압 시스템으로 바꾸라고 지시했다. 기술적으로는 이렇게 바꾸는 데 몇 주면 충분했지만 문제가 하나 있었다. 다음번 발사 목록에 올라와 있는 비행은 DSCOVR이라는 이름의 소형 지구 관

---

1 Leeroy Jenkins. 모든 것을 망가뜨리는 사람이나 물건이라는 뜻으로, 〈월드 오브 워크래프트〉의 유명 게이머가 쓰던 캐릭터 이름에서 유래했다.

2 open-loop hydraulic system. 유압유가 기름통에서 액추에이터로 흘러갔다가 다시 기름통으로, 즉 한 방향으로 흐르게 만들어진 시스템. 이에 반해 '폐회로 유압 시스템'은 유압유가 기름통으로 다시 들어가지 않고 펌프와 액추에이터 사이에서 왔다 갔다 하는 시스템을 말한다.

측 위성을 실어 올리는 스페이스X의 첫 군용 화물 비행 임무였다.

국방부는 거의 모든 미국 로켓 회사의 가장 중요한 고객이지만 동시에 까다로운 고객이기도 하다. 군은 화물을 운반하는 로켓에 대해 철저히 알고 싶어 할 뿐만 아니라 특정 발사체가 발사에 몇 번 성공하는 모습을 본 후에야 그 발사체에 화물 운송을 위탁한다. 그런데 스페이스X는 발사 직전에 하드웨어에 손을 대려는 것이었다.

"머스크는 우리에게 해결할 방법을 찾으라고 했어요." 이 비행 임무에 참여한 발사 수석 엔지니어 존 무라토레(John Muratore)가라고 말했다.

그래서 무라토레와 그윈 샷웰은 새뮤얼 A. 그리브스(Samuel A. Greaves) 중장을 찾아갔다. 그는 군용 위성을 궤도에 안전하게 올려놓는 일을 책임진 부대인 공군 '우주 및 미사일 시스템 센터'의 사령관이었다. 이 부대는 스페이스X 공장에서 멀리 떨어지지 않은 캘리포니아주 엘세군도에 자리 잡고 있었다. 무라토레와 샷웰은 그리브스에게 로켓 개선 작업을 완전히 공개하겠다고 제안했다. 부대원들을 겨냥고에 보내 스페이스X 기술자들이 하는 모든 일을 지켜보라고 했다. 이런 제안을 하면 받아들이지 않는 정부 관리들도 있겠지만 그리브스는 승낙했다.

"그는 이번 비행 임무에는 위험이 따르겠지만, 로켓을 재사용할 수 있다면 공군에 큰 도움이 될 것이라고 했어요." 무라토레가 말했다.

이전 비행 후 한 달 그리고 하루가 지난 2월 11일, DSCOVR 위성은 폐회로 유압 시스템으로 바꾼 로켓에 실려 궤도에 안착하는 데 성공했다. 하지만 폭풍우로 7미터 높이의 파도가 이는 바람에 로켓이 드론십에 착륙하는 것은 실패했다. 그럼에도 로켓은 목표 지점 9미터 이내의 바다에 수직으로 착륙해 스페이스X가 유압 시스템 문제를 해결했다는 사실을 보여주었다.

켈리를 비롯한 회수팀원들은 다음 착륙이 이루어지기까지의 여유 시간에 로켓이 실제로 착륙하면 어떻게 대처할지 계획을 세웠다. 그들이 채택한 전략은, 좋게 말하면, 조금 위험했다. 일단 로켓이 착륙하면 남은 연료를 바로 드론십 갑판에 쏟아버리기로 했다. 예상대로 남은 연료가 많으면 갑판에 물대포를 쏠 생각이었다. 그런 다음 용접공을 배에 올려보내 갑판에 대형 아이볼트를 용접해 붙일 계획이었다.

"계획이 엉망진창이었습니다. 갑판에 물을 뿌린 다음 아이볼트를 용접하려면 갑판을 말려야 하잖아요? 그사이 기다란 로켓이 이리저리 흔들리는 바지선 위에 놓여 있는 모습을 상상해보세요." 켈리가 말했다.

회수팀은 일종의 크레인인 소형 붐 리프트를 준비해두었다가 용접공이 아이볼트 용접에 성공하면, 팀원 중 한 사람이 붐 리프트의 작은 버킷을 타고 공중으로 올라가 로켓 주위에 케블라 로프를 감은 뒤 이 로프를 갑판에 용접해둔 두 개의 아이볼트에 묶어 로켓을 고정할 계획이었다. 나중에 가서야 스페이스X 엔지니어들은 로켓의 착륙용 다리를 덮어씌운 뒤 갑판에 용접할 수 있는 커다란 강철 '신발'을 고안해낸다. 이렇게 하면 로켓 고정도 더 잘되고 용접할 때도 더 안전하다.

2015년 4월 켈리는 다음번 드론십 착륙을 지원하기 위해 바다로 나섰다. 이번 로켓은 여섯 번째 NASA 화물 보급 임무를 위해 발사하는 것이었다. 이번에는 로켓이 무사히 착륙하는 것 같았다. 하지만 밸브 하나가 막히는 바람에 드론십에 착륙한 뒤 옆으로 심하게 흔들렸다. 로켓은 서서히 옆으로 미끄러지더니 착륙용 다리 하나가 부러지면서 넘어져버렸다. 분명히 기대했던 결과는 아니었다. 하지만 로켓이 불덩어리로 변해 바다로 가라앉는 와중에 착륙용 다리 하나가 바지선 가장자리의 난간에 걸려 살아남았다. 직원들은 케블라 로프로 이 다리를 바지선 옆에 묶었다. 착륙용 다리는 파도를 맞아가며 항구로 돌아왔다. 엔지니어들은 이 잔해를 분석한 뒤 그 결과를 착륙용 다리를 고정하는 시스템 개선 작업에 반영했다.

두 달 반이 지난 2015년 6월 말, '제발 사용 설명서 좀 읽어보세요' 호는 다시 바다로 나갔다. 세 번째 드론십 착륙 시도였다. 켈리를 비롯한 회수팀원들은 기대에 찬 얼굴로 지원선 GO 퀘스트호를 타고 드론십 뒤를 따랐다. 이들은 자신들이 착륙 성공에 점점 가까워지고 있다는 것을 느낄 수 있었다.

망망대해에 나가 우주에서 로켓이 떨어지는 모습을 보고 있으면 비현실적인 느낌이 든다. 지원선에 탄 팀원들의 눈에 들어온, 바다로 떨어지는 1단 로켓은 팔을 쭉 뻗었을 때의 검지 손가락 크기로 보였다. "처음에는 반신반의하죠. 그러다 조금 있으면 로켓이 보여요. 정말로 로켓이 내려오는 거예요. 그러면 '지금까지 이것 때문에 우리가 이 일을 해왔구나'라는 생각이 들죠. 로켓은 우리가 계획한 대로 움직이고 있는 거예요." 켈리가 말했다.

그를 비롯한 대부분의 엔지니어는 지원함의 주갑판에서 착륙 장면을 지켜보았다. 켈리의 주 임무는 로켓 위치를 추적하는 접시형 위성 안테나를 감시하는 것이었다. 이 안테나는 로켓이 발사되면 작동을 시작해 머리 위로 올라가는 로켓 궤적을 따라 움직였다. 그러다 어느 순간 움직임을 멈추고 원래 방향으로 되돌아가다가 똑바로 위를 가리켰다.

이제 위를 올려다볼 때가 되었다는 뜻이었다.

2015년 6월 28일 현지 시간으로 오전 10시 21분 NASA의 상용 재보급 서비스-7(CRS-7) 로켓이 플로리다에서 발사되었다. 접시형 위성 안테나가 작동을 시작하더니 거의 2분 30초 동안 위로 움직였다. 그러다 작동을 멈추고는 전원이 꺼진 것처럼 고개를 아래로 숙였다. 켈리는 로켓과의 교신이 왜 끊어졌는지 알아보려고 함교로 달려갔다. 바다에서는 때때로 그런 통신 장애가 일어난다고 했다. 왜 그런 일이 발생했는지 아는 사람은 아무도 없었다.

　잠시 후 위성 전화기 벨이 울렸다. 로켓이 사라졌다고 했다. 직원들이 충격에서 벗어나지 못하고 있는 사이에 전화기 벨이 다시 울렸다. GO 퀘스트호에 탄 직원들에게 새 좌표가 주어졌다. 이들은 완전히 다른 종류의 회수 임무를 수행하러 출발했다.

비극 그리고 대성공

2015년 6월 28일,
캘리포니아주 호손

드래건을 싣고 가던 팰컨9 로켓이 대서양 상공에서 폭발하고 몇 초가 지난 뒤, 데이비드 기거는 끼고 있던 헤드셋에 대고 소리쳤 다. "드래건이 살아 있다!"

대학원을 졸업하고 바로 스페이스X에 입사한 기거는 10년 동 안 전체 드래건 프로그램을 관리하며 머스크에게 직접 보고하는 역할을 맡아왔다. 그는 호손의 비행관제센터에서 CRS-7 발사를 지켜보았다. 특별한 역할이 있었던 것은 아니었지만 리더로서의 책임감 때문에 자리를 지킨 것이었다. 기거는 로켓 파편이 지구로 떨어져 내리는 영상을 보면서 드래건 팀원들이 얼어붙는 것을 느 낄 수 있었다. 이들은 대부분 젊은 엔지니어들이었다. 2012년의 C2 임무를 포함해 힘들었던 드래건 초기 비행에 참여한 사람들은 대부분 다른 부서로 자리를 옮겼거나 회사를 떠났다.

"그들은 훌륭한 팀원이었지만 드래건은 이제 끝났다고 생각했던 듯해요." 기거가 말했다. 그는 다른 동료들과 달리 세 번에 이르는 팰컨1 로켓 발사 실패를 포함해 스페이스X 초기의 힘든 시기를 견뎌냈었다. 기거는 팰컨9 로켓이 폭발한 뒤에도 드래건이 계속해서 신호를 보내오고 있다는 것을 알아차렸다. 드래건은 로켓에서 분리되어 대서양 50킬로미터 상공을 비행하고 있었다.

드래건을 구할 열쇠는 드래건이 해수면에 너무 가까워지기 전에 낙하산을 전개하는 것이었다. 스페이스X는 이런 돌발 상황을 예상하지 못했을 뿐만 아니라 드래건이 팰컨9 로켓에 실려 올라가는 도중에 드래건에 명령을 전송할 계획도 없었다. 하지만 드래건 관제 센터는 비상 상황이 발생하면 지상 안테나를 이용해 드래건에 신호를 보낼 수 있게 되어 있었다. 그래서 관제사들은 이 통신 시스템을 연결해 두 개의 보조 낙하산을 전개하라는 명령을 내리려고 미친 듯이 서둘렀다. 두 개의 작은 보조 낙하산은 드래건의 주 낙하산 세 개를 전개하기 전에 먼저 펼쳐져 우주선을 안정시키는 역할을 한다.

명령이 전송되었다. 하지만 아무런 일도 일어나지 않았다.

드래건은 계속 추락했다. 우주선은 로켓이 폭발한 뒤에도 그에 굴하지 않고 약 2분 동안 충실하게 신호를 보내왔다. 그러다 바다 위 1킬로미터 정도 되는 지점(플로리다의 해안에서 보면 수평선 아래에 있는 지점이다)에서 신호 전송이 중단되었다. 우주선과 우주선에 탑재되었던 1천 8백 킬로그램의 화물은 바다로 떨어졌다.

문제는 낙하산 전개가 그냥 단추 하나만 눌러서 되는 일이 아니라는 것이었다. 낙하산을 수동으로 펼치려면 십여 개의 명령을 정확한 순서대로 전송해야 했다. 낙하산이 효과를 제대로 발휘하려면 우주선이 바다에 너무 가까이 떨어지기 전에 펴져야 했기에 관제사에게는 여유 시간이 몇 초밖에 없었다. 그러다 보니 급한 나머지 낙하산 전개에 필요한 전원을 켜는 것을 잊어버렸다.

잃어버리지 않아도 될 드래건을 잃은 것은 스페이스X가 열아홉 번째 팰컨9 로켓 발사에 실패하며 얻은 교훈이었다. CRS-7 실패 이후 이어진 길고 강도 높은 여러 번의 회의에서 머스크는 시간과 에너지의 대부분을 로켓 문제에 할애했다. 하지만 기거를 비롯한 드래건 관계자들을 향해 드래건 손실에 대해 여러 번 불만을 토로했다. 머스크는 "드래건을 그렇게 멍청하게 만들어놓으면 어떻게 하나? 자동으로 살아남게 만들었어야지!"라고 꾸짖곤 했다. 그러면서 다음번 드래건 비행 임무가 있기 전까지 이런 비상 시나리오를 로켓 발사 절차에 반영하라고 했다. 여차하면 카고 드래건이라도 살릴 수 있어야 한다고 했다.

세간의 이목을 끈 2015년 6월의 CRS-7 비행 임무 실패는 스페이스X에 큰 타격을 주었다. 스페이스X는 팰컨9 로켓과 드래건을 위해 5년간 각고의 노력을 기울인 끝에 마침내 사업을 본궤도에 올려놓았다. 그 결과 스페이스X는 수익성 높은 상용 위성 계약을 잇달아 체결했다. NASA도 언젠가 드래건 우주선에 사람을 태워 보내기 위해 스페이스X에 수십억 달러를 투자했다. 그러다 이 모든 것이 다 허물어질 위기에 처했다. 스페이스X는 가장 중요한 고객의 화물을 운반하던 중에 전 세계가 보는 가운데 팰컨9 로켓을 보기 좋게 날려 먹었다.

CRS-7 실패는 NASA에도 좋지 않은 시기에 일어났다. 반년 전 NASA의 또 다른 상용 화물 운송 업체 오비털사이언스도 안타레스 로켓이 발사대 바로 위에서 폭발하면서 NASA 화물 운송 임무에 실패했다. 의회에서 NASA의 민간 우주 비행 지원을 비판하는 사람들이 다시 등장했다. 이들은 화물 운송 차질의 심각성을 강조하면서 민간 기업에 유인 우주 비행을 맡길 수 있겠느냐며 그 신뢰성에 의문을 제기했다.

성지 획득

팰컨9 로켓 발사를 시작한 2010년 중반부터 2013년 중반, 그 3년 사이에 스페이스X가 로켓을 발사한 횟수는 다섯 번에 지나지 않았다. 머스크 입장에서는 절대 받아들일 수 없는 비행 횟수였다. 그는 팰컨9 버전 1.1을 도입한 다음에는 비행 횟수가 크게 늘어날 것으로 기대했다. 머스크는 플로리다 발사장 책임자 브라이언 모스덜에게 한 달에 한 번 이상 팰컨9 로켓을 발사할 역량을 갖추라고 했다.

하지만 모스덜의 임무는 그것만이 아니었다. 그는 2013년 내내 플로리다에서 스페이스X의 두 번째 발사장을 임차하기 위해 많은 노력을 기울였다. 스페이스X가 임차하려는 발사장은 서반구에서 역사적으로 가장 중요한 NASA의 39A 발사단지였다. 늪지대에 둘러싸여 있고 대서양의 해수면보다 1미터 남짓 높은 80만 제곱미터 넓이의 이 광활한 부지에는, 닐 암스트롱과 버즈 올드린이 달에 발을 내딛기 전에 지구에서 마지막 발을 디딘 성지가 있다. 이후에도 이곳에서는 우주왕복선이 수십 차례 발사되었다.

2011년 우주왕복선이 퇴역한 다음 NASA는 이 발사장을 더는 사용할 필요가 없게 되었다. NASA 감사실은 이 부지를 '불필요한 인프라'로 지정하고, 이 발사장을 민간 발사 회사에 임대하면 연간 수백만 달러의 유지보수 비용을 절감할 수 있을 것이라고 했다. 이미 로켓 발사를 시작한 스페이스X가 당연한 선택으로 보였다. 스페이스X는 팰컨9 로켓과 팰컨 헤비 그리고 나중에는 유인 우주 비행용 로켓까지 발사할 적합한 장소를 찾고 있었기 때문이다. 하지만 2013년 봄에 또 다른 경쟁자가 등장했다. 숭배한다고까지 할 정도로 우주 비행의 역사적 장소를 좋아하는 제프 베이조스가 블루오리진의 뉴글렌 로켓을 발사할 장소로 이곳을 임차하려고 했다.

베이조스는 낙찰 가능성을 높이려고 이 발사장을 스페이스X

나 다른 민간 기업과 같이 사용하겠다고 했다. 이 제안은 그럴듯했지만 2013년 당시 블루오리진은 궤도에 도달할 수 있는 로켓이 없었을 뿐만 아니라 당분간 그럴 가능성도 없었다. 이런 이유로 NASA는 9월에 스페이스X와 20년 기한의 발사장 임대차 계약을 체결했다.

머스크는 이 역사적인 발사장을 확보하게 되어 기쁨에 들떴다. 하지만 베이조스의 입찰 참여로 기분이 언짢았다. 그는 자신의 발사장 확보를 방해하려고 베이조스가 입찰에 참여했다고 생각했다. 머스크는 〈스페이스 뉴스〉에 보낸 이메일에서 그의 잠재적 경쟁자를 이렇게 조롱했다. '만약 그들이 어떻게든 향후 5년 내에 NASA의 유인 우주 비행 기준에 맞는, 그러면서 우주정거장에 도킹할 수 있는 발사체를 가져온다면, 그것이 39A 발사장의 원래 용도이므로 우리는 기꺼이 그들의 요구를 수용할 것입니다. 솔직히 말해서 나는 화염 통로 안에서 유니콘이 춤추는 모습을 볼 가능성이 더 높다고 생각합니다.'

머스크는 스페이스X 사내 회의에서도 블루오리진을 조롱했다. 그는 "회사가 스스로를 BO[1]라고 부르는 걸 보면 악취가 나는 것이 틀림없다"라는 등의 말을 하곤 했다. 역사를 보면 머스크의 말

---

1 일반적으로 BO(body odor)는 암내, 즉 겨드랑이에서 나는 고약한 냄새를 뜻한다. 여기서는 블루오리진(Blue Origin)을 연상하게 하는 중의적 의미로 썼다.

이 옳았다. 블루오리진은 5년 안에 39A 발사단지에서 발사할 궤도 로켓을 만들지 못했다. 10년이 지나도 만들지 못했다. 이 글을 쓰는 현재, 블루오리진의 뉴글렌 궤도 로켓은 아직 한 번도 발사를 시도하지 못했다. 그사이 스페이스X는 예전에 NASA가 쓰던 이 발사장에서 100회 이상 로켓을 발사했다.

모스덜은 39A 발사단지 임차 제안서 대부분을 작성했다. 여기에는 기술 자료, 발사대 건설 일정, 소요 예산 등 많은 내용이 들어 있었다. 그래서 발사장 계약을 체결하고 나자 그는 우주왕복선이 쓰던 오래된 인프라를 철거하고 팰컨9과 팰컨 헤비를 지원할 수 있는 발사탑 건설에 수반되는 모든 작업을 완전히 이해할 수 있게 되었다.

그에게는 정규직 직원 72명과 새 트랜스포터 작업을 하고 있는 용접공 및 기타 계약직 직원 80여 명이 있었다. 이들은 SLC-40에서 매월 한 대씩 로켓을 발사하라는 머스크의 지시를 이행하기 위해 일주일에 80~100시간씩 일하느라 이미 업무의 한계치에 도달해 있었다. 그래서 2014년 1월 모스덜은 머스크와 샷웰을 만나 39A 발사단지 건설에 필요한 인력 충원 문제를 상의하러 호손으로 날아갔다. 모스덜은 자신이 생각하기에 필요한 최소 인원으로 발사장 설계, 조달, 건설, 시험 등을 할 팀을 구성하겠다는 계획을 설명했다. 그러면서 향후 6개월 동안 68명을 채용하겠다며 승인을 요청했다.

머스크는 이 요청을 단칼에 거절했다. 거기서부터 회의 분위기는 급속히 가라앉았다. "돌아가서 더 열심히 일하세요." 머스크가 건넨 마지막 말이었다.

모스덜은 마음이 아팠다. 그는 자신이 직원들에게 요구하는 작업 일정이 굉장히 빡빡하다는 것을 절실히 느끼고 있었다. 결국 직원들은 에너지가 소진돼 회사를 그만두든지, 그렇지 않으면 업무의 질이 떨어질 터였다. 그가 이런 우려를 머스크나 샷웰에게 제기하면, 그들은 언제나 자금이 빠듯하다면서 플로리다 직원들이 좀 더 힘을 내 NASA로부터 돈을 받을 수 있는 다음번 중간 목표를 달성하면 그들의 부담을 좀 덜어줄 수 있을 것이라고 말했다. 호손에서 이들을 만나본 모스덜은 상황이 절대 바뀌지 않을 것이라고 확신했다. 스페이스X는 결코 순항 단계로 들어가지 않고 계속 가속 페달을 밟으리라고 생각했다.

"문제를 해결하기 위한 진정한 노력이 보이지 않았어요. 입 닥치고 돌아가서 일이나 열심히 하라는 식이었어요. 그래서 나는 케이프 커내버럴로 돌아가 팀원들에게, 상황이 나아질 테니 지금까지 하던 대로 계속 열심히 해보자는 말 같은 건 하지 않기로 했습니다. 그 말이 헛소리라는 걸 알았으니까요." 모스덜이 말했다.

모스덜은 6년 동안 스페이스X에 근무하며 상당히 기여했다. 그가 조직한 공격적인 팀은 경쟁사의 약 10분의 1의 비용으로 SLC-40 발사대를 건설했다. 그는 여섯 번의 비행 임무에서 발사 책임자로 일했다. 그가 개입한 스페이스X의 초기 발사는 거의 전적으로 수동으로 이루어졌었다. 스페이스X는 2013년 말이 되어서야 카운트다운의 약 90%를 자동화했다. 모스덜이 책임자로 있는 동안 발사장에서는 아무런 사고도 일어나지 않았다. 그는 역사적 장소인 39A 발사단지를 확보하는 데도 주도적인 역할을 했다. 모스덜은 스페이스X가 결국 플로리다에서 거두게 되는 성공의 발판을 마련해둔 것이었다.

하지만 그것만으로는 충분하지 않은 것 같았다. 결국 그는 사임했다.

머스크는 불쾌해하지 않았다. 그는 모스덜이 이끄는 케이프 커내버럴 팀이 최대의 노력을 기울이지 않았다고 생각했다. 한 달에 한 번 발사로는 충분하지 않았다. 그가 보기에는 플로리다에서 팰컨9 로켓을 일주일에 한 번은 발사해야 했다. 지금 와서 보면 스페이스X가 그 후로도 거의 10년 동안 달성하지 못하는 빈도다.

머스크는 다른 직원으로 모스덜의 빈자리를 메웠다. 리키 림은 2008년에 스페이스X에 입사해 팰컨1 로켓을 마지막 세 번 발사하는 동안 콰절레인 환초에서 수개월을 보냈다. 스페이스X에 입사하고 나서 성년이 된 림은 팰컨1 시절의 시련으로 회사가 파산 일보 직전까지 간 위기에서 살아남았다. 그 뒤 그는 잭 던, 리 로즌과 함께 반덴버그에서 일했다. 모스덜이 떠난 뒤 림은 케이프 커내버럴에서 발사장 책임자로 몇 주간만 일해달라는 말을 들었다. 몇 주는 6년으로 바뀌게 된다.

케이프 커내버럴의 발사팀은 두 종류의 인력으로 구성되어 있었다. 절반은 모스덜이 몸담았던 유나이티드론치얼라이언스 등 기존의 로켓 회사에서 일하다가 이직한 인력이었다. 나머지 절반은 대부분 스페이스X에서 처음 직장 생활을 시작하는 젊은 엔지니어들이었다. 머스크는 모스덜이 기존 인력과 너무 가까이 지낸다고 생각했다. 그는 림이 가면 젊은 직원들을 결집할 수 있으리라 믿었다.

림은 그렇게 했다. 2014년 중반부터 스페이스X의 케이프 커내버럴 발사장은 활발하게 돌아가기 시작했다. 물론 그 과정에 우여곡절도 겪었다. 결국 스페이스X는 플로리다의 발사장 건설을 할 인력을 충원하게 된다. 그 인원도 모스덜이 요구했던 68명이 아니라 수백 명이었다. 2015년 4월 림이 이끄는 발사팀은 플로리다에서 13일의 간격을 두고 로켓 두 대를 발사하는 데 성공했다. 하나는 여섯 번째 NASA 화물 재보급 임무였고, 다른 하나는 튀르키예의 통신 위성을 쏘아 올리는 임무였다. 그들은 곧바로 발사 목록에 있는 다음 임무에 착수했다.

다음 임무는 일곱 번째 NASA 상용 재보급 서비스, 즉 CRS-7이었다.

고통스럽고 충격적인 순간

CRS-7 임무를 수행하기 위한 로켓이 발사되던 날 아침, 림은 발사장 책임자 임무를 잠시 내려놓고 발사 책임자 역할을 맡았다. 비행을 시작한 첫 2분 동안 모든 것이 순조로웠다. 하지만 2분 19초가 지날 무렵부터 림의 귀에 2단부에서 '데이터 손실'이 일어나고 있다는 소리가 통신망을 통해 들려오기 시작했다. 림이 고개를 들고 비디오를 흘끗 보니 로켓이 하얀 줄무늬를 남기고 발사 궤도를 따라 푸른 하늘을 향해 비행하는 모습이 보였다. 로켓 상단부 주변에 증기구름 같은 것이 보이기는 했지만 아홉 개의 엔진은 정상적으로 연소하고 있었다.

"아주 이상했어요. 데이터에서 보이는 것과 우리가 보고 있는 것이 일치하지 않았습니다. 1단부는 계속 날아가고 있었어요. 원거리 카메라로 본 모습은 이전 로켓과 거의 비슷했죠. 솔직히 나는 2단부를 담당한 직원들이 뭔가 착각했다고 생각했어요." 림이 말했다.

림은 지상 소프트웨어의 디스플레이 문제거나 아니면 다른 사소한 문제 때문일 것이라고 생각했다. 1~2초가 더 지나자 사태가 명확해졌다. 하얀 구름이 커지더니 로켓을 완전히 덮어버렸다. 그러다 구름이 걷히면서 로켓 잔해가 비처럼 쏟아져 내리는 모습이 추적 카메라에 잡혔다. 일순 비행통제실이 침묵에 싸였다.

머스크는 영국에서 이 장면을 지켜보았다. 자신의 마흔네 번째 생일을 축하하던 자리였다. 로켓 폭발 장면이라니 생일 선물치고는 형편없는 선물이었다. 머스크의 첫 번째 전화는 던에게 향했다. 던은 5년 동안 로켓 발사 일을 해오다 몇 달 전에 추진팀을 맡아 호손의 비행관제센터에서 발사를 지켜보고 있었다. 던은 로켓이 왜 폭발했는지 지금 당장 알 수는 없다고 하면서 전화기를 발사 감독 엔지니어 존 에드워즈에게 넘겼다. 에드워즈는 2단부에서 압력 문제가 생긴 것 같다고 말했다.

던은 예전에 긴박한 상황이 발생했을 때 갑자기 용기가 생겨 즉각적인 조치를 한 적이 있었다. 그는 C-17 수송기에 팰컨1 로켓을 싣고 이송하던 중 대서양 상공을 지날 때 로켓 내부에서 폭발하는 듯한 소리가 들려 목숨을 걸고 부스터 안으로 들어가 압력 밸브를 열었다.

하지만 이번에는 상황이 달랐다. "이번에는 당장 무엇을 해야 할지 모르겠더라고요. 그래서 뭔가 오싹한 느낌이 들었어요. 물론 현장에 가서 바다에 잔해가 있는지 확인해야 한다는 건 알았죠. 하지만 원인이 무엇인지 생각해보는 것 말고는 당장 할 수 있는 일이 거의 없었습니다. 정말 고통스럽고 충격적인 순간이었죠."

던은 비행관제센터에서 나와 추진팀이 있는 곳으로 돌아갔다. 그는 팀원들을 불러 모아 방금 일어난 일에 대해 간단히 이야기해 주었다. 기거와 마찬가지로 던도 스페이스X의 베테랑으로, 팰컨1 로켓의 실패를 견뎌낸 사람이었다. 그는 직원들에게 로켓 발사는 매우 위험한 일이라고 하며, 이런 난관을 극복하는 방법은 체계적으로 접근해 원인을 파악하고 문제를 해결한 뒤 다시 로켓을 발사하는 것이라고 말했다.

머스크는 캘리포니아로 돌아와 사고 조사에 돌입했다. 그는 적어도 하루에 한 번, 많게는 하루에 여러 번 본사 1층에 있는 임원 회의실에서 회의를 주재했다. 회의실 중앙에는 검은색 회의용 테이블이 놓여 있었고, 그 주위에 의자 아홉 개가 U자 모양으로 배치되어 있었다. 이 의자에 앉지 못한 엔지니어들은 회의실 주위에 앉거나 서 있었다. 머스크는 언제나 문에서 제일 가까운 테이블 한쪽 끝에 자리 잡았다. 그의 맞은편 벽에는 오멜렉섬에서 팰컨 1 로켓을 발사하는 모습이 담긴 대형 사진이 걸려 있었다. 사진은 필사적으로 노력하던 초창기를 기억하라고 훈계하는 듯했다.

공개석상에서 이 사고가 스페이스X에 "큰 타격"이라고 했던 머스크는 사고 직후 직원들에게 이렇게 말했다. "현재 회사에 있는 직원 대부분은 성공하는 모습만 봐왔기 때문에 실패가 얼마나 무서운 일인지 잘 모르고 있어요. 회사 전체가 어느 정도는 안일해진 게 아닌가 하는 생각이 듭니다."

실제로 스페이스X는 2008년의 마지막 발사 실패 이후 열 배나 성장했다. 팰컨9 로켓이 열여덟 번의 발사에 연이어 성공하자 콰절레인 시절부터 있던 던이나 림 같은 베테랑들은 회사 직원 중에 발사 실패의 아픔을 겪어본 사람이 거의 없을 것이라고 말하곤 했다. CRS-7 임무를 수행할 당시에는 그런 경험을 해본 직원이 약 5퍼센트밖에 되지 않았기에, 직원들은 '편집증적인 사람만 살아남는다'라는 머스크의 주문과 같은 말에 다소 무감각해진 상태였다. 머스크는 팰컨9 로켓을 발사할 때마다 전 직원에게 이메일을 보내 이번에 발사하는 로켓에서 우려할 만한 사항이 있으면 언제든 자기에게 말하라고 했다. 그의 말은 진심이었다. 그는 위험성이 있다는 말을 들어본 다음 정말로 우려할 만한 일이라면 조치를 취할 생각이었다.

스페이스X의 규모가 커졌기에 업무 중단으로 인한 비용이 많이 들었다. 사고 당시 스페이스X 직원은 대략 4천 명이나 되었으므로 운영비를 감당하려면 로켓을 자주 발사해야 했다. 인건비만 해도 한 달에 7천 만 달러가 넘었다. 그래서 머스크는 조사를 철저히 하되 신속하게 하라고 재촉했다. 그는 CRS-7 사고 분석 회의를 하는 동안 각 부서 책임자가 조사해 발표하는 최신 정보에 귀를 기울였다. 그러다 한 번씩 질문을 하거나 의견을 제시하거나 날카로운 비판을 하며 끼어들었다. 몇 주가 지나도 사고 원인이 제대로 밝혀지지 않고 있어 긴장된 분위기 속에서 답답하면서도 어려운 논의가 이어졌다. 이 모든 것의 기저에는 스페이스X의 운명이 불안하고 불확실하다는 느낌이 깔려 있었다.

던은 이렇게 말했다. "머스크는 회의에 엄청난 긴장감을 불어넣었어요. 머스크와 있을 때는 항상 정신을 바짝 차리고 최선을 다해야 하지만 그런 긴박한 순간에는 더 그래야 해요. 100퍼센트 정신을 집중해야 합니다. 잠깐이라도 허튼 생각 하면 큰일 나죠. 알면 안다, 모르면 모른다고 말하는 편이 좋아요. 그런 다음 그의 지시를 재깍 받아들이고, 그의 말뜻을 정확하게 이해해야 합니다. 그렇게 하지 않으면 바로 공격이 들어오니까요. 그때는 A-매치에 출전한 듯 최선을 다해야 했어요. 최고의 모습을 보여줘야 했죠."

로켓 폭발을 조사하는 책임은 머스크가 가장 신뢰하는 오랜 측근 중 한 사람인 한스 쾨니히스만에게 맡겨졌다. 당시 쾨니히스만은 로켓 발사의 안전성과 성공을 책임진 '비행 신뢰성 및 임무 보장' 담당 부사장이었다.

"위험을 방지할 책임이 있다면 일이 잘못되었을 때의 책임도 져야 한다고 생각했어요. 사고 조사 하는 데만 5개월이 걸렸고, 그 동안 하루도 쉬지 않고 일했습니다. 주말에 쉰 적이 딱 한 번 있었던 것 같아요. 그 외에는 다섯 달 동안 하루도 빠짐없이 일했어요. 그때는 죽기 살기로 일했고, 우리 팀원들도 마찬가지였어요." 쾨니히스만이 말했다.

무엇이 잘못되었는지 파악하기 힘들었던 이유 중 하나는 로켓이 정상적으로 비행하다가 800밀리초 만에 폭발로 이어졌기 때문이었다. 조사팀은 문제가 1단과 분리되기 전에 2단에서 발생했다는 것은 바로 알 수 있었다. 하지만 1초도 안 되는 짧은 시간에 사고가 일어난 것이 문제였다. 그래서 스페이스X 그리고 NASA의 엔지니어와 과학자들은 텔레메트리 데이터(상단부가 폭발하는 긴박한 순간에 로켓에 탑재된 다양한 센서가 측정한 데이터)를 115개만 확보할 수 있었다. 이들은 이 데이터를 통해 액체 산소 탱크 안에 들어 있던 헬륨 저장 용기가 떨어져 나오면서 산소 탱크에 부딪혀 산소 탱크가 터진 것으로 결론을 내렸다.

LOX 탱크 안에 헬륨 저장 용기가 있는 이유는 무엇일까? 로켓은 우주로 날아가면서 계속해서 연료와 산화제를 연소한다. 이들 추진제가 빠져나가면 탱크 안에 헬륨 가스를 주입해 빈 공간을 채워 추진제의 하방 압력을 유지한다. 이렇게 함으로써 연료와 산화제를 엔진으로 계속 흘러가게 하는 것이다. 헬륨 저장 용기는 충격으로부터 용기를 보호하려고 강한 섬유로 금속 용기 주위를 둘러씌웠기 때문에 복합재 압력 용기 또는 COPV(composite overwrapped pressure vessel)라고 한다. 쾨니히스만에게 더 어려웠던 문제는 왜 헬륨이 들어 있는 COPV 용기가 떨어져 나와 산소 탱크의 둥그런 상단부에 부딪히며 치명적인 결과를 초래했는가를 밝히는 것이었다.

마침내 구조물 엔지니어들은 로켓 폭발의 원인이 막대사탕 크기의 4달러짜리 작은 부품이라는 사실을 알아냈다. COPV를 산소 탱크 벽에 고정하는 데 쓰이는 스테인리스 아이볼트였다. 로드 엔드라고도 하는 이 아이볼트가 로켓이 상승하는 중에 부러진 것이었다. 쾨니히스만은 이 로드 엔드가 4500킬로그램의 힘을 견딜 수 있도록 만들어졌지만, 불운하게도 상단부 산소 탱크 내부에 있던 로드 엔드 중 하나가 900킬로그램도 안 되는 힘을 받고 부러져 버렸다고 했다.

거의 모든 로켓과 우주선은 엄격한 설계 프로세스를 거친다. 설계를 마친 뒤 제작으로 넘어가기 전에 마지막으로 거치는 점검 단계를 '상세 설계 검토'라고 한다. 쾨니히스만은 스페이스X가 팰컨9 로켓의 상세 설계 검토 과정에서 값이 더 비싼 로드 엔드를 쓰라고 요구했다고 말했다. 이 부품 가격은 50달러 정도 된다. 하지만 이 설계 검토와 실제 비행 사이의 어딘가에서 로드 엔드가 저렴한 것으로 바뀌어버렸다. 문제의 이 강철 로드 엔드는 주조 공정으로 만들어진 것으로 가격이 훨씬 쌌다. 주조란 녹인 쇠를 거푸집에 부어 굳힌 뒤 거푸집에서 꺼내는 식으로 물건을 만드는 방식이다. 값이 더 비싼 로드 엔드는 극도로 냉각된 액체 산소 탱크 내에서 아무 문제 없이 기능을 발휘했지만, 주조로 만든 로드 엔드는 내부에 보이지 않는 결함이 있을 수 있어 장력을 받으면 비싼 로드 엔드보다 문제가 더 많았다.

스페이스X는 그들이 밝혀낸 폭발의 근본 원인을 직접 확인하려고 부러진 로드 엔드를 찾으러 나섰다. 플로리다 해안에서 80킬로미터 떨어진 바닷속 100여 미터 깊이에서 엄지손가락 크기의 부품을 찾는 것은 돈키호테의 모험처럼 무모한 짓이었다. 스페이스X는 로켓 잔해를 찾기 위해 원격 조종 잠수정까지 빌렸다. 수색 과정에 오래된 아폴로 프로그램과 우주왕복선 프로그램의 잔해를 발견하기도 했지만 팰컨9 부품은 찾지 못했다. 그래도 쾨니히스만은 주조로 만든 로드 엔드가 폭발의 원인이라고 확신했다. 당시 주문할 때 들어온 동일한 부품으로 시험해보고 초저온에서 부러질 수 있다는 사실을 확인했기 때문이다.

그렇다면 스페이스X는 왜 저렴한 주조 로드 엔드로 바꿨을까? 머스크는 언제나 비용 절감을 추구하는 문화를 주입해왔다. 그래서 누군가가 50달러짜리 비싼 로드 엔드 대신 더 싼 것을 쓰기로 한 것이다. 로켓에 있는 모든 지지대에는 로드 엔드가 사용되므로 로켓 하나에는 수백 개의 로드 엔드가 들어간다. 로드 엔드 하나만 바꾸면 한번 발사할 때 1천 달러 이상 절감할 수 있다는 뜻이다. 머스크와 그의 참모들은 비용 관리의 열의에 넘쳐 이런 결정을 수천 번 내렸다. 머스크가 이렇게 신중하게 비용을 집행하지 않았다면 팰컨9 발사 비용은 훨씬 더 비쌌을 것이다. 그리고 머스크의 이런 접근 방법은, 이번 한 번만 빼고 거의 언제나 통했다.

2015년 가을 스페이스X는 상세한 조사 결과 보고서를 NASA와 연방항공청에 제출했다. 쾨니히스만이 작성한 이 보고서는 '재료의 결함'이 로드 엔드가 부러진 가장 유력한 원인이라고 결론지었다. 이 말은 책임이 로드 엔드 공급업체에 있다는 뜻이었다. NASA가 독자적으로 작성한 조사 보고서는 스페이스X에 직접적인 책임을 돌렸다. NASA는 폭발의 원인이 스페이스X의 '설계 오류' 때문이라고 했다. 그러면서 기준 이하의 로드 엔드가 로켓에 쓰이기 전에 품질 관리 프로세스를 통해 걸러냈어야 한다고 했다.

NASA는 보고서에 다음과 같이 표기했다. '스페이스X는 적절한 검사나 시험 없이, 안전율[1] 4:1을 감안해서 사용하라는 제조업체의 권고를 무시하고, 예상되는 비행 조건 아래서 이루어진 적절한 모델링이나 하중 시험도 없이 산업용 부품을 사용했다.'

다시 말해 로켓이 폭발한 것은 스페이스X 때문이지 공급업체 때문이 아니라는 것이었다. 쾨니히스만은 스페이스X가 로드 엔드 검사를 더 철저히 했어야 한다는 점은 인정한다고 했다. 하지만 공급업체도 책임을 면할 수 없다고 했다. 그는 "스페이스X와 공급업체 모두에게 책임이 있습니다"라고 말했다.

쾨니히스만은 CRS-7의 교훈을 잊지 않으려고 지금도 로드 엔드 하나를 집에 있는 책상 서랍에 보관하고 있다.

화물 보급 임무 실패의 근본 원인에 대해서는 의견이 달랐지만 NASA와 스페이스X의 협력 관계는 계속해서 잘 유지되었다. 이 사고로 드래건이 바다에 가라앉으면서 NASA는 1억 1800만 달러어치의 화물을 잃었다. 잃어버린 화물 중에는 향후 우주 비행사가 우주정거장에 가는 데 필요한 도킹 어댑터도 있었다. 이 사고로

---

1 재료가 버틸 수 있는 최대 하중을 실제 사용할 때 가해지는 하중으로 나눈 값. (안전율= 극한강도/허용응력)

NASA의 러시아 의존도도 높아졌다. 몇 달 동안 미국 우주 비행사와 식량을 우주정거장에 보낼 수 있는 유일한 수단은 카자흐스탄에서 발사되는, 소련 시절에 설계된 소형 우주선 두 대뿐이었다.

하지만 NASA는 공개적으로는 이런 문제로 스페이스X를 비난하지 않았다. 오히려 스페이스X에 지원을 아끼지 않았다. 2016년, 일부 상원의원이 스페이스X를 공격할 기회가 왔다고 좋아했을 상원 청문회가 열렸을 때, NASA 유인 우주 비행 책임자는 화물 보급 임무 실패에 대한 질문을 받자 스페이스X를 옹호하고 나섰다.

청문회에서 빌 거스텐마이어는 이렇게 말했다. "스페이스X는 굉장히 빨리 사고를 극복했어요. 그들은 며칠 만에 폭발의 원인이라고 생각한 문제를 지상 시험장에서 시험하고 있었습니다. 시험을 시작한 속도가 NASA와 비교할 수 없을 만큼 빨랐습니다. NASA라면 제안서 작성하고 계약서 쓰고 시험 순서 정하는 데 반년은 걸렸을 겁니다."

스페이스X는 NASA의 손해를 보상할 방안을 강구했다. 사고가 발생하고 몇 달이 지난 후 스페이스X는 앞으로 다섯 번의 화물 보급 임무(우주정거장으로 향하는 팰컨9의 열여섯 번째부터 스무 번째까지의 비행)를 할인된 가격에 수행하기로 NASA와 조용히 합의했다. 스페이스X는 드래건이 운반할 화물량도 늘리기로 했다. NASA 입장에서는 더 많은 이익을 얻는 셈이었다.

그러나 이 모든 것은 스페이스X가 팰컨9 로켓을 다시 안전하게 발사할 수 있다는 전제 조건 하에서 가능했다.

액체 산소를 둘러싼 머스크의 위험한 결정

스페이스X는 화물 운반 임무에 실패하지 않았더라도 2015년 하반기에는 몇 달 동안 팰컨9 로켓을 발사하지 못했을 터였다. 머스크는 팰컨9을 크게 개선해 버전 1.2로 업그레이드하기로 했다. 이 로켓은 나중에 팰컨9 풀 스러스트(Falcon 9 Full Thrust)로 알려지게 된다. 팰컨9 버전 1.2는 로켓의 능력을 대폭 향상하려는 시도였다. 우선 1단 로켓 재사용의 경제성을 확보하기 위해 드론십에 착륙할 수 있게 만들어야 했다. 그것으로 전부가 아니었다. 로켓 성능도 최대한 끌어올려야 했다. 팰컨9의 어느 부분도 가차 없는 개선의 손길을 피해 갈 수 없었다. 결국 스페이스X 엔지니어들은 기존의 팰컨9보다 탑재 중량이 거의 3분의 1 증가한 새로운 기계를 만들어냈다.

추진팀은 추력을 약 15퍼센트 향상시킨 멀린 1D 엔진 업그레이드 버전을 설계했다. 구조 부서는 제작이 더 수월한 더 가벼운 로켓을 만들었다. 그리고 그래스호퍼 프로그램 운영과 대서양에서 드론십 착륙을 시도하면서 얻은 교훈을 모두 쏟아부어 새로운 로켓 다리와 제어 시스템을 설계했다.

그러나 업그레이드의 진짜 핵심은 추진제 고밀화라는 기술이었다. 로켓에 최대한 많은 연료를 압축해 넣는 것이다. 지루하고 아주 재미없는 소리로 들리겠지만 사실은 그렇지 않다. 로켓 연료의 온도를 극도로 낮추는 것은 학문적으로나 공학적으로 대단히 흥미로운 주제인데, 그 구현은 엄청나게 위험한 일이다. 실제로 스페이스X는 추진제 고밀화 작업에 본격적으로 착수한 지 1년 만에 로켓 한 대와 발사대 하나를 날려 먹고, 1억 9500만 달러에 달하는 이스라엘 위성도 잃게 된다. 퇴역한 일부 아폴로 우주 비행사는 이런 스페이스X의 방식이 너무 위험하다고 판단해, 고밀화 추진제를 사용하는 로켓에 절대 우주 비행사를 태우지 말라고 NASA에 촉구했다. 그러나 머스크는 위축되지 않았다. 그는 위험을 알고 있었고, 위험을 받아들였으며, 결국 그와 스페이스X는 위험을 극복했다.

하지만 CRS-7 임무 실패에서 회복하고, NASA의 우려 사항을 해소하고, 1단 로켓의 착륙 성공을 위해 세세한 문제를 개선하느라 눈코 뜰 새 없이 바쁜 스페이스X 직원들에게 추진체 고밀화는 엄청난 부담으로 다가왔다.

"머스크는 재사용 문제의 핵심을 알고 있었어요. 그는 계속 로켓 성능을 더 높여야 한다고 말했습니다. 그러려면 액체 산소를 더 차갑게 만들어야 한다고 했죠. 머스크는 우리를 계속 몰아붙였어요." 존 무라토레가 말했다. 그러다 그는 다소 절제된 목소리로 "그때는 정말 힘들었어요"라고 덧붙였다.

스페이스X는 산소와 케로신을 모두 고밀화했다. 하지만 산소는 케로신보다 훨씬 낮은 온도로 냉각해야 했기에 다루기가 훨씬 더 어려웠다. 산소는 지구에서 가장 풍부한, 생명 유지에 필수적인 원소다. 인간은 산소가 없으면 숨을 쉴 수 없다. 우리 몸에 들어온 산소는 음식물 분자와 화학 반응을 일으켜 에너지를 생성한다. 마찬가지로 산소와 연료가 결합할 때도 이런 산화 작용이 일어난다. 예컨대 장작은 산소가 없으면 불이 붙지 않는다. 그러므로 산소는 로켓엔진 내에서 연소를 일으키는 데 필수 성분이다. 사실 대부분의 로켓은 궤도로 올라가는 과정에 연료보다 산소를 더 많이 태운다. 팰컨9 로켓에는 질량으로 따졌을 때 케로신 연료보다 액체 산소가 더 많이 실려 있다.

머스크는 로켓에 액체 산소를 더 많이 채워 넣으면 로켓 연비를 더 높일 수 있다고 생각했다. 산소 밀도를 높여 로켓 탱크에 더 많은 산소를 넣을 생각을 한 엔지니어로 머스크가 처음은 아니다. NASA도 이전에 추진제 고밀화를 수십 년 동안 연구한 적이 있다.

그 이후 NASA는 '컨스털레이션 프로그램'에도 이 기술을 쓰지 않기로 결정했다. 물리학적인 이유 때문만은 아니었다. 오히려 기관 내부의 정치적 이해관계와 센터 간 경쟁이 크게 작용한 결과였다. 앨라배마주에 있는 마셜우주비행센터는 기존의 추진 기술로 먹고살았다. 그리고 NASA 경영진은 고밀화 기술을 개발하다 보면 필연적으로 발생할 시험 대상물 폭발 사고가 신문에 실리는 것을 탐탁지 않게 생각했다. 이 두 사항 모두 스페이스X에는 장애물이 아니었다. 스페이스X는 실패를 감당할 자신이 있었다. 실제로 스페이스X는 고밀화 시험이 실패하자 자사가 최첨단을 넘어서기 위해 노력하는 증거라며 실패 사실을 공표하기도 했다.

스페이스X는 액체 산소와 케로신을 고밀화해 팰컨9에 실음으로써 로켓 성능을 8~10퍼센트 더 끌어올릴 수 있었다. 이것은 작은 수치가 아니다. 그 정도면 궤도로 2톤의 탑재 화물을 더 실어 보낼 수 있다. 이것은 지구로 귀환할 때 필요한 착륙 장치와 기타 추가 부품 때문에 탑재 화물 용량에서 상당한 손해를 보는 재사용 로켓에는 극히 중요한 문제였다. 따라서 머스크는 경제적 타당성을 확보하려면 고밀화가 드론십 착륙만큼이나 중요하다고 생각했다. 그는 이 두 가지를 다 달성할 수 있으면, 팰컨9이 재사용할 수 있고 성능이 뛰어나며 비용 효율적인 세계 최초의 21세기형 로켓이 될 수 있으리라고 생각했다.

그렇다면 산소는 어떻게 고밀화할 수 있을까? 한 가지 방법은 기체가 아닌 액체 산소를 쓰는 것이다. 액체 산소는 섬뜩한 느낌을 주는 약간 푸른색을 띠고 있다. 산소는 지금까지 지구의 남극에서 기록된 가장 낮은 온도보다 훨씬 더 낮은 영하 182.96도에서 응결된다. 이 온도는 햇빛이 전혀 들지 않는 달의 가장 어두운 지역보다도 더 낮다. 이 때문에 액체 산소는 다루기가 어렵다. 하지만 로켓에 액체 산소를 쓰면 그만한 가치가 있다. 액체 산소는 기체일 때보다 밀도가 1천 배나 더 높기 때문이다. 따라서 대부분의 로켓은 액체 산소를 사용한다.

머스크가 하고자 했던 것은 이 액체 산소를 더 냉각해 거의 고체에 가까운 수준으로 밀도를 높이는 것이었다. 기본적인 화학 원리다. 물질의 온도가 내려갈수록 물질을 구성하는 분자의 움직임이 느려지기 때문에 분자 간 거리가 더 가까워진다. 따라서 액체 산소의 온도를 더 낮출수록 로켓에 채워 넣을 수 있는 양은 더 늘어날 것이다.

2015년 어느 날, 무라토레와 빈센트 베르너라는 엔지니어는 국립표준기술연구소(NIST)에 전화를 걸었다. 메릴랜드주에 소재한 이 연구소는 물리적 성질을 측정하는 분야에서 세계 최고의 기관으로 인정받고 있다. 이 연구소는 산소나 질소, 액체 공기(주로 산소와 질소로 이루어져 있다)가 고체로 변하는 온도와 압력을 표시한 표를 발표했는데, 베르너를 비롯한 몇몇 스페이스X 엔지니어들은 이 표를 꼼꼼히 살펴보았다.

"우리는 이 표에 관해 물어보려고 전화를 걸었습니다. 연구소의 반응은 '이 표는 추정치입니다. 실제로 여기서 검증해본 사람은 없어요. 표는 거의 정확하지만, 온도는 1~2도 정도, 압력은 1~2psi[1] 정도 틀릴 수 있어요'라는 대답이 돌아왔죠." 무라토레가

---

1 pounds per square inch. 제곱인치당 파운드로 표시한 힘을 말한다. 1psi는 6895파스칼 또는 0.068기압에 해당한다.

말했다.

스페이스X의 계획은 액체 산소를, 낮출 수 있는 가장 낮은 온도에서 시험해보는 것이 다가 아니었다. 스페이스X는 산소도 대량으로 생산할 계획이었다. 로켓을 한번 발사하려면 수십만 리터의 산소가 필요했다. 고밀화 산소를 생산하는 책임은 필립 렌치(Phillip Rench)를 포함해 케이프 커내버럴에 있는 엔지니어 여덟 명에게 떨어졌다.

렌치는 스페이스X에 채용될 수 있을 것 같지 않던 사람이었다. 그는 항공우주 분야에서는 잘 알려지지 않은 서던뉴햄프셔대학교에서 수학을 전공했다. 대학 졸업 후 그는 올랜도에 있는 시월드에서, 수중 시설 유지보수에서부터 놀이기구 수리에 이르기까지 다양한 일을 하며 10년 가까이 근무했다. 렌치는 시월드에 근무하면서 자신에게 어려운 문제의 해결책을 생각해내는 재능이 있다는 사실을 알게 되었다. 2010년에 이 놀이공원의 베테랑 조련사 돈 브랜쇼가 틸리쿰이라는 이름의 범고래를 쓰다듬다 물속으로 끌려 들어가 사망하는 사고가 발생했다. 이 일이 있고 난 뒤 렌치는 조련사가 좀 더 안전하게 범고래와 소통할 수 있도록, 사고가 발생하면 거대한 수족관 바닥을 들어 올릴 수 있는 장치를 만드는 작업에 참여했다. 이때 렌치는 처음으로 제어 시스템에 사용되는 복잡한 밸브와 기타 부품을 다뤄보았다.

렌치는 플로리다에서 팰컨9 로켓을 발사하고 착륙시키는 홍보 동영상을 보고 로켓에 매료되었다. 그래서 그는 스페이스X에 지원해 2014년 초에 채용되었다. 처음에 그가 맡은 임무는 39A 발사단지 개조 작업을 지원하는 것이었다. 렌치는 이 옛 NASA 발사장에서 함께 일하던 다른 엔지니어, 기술자, 인턴 등과 함께 발사대가 잘 보이는 전망 지점에서 폭발로 이어진 운명의 CRS-7 발사를 지켜보았다.

"모든 사람이 엄청나게 낙담했죠. 하지만 이튿날 바로 에너지와 열정을 다시 회복했습니다. 그것도 150퍼센트로요. 슬픔의 5단계를 아세요? 맞아요. 우리는 그 단계를 정말로 빨리 치러냈죠." 렌치가 말했다.

맥그리거의 엔지니어들은 고밀화 예비 시험을 수행했다. 플로리다에서는 브라이언 칠더스와 개빈 프티가 일부 초기 작업을 주도했다. 렌치는 프티, 데이비드 볼, 크리스 월든 등과 팀을 이뤄 작업했다. 플로리다 직원들은 극도로 냉각된 산소를 실제로 다뤄본 경험이 없었기에 우선 장비를 연결하고 무슨 일이 일어나는지 지켜보는 일부터 시작했다. 이들은 액체 질소를 사용해 액체 산소를 냉각했다. 무색의 질소는 산소보다 더 낮은 온도인 섭씨 −196도에서 액화하기 때문이다. 팀원들은 액체 산소를 더 냉각하기 위해 파이프 주위에 관을 감아 관에 액체 질소를 채운 뒤 파이프 속으로 액체 산소를 통과시켰다. 이렇게 하면 두 물질이 섞이지는 않지만 온도가 조금 더 높은 LOX에서 액체 질소로 열이 흘러간다.

열이 흘러 들어가면서 온도가 높아진 일부 질소는 증발하기 시작했다. 스페이스X는 매우 강력한 진공 펌프를 이용해 열을 받은 질소를 빼냈다. 이렇게 해서 시간이 지나면 압력이 낮아지면서 질소 온도는 -206도 이하로 하강했고, 액체 산소의 온도도 같이 떨어졌다. 질소는 -210도에서 얼어붙기 때문에 이 방식으로는 더는 온도를 낮출 수 없었다.

렌치는 이 일을 좋아했다. 그는 수년 동안 액체의 흐름과 온도, 압력을 제어하는 밸브와 기타 시스템을 다루는 작업을 해왔다. 액체 산소를 극한까지 밀어붙이는 일도 시월드에서 하던 일과 크게 다르지 않았다. 렌치를 비롯한 엔지니어들은 몇 주 만에 극도로 냉각된 LOX를 만들어 LC-39A 발사대에 있는 대형 단열 탱크에 저장하는 절차를 개발해냈다. 그들은 2인 1조가 되어 일주일 내내 여덟 시간씩 교대 근무를 했다. 밤 근무를 할 때면 지옥에서 들려오는 듯한 소리 때문에 등골이 오싹했다.

"액체 산소는 고밀화를 좋아하지 않아요. 고밀화하면 그르렁거리는 섬뜩한 느낌의 낮은 소리가 납니다. 우리가 처음 LOX를 고밀화할 때 프랙스에어(미국의 산업용 가스 회사) 배송 기사들이 온도가 높은 LOX를 둥그런 탱크 안에 펌프로 주입하면 온갖 종류의 이상한 소리가 들렸어요. 배송 기사들은 오랫동안 액체 산소를 다뤄왔는데도, 탱크 근처에 있는 것만으로도 긴장하는 빛이 역력했어요." 렌치가 말했다.

NASA는 39A 발사단지에서 고밀화 추진제를 쓰겠다는 스페이스X의 계획에 회의적이었기에 시연을 요청했다. 렌치 팀의 시연을 본 NASA는 고밀화 추진제 사용을 승인했다. NASA의 승인을 받은 렌치 팀은 발사장에 있던 LOX 냉각 시스템의 부품과 펌프를 떼어내기 시작했다. SLC-40(제40우주발사단지)에서 이루어질 팰컨9 풀 스러스트의 초도 발사에 쓸 고밀화 추진제를 만드는 데 필요했기 때문이다.

크리스마스 휴가를 지키기 위한 필사적 노력

머스크는 드론십 착륙에 두 번 실패한 뒤 이제는 육상 착륙을 시도해볼 때가 되었다고 생각했다. 육지는 로켓이 높은 파도와 씨름할 필요가 없기 때문에 바다보다 크게 유리했다. 지면은 평평하고 움직이지 않는다. 하지만 불리한 점도 있었다. 팰컨9 로켓이 육상에 착륙하려면 커내버럴항에 있는 유람선이나 수십억 달러에 달하는 국가정찰국의 '동부 처리 시설' 그리고 많은 발사대와 값비싼 자산 근처를 비행해야 할 터였다.

스페이스X는 육상에서 로켓을 회수하려고 2015년 2월에 케이프 커내버럴의 오래된 발사장 제13우주발사단지를 인수했다. 콰절레인에서 팰컨1 로켓을 발사하던 시절부터 회사와 함께해온 트립 해리스(Trip Harriss)가 팰컨9을 회수하는 책임을 지고 '착륙 구역 1'의 건설을 이끌었다. 해리스는 발라 라마무티와 함께 로켓이 이 공군 기지를 목표로 삼을 수 있게 해달라고 레인지 사령관을 설득하는 일도 맡았다. 로켓이 지상 시설을 목표로 착륙하는 것은 처음 있는 일이었다.

2015년부터 2018년까지 케이프 커내버럴의 제45우주비행단 사령관으로 근무했던 웨인 만티스(Wayne Monteith) 장군은 이렇게 말했다. "레인지 사령관은 로켓이 멀어지는 모습을 보는 것에 익숙합니다. 그래서 55미터 길이의 로켓이 돌아오는 모습을 보게 된다면 시설 내 모든 사람의 안전을 책임진 사람으로서 걱정이 되기 시작하죠. 그때부터 경력이 단절될지도 모른다는 신호가 깜빡거리기 시작합니다."

해리스와 스페이스X는 몬티스 장군을 비롯한 공군 관계자들을 설득하기 위해, 해당 프로젝트의 안전성을 입증하는 자료를 제공했다. 비록 성공하지는 못했지만 해상 착륙을 시도할 때 드론십에 거의 내릴 뻔한 영상도 긍정적으로 작용했다. 자료를 본 몬티스는 만약 케이프 커내버럴에서 어떤 피해가 발생하더라도, 그것은 스페이스X의 자체 장비에 국한될 것이라 확신하게 되었다. 게다가 스페이스X는 부스터가 귀환하는 비행경로의 내부분은 바다 위를 지나고, 착륙장에 도착하는 마지막 몇 초 동안만 착륙 지점으로 들어온다는 점을 입증했다. 그러므로 만약 어떤 문제가 발생하더라도 로켓이 해안에 위협이 되기 전에 1단부에 자폭 신호를 보내 대응할 수 있을 터였다.

하지만 만티스는 로켓 착륙 시도를 승인하기 전에 이 계획이 안전하다고 상관들을 설득해야 했다. 스페이스X가 다시 로켓을 발사할 때가 몇 주 앞으로 다가오자 국가정찰국에서 반대의 목소리가 터져 나오기 시작했다. 국가정찰국은 로켓이 초음속에서 아음속으로 속도를 줄일 때 발생하는 소닉 붐의 진동이 그들의 페이로드 처리 시설에서 이루어지는 정교한 작업에 영향을 끼칠 수 있다는 점을 걱정했다. 만티스는 부하들에게도 비슷한 우려의 말을 듣고 고민에 빠졌다.

레인지 안전 분석관들은 팰컨9 로켓의 귀환 비행이 2013년 러시아 첼랴빈스크 상공의 운석 폭발에 비견할 만한 소닉 붐을 일으켜 케이프 커내버럴 일대의 건물과 주택에 광범위한 피해를 입힐 것이라고 예상했다. 이런 분석을 뒷받침하는, 공문서처럼 보이는 100쪽짜리 긴 보고서도 발표되었다. 이 주장을 반박할 만한 데이터는 거의 없었다. 이런 주장과 함께, 중요한 발사 시설의 손상으로 인해 미국이 어쩌면 앞으로 몇 년 동안 우주에 접근할 수 없을지도 모른다는 엄중한 경고도 나왔다.

이들은 왜 이렇게 신중했을까? 군은 전쟁 중이 아닌 이상 로켓을 발사하면서 위험을 감수하려 들지 않는다. 만약 사고가 발생하면 여러 사람이 다친다. 만티스는 자신이 최종 책임자라는 사실을 알고 있었다. 스페이스X에 케이프 커내버럴 착륙을 허용하는 결정을 내리면 그 결과에 따르는 책임도 자신이 져야 했다.

"지휘관 소집 회의를 하는 도중 나는 자리에서 일어나 그렇게 하는 것이 옳은 결정이라고 생각한다고 말했습니다. 그러면서 사고가 발생하면 해임되리라고 생각했죠." 만티스가 말했다.

12월 초 스페이스X는 공군으로부터 로켓을 발사하는 것뿐만 아니라 기지로 귀환시켜도 된다는 승인을 받았다. 상당히 놀라운 일이었다. 로켓 발사 실패 후의 첫 발사인 데다 최초로 고밀화 추진제를 실은 새로운 버전의 팰컨9 로켓이었기 때문이다. 만티스 준장의 용감한 결정이었다.

예상대로 발사에 이르는 준비 과정은 쉽지 않았다. 스페이스X는 NASA와 연방항공청을 상대로 로드 엔드 문제를 해결했고, 공군으로부터 로켓을 케이프 커내버럴에 급강하 폭격기처럼 착륙시켜도 된다는 허가도 받았지만, 고밀화 산소를 사용하는 데 따르는 새로운 절차를 만들어야 했다.

고밀화 산소의 한 가지 문제는 발사 예정 시각에 기술적인 문제나 기상 문제가 발생해 로켓을 발사하지 못하더라도 발사 시도를 '되풀이'할 수 없다는 점이었다. 일단 극도로 냉각된 산소를 로켓에 싣고 나면 몇 분 안에 발사해야 했다. 그렇지 않으면 액체 산소의 온도가 올라가기 때문이다. 물론 LOX 볼 안에 여분의 산화제가 있기는 하지만, 온도가 올라간 액체 산소를 로켓에서 이 저장 용기로 빼내면 LOX 볼 안에 있던 극도로 냉각된 산소의 온도도 올라갈 터였다. 그렇다고 로켓에 든 모든 LOX를 버릴 수도 없었다. 그렇게 되면 파이프와 발사장의 여러 인프라가 손상될 것이기 때문이다.

림은 발사 책임자로서 일정에도 큰 관심을 기울여야 했다. 스페이스X는 로켓 발사를 재개할 날로 2015년 12월 21일 밤을 목표로 삼았다. 이번 로켓은 통신회사 ORBCOMM의 위성 11개를 지구 저궤도에 올려놓을 예정이었는데, 탑재 화물 무게는 대략 2000킬로그램이었다. 이 정도면 가벼운 무게였기에 팰컨9이 착륙 구역 1로 귀환하기에 충분한 연료가 남아 있을 터였다. 그동안 모든 직원이 발사 준비를 위해 치열하게 일했기 때문에 며칠 간의 크리스마스 휴가를 기대하고 있었다. 이번에도 쉬지 못하면 회사를 그만두겠다고 말하는 사람도 많았다.

"크리스마스 휴가를 고수하려고 필사적으로 노력했어요. 우리 직원들은 몇 달 동안 쉬지도 못하고 계속 일했습니다. 이번에 쉬지 못하면 직원 3분의 1은 회사를 그만둘 것 같아 걱정했죠. 만약 로켓 발사를 하지 못해 휴일에도 계속 일을 시켰다면 살인 행위나 다름없었을 거예요." 림이 말했다.

이번에도 림은 발사대에서 약 13킬로미터 떨어진 회사 통제실에서 발사를 지휘했다. 당시만 해도 발사 책임자와 수석 엔지니어 두 사람이 발사를 지휘했다. 이 때문에 발사일에는 긴장이 조성되었다. 발사 책임자는 '가속 페달' 역할을 했고 수석 엔지니어는 조금 더 신중한 '브레이크' 역할을 했기 때문이다. 발사 수석 엔지니어는 대개 쾨니히스만이 맡았는데, 이번에는 CRS-7 폭발 문제에 집중하느라 그 역할을 롭 쿨린에게 위임했다.

쾨니히스만과 머스크는 통제실 안에서 진행 상황을 지켜보았다. 두 사람 모두 이 순간의 중요성을 느끼고 있었다. 긴장감 속에 카운트다운이 시작되었다. 그러다 현지 시간 오후 8시 29분으로 예정된 발사 시각 몇 분 전에, 1단과 2단 사이의 인터 스테이지 내에 설치된 카메라에 옅은 파란색 액체 방울이 떨어지는 모습이 잡혔다. 처음으로 고밀화 추진제를 사용하면서 생긴 새로운 문제였다. 어쩌면 우려할 만한 문제가 발생했다는 신호일 수도 있었다. 케로신이 누출된 것이라면 화재가 발생할 수 있었다. 액체 산소라면 폭발로 이어질 수 있었다. 데이터와 영상을 검토한 발사팀은 이 액체 방울이, 차가운 탱크 때문에 온도가 극저온으로 떨어지면서 공기가 액화된 '액체 공기'일 가능성이 높다고 판단했다. 발사팀은 발사를 중단시키고 추진제 누출 여부를 조사해야 할지 말지 급히 논의했다.

발사 1분 전, 쾨니히스만은 머스크를 쳐다보았다. "결정을 내려야 합니다."

머스크는 쾨니히스만을 쳐다보았다. 머스크는 거의 언제나 자신 있게, 그리고 힘차게 결정을 내렸다. 그는 명령했고, 다른 사람들은 그의 명령에 따랐다. 하지만 스페이스X의 모든 것이 걸려 있는 이 순간, 그는 거의 꿈꾸는 듯한 목소리로 자신 없이 말했다.

"글쎄, 가는 게 맞겠죠?"

그렇게 해서 로켓은 발사되었다.

업그레이드된 1단 로켓은 완벽하게 작동했다. 1단 로켓은 2단을 분리한 뒤 다시 점화해 검은 밤하늘을 뚫고 플로리다 해안을 향해 떨어지기 시작했다. 발사통제센터에서 바라보니 로켓은 지상 가까이 내려온 뒤 거대한 먼지구름을 남기고, 화려한 주황색 불빛과 함께 줄지어 선 나무 뒤로 모습을 감추었다.

그러다 건물을 뒤흔드는 거대한 폭발음이 들렸다.

"그 소리를 듣고 우리는 기겁했어요." 쾨니히스만이 말했다. 그와 머스크는 로켓이 폭발했다고 생각했다. 귀를 먹먹하게 만드는 굉음이 들리자 머스크의 얼굴에 낙담과 실망의 빛이 역력했다.

발사팀의 누군가가 착륙장의 영상을 확인해보자고 했다. 착륙장 영상은 기쁜 소식을 전해주었다. 팰컨9 로켓은 어떻게 되었을까? 팰컨9은 착륙장에 똑바로 서서, 플로리다의 온화한 밤바람을 맞으며 연기를 내뿜고 있었다.

그들은, 로켓이 재진입하면서 발생한 소닉 붐이 몇 초 지연되어 발사통제센터에 전해지는 바람에 속은 것이었다. 통제센터에서 박수와 환호가 터져 나왔다.

머스크의 기분은 완전히 뒤바뀌었고 그는 기뻐서 어쩔 줄 몰랐다. 그는 이 순간을 보기 위해 오랫동안 참고 노력한 데 대한 자부심과 행복에 가득 차 거의 미칠 지경이었다. 마침내 오랫동안 여러 사람이 의문을 제기했던, 로켓을 궤도에서 되돌려 착륙시킬 수 있다는 그의 믿음이 입증된 것이었다. 그는 사탕 가게에 간 어린 아이처럼, 착륙장으로 가 아름다운 로켓을 보라며 림을 비롯한 발사팀 직원들을 계속 떠밀었다. 각각 서로 다른 분야에서 머스크와 수년 동안 함께해온 세 사람 모두 머스크가 그날 밤보다 더 행복해하는 모습을 본 적은 없다고 했다.

스페이스X는 로켓 착륙에 대비해 공군 측과 협의해 레인지 안전 절차를 마련해놓았다. 로켓에는 아직도 액체 산소나 케로신뿐만 아니라 TEA-TEB 점화제와 비행 종단 시스템 같은 폭발물이 실려 있었다. 먼저 안전팀이 로켓을 고정해야 했다. 하지만 한 시간도 채 지나지 않아 머스크와 쾨니히스만을 비롯해 쿨린, 해리스, 샤나 디에스, 리 로즌 등은 안전모를 쓰고 착륙장을 가로질러 뛰고 구르며 춤을 추었다. 그들은 기뻐 날뛰다가 운석이 떨어진 듯한 대참사나 어떤 재산 피해도 일어나지 않았다는 사실을 깨달았다. 심지어 착륙장 옆에 세워둔 컨테이너 사무실의 창문에도 금 하나 가지 않았다. 신형 로켓의 발사도, 전례 없던 로켓의 착륙도 모두 완전한 성공을 거두었다.

"팰컨9 로켓이 처음으로 폭발 사고를 일으킨 뒤라 이번의 복귀 성공이 얼마나 감격스러웠는지 모릅니다." 쾨니히스만이 말했다.

그와 머스크를 비롯해 현장에 있던 직원들은, 별빛이 흩뿌려진 어두운 밤하늘 아래 투광 조명을 받으며 서 있는 그을린 로켓을

올려다보며 감탄했다. 그날 밤, 그 순간 이 세계에서 과연 이보다
더 빛나는 장면이 또 있을지 스스로에게 묻고 있었을 것이다.

"엄청난 일이 벌어진 것 같았어요."

호손에 있던 직원들도 흥분했다. 로켓이 착륙에 성공하자 비행관
제센터 바로 앞 공장에 모여 있던 직원들은 "미~국! 미~국! 미~
국!"을 연호하기 시작했다. 그런 다음 시끌벅적한 축하 행사가 이
어졌다.

그럴 만도 했다.

스페이스X 직원 4000명은 6개월 사이에 기적과 다름없는 일
을 해냈다. 스페이스X는 서로 다른 대규모 프로젝트 네 건을 동시
에 진행하다가 그 한 번의 발사로 마지막 시험을 치렀다. 12월 말
에 발사된 팰컨9 로켓은 스페이스X의 비행 재개, 풀 스러스트 버
전으로의 대대적인 업그레이드, 전례가 없던 고밀화 산소 사용,
최초의 착륙이라는 네 가지 의미가 있었다.

게다가 그들은 크리스마스 휴가도 사수했다.

ORBCOMM 임무를 위한 역사적인 로켓 발사와 착륙은 스페
이스X 역사상 가장 짜릿하면서도 숨 막히는 순간이었다. 그 의미
는 아무리 강조해도 지나치지 않을 것이다. 회사의 운명이 걸린
상황에서, 스페이스X는 참혹하고 재정적으로 치명적인 실패를 딛
고 다시 힘차게 일어섰다. 그리고 바로 그 비행에서 스페이스X는

그때까지 어떤 기업, 아니 어떤 국가도 하지 못했던 과업을 해냈다. 그때까지만 해도 스페이스X는 로켓을 발사하고, 위성을 우주로 실어 올리고, 우주선을 바다에 착륙시키는 등 NASA를 비롯한 다른 국가나 기업의 뒤를 따르고 있었다. 물론 그들보다는 더 비용을 절감하고 혁신적인 방법을 활용했다. 그러나 그 길은 이미 잘 닦인 길이었다. 그때까지 궤도 로켓을 발사하고 몇 분 뒤 지구에 다시 착륙시킨 사람은 없었다.

그날 밤이 최초였다.

캐트리오나 체임버스는 2005년 초에 전자 엔지니어로 스페이스X에 입사했다. 그는 입사한 지 몇 달 만에 팰컨1 로켓에 장착되는 멀린 엔진 컴퓨터 개발을 책임지게 되었다. 스페이스X는 첫 발사를 할 때부터 그 소형 로켓에 기압을 측정하는 센서를 장착했다. 팰컨1 로켓 1단은 우주에 도달한 뒤 지구로 떨어지다가 기압이 상승한 것을 센서가 감지하면 낙하산을 전개하라는 명령을 내리게 되어 있었다. 체임버스를 비롯해 로켓 작업에 참여한 사람들은 모두 이것이 말도 안 된다는 사실을 알고 있었다. 로켓은 절대 살아남지 못할 터였고, 낙하산은 사실상 무용지물이 될 것이다. 하지만 머스크는 스페이스X 설립 초기부터 로켓 재사용을 강하게 밀어붙였다. 이제 체임버스는 그때로부터 거의 11년이 지난 뒤 그일이 실제로 구현되는 광경을 지켜보고 있었다. 항공전자 책임자가 된 체임버스는 팀원들과 함께 1단 로켓이 착륙하는 모습을 보며 역사의 무게를 실감했다. 그들은 서로 끌어안고 하이파이브를 나눴다.

"그제야 우리가 이 일에 정말 오랫동안 매달려왔다는 생각이 들었습니다. 정말로 엄청난 일이 벌어진 듯해 너무 흥분됐어요. 그러다 너무 흥분하면 안 된다는 생각이 들었죠." 체임버스가 말했다. 사실 체임버스는 임신 8개월째였다.

다른 많은 스페이스X 직원과 마찬가지로 잭 던도 ORB-COMM 임무를 위한 로켓이 발사되자 환희와 함께 안도감을 느꼈다. 그는 2월에 추진팀을 새로 맡았다. 주어진 목표는 팰컨9 로켓 풀 스러스트 버전에 사용할 멀린 엔진을 완성하는 것이었다. 업무를 시작한 지 몇 주 만에 엔진 두 개가 폭발했다. 그러다 CRS-7 폭발 사고가 발생해 던은 길고 복잡한 조사 업무에 투입되었다. 그 일이 끝나자 새 로켓을 준비하고, 고밀화 추진제를 쓰기 위해 발사장을 개조하는 고된 작업이 시작되었다.

이 때문에 추진팀은 발사 당일까지 애를 먹었다. 12월 18일, 스페이스X는 종합 연소 시험을 하다 세 차례 중단해야 했다. 발사팀은 머스크가 통제실에 올 때까지도 실제 작업을 해가며 극도로 냉각된 액체 산소를 충전하고 배출하는 방법을 배우고 있었다. 언제나 그렇듯이 머스크의 등장으로 긴장감과 긴박감이 고조되었다. 던은 머스크에게 로켓엔진을 점화할 준비가 되었을 때 추진제의 온도가 엔진에 적정한 수준 이상으로 올라갔다고 설명했다.

머스크는 던에게 그대로 시험을 진행하라고 했다.

"우리 팀원들은 나에게 그렇게 하면 안 된다고 했습니다. 그러면 시험을 마쳐도 필요한 데이터를 얻지 못할 것이라고 했죠. 하지만 머스크의 압박은 정말 강력했어요." 던이 말했다.

발사 당일 던은 샷웰과 함께 호손의 비행관제센터에 앉아 있었다. 부스터가 착륙하자 샷웰은 자리에서 벌떡 일어나 관제센터에 있는 사람들과 기쁨을 나눴다. 던도 이들과 함께 웃고 떠들며 즐거워하다 자리를 떴다. 그는 공장을 가로질러 추진팀원들이 근무하는 구역으로 갔다. 50명 정도 되는 추진팀원이 거의 다 모여 있었다.

"스페이스X에 와서 가장 힘든 한 해를 보냈습니다. 추진팀을 맡아 이끌었고, 로켓 발사에 실패하며 팀원들을 다시 하나로 결속해야 했고, 로켓 발사를 재개해야 한다는 압박감에 시달린, 정말 힘든 1년이었어요. 그러다 보니 내 리더십 역량과 기술 역량을 한계까지 끌어올려야 했죠. 이전보다 머스크를 만날 기회도 늘었고 영향력도 높아졌어요. 그 때문에 손해도 많이 봤죠." 던이 말했다.

던이 자기 자리로 걸어가자 모여 있던 엔지니어들이 하나둘 자리에서 일어서더니 그에게 박수를 쳤다. 그러다 전 직원이 일어나 열렬한 기립 박수를 보냈다. 전혀 예상하지 못했던 일이었다. 던은 반덴버그에서 발사대 운영을 책임지다 추진팀에 들어온 외부인이었다. 스페이스X 추진팀에는 자존심 강하고 두뇌가 명석한 엔지니어가 많았다. 던은 지난 10개월 동안 이 팀원들을 위해 싸워왔지만 동시에 이 팀원들과도 싸워왔다. 때론 이기기도 했고 때론 지기도 했다. 하지만 그날 밤 이후 그는 더 이상 그들의 단순한 리더가 아니었다. 그는 그들의 일원이었다.

"살면서 그보다 더 기분 좋았던 적은 없었어요. 직장 생활 중 가장 힘들었던 싸움을 치른 뒤에 그런 경험을 하니 믿을 수 없을 정도였습니다." 던이 말했다.

9장

F 제곱과 AMOS-6의 재앙

2009년 2월,
버지니아주 매클레인

맷 데시(Matt Desch)는 일론 머스크에게 몇 달러라도 더 깎을 수 있으리라 생각했다.

그래서 2009년 초, 데시는 자신의 협상 기술을 최대한 끌어올려 스페이스X 창업자 머스크에게 전화를 걸었다. 위성통신 회사 이리듐(Iridium)의 CEO 데시는 자사의 우주 기반 통신망을 확장하기 위해 스페이스X와 팰컨9 로켓 여덟 번을 발사하는 대규모 계약을 체결할 예정이었다.

그는 이 계약이 스페이스X에 얼마나 중요한지 잘 알고 있었다. 그때까지 스페이스X가 체결한 로켓 발사 계약 중에서 가장 규모가 큰 계약이 될 것이었기 때문이다. 게다가 이리듐이 이 신생 로켓 회사를 신뢰하고 계약을 체결한다면, 상용 위성 업계 전반에 분명한 신호를 주게 될 터였다. 당시까지 단 한 고객의 위성만 궤도에 올린 경험이 전부였던 스페이스X가, 제대로 실력을 갖춘 회사라는 사실을 말이다.

이리듐 협상팀은 로켓 일곱 번 발사하는 가격을 4억 9200만 달러까지 낮춰놓았지만, 가격을 조금 더 깎을 여지가 있다고 생각했다. 이들은 사장 데시에게 마지막으로 압박을 가해달라고 부탁했다. 머스크에게 전화를 걸어 1000만에서 1500만 달러만 더 깎아달라고 요구하라는 것이었다. 데시는 스페이스X에 미치는 이 거래의 중요성을 감안하면 자신이 협상에서 유리한 위치에 있다고 생각하며, 버지니아주에 있는 사무실에서 머스크에게 전화를 걸었다.

"계약 금액이 조금 비싼 것 같습니다. 더 낮출 여지가 있다고 생각하는데요. 4억 8000만 달러 정도면 합리적일 것 같습니다." 데시는 머스크와 인사를 나눈 뒤 말했다.

잠시 침묵이 흘렀다. 머스크가 어떻게 대응해야 할지 생각하는 중인 듯했다. 이 계약은 스페이스X에 엄청나게 중요한 계약이었다. 하지만 머스크는 팰컨9 로켓이 잠재 고객들에게 어떤 가치를 지니는지도 잘 알았다. 그는 50개가 넘는 이리듐 위성을 지구 저궤도에 쏘아 올리는 대가로 경쟁사가 이리듐에 정확히 얼마를 제시했는지는 몰라도, 스페이스X가 제시한 가격이 최저가라고 확신했다. 데시가 허세를 부리는 것이 분명했다.

"기분 나쁘게 듣지는 마세요. 저희는 이리듐 사람들을 좋아합니다. 이리듐 사람들과 같이 일하고 싶어요. 하지만 이 가격에 발사한다면 우리에게 올 고객이 많습니다." 머스크가 말했다.

이리듐 협상팀은 NEXT 군집위성을 쏘아 올리려고 러시아, 유럽, 미국 등 전 세계의 발사 서비스 사업자를 찾아다녔다. 이들 중 일부는 국영 기업이었고, 일부는 민간 기업이었다. 하지만 스페이스X를 제외한 모든 기업은 발사 서비스라는, 쉽게 구할 수 없는 상품을 비싼 가격에 파는 데 익숙한 전통적인 기업이었다. 스페이스X는 5억 달러 미만의 가격을 제시했다. 그다음으로 낮은 금액을 제시한 업체의 가격은 12억 달러였다. 데시는 이 계약을 망칠 위험을 감수할 수 없었다. 그래서 계약을 체결한 준비가 됐다고 말했다. 지금 조건 그대로 말이다.

그 말을 들은 머스크는 "좋습니다. 기다리고 있겠습니다"라고 대답했다.

몇 년 전까지만 해도 이리듐은 우주 사업을 하다 실패한 기업의 상징이었다. 20세기 말, 이리듐은 모토로라에서 수십억 달러를 투자받아 위성통신망을 이용한 위성 전화 서비스를 시작했다. 그러다 몇 차례 경영 실수를 저지른 끝에 파산 신청에 이르렀다. 법원은 40억 달러의 부채를 탕감해주었고, 미국 정부가 고객이 되면서 이리듐은 위성을 궤도에서 이탈시키지 않고 사업을 계속 영위하게 되었다. 그 뒤 민간 투자자 그룹이 회사를 인수했다.

여러 명의 CEO가 자리를 바꾼 끝에 통신회사 임원으로 있던 데시가 2006년에 취임했다. 그가 영입될 무렵에는 현금 흐름은 플러스로 돌아섰지만, 기존 위성이 노후화로 인해 가용 수명이 5~10년 정도 남은 상태였다. 데시는 수십 개의 위성으로 이루어진 통신망을 새로 깔아야 한다고 이사회를 설득했다. 1년 뒤 이사회는 투자 자금을 마련하기 위해 회사를 상장했다. 30억 달러에 이르는 이 투자 계획에서 가장 중요한 부분은 위성 제작이었다. 이리듐은 록히드마틴을 제치고 유럽 기업 탈레스알레니아스페이스(Thales Alenia Space)를 위성 제작업체로 선정했다. 탈레스가 프랑스 정부의 도움을 받아 은행 투자를 유치해주겠다고 제안했기 때문이다. 은행가들을 대상으로 한 투자 설명회는 2010년 6월 중순에 호화로운 '포시즌스 호텔 조지 V 파리'의 회의실에서 하기로 예정되어 있었다. 이 호텔에는 에펠탑이 내려다보이는 대형 스위트룸이 있다. 트윈베드가 두 개 있는 이 객실의 숙박비는 2023년 기준으로 1박에 약 6000달러였다.

첫 번째 팰컨9 발사는 일정이 늦춰지면서 데시가 유럽 투자자들을 만나기 일주일 전 거행됐다. 발사 타이밍이 기가 막혔다. 투자자들이 검증되지 않은 회사에 발사를 맡기는 데 심각한 의문을 품고 있었기 때문이다. 진짜로 발사한다고 믿기엔 스페이스X의 가격이 너무 좋은 것 아닐까? 이전의 다른 상용 로켓처럼 팰컨9이 실패하면 어떻게 할 것인가? 데시는 설명회를 앞두고 팰컨9 로켓 초도 발사의 실패에 대비하고 있었다. 그는 새 로켓의 첫 발사에서 생기는 문제는 걱정할 필요가 없다고 투자자들을 설득할 생각이었다. 그런데 팰컨9이 목표한 궤도에 진입해버린 것이었다. 그윈 샷웰은 발사 장면이 찍힌 동영상을 들고 설명회에 참석해, 자신만만한 표정으로 이리듐의 유럽 투자자들에게 보여주었다.

"팰컨9의 첫 발사가 성공해서 정말 다행이었어요. 회의실에 금융 회사나 보험회사 사람이 40명 모였는데, 한 번도 본 적 없던 로켓 발사 동영상을 처음 보고 모두 넋을 잃었습니다. 완벽한 타이밍이었죠." 데시가 말했다.

그 이후 6년 동안 이리듐은 스페이스X와 긴밀한 협력 관계를 유지했다. 이리듐은 팰컨9이 어떻게 개선되었는지도 알고 있었고, 자사 위성이 팰컨9 페이로드 페어링 안에 잘 들어갈 수 있도록 스페이스X와 협의하기도 했다. 데시와 이리듐 발사팀은 스페이스X가 공격적인 신생 회사에서 신뢰할 수 있는 발사 회사로 성장해가는 과정을 지켜보면서 스페이스X에 점점 더 익숙해졌다. 2016년 8월 말이 되자 데시는 10년 가까이 꿈꿔온 차세대 군집위성 발사를 실현할 때가 되었다고 판단했다. 그는 이 계획에 자신의 성공과 수십억 달러에 달하는 회사의 미래를 걸었다.

이제 이스라엘 통신 위성만 발사하면 다음 차례는 바로 이리듐이었다.

"발사 취소를 결정할 수 있는 사람은 나뿐이다!"

플로리다의 발사팀은 2015년 12월 말 ORBCOMM 임무에서 놀라울 정도의 성공을 거두었는데도, 2016년 상반기까지도 액체 산소를 신속히 충전하는 데 난항을 겪고 있었다. NASA에서 오래 근무한 베테랑 엔지니어 존 무라토레가 이 어려운 작업의 책임을 맡은 때가 바로 이 무렵이었다.

벗어진 머리에 안경을 쓴, 사교적인 성격의 무라토레는 30년 가까이 NASA에서 근무하며 다양한 경력을 쌓았다. 그는 실험적인 성격의 X-38 우주 비행기 프로그램을 관리하기도 했고, 관제 책임자로도 일했으며, 우주왕복선 엔지니어링 프로그램을 이끌기도 했다. 그러다 컬럼비아호 사고 이후 이 궤도선이 다시 비행해도 될 만큼 안전하다는 의견에 반대하며 NASA를 떠났다. 그 뒤 몇 년 동안 학생들을 가르치던 무라토레는 2011년에 스페이스X에 입사해, 드래건이 우주정거장까지 비행할 수 있도록 인증을 받는 등 정부 계약 업무와 관련된 일을 했다.

무라토레는 전형적인 NASA 직원과는 거리가 멀었다. 그가 스페이스X에 잘 녹아들 수 있었던 이유다. 우주왕복선의 비행 재개에 반대한 부분에서 알 수 있듯이, 무라토레는 솔직하고 틀에 얽매이지 않는 인물이었다. 따라서 고정관념에서 벗어난 창의적 사고를 지향하는 스페이스X의 문화에 잘 맞았다. 2015년 스페이스X는 무라토레가 우주왕복선 경험이 풍부하다는 것을 감안해 우주왕복선 발사장이었던 39A 발사단지를 재건하는 임무를 맡겼다. 무라토레는 이전에 우주왕복선 발사를 감독하던 곳에서 이제는 스페이스X의 차세대 우주선에 우주 비행사를 실어 보낼 새 시설의 건설을 감독하게 되었다.

무라토레는 플로리다에 도착한 뒤 몇 번의 팰컨9 비행에서 림을 대신해 발사 책임을 맡았다. ORBCOMM 다음 임무는 룩셈부르크 통신회사의 위성 SES-9을 발사하는 것이었다. 2월 말 로켓이 준비되었지만 액체 산소가 충분히 냉각되지 않아 발사가 취소되었다. 스페이스X는 이튿날 밤 다시 발사를 시도했다. 하지만 극도로 냉각된 산소를 충전하는 데 고군분투하다가 예정 시각 2분을 남기고 발사를 중단했다.

사흘이 지난 2016년 2월 29일 스페이스X는 세 번째 발사를 시도했다. 이번에는 발사 예정 시각이 1분도 채 남지 않은 시점에 출입 금지 해역에 배 한 척이 무단 침입하는 바람에, 레인지 안전 담당자가 발사 중단을 명령했다. 공군 헬리콥터가 이 선박을 쫓아냈지만 발사팀은 그날 발사를 취소해야 했다. 액체 산소를 적시에 충전해야 한다는 점을 고려했을 때 발사 창이 열려 있는 세 시간 안에 다시 발사를 시도하는 것이 현실적으로 불가능했기 때문이다. 림과 이번 발사의 수석 엔지니어 롭 쿨린은 머스크에게 전화를 걸어 상황을 설명했다. 머스크는 격앙된 반응을 보였다. 그는 "발사 취소를 결정할 수 있는 사람은 나뿐이야!"라고 소리쳤다. 머스크는 발사 창이 열려 있을 때 다시 발사하라고 지시했다.

스페이스X는 이때까지 고밀화 추진제로 이런 시도를 해본 적이 없었고, 그런 절차도 마련되어 있지 않았다. 엔지니어들이 즉석에서 절차를 마련하고, 온도가 올라간 액체 산소를 배출하고, 추진제 재충전 계획을 세우고, 레인지 관계자에게 새 발사 시간을 요청하는 등 부산하게 움직이기 시작하면서 통제실이 혼란에 빠졌다. 이런 혼란의 와중에 2단의 액체 산소가 팽창하기 시작해 탱크 벽이 위태로울 정도로 압력이 높아졌다. "지금 생각해보면 발사대 전체를 다 날릴 뻔했어요." 쿨린이 말했다. 팀원이 중요한 밸브 명령 하나를 놓쳤기 때문이었다. 고밀화된 액체 산소를 섞고 수격 현상을 막는 데 쓰는 헬륨 가스의 밸브를 잠그지 않아 헬륨 기포가 새어 나온 것이었다. 이 기포는 엔진으로 빨려 들어갔다. 스페이스X는 멀린 엔진을 교체해야 했다. 결국 로켓은 5일 후에야 발사되었다.

로켓 발사의 지연이 반복되면서 머스크는 기분이 많이 상했다. 그는 SES-9 발사가 끝난 뒤 발사팀원 전원을 소집했다. 케이프 커내버럴과 반덴버그에 있는 발사팀원들은 화상으로 회의에 참석했다. 림은 회의 분위기가 좋지 않을 것이라고 직감했다. 림을 비롯한 몇몇 사람은 머스크가 'F 폭탄(f로 시작하는 욕설)'을 몇 개나 떨어뜨릴지를 두고 내기를 했다. 이들은 1달러 지폐에 매직펜으로 자신이 추측한 숫자를 적었다. 림은 8을 적었는데, 그가 이겼다.

머스크는 이 회의에서 발사장이 발사 지연의 원인이 되어서는 절대 안 된다고 거듭 강조했다. 그는 공항은 엔지니어들이 비행기에 연료를 공급하는 문제를 해결하느라 법석을 떨지 않아도 하루 24시간 돌아간다고 했다. 말하는 도중 감정이 치미는 듯 그의 어조가 점점 강해졌다. 그러다 그는 강력한 지시를 내렸다.

"이제부터 내가 여러분에게 바라는 것은 딱 하나입니다. 바로 완전무결(fucking flawless)입니다." 그런 다음 머스크는 그 말을 반복했다.

케이프 커내버럴에 있던 무라토레는 플로리다의 두 군데 발사장에 있는 발사팀원들에게 머스크의 말을 액면 그대로 받아들이라고 말했다. "직원들에게 우리는 'F 제곱(머스크가 한 fucking flawless라는 말)'을 수용해야 한다고 말했죠." 무라토레가 말했다. 직원들은 이를 따랐다. 한 달 뒤, 드래건 우주선을 실은 팰컨9 로켓이 아무런 지연 없이 발사되었다. 9개월 전 실패 이후의 첫 드래건 임무였다. 2016년 4월 초에 발사된 이 CRS-8 임무는 3톤에 가까운 보급품과 하드웨어를 우주정거장에 운반했다.

하지만 발사 후 9분이 지나자 이 발사에 신경 쓰는 사람은 아무도 없었다. 모든 사람의 시선은 플로리다 해안에서 수백 킬로미터 떨어진 곳에 있는 드론십 '물론, 나는 여전히 당신을 사랑하오'

호[1]에 쏠려 있었다. 이때까지 스페이스X는 드론십 착륙을 네 번 시도했다. 하지만 언제나 성공 직전에 로켓이 배에 부딪히거나 착륙 후 뒤집혀버렸다.

머스크는 케이프 커내버럴의 발사통제센터 앞방에서 던과 나란히 앉아, 로켓이 착륙하는 과정을 지켜보았다. 2년 전 부활절 주말에 두 사람은 바다에 추락한 로켓의 파편이라도 발견할 가능성을 확인하기 위해 미친 듯이 뛰어다녔었다. 이제 이들은 로켓이 온전한 상태로 해상에 착륙할 가능성을 눈앞에 두고 있었다. 머스크와 던, 쾨니히스만 그리고 몇몇 엔지니어는 앉은 자리에서 앞으로 몸을 기울인 채 추적 항공기에서 보내오는 영상을 지켜보았다. 그을린 로켓이 드론십 갑판으로 하강하는 마지막 몇 초는 고통스러울 정도로 느리게 흘러갔다.

로켓은 갑판에 닿자 약간 튀었다.

"로켓이 착륙하고 나서 바로 넘어지는 줄 알았어요. 그런데 연기가 걷히고 보니 그대로 서 있더군요. 모두 소리를 지르고 난리가 났죠. 머스크도 자리에서 벌떡 일어서더군요. 머스크가 나와 하이파이브를 하더니 나를 끌어안았어요. 정말 마법 같은 순간이었습니다. 좋아서 어쩔 줄 모르겠더라고요." 던이 말했다.

몇 시간이 지난 후에도 머스크는 들떠 있었다. 그는 발사 후 열

---

1 이언 M. 뱅크스의 공상과학소설 《게임의 명수》에 나오는 우주 함선의 이름에서 따왔다.

린 기자 회견에서 이렇게 말했다. "우리는 지금 얼떨결에 버스에 올라탄 개와 같은 상황입니다." 스페이스X는 이제, 사실상 온전히 회수할 수 있으리라 기대하지 않았던 로켓을 손에 넣게 되었다.

생방송으로 중계된 이 착륙 장면을 집에서 넋을 잃고 바라보던 기억이 난다. 나는 아폴로 우주선의 마지막 달 착륙이 있고 나서 몇 개월 후에 태어났기에, 그 달 착륙 장면을 보지 못해 오랫동안 아쉬워했다. 하지만 이 로켓이 지구로 돌아와 해상에 착륙하는 모습을 보니 공상과학 소설 속의 내용이 눈앞에서 실현되는 느낌이 들었다. 나는 이제 아폴로 우주선의 위업을 보지 못한 것을 더는 아쉬워하지 않는다. 대신, 지금 이 시대에 살아 있다는 사실이 진심으로 설레기 시작했다. 앞으로 이 로켓이 우주 비행을 어디까지 이끌어갈지 지켜볼 수 있다는 기대 때문이었다.

여기에 대해서는 머스크도 자기 나름의 생각이 있었다. 그는 "나는 이것이 별을 향해 내디딘 또 한 걸음이라고 생각합니다. 우주에 쉽게 접근하려면 로켓을 완전하고 신속하게 재사용할 수 있어야 합니다. 원활하고 효율적으로 로켓을 재사용하려면 앞으로도 여러 해가 소요되겠죠. 언젠가는, 로켓이 착륙하면 표면을 세척하고 추진제를 충전한 뒤 바로 다시 날릴 날이 올 것입니다"라고 말했다.

언젠가 그런 날이 올지도 모른다. 하지만 단기적 관점에서 머스크의 주요 목표는 로켓 발사 빈도를 높이는 것이었다. 이리듐 위성을 띄우려는 맷 데시처럼 많은 고객이 로켓 발사 순서를 기다리고 있었다. 봄에서 여름으로 넘어가는 사이에 케이프 커내버럴에서 로켓을 쉴 새 없이 쏘아 올리면서 발사 빈도가 높아지기 시작했다. 림과 무라토레를 비롯한 플로리다의 발사팀원들은 4개월 사이에 로켓을 다섯 번 발사했다. 스페이스X가 지속적으로 한 달에 한 번 이상 로켓을 발사한 최초의 기록이었다. 이들을 비롯해 스페이스X의 전 직원이 머스크의 기대에 부응했다.

"전 직원이 F 제곱을 믿고 따르기 시작했습니다. 그러다 사고가 일어났어요." 무라토레가 말했다.

발사대의 이상 사고

팰컨9 로켓은 냉각된 추진제를 충전하고 나면 시간과의 싸움을 시작한다. 시간이 지날수록 로켓에 실린 추진제의 온도가 올라가 로켓의 전반적인 성능이 저하된다. 그래서 당연히 머스크는 직원들에게 더 빨리 움직이라고 계속해서 압박했다.

왜일까? 한번 생각해보자. 로켓이 해변 근처에서 플로리다의 햇살을 받으며 기분 좋게 일광욕을 즐기고 있다. 볕 좋은 여름날이다. 기온은 32도쯤이다. 당신이 그런 상황이라면 매우 기분 좋을 것이다. 하지만 방금 극도로 냉각된 액체 산소라면 얘기가 달라진다. 이 정도 바깥 기온이라면 극도로 냉각된 액체 산소에는 지독하게 뜨거운 온도다. 로켓 내부와 외부의 온도 차이는 240도에 이른다. 그 정도 온도의 오븐에 얼음을 넣으면 얼마나 빨리 녹을지 생각해보라. 실제로 어느 날 저녁 나는 딸아이와 함께 이 실험을 해보기로 했다. 우리는 오븐 온도를 240도로 설정했다. 그런다음 정의상 0도인 얼음 큐브를 빵 굽는 판에 올린 뒤 오븐에 넣었다. 얼음은 거의 넣자마자 끓기 시작했다. 얼음이 완전히 증발하는 데 걸린 시간은 17.1초였다.

스페이스X 엔지니어 존 에드워즈는 플로리다의 뜨거운 여름날 고밀화 추진제로 가득 찬 로켓에 전달되는 에너지를 계산해본 적이 있다. 결과는 초당 약 100만 줄, 즉 1메가와트였다. 여름철 500가구가 에어컨을 켰을 때 소비하는 에너지와 비슷한 양이다. 그만한 양의 에너지를 모두, 60미터 높이의 길쭉한 로켓에 쏟아붓고 있었던 것이다. 이제 머스크가 왜 그렇게 팰컨9 로켓에 추진제를 충전한 뒤 바로 발사하려고 서둘렀는지 조금은 이해할 수 있을 것이다.

무라토레는 AMOS-6 임무의 발사 책임자였다. 이번 임무는 이스라엘 위성을 운반하는 것으로 발사 예정일은 9월 3일이었다. 무라토레는 발사 예정일 이틀 전에 카운트다운 팀원들을 이끌고 새 로켓의 종합 연소 시험을 진행했다. 이는 스페이스X가 새 로켓을 발사할 때의 표준 절차였다. 스페이스X는 발사 준비에 걸리는 시간을 이틀 절감하려고 5.4톤 무게의 이스라엘 위성을 탑재한 채 테스트를 수행하는 치명적인 조치를 취했다. 연료 주입은 계획대로 진행되었다. 발사팀원들은 비정상적인 수치가 나오는지 일일이 신경 쓸 필요가 없었다. 이제는 카운트다운 대부분이 자동화되어 직원들이 할 일은 지상 시스템이 작동하는 것을 지켜보는 것이 거의 전부였다. 지상 시스템은 엔지니어들이 미리 프로그래밍해놓은 대로 수천 가지의 절차를 밟아나갔다.

엔진 점화 8분 전까지는 모든 것이 정상이었다. 그러다 비정상적인 상황이 발생했다.

"나는 처음으로 폭발 장면을 목격했어요. 갑작스러운 폭발이었는데, 정말 격렬했어요. 정말이지 폭발이 한 시간은 걸렸을 거예요. 한 시간처럼 느껴졌다는 뜻이죠. 그런데 사실은 겨우 몇 초였어요. 2단이 폭발해 거대한 불덩어리가 되더니 페이로드 페어링이 트랜스포터-이렉터 꼭대기에서 흔들리다 옆으로 푹 꺾이더군요. 그러다 트랜스포터-이렉터에서 떨어져 내려와 땅에 부딪히더니 폭발해버렸죠." 무라토레가 말했다.

현지 시간으로 오전 9시 7분에 일어난 일이었다. 스페이스X는 두 번째로 로켓과 탑재 화물을 잃었다. 15개월 만에 다시 일어난 사고였다. 이번에는 AMOS-6 위성까지 잃을 필요가 없었던 사고였기에 훨씬 더 고통스러웠다. 발사 준비 시간이 48시간 늘어나더라도 종합 연소 시험이 끝날 때까지 화물을 탑재하지 않는 방법도 있었다. 게다가 설상가상으로 SLC-40도 손상되었다. 반덴버그 발사장은 풀 스러스트 로켓과 고밀화 추진제를 수용할 수 있도록 개량 작업이 진행되고 있었다. NASA에서 쓰던 LC-39A 재건은 아직 끝나지 않았다.

"그 사고로 스페이스X는 다시 어려운 시기를 겪어야 했습니다. 생존의 위기에 놓이게 됐죠. 우리는 발사대 없는 발사 회사가 되어버렸어요. 로켓은 있는데 발사할 곳이 없었던 겁니다." 무라토레가 말했다.

그날 아침 머스크는 로스앤젤레스의 집에서 자고 있었다. 머스크는 보통 스페이스X나 테슬라의 사무실에서 새벽 2~3시까지 일했다. 그런 다음 해가 뜰 때까지 몇 시간 눈을 붙였다. 머스크는 주말에 네바다주에서 열리는 버닝맨 페스티벌의 하이라이트에 참석할 계획이었다. 그래서 이날은 사막에서 진행되는 이 축제에서 밤늦게까지 즐길 에너지를 비축하기 위해 몇 시간 더 잘 생각이었다. 머스크가 자는 사이에 그의 핵심 참모들은 본사에 있는 샷웰의 사무실에 모였다. 이들은 스페이스X, 테슬라 그리고 기타 관심 분야에 대한 머스크의 업무를 관리하는 사람들과 문자를 주고받았다. 머스크의 비서 얼리사 버터필드도 그중 하나였다.

누군가는 머스크에게 사고 소식을 알려야 했지만 나서는 사람이 아무도 없었다. 결국 아침 7시경 버터필드가 머스크의 집을 지키는 보안 요원에게 전화를 걸어 머스크를 깨우도록 했다. 전화를 끊고 얼마 지나지 않아 버터필드는 바로 머스크에게 전화해 '이상 사고' 보고 전화를 연결해주겠다고 말했다. 이 말을 들은 머스크는 어리둥절해했다. 무슨 이상 사고지? 버터필드는 그의 전화를 바로 연결해주었다. 사고 소식을 전해야 하는 사람은 샷웰이었다.

샷웰은 언제나처럼 그날 아침도 일찍 사무실에 출근했다. 믿음직스럽고 차분한 샷웰의 존재는 두 번째 폭발 사고로 동요하는 직원들의 긴장을 누그러뜨리는 데 큰 도움이 되었다. 샷웰은 바로 고객들에게 전화를 걸기 시작했다. 그들이 뉴스에서 사고 소식을 접하기 전에 먼저 알리려는 것이었다. 샷웰은 사고가 발생하고 약 90분 뒤에 발표된 성명서를 작성하는 데도 도움을 주었다. 성명서에서 스페이스X는 '발사대의 이상으로 로켓과 탑재 화물을 잃었다'는 사실을 인정했다.

머스크는 스페이스X가 성명을 발표할 때쯤 잠 한번 푹 잘 수 없다고 투덜대며 사무실에 도착했다. 그는 도착하자마자 무엇 때문에 사고가 발생했는지 물었지만 누구도 제대로 된 답변을 내놓지 못했다.

페이스북 설립자 마크 저커버그가 페이스북에 올린 글 때문에 시간이 지나도 스페이스X 경영진의 분위기는 나아지지 않았다. 저커버그는 아프리카 일부 지역에서 인터넷을 이용해 페이스북에 접속할 수 있게 하려고 AMOS-6 위성의 대역폭 일부를 임차했다. 저커버그는 그의 페이스북에 이렇게 썼다. '나는 지금 아프리카에 와 있는데, 스페이스X의 발사 실패로 인해 우리 위성이 파괴되었다는 소식을 듣게 되어 무척 실망스럽습니다. 이 대륙의 수많은

기업가와 주민들에게 다양한 연결성을 제공할 예정이었던 위성인데 말이죠.'

이 게시물을 본 샷웰은 거침없이 한마디를 내뱉었다. "이런 개자식!" 감정을 드러낸 그의 말은 직원들 사이에 널리 회자되었다.

업계에서 인정받는 사람들도 찾지 못하는 답

그날 아침 팰컨9 로켓이 불덩어리로 변하자 플로리다의 통제실에 있던 엔지니어들은 숨을 쉴 수 없었다. 일부 엔지니어는 갑자기 발생한 격렬한 폭발에 놀라 비명을 질렀다. 공군 레인지 관계자들과의 업무 조정을 책임진 운영 담당 엔지니어 줄리아 블랙은 순간적인 충격과 혼란에서 재빨리 벗어났다. 블랙은 제45우주비행단에 연락해 헬리콥터 한 대를 긴급히 띄울 수 있도록 섭외하고 피해 규모를 파악하기 시작했다.

무라토레가 잭 던을 비롯한 주요 관계자에게 전화를 걸어 상황을 설명하는 사이에 리키 림은 발사대가 있는 곳으로 차를 몰았다. 발사대에서는 긴급 대응 요원들이 진화 작업을 하고 있었다. 검붉은 빛의 거대한 불길은 두 시간 넘게 타오르다 점점 사그라들었다. 헬리콥터에서 찍은 사진에는 로켓과 발사대의 피해 규모가 그대로 담겨 있었다. 팰컨9에서 손상되지 않고 남은 유일한 구조물은 로켓 바닥에서 아홉 개의 멀린 엔진을 지지해주는 커다란 금속제 '옥타웹'뿐이었다. 1단의 케로신 탱크도 일부분이 남은 상태에서 연료가 타들어가고 있었다.

"마치 가마솥 같았어요. 시커먼 연기를 뿜어내는 액체가 담긴 끔찍한 모습의 가마솥 말이에요." 림이 말했다.

지금까지 그래왔던 것처럼 한스 쾨니히스만이 사고 조사를 맡았다. 지난번 사고 조사를 마치고 겨우 8개월이 지났을 때였다. 이제 다시 한 번 그가 로켓 사고의 수수께끼를 풀어주기를 전 임직원이 기대하고 있었다. 이번 비행 임무의 발사 수석 엔지니어로 비행의 안전과 성공을 책임지고 있었던 롭 쿨린도 이미 케이프 커내버럴에 와 있었다. 폭발 당시 그는 케이프 커내버럴에서 관제용 계기반을 들여다보고 있었다. 쿨린은 발사대 조사를 맡았다. 조사 요원들에게는 단서가 필요했는데, 이번 사고에서 가장 좋은 단서는 로켓 파편이었다. 사고의 원인을 밝혀줄 증거가 어디서 나올지 모르기 때문에 아무리 작은 파편이라도 무시할 수 없었다. 목표는 폭발이 어디에서 시작되었는지 알아보기 위해 폭발 원점에 가장 가까운 파편을 찾는 것이었다. 엔지니어와 기술자 그리고 에어보트를 소유한 플로리다 토박이 직원들은 케이프 커내버럴 북쪽 끝에 있는 발사단지 주변의 늪지대를 뒤지기 시작했다. 그러다 보니 하룻밤 사이에 직원들에게 내린 회사의 안전 경보는 '유해 연료 조심'에서 '늪살모사 조심'으로 바뀌었다.

스페이스X는 이 수색에 비용을 아끼지 않았다. 머스크는 심지어 50만 달러를 들여 '항공 가시광선/적외선 영상 분광기(AVIRIS)'

라는 특수 장비를 장착한 NASA 항공기를 투입하는 것까지 승인했다. 이 장비로 늪지대를 스캐닝해, 물질의 구성 성분 차이를 이용해 파편을 찾으려는 것이었다. 그 무렵은 수색을 시작한 지 몇 주가 지났을 때였다. 쿨린은 적외선 스캐너가 해상도가 상당히 낮은 데다 식물의 잎을 투과할 수 없기에 크게 도움이 되지 않으리라고 생각했다. 그는 머스크에게 이메일을 보내 NASA 비행기를 취소하고 비용을 절감하자고 했다. 그러자 머스크는 그에게 전화를 걸어, 잔해를 찾으려면 "무슨 짓이든" 다 해야 한다고 거칠게 말했다.

당시 쿨린은 우주 비행사가 되고자 마지막 면접을 보던 중이었다. NASA는 그가 사고 조사를 진행할 수 있도록 면접 일정을 뒤로 조정해주었다(쿨린은 2017년에 우주 비행사로 선발되었지만, 1년 뒤 개인 사정으로 프로그램에서 탈퇴했다). 결국 NASA 비행기가 긴급히 동원돼 케이프 커내버럴 늪지대 상공을 비행했다. 그러나 단서가 될 만한 새 파편은 찾지 못했다. 파편이 멀리까지 튀어 나갔기 때문에 수색은 몇 주 동안 계속되었다. 폭발 원점 가까이에 있던 가장 중요한 파편은 에너지가 가장 많이 실려 있었기에 가장 멀리 날아갔을 터였고, 그래서 가장 찾기 어려웠다. 수색 범위를 넓히는 사이에 카리브해에서 5등급 허리케인이 발생해 케이프 커내버럴을 향해 서서히 다가오고 있었다. 다행히 허리케인 매슈가 방향을 트는 바람에 플로리다를 직접 강타하지는 않았지만, 폭풍이 몰아닥쳐 중요한 증거물을 더 멀리 날려 보낼까 봐 수색을 서둘러야 한다는 압박감이 고조되었다.

로켓 파편이 수거되자 엔지니어들은 새로 만든 페이로드 페어링 처리 시설을 격납고로 사용해, 비행기 추락 사고를 조사하듯이 수거한 파편을 바닥에 쭉 깔아놓았다. 스페이스X, NASA, 공군, 연방교통안전위원회 소속 엔지니어들은 단서를 찾으려고 이 파편들을 살펴보았다. 이들은 아주 작은 파편이 집중적으로 발생한 곳을 찾아냄으로써 어디에서 가장 강력한 폭발이 일어났는지 알아냈다. 같은 방식으로 이들은 하드웨어에 남은, 불에 탄 자국을 추적해 폭발이 어떻게 퍼져나갔는지도 알아보려고 했다.

매우 힘든 시간이었다. 쿨린의 하루는 오전 6시에 시작되었다. 그는 두 시간 뒤부터 전속력으로 달리기 시작했다. 그사이 그는 커피를 네 잔이나 마셨다. 수색과 조사 작업은 자정 무렵까지 진행되었다. 쿨린을 비롯한 엔지니어들은 그때부터 새벽 한두 시까지 모여 하루의 스트레스를 풀곤 했다. 이런 날들이 몇 주 동안 계속 이어졌다. 찌는 듯한 더위에다 타다 남은 탄소 찌꺼기가 사방에 깔려 있어 발사대 주변의 작업 환경은 매우 위험했다. "수면 부족과 사방에 깔린 독성 물질 때문에 정신적, 육체적 고통이 엄청났어요." 쿨린이 밀했다. 조사에 참여한 직원들에게는 생생하고 혹독한 경험이었다.

쾨니히스만과 쿨린은 폭발 원인을 찾으려고 필사적인 노력을 기울였다. 문제는 데이터 부족이 아니었다. 사고가 지상에서 발생했기 때문에 로켓의 1단과 2단에 설치한 수많은 센서에서 스트리밍된 데이터가 쌓여 있었다. 이렇게 쌓인 영상과 텔레메트리 채널이 3천 개가 넘었다. 문제는 이 데이터의 건초 더미에서 유용한 데이터라는 바늘을 찾아내는 것이었다. 놀라울 정도로 빠르게 일어난 사고였다. 이상 데이터의 첫 번째 비트가 들어오고 2단부 폭발이 일어날 때까지 걸린 시간은 1초의 10분의 1도 안 되는 94밀리초였다.

종합 연소 시험이 있기 전날 밤, 쾨니히스만은 캘리포니아주 산페드로에 있는 자택에서 침대 옆에 핸드폰을 놓아두고 잠들었다. 이튿날 아침 잠에서 깨어보니 쿨린에게서 문자가 와 있었다.

'방금 발사대에서 로켓이 폭발했습니다.' 쿨린은 폭발 후 4분 만에 문자를 보냈다.

두 사람은 전화로 폭발 사고의 여파에 대해 몇 분간 이야기를 나누었다. 쿨린은 쾨니히스만의 팀에서 비행 신뢰성 담당 수석 매니저로 일하고 있었다.

한 시간 뒤 쿨린은 다시 문자를 보냈다. '이번에도 LOX 탱크 안에 있는 극저온 COPV(복합재 압력 용기)가 문제 같습니다.'

'왜죠?' 쾨니히스만이 물었다.

'헬륨 가스 압력이 먼저 떨어지고 나서 LOX 탱크 압력이 급격히 올라갔어요. LOX 탱크는 이미 가득 차 있었고, 헬륨 COPV도

가득 차 있었습니다.'

다시 말해, 2단부 탱크에 고밀화 산소가 가득 찬 상태에서 탱크 내부에 있던 세 개의 헬륨 병 중 하나의 압력이 떨어지고 나서 산소 탱크의 압력이 급격히 올라갔다는 것이었다. 그러고 나서 폭발했다. 엔지니어들은 거의 처음부터 2단 로켓 내에 있는 헬륨 COPV가 문제라고 생각했다. 이번 사고도 압력 용기가 떨어져 나와 2단의 산소 탱크를 파열시킨 15개월 전의 사고와 소름 끼칠 정도로 유사했다. 그런데 무엇 때문에 헬륨 병 내부의 압력이 떨어졌을까? 이 질문은 쾨니히스만이 이끄는 조사팀을 한 달 이상 괴롭히게 된다.

헬륨 병은 그렇게 작은 편이 아니다. 병 하나당 길이 150센티미터, 지름 60센티미터로 욕조 정도의 크기다. 이런 병 세 개가 로켓 2단 내부에 볼트로 고정되어 있다. 연료 충전 과정에 액체 산소가 2단으로 유입되면 헬륨 COPV는 액체 산소에 잠긴다. 이 상태는 2단이 1단에서 분리되어 멀린 엔진이 점화될 때까지 유지된다. 2단 엔진이 점화되어 비행을 시작하면 헬륨이 방출되기 시작한다. 액체 산소가 엔진으로 흘러가며 생긴 빈 공간을 헬륨 가스가 채우며 탱크 내부의 압력을 유지하는 것이다.

폭발의 원인을 밝힐 가장 좋은 방법은 헬륨 병이 액체 산소에 잠긴 상태에서 폭발을 재현하는 것이었다. 스페이스X는 수단을 가리지 않고 갖가지 방법으로 여기에 매달렸다. 엔지니어와 기술자들은 맥그리거 시험장을 엉망으로 만들어가며 수십 개의 압력 용기를 다양한 방법으로 파괴해보는 시험을 했다.

"AMOS-6 폭발 사고는 너무나 심각했습니다. 그 이후 우리는 COPV 30개를 폭발시켰어요. COPV 하나의 폭발력은 TNT 1.8 킬로그램과 맞먹죠. 그래서 시험할 때마다 시험대를 날려 먹었어요. 우리는 시험이 한 번 끝날 때마다 시험대를 새로 구축해가며 원인을 밝혀내려고 노력했습니다. 정말 수수께끼 같았죠." 쾨니히스만이 말했다.

사고 조사팀은 자주 회의를 했는데, 여기에는 쾨니히스만뿐만 아니라 마크 훈코사나 던 같은 엔지니어들도 참석했다. 이들은 스페이스X에서뿐만 아니라 업계 전체에서도 인정받는 똑똑한 엔지니어들이었다. 그런데 이들마저 폭발의 원인에 대해 전혀 감을 잡지 못했다.

답을 찾지 못한 채 그렇게 몇 주가 흘렀다.

결정적 증거

사고 조사 초기에 엔지니어들은 액체 산소 탱크 안에 있는 압력 용기가 파열될 수 있는, 가능한 모든 시나리오를 조사해보라는 요구를 받았다. 시나리오 중에는 터무니없는 것도 있었다. 사고 당시의 영상 중에 발사대에서 1킬로미터가량 떨어진 건물 옥상에서 빛이 번쩍하는 장면이 담긴 영상이 있었다. 유나이티드론치얼라이언스(ULA)에서 임차해 쓰고 있던 이 건물은 현재 '우주 비행 처리 운영 센터'라는 이름이 붙어 있다.

그 옥상에서 누가 총을 쏜 것은 아니었을까?

머스크는 사고 발생 몇 시간 만에 여기에 무게를 두고 이 가능성을 받아들였다. 로켓이 전혀 움직이지 않는 상태에서 폭발 사고가 일어났기에 그 원인을 알 수 없어 사람들은 미칠 지경이었다. 카운트다운은 완벽했고, 엔진 점화까지는 몇 분이 남은 상태였다. 이 상태의 로켓은 폭발해서는 안 된다. 마치 진입로에 주차해둔, 휘발유를 반쯤 채운 차에 갑자기 불이 붙은 것과 같았다. 그래서 음모론에 잘 빠지는 머스크가 어떤 외부 요인 때문에 그랬다는 생각을 받아들인 것이다.

사고가 발생하고 일주일가량 지난 뒤 머스크는 트위터에 방해 공작을 암시하는 듯한 글을 올렸다. 9월 9일 이른 아침에 머스크는 다음과 같은 글을 트윗했다. '로켓이 불덩어리가 되기 몇 초 전에 들린 작은 폭발 소리는 무엇이었을까? 로켓에서 난 소리? 아니면 어떤 다른 것?' '작은 폭발 소리'나 '어떤 다른 것'을 언급했는데도 저격수 설은 한동안 내부에만 머물렀다.

몇 가지 정황 증거도 이 설을 뒷받침했다. 로켓에서 수집한 데이터에 따르면 파열의 첫 징후는 지상에서 60미터 상공, ULA 건물이 바라다보이는 로켓의 남서쪽 면에서 발견되었다. 게다가 단 몇 픽셀의 영상에 잡힌 섬광의 타이밍도 총알이 해당 건물에서 로켓까지 날아 오는 데 걸릴 시간과 일치했다. 그럼에도 대부분의 스페이스X 엔지니어는 저격수 설을 믿으려고 하지 않았다. 스페이스X가 이런 생각까지 했다는 것은 사고의 근본 원인을 찾으려는 절박함과 조사를 빨리 마무리 지으려는 편집증을 보여주는 것이었다. 처음 몇 주 동안은 사고를 설명할 방법이 없었다. 압력 용기가 고장 날 법한 물리적 원인은 난해하고 너무 복잡해 파악하기 어려웠다. 그런데 저격수가 총을 쐈다고 하면 간단히 설명할 수 있었다.

유나이티드론치얼라이언스에 확인하는 임무는 플로리다 발사장 책임자 리키 림에게 떨어졌다. 그는 그 일을 하고 싶지 않았다. ULA에 섬광이 보인 건물에 올라가 살펴보겠다고 요청하면 미친 사람이라는 소리를 들을지도 모른다고 생각했다. 림은 ULA에 스페이스X는 회사의 모든 책임을 다하기 위해 1만 가지가 넘는 잠재적 원인을 모두 확인해보려 한다는 내용의 요청서를 보냈다. 하지만 개인적으로는 매우 겸연쩍은 일이었다. 당연한 일이었지만 ULA 관계자는 그의 요청을 거부했다. 2주 뒤 〈워싱턴포스트〉를 통해 스페이스X가 방해 공작을 의심한다는 내용이 보도되었을 때도 ULA는 요지부동이었다.

그 이후 개연성이 거의 없는 'ULA 저격수' 설은 대중의 관심을 끌게 되었다. 다행히 림의 이름은 〈워싱턴포스트〉 기사나 다른 후속 기사에도 언급되지 않았다. 하지만 AMOS-6 임무의 실패라는 재앙은 분명히 스페이스X의 잘못인데도 이를 경쟁사 탓으로 돌린다고 조롱받게 되자, 림은 물론 스페이스X도 자존심에 큰 상처를 입었다.

특히 유나이티드론치얼라이언스에 약점을 드러낸 것은 뼈아픈 일이었다. 이 무렵까지 스페이스X와 ULA는 10년 넘게 라이벌 관계를 유지해왔다. 그 기간의 대부분은 ULA가 일방적으로 우세했다. ULA는 매우 중요한 국가 안보와 과학 임무용 위성 대부분을 쏘아 올렸고, 스페이스X는 성가신 존재였다. 그러나 수년 동안 ULA의 그늘에 가려 빛을 보지 못하던 스페이스X가 ULA를 따라잡기 시작했다. 2016년에는 AMOS-6의 발사 실패에도 불구하고, 팰컨9 로켓 발사 횟수는 ULA의 아틀라스V 로켓과 같은 8회에 이르게 된다. 스페이스X가 경쟁사 ULA와 동률을 이룬 것은 이때가 처음이었다.

두 회사의 경쟁은 치열했다. 두 회사는 겉으로는 친밀한 관계를 맺고 있는 것처럼 포장했지만, 한 꺼풀만 벗기고 보면 숙원의 경쟁을 벌이고 있었다. 스페이스X가 궤도에 도달하기 몇 년 전인 2005년, 머스크는 연방 지방법원에 보잉과 록히드마틴이 로켓 사업 부문을 합병해 유나이티드론치얼라이언스를 설립하는 것을 막아달라고 소송을 제기했다. 그가 내세운 이유는 반독점법 위반이었다.

2년 뒤 ULA와 두 모회사는 스페이스X의 케이프 커내버럴 발사장 확보를 막으려고 대대적인 로비를 벌임으로써 스페이스X에 앙갚음했다. ULA는 블루오리진과 힘을 합해 스페이스X가 케네디 우주센터에 있는 39A 발사단지를 인수하려는 것을 막으려 하기도 했다.

2014년에서 2015년에 걸쳐 이 두 회사는 국가 안보와 관련된 위성 발사 계약을 둘러싸고 역대 가장 치열한 싸움을 벌였다. 2014년 4월, 머스크는 2020년까지 예정된 서른 차례의 군사 위성 발사 계약을 ULA에만 몰아주기로 결정했다고 미 공군을 고소하는 이례적인 조치를 취했다. 이 '일괄 구매' 계약은 거래 금액이 110억 달러에 이르는 거대한 규모였다. 당시 스페이스X는 팰컨 9 로켓을 아홉 번 발사해 모두 임무를 완수한 상태였다. 머스크는 스페이스X가 원하는 것은, 이 발사 계약 일부를 입찰에 부쳐 경쟁에 참여할 기회를 얻는 것이라고 말했다. 그는 발사 대가로 상당히 낮은 금액을 제시했다.

당시 머스크는 이렇게 말했다. "ULA 로켓은 기본적으로 우리 로켓보다 네 배가량 비쌉니다. 따라서 이 계약으로 미국 납세자들은 불필요한 비용 수십억 달러를 더 내는 셈입니다."

일부 군 관계자들도 머스크가 한 말이 정당하다고 생각했다. 팰컨9 로켓의 케이프 커내버럴 첫 착륙을 승인했던 레인지 관리 부대 사령관 웨인 만티스는 당시 공군 장관 데버라 제임스의 선임 군사 고문이었다.

만티스는 이렇게 말했다. "머스크가 그렇게 해야 했다는 것이 공군으로선 부끄러운 일이었죠. 하지만 솔직히 말해 머스크로선 그 방법밖에 없었습니다. 당시만 해도 국방부는 기업가 정신으로 무장한 혁신적인 사람을 포용할 준비가 되어 있지 않았거든요."

9개월 뒤 스페이스X와 공군은 분쟁을 해결했다. 양측의 합의서에 따르면, 공군은 2020년까지 예정된 국가 안보 관련 위성 발사 계약의 일부를 경쟁 입찰에 부치기로 했고, 공군의 가장 값비싼 화물까지 운반하기 위해 스페이스X가 신청한 팰컨9 로켓 인증 절차도 앞당기기로 했다. 이 분쟁의 와중에 ULA의 최고 경영자 마이크 개스가 해고되고, 템플 기사단에서 리더십의 영감을 받는다는 역동적인 리더 토리 브루노(Tory Bruno)가 그 자리를 차지했다. 브루노는 달갑지 않은 일을 맡게 되었다. 유나이티드론치얼라이언스는 설립 이후 10년 동안 군의 발사 계약을 독점하며 살찐 돼지처럼 현실에 안주해왔다. 게다가 ULA의 양대 주주 보잉과 록히드마틴은 이익을 재투자하는 대신 배당으로 챙겨가기 바빠, ULA는 골병이 들어가고 있었다.

민머리에 활기찬 브루노는 항공우주 업계에서 좋은 평을 받고 있었다. 브루노가 부임한 뒤 ULA는 가격 경쟁력을 높이기 위해, 임원진을 포함해 전체 인력을 감축하고 발사대 수를 줄였다. ULA는 로켓 재사용 시험까지 했지만 아직 실제 비행 시험은 하지 못했다. ULA와 스페이스X 모두 캘리포니아주에 있는 반덴버그 공군기지와 플로리다주의 케이프 커내버럴을 발사장으로 쓰고 있다. 나는 인터뷰 도중 브루노에게 양 발사장에서 스페이스X와 사이 좋은 이웃으로 지내느냐고 물어보았다. 이 질문에 브루노는 웃다가 이렇게 대답했다. "스페이스X는 분명히 우리 이웃이죠." 바꿔 말하면 그리 좋은 이웃은 아니라는 뜻이었다.

스페이스X 엔지니어들은 맥그리거에서 ULA 저격수 설을 시험해보기까지 했다. 이들은 소총으로 COPV 탱크를 쏘아 탱크가 폭발하는지, 또 폭발한 뒤의 파편은 어떻게 생겼는지 확인해보았다. 그래도 결정적인 결과를 얻을 수 없었다. 결국 스페이스X는 연방항공청으로부터 저격수의 개입이 없었다는 서한을 받고 나서야 저격수 설에 따른 조사를 중단했다.

진짜 실마리는 액체 산소 탱크에 COPV를 넣고 가압 테스트를 계속한 끝에 찾을 수 있었다. 그해 가을 맥그리거의 시험팀은 COPV가 액체 산소에 잠겨 있는 상태에서 자동 점화되는 장면을 확인했다. 탱크 안에 넣어둔 카메라에 이 모든 과정이 잡혔다. 결정적 증거를 찾은 것이었다.

오랫동안 기다려왔던 폭발 사고의 재현으로, 쾨니히스만과 사고 조사팀을 비롯해 회사 전체가 안도의 한숨을 내쉬었다. 이로써 스페이스X는 문제를 해결하고 비행을 재개할 계획을 세울 수 있게 되었다. 그동안 엔지니어링팀은 압력 용기 안에서 어떤 미묘한 물리적 현상이 벌어지고 있었는지 파악하지 못하고 있었다.

COPV는 내부에 알루미늄 용기가 있고, 용기의 강도를 높이고자 외부를 탄소섬유로 덮어씌운 구조로 되어 있다. 테스트팀과 발사팀은 충전 속도를 높이기 위해 지상 시스템이 허용하는 최고 빠른 속도로 COPV에 헬륨을 채웠다. 이 때문에 COPV 내부의 알루미늄이 굉장히 뜨거워졌다. 이 과정이 빠르게 진행되면 압력 용기 외부의 유연한 탄소섬유가 깨지기 쉬운 유리 비슷한 것으로 바뀌면서 딱딱해진다. 이 때문에 내부 알루미늄에 '주름'이 생긴다. 그러면 추진제를 충전하는 중에 극저온 산소가 이 주름에 고일 수 있다. 이렇게 갇힌 산소를 열과 압력이 동시에 작용해 고체화하고, 이 산소가 압력에 의해 탄소섬유로 강하게 밀려들어 가면서 불이 붙은 것이다.

스페이스X는 AMOS-6 사고가 나기 전까지 고밀화 산소를 사용해 여덟 번이나 발사에 성공했다. 림과 무라토레를 비롯한 발사 엔지니어들은 로켓을 발사할 때마다 최대한 차가운 액체 산소를 채운 채 발사하기 위해 점점 카운트다운을 업데이트해왔다. 간단히 말해, 로켓 발사 속도를 높이려는 머스크의 목표를 향해 노력해왔다. 그러다 AMOS-6 종합 연소 시험 도중 불운하게도 추진제 충전 타이밍과 온도가 맞아떨어져 액체 산소를 압축하고, 그것이 발화로 이어진 것이다.

한동안 발사팀은 완전무결(fucking flawless)했다. 하지만 초저온 산소를 최대한 차갑게 유지하려고 사투를 벌이다 추진제를 빨리 충전하려는 노력이 너무 지나쳤다. 해결책은 간단했다. 장기적으로는 헬륨 병을 다시 설계하는 것이었다. 단기적으로는 조금 느리기는 해도 검증된 이전의 충전 방법으로 다시 돌아가는 것이었다.

모든 꿈이 물거품이 되거나 놀라운 하루가 되거나

2017년 1월 14일 새벽, 산타바바라에 있는 리츠칼튼 바카라 리조트 밖에 스페이스X 전세 버스가 어둠 속에서 줄지어 대기하고 있었다. 해변에 있는 이 호텔에서 나와 버스를 타려는 사람 중에는 이리듐 최고 경영자 맷 데시도 있었다. 그는 잔뜩 긴장해 있었다. 이리듐 위성을 팰컨9 로켓에 실어 보내는 계약을 체결한 지 8년이 지나 드디어 그날이 왔다. 결과는 둘 중 하나였다. 그의 거대한 계획이 산산조각 나 태평양으로 추락하거나 놀라운 하루가 되는 것이었다. 데시는 최악의 상황이 올까 봐 두려웠다.

이리듐은 원래 구소련 시절의 대륙간 탄도 미사일을 기반으로 한, 팰컨9보다 작고 뭉툭하게 생긴 로켓에 새 위성 2기를 실어 보낼 계획이었다. 러시아는 2000년대 들어 이 드네프르 로켓을 상용 목적으로 발사하기 시작했다. 주로 서방 고객들의 중소형 위성을 쏘아 올리는 데 사용했다. 머스크는 드네프르 로켓을 이용해 화성에 소형 온실을 보내려고 2001년 말에서 2002년 초에 걸쳐 세 번이나 러시아를 방문했다. 그는 러시아 측에서 구체적인 발사 비용을 제시하지 않는 바람에 매번 빈손으로 돌아와야 했다. "나는 러시아에 마지막으로 다녀오면서 가격이 계속 올라간다는 느낌을 받았습니다." 머스크가 말했다. 그의 이런 좌절감은 스페이스X를 설립하는 계기 가운데 하나로 작용했다.

데시는 러시아 측으로부터 팰컨9 로켓의 절반 가격인 약 3천만 달러에 드네프르 로켓을 발사하는 합의를 끌어낼 수 있었다. 그는 소형 로켓을 이용해 위성 2기를 먼저 쏘아 올린다는 이 계획이 마음에 들었다. 만약 사고가 나더라도 2기의 위성만 잃을 것이기 때문이었다. 게다가 우주에 올려보낸 위성에서 문제가 발견되면 지상에 남은 나머지 위성의 문제를 해결할 수도 있었다. 물론 팰컨9이 군집위성 대부분을 실어 나르겠지만, 드네프르 로켓은 예비용으로 사용할 수도 있을 터였다.

하지만 2014년 봄 러시아가 우크라이나 영토인 크림반도를 침공했다. 이 때문에 우크라이나가 제작의 일부를 맡고 있던 드네프르 로켓 발사에 지장이 생겼다. 데시는 상황을 알아보기 위해 주미 러시아 대사 세르게이 키슬랴크를 만났다. 데시는 위성이 발사 준비가 되어 있다고 했고, 키슬랴크는 발사에 아무런 문제가 없을 것이라고 했다. 키슬랴크는 러시아 군부로부터 발사 승인을 받을 수 있게 조치하겠다고 했다.

몇 주 뒤 키슬랴크는 러시아가 상용 목적의 드네프르 로켓 발사를 중단했다고 인정했다. 그는 소유스 로켓을 대안으로 제시했다. 소유스 로켓은 위성 2기만 실어 보내기에는 너무 크고 가격

또한 상당히 비쌌다. 그래서 데시는 스페이스X로 돌아갔다. 그사이 스페이스X는 버전 1.1을 거쳐 풀 스러스트로 업그레이드하면서 팰컨9 로켓 성능을 꾸준히 향상시켜왔다. 데시는 당초 로켓 한대에 아홉 개의 위성을 싣고 가기로 되어 있었는데, 열 개까지 실을 수 있겠냐고 물었다. 스페이스X는 가능하다고 답했다.

모든 것이 잘되기는 했지만, 이리듐이 위성을 시험 발사해볼 수는 없게 되었다. 데시는 5천만 달러어치의 위성을 위험에 빠트리는 대신 2억 5천만 달러어치의 위성을 팰컨9 로켓에 의존하게 되었다. 그러던 중에 AMOS-6 폭발 사고가 발생했다.

"우리 위성 발사를 한 달 반 앞두고 플로리다의 발사대에서 폭발 사고가 일어났어요. 다음 차례가 우리였죠." 데시가 말했다.

이리듐은 스페이스X가 비행을 재개할 때까지 기다리는 것 말고는 선택의 여지가 없었다. 이리듐이 20년이 다 되어가는 위성을 사용 중이었고, 궤도에 남아 있는 예비 위성도 거의 없었다. 드네프르 로켓 발사 계약이 무산되고 팰컨9 로켓은 연이은 사고로 발사가 지연되면서, 이리듐의 차세대 NEXT 군집위성의 우주 배치가 몇 년 늦어졌다. 그렇다고 로켓을 바꾸는 것도 현실적인 대안이 아니었다. 로켓을 바꾸면 두 배 가까운 요금을 지불해야 할 터였고 새 발사체에 적응하느라 시간도 1~2년은 까먹을 것이다. 결국 모 아니면 도였다.

상황이 이러했으므로 1월 14일 아침에 발사되는 새 팰컨9 로켓에 두 회사의 운명이 달려 있었다고 해도 과언은 아닐 것이다. 스페이스X는 주력 로켓의 신뢰를 회복해야 했다. 이리듐은 위성 10기의 손실로 발생할 재정적 충격과 서비스 중단 가능성을 감당할 수 없었다. 위성 10기의 손실은 데시가 어렵게 긁어모은 30억 달러의 투자금에 치명적인 타격을 가할 정도라고까지 할 수는 없을지 몰라도, 거의 그에 필적할 만한 수준이었다. 투자한 상장 기업들은 펄펄 뛸 것이고, 참여한 은행, 보험사, 위성 제작업체는 모두 돈을 돌려받으려고 아우성을 칠 터였다.

"그때 발사가 실패했더라면 정말 큰일 날 뻔했어요. 그다음 날이나 그다음 주쯤에는 난리가 났었겠죠. 나는 회사에서 쫓겨나 지금쯤 다른 일을 하고 있을 겁니다. 살면서 그렇게까지 스트레스를 받은 적이 없었어요." 데시가 말했다.

버스 행렬이 산타바바라를 벗어나자 데시는 핸드폰을 내려다보았다. 새벽의 어둠 속에 핸드폰 불빛이 환하게 빛났다. 최고운영책임자 스콧 스미스가 이리듐 통제실에서 보낸 문자가 들어와 있었다. 발사탑에서 이리듐 위성으로 통신 신호와 전력을 공급하는 케이블이 전날 밤의 강풍 때문에 끊어졌다고 했다. 그래서 당분간은 위성의 상태를 알 수 없게 되었다고 했다. 설상가상으로 버스 기사가 태평양 연안의 400제곱킬로미터에 이르는 넓은 기지에 구불구불 난 도로를 따라가다가 길을 잃는 바람에 데시의 짜증에 불을 붙였다. 그러다 기사가 왼쪽으로 방향을 틀다 멈춤 신호

표지를 쓰러뜨렸다. 그러자 경찰관이 버스를 한쪽으로 세우더니 버스에서 내린 기사와 15분가량 열띤 언쟁을 벌였다. 결국은 경찰관이 버스를 로켓 발사장 전망 지점까지 안내했다.

이 무렵이 되자 하늘이 밝아오기 시작했다. 이리듐 직원들과 이리듐에서 초청한 고객들이 하얀 천막 아래로 들어가 크루아상을 먹고 커피를 마시고 있을 때도 데시는 계속 핸드폰을 들여다보았다. 로켓 연료 주입을 시작하기 전에 스페이스X 직원 한 사람이 JLG 크레인을 타고 끊어진 통신 케이블을 다시 연결하는 중이라고 했다. 그 와중에 안전 구역 '위반' 사건이 발생했다. 발사장 주변에 설정된 출입 금지 구역 안으로 배나 비행기가 들어왔다는 뜻이었다. 게다가 로켓에 충격을 가해 로켓을 부술 수도 있는 대기 상층부의 바람도 허용 한계에 육박하고 있었다. 이렇게 모든 것이 불확실한 가운데 데시는 150여 명의 초청 고객 앞에 서서 짤막한 연설을 했다. 사실 정신을 산만하게 만드는 이런 여러 가지 일이 데시에게는 오히려 도움이 되었다. 자신과 회사의 모든 것이 걸린 순간이 바로 눈앞으로 다가왔다는 사실을 잠시나마 잊을 수 있었기 때문이다.

발사 20분 전 스페이스X는 웹캐스트를 시작했다. 초창기의 웹캐스트에서는 대부분 경험 많은 엔지니어 존 인스프러커가 사무적인 어조로 발사 실황을 중계했다. 하지만 2015년 중반이 되자 머스크는 웹캐스트를 엔지니어 채용 역량을 강화하는 수단으로 이용하기 위해 새로운 방식을 시도하기로 했다.

머스크는 원래 웹캐스트에 미온적인 태도를 보였다. 공항은 비행기 이륙하는 과정을 웹캐스트로 중계하지 않는다면서, 웹캐스트를 왜 하는지 모르겠다고 볼멘소리를 하기도 했다. 로켓 발사를 일상화하려는 목표를 가진 스페이스X가 웹캐스트로 호들갑 떨 필요가 있느냐는 것이 그의 생각이었다. 하지만 웹캐스트를 시청하는 수십만 명의 고객에게 서비스를 광고할 수 있다고 고객사가 좋아한다는 말을 듣자, 머스크의 생각이 바뀌었다. 게다가 발사 장면을 보여줌으로써 스페이스X의 팬층을 넓힐 수 있다는 생각까지 하게 되었다.

스페이스X는 진행자가 여러 명 등장하거나, 때로는 수백 명의 젊은 엔지니어가 모인 활기찬 공장에서 방송을 진행하는 등 새로운 형식을 도입해 웹캐스트의 매력을 한 차원 더 끌어올렸다. 2015년 스페이스X는 전 직원을 대상으로 오디션을 실시했다. 웹캐스트 예행연습은 낮 시간에 할 때가 많아 직원들의 업무 부담이 가중되기도 했다. 하지만 웹캐스트는 젊은 엔지니어가 자신의 인지도를 높일 수 있고, 스페이스X가 젊고 힙한 일터라는 이미지를 만들 수 있는 공간이기도 했다. 방송 진행자 중에 로런 라이언스라는 흑인 여성이 있었는데, 우주항공 공학을 전공한 라이언스는 방송에 새로운 분위기를 불어넣었다. 고리타분한 느낌을 주던 방송이 그가 진행자로 들어오면서 전보다 더 밝고 가벼워졌다.

라이언스는 방송에서 이리듐 위성에 대해 이렇게 말했다. "로 켓에 탑재된 열 개의 위성은 무게가 하나당 600킬로그램입니다. 그리고 태양전지판이 완전히 펼쳐지면 날개폭이 9미터에 이릅니 다. 샤킬 오닐 네 사람 정도에 해당하는 길이죠."

이 시점에 로켓은 마지막 카운트다운에 들어갔다. 출입 금지 구역에 들어온 배는 퇴거되었다. 대기 상층부의 바람도 빠듯하기 는 하지만 허용 한계를 벗어나지는 않았다. 데시 일행은 구불구불 하게 이어진 언덕 너머의 발사대 쪽을 바라보았다. 로켓을 발사하 기 직전에, 데시가 엄청난 스트레스를 받고 있다는 사실을 감지한 이리듐의 최고법무책임자 캐시 모건과 영업 책임자 브라이언 하 틴이 조용히 그의 곁으로 다가갔다. 데시가 긴장을 못 이기고 기 절하거나 다리에 힘이 풀려 쓰러지기라도 할까 봐 부축하기 위해 서였다.

아홉 개의 멀린 엔진에 불이 붙더니 팰컨9 로켓이 공중으로 솟 구쳤다. 하지만 전망 지점에서 바라보는 사람들 눈에는 로켓이 위 로 높이 올라가지 않는 듯 보였다. 데시는 "로켓이 올라가는 듯 보 이더니 그냥 공중에 떠 있는 거예요. 발사에 성공하지 못할 것처 럼 보였어요"라고 말했다.

하지만 그는 기절하지 않았다. 로켓도 지구로 떨어지지 않았 다. 데시가 나중에야 알게 된 것은, 전망 지점은 발사대 북쪽에 있 고 로켓은 수평선을 향해 반대편으로 날아가고 있었다는 사실이다. 로켓이 궤도에 진입하기 위해 수평 방향으로 자세를 기울이면서, 거의 움직이지 않고 있다는 착각이 더 강해진 것이었다. 하지만 실제로는 모든 것이 정상이었다. 라이언스를 비롯한 웹캐스트 진행자들이 계속해서 비행에 자신감을 보이는 말을 하자 데시와 초청객들은 비로소 안도의 한숨을 내쉴 수 있었다.

하지만 이리듐이나 스페이스X나 임무가 끝나려면 아직 많은 것이 남아 있었다. 우선 로켓 2단에 장착된 위성 분리 시스템이 적절한 순간에 위성을 분리해줘야 했다. 그런 다음 위성이 잠에서 깨어나 지상에 있는 이리듐의 제어 시스템과 교신해야 했다. 전체 과정이 끝나려면 한 시간 반이 더 걸릴 터였다. 그래서 데시는 이사 몇 사람과 함께 전망 지점을 떠나 스페이스X의 발사통제센터로 갔다. 그가 도착하고 얼마 지나지 않아 각 위성이 북극과 노르웨이 사이에 있는 스발바르 군도 상공을 지나가면서 보낸 '생존 신호'가, 스발바르에 있는 이리듐의 지상국으로 속속 들어오기 시작했다.

머스크는 로켓을 발사할 때마다 참석하지는 않았지만, 이번 비행은 회사의 미래에 매우 중요한 비행이었기에 당연히 그 자리에 참석했다. 머스크 역시 몹시 긴장해 밤을 꼬박 새웠다. 그는 '페이팔 마피아'로 알려진 페이팔 시절의 친구 몇 명과 함께 발사통제센터 한쪽 구석에 서 있었다. 데시는 스페이스X 관계자에게 그날 오후 인근의 와이너리에서 열릴 발사 축하 행사에 머스크가 올 수 있겠느냐고 물었다. 그러자 그 직원은 이리듐은 스페이스X의 가장 중요한 민간 고객이므로 머스크가 무엇이든 할 것이라고 했다.

데시가 머스크에게 행사 참석을 요청하자 머스크는 간단히 "지금요?"라고 대답했다. 다시 말해, 필요하다면 지금 당장에라도 떠날 수 있다는 뜻이었다.

머스크는 그날 오후 파티에 참석했다. 그는 평소 즐겨 입는 검은색 청바지에 '화성을 점령하라'라고 적힌 티셔츠를 입고 기념사진을 찍으려는 사람들의 요청에 응했다. 머스크는 사람들과 어울리면서도 말이 별로 없었다. 피로 때문임이 분명했다. 하지만 스트레스 때문이기도 했다. 긴장된 시간을 보내는 동안 그의 몸 안에서 스트레스 호르몬인 코르티솔 수치가 급상승했다. 그도 데시와 마찬가지로 잘못될 가능성이 수없이 많은 하루에, 로켓과 탑재화물이 단 하나의 좁은 경로를 따라 우주에 올라가는 데 성공했다는 사실에 큰 안도감을 느꼈다.

두 번의 치명적인 사고를 겪으며 호된 18개월을 견뎌낸 스페이스X는 다시 우주로, 그리고 사업으로 복귀했다.

10장

화성의 대가

2016년 9월,
멕시코 과달라하라

2016년 9월 이스라엘 위성을 잃고 암울한 시기를 보내던 스페이스X에 세계 최대 규모의 국제 우주 콘퍼런스 조직위원회로부터 연락이 왔다. 조직위원회 관계자는 사고가 일어나 안타깝게 생각한다며, 그해 기조연설자로 예정되어 있던 머스크가 기조연설을 다음 기회로 미루겠다고 해도 충분히 이해할 수 있다고 했다.

머스크는 4주 뒤 멕시코 과달라하라에서 열리는 국제우주대회(International Astronautical Congress)에서 기조연설을 하기로 되어 있었다. 그해 4월, 화성 정착에 대한 그의 비전이 무엇이냐는 질문을 받고 머스크는 이렇게 대답했다. "올해 IAC에서 제가 연설을 하기로 되어 있는데, 거기서 자세히 밝히겠습니다. 말도 안 되는 소리처럼 들릴 터이니 적어도 재미는 있을 거예요."

그러다 스페이스X는 16개월 만에 두 번째 로켓을 잃었다. 이런 상황에서 인간을 화성에 보낸다는 연설을 하는 것은 얼빠진 짓 같았다. 적어도 '말도 안 되는' 이야기를 할 때는 아닌 것으로 보였다.

하지만 머스크는 개의치 않았다.

IAC의 연락을 받은 스페이스X 담당 직원이 머스크에게 기조 연설을 다음 기회로 미루겠느냐고 솔직하게 물어보았다. 조직위에서는 머스크가 그럴 것이라고 예상했지만 머스크는 멕시코에 가겠다고 답했다.

그해 여름 AMOS-6 사고가 발생했는데, 이런 단기적인 차질 때문에 화성 계획의 중요성이 손상되어서는 안 된다는 그의 이런 태도는 머스크의 성격적 특징을 잘 보여준다. 머스크는 언제나 한쪽 눈은 큰 그림에 단단히 고정해놓고 있었다.

스페이스X의 고위 관계자 한 사람은 이렇게 말했다.

"시급한 문제가 있을 때에도 중요한 장기 비전을 추구할 시간을 내야 합니다. 그래야 큰일을 성취할 수 있죠. 일회성 문제가 계속 있겠지만, 미래를 위한 일에도 시간을 할애하기 때문에 사람들이 스페이스X에 와서 일하는 거예요."

머스크는 청중이 꽉 들어찬 강당에서 90분 동안 연설하면서 때로는 몽상가, 때로는 코미디언, 때로는 괴짜 엔지니어의 모습을 보여주었다. 그는 매우 대담한 비전을 제시했다. 그는 NASA의 아폴로 프로그램은 40만 명의 인력이 동원되고 국가 예산의 5퍼센트를 사용했는데도 한 번에 고작 두 명을 달에 보냈다고 했다. 그런 다음 자신은 한 번에 100명을 화성으로 실어 나를 운송 시스템을 만들 계획이라고 했다(스타십이라는 이름은 몇 년 뒤에 가서 정해진다).

머스크는 화성에 가는 이유에 대해서도 이야기했다. 왜 스페이스X가, 왜 NASA가, 그리고 왜 인류가 시간과 돈과 노력을 들여 많은 우주선을 만들어 화성에 정착해야 할까? 머스크는 "지성의 등불이 꺼지지 않게 해야 할" 필요성 때문이라고 했다. 그러면서 인류가 다른 세계에 정착하지 못하면 어떻게 되겠느냐고 했다. "우리는 어떤 멸종 사건이 일어날 때까지 한 행성에 갇혀 지내게 될 것입니다." 그렇다고 지구를 버리거나 지구의 자원을 고갈시키자는 뜻은 아니라고 했다. 지구를 보호하고 보존해야 한다고 했다. 하지만 언젠가는 소행성 충돌이나 치명적인 팬데믹 또는 핵전쟁으로 우리 문명이 끝날 수도 있다고 했다. 이런 결과를 피하려면 인류가 다행성 종이 되어야 한다고 했다. 화성은 낙원과 거리가 멀다고 했다. 실제로 화성은 지구에서 가장 척박한 사막이나 얼어붙은 툰드라보다 훨씬 더 열악한 환경이라고 했다. 하지만 지구 밖에서의 삶을 시작하기에는 가장 가깝고 좋은 곳이라고 했다.

머스크의 연설에서 가장 인상적이었던 것은 자기 생각을 모두 드러내 일반인들의 비판에 노출했다는 점이다. 그는 자신의 모든 비전을 털어놓았는데, 그 때문에 비판의 표적이 될 수 있었다. 이전에도 머스크처럼 우주 정착에 대해 이야기하는 우주광들이 있었지만 누구도 그 말을 진지하게 받아들이지 않았다. 그들은 괴짜나 미치광이 취급을 받았다. 하지만 머스크에게는 진짜 로켓 회사가 있었고, 세상에서 가장 똑똑하다는 엔지니어들이 그곳에서 일하고 있었다. 게다가 얼마 전에는 바다 한가운데에 있는 배에 로켓을 착륙시키기도 했다. 그는 믿을 만한 사람이었다. 그런 사람이 자신의 신뢰를 손상시킬 위험을 무릅쓴 것이었다.

나는 그의 연설을 소개하는 기사에서 그의 계획을 '대담하다'라고 표현했다. 그의 계획이 '광기일 수도 있고, 탁월한 것일 수도 있고, 둘 다일 수도 있다'라고도 했다. 8년이 지난 지금에 와서 보니 그 대담한 계획이 착착 진행되고 있어, 그의 계획은 광기보다는 탁월한 쪽에 더 가까웠다고 할 수 있겠다.

화성에 어떻게 도시를 건설할 것인가?

머스크는 스페이스X의 초기 시절부터 화성에 대해 이야기해왔다. 2002년 그윈 샷웰이 머스크를 처음 만났을 때 머스크는 붉은 행성 정착에 대한 자신의 비전을 열정적으로 들려주었다. "머스크는 화성 오아시스 프로젝트에 대한 이야기를 했어요. 그가 화성 오아시스 프로젝트를 계획했던 것은 사람들에게 화성에서 살 수 있다는 것을 보여주고 싶었기 때문입니다. 그는 인류가 화성에 가야 한다고 생각했어요." 샷웰이 말했다. 샷웰은 스페이스X가 팰컨1 로켓을 만들기 위한 철판 절단 작업도 시작하지 않은 상태에서 머스크가 화성 이야기부터 끄집어내는 것을 보고 좀 이상한 사람이라고 생각했지만, 그가 로켓 발사 사업에 뛰어든 이유에 대해서는 충분히 알 수 있었다.

머스크는 처음 10년 동안은 스페이스X가 소형 로켓에 집중하도록 했다. 그러다 2010년 중반이 되자 몇 가지 예비 계획을 세우기 시작했다. 그는 당시 추진 부문의 최고기술책임자로 자문 역할을 맡고 있던 톰 뮬러를 찾아가, 100톤의 무게를 화성 표면에 착륙시키려면 어떻게 해야 하는지 물어보았다. 그때까지 화성에 착륙한 가장 무거운 중량은 1톤으로, 2년 전인 2012년에 NASA가 보낸 30억 달러짜리 큐리오시티(Curiosity) 로버였다. 이때 사용한 '스카이 크레인'이라는 새로운 착륙 기술은 매우 위험한 여러 단계를 거쳐야 했으므로 로버를 설계한 사람들은 이 과정을 '공포의 7분'이라고 불렀다.

그런데 머스크는 그 100배의 무게를 착륙시키려는 것이었다.

당초 뮬러와 머스크는 화성 탐사선의 연료로 액체 수소를 쓸 생각이었다. 액체 수소는 로켓엔진에 가장 효율적인 연료로, 특히 우주에서 이동할 때 매우 유용하다. 수소를 우주선의 연료로 쓰면 다른 추진제보다 더 적은 양으로 더 멀리까지 갈 수 있다. 하지만 뮬러는 면밀한 계산을 통해 천연가스의 주성분인 메테인이 수소보다 더 나을 수도 있다는 사실을 알게 되었다. 액체 메테인은 수소보다 연료 효율성이 떨어지기는 해도 다루기 쉽고 값도 싸다. 게다가 수소보다 밀도가 높아 연료 탱크의 크기를 상당히 줄일 수 있다. 그리고 수소와 마찬가지로 메테인도 화성에서 생산할 수 있으므로 지구로 귀환하는 로켓의 연료로 사용할 수 있다.

머스크는 나중에 스페이스X의 '수석 화성 개발 엔지니어'가 되는 폴 우스터(Paul Wooster)에게 뮬러가 계산한 수치를 확인해보도록 했다. 수치가 정확하다는 말을 듣자, 머스크는 화성 로켓의 연료를 메테인으로 전환하는 데 동의했다. "큰 결단을 내린 것이었죠. 그러자 어떻게 하면 우주선을 귀환시킬 것인가가 다음 문제로 떠올랐습니다. 사실 귀환시키기가 더 어렵거든요." 뮬러가 말했다.

로켓이 지구로 다시 돌아오려면 많은 메테인과 액체 산소가 필요하기 때문이다. 화성에서 소량의 화물과 우주 비행사를 태우고 돌아온다고 해도 로켓 탱크에 1천 톤 이상의 연료와 산화제를 채워야 할 것이다. 이것은 결코 적은 양이 아니다. 지구에서 이 정도 양의 연료를 채우려면 대형 유조차 50대가 필요하다. 그런데 화성에는 유조차도 없고 주유소도 없다.

이론적으로 화성에서 추진제를 생산하는 과정은 간단하다. NASA는 국제우주정거장에서 사바티에 공정으로 알려진 화학 반응을 이용해 이산화탄소와 수소에서 물을 얻는다. 이때 이 반응의 부산물로 생성되는 불필요한 메테인은 정거장 밖으로 배출한다.

화성에서도 같은 반응을 이용하면 메테인을 얻을 수 있다. 연료를 만들 수 있는 원료는 거의 무한하다. 화성에는 수소를 만들 수 있는 얼음이 풍부하고, 희박한 대기의 95퍼센트 이상이 이산화탄소이기 때문이다. 문제는 원료가 아니라 추진제를 생산하는 데 필요한 에너지다.

머스크는 과달라하라 연설에서 로켓에 필요한 연료 문제도 언급했다. 팰컨 로켓에 쓰이는 케로신은 화성에서 생산할 수 없으므로 배제한다고 했다. 액체 수소는 앞에서 말한 것처럼 저장 탱크가 커야 하고 다루기도 어렵다. 액체 수소는 절대 영도에 가까운 온도로 저장하지 않으면 증발한다. 그래서 머스크는 "전체적으로 봤을 때 우리는 메테인이 더 낫다고 생각합니다. 가장 까다로운 것은 에너지원인데, 우리는 태양전지판을 아주 넓게 깔아 이 문제도 해결할 수 있다고 생각합니다"라고 말했다.

정말로 넓어야 한다. 뮬러와 우스터의 계산에 따르면, 1천 톤의 액체 산소와 메테인을 만들어내려면 2년 동안 계속해서 약 750킬로와트의 에너지가 필요하다. 화성에서는 무리한 요구다. 붉은 행성은 태양과의 거리가 멀어 지구의 절반에도 미치지 못하는 태양 에너지를 받는다. 따라서 화성에서 지구로 돌아오는 데 필요한 연료를 만들려면 4000제곱미터 정도 되는 면적의 태양전지판에서 2년 동안 에너지를 생산해야 한다. 가능하기는 하지만 어려운 일이다. 스타십을 타고 화성에 가는 사람은 대부분 편도 비행으로 끝날 수도 있을 것이다.

머스크는 이런 공학적 어려움 때문에 흔들릴 사람이 아니다. 물리 법칙에 어긋나는 일이 아니라면 할 수 있는 일이다. 2020년 초 나는 텍사스 남부에 있는 스페이스X의 스타십 제작 현장을 찾았다. 스페이스X 직원들은 거대한 흰색 천막 밑에서 세계에서 가장 큰 로켓을 만들고 있었다. 머스크는 화성 정착의 난관을 극복하려는 노력에 대해 토로했다. 그는 이 문제에 대해 많은 생각을 해왔다고 했다. 당시 나는 선임 우주 편집자로 근무하는 〈아스 테크니카(Ars Technica)〉에 세상을 바꾸려는 그의 열정을 소개했다. 직원들이 거대한 로켓을 만드느라 공장은 놀라운 에너지를 풍기며 숨 가쁘게 돌아가고 있었다.

머스크는 이렇게 말했다.

"화성에 자급자족이 가능한 도시를 만들어야 합니다. 이 도시는 어떤 이유에서든 지구에서 재보급 우주선이 오지 않더라도 생존할 수 있어야 해요. 이유가 무엇인지는 중요하지 않습니다. 재보급 우주선이 오지 않는다고 도시가 소멸해야 할까요? 자급자족이 가능하려면 어느 것 하나도 빠지면 안 돼요. 모든 구성 요소가다 있어야 합니다. '이 사소한 부분만 말고는 다 있으니 자급자족할 수 있어'가 되어서는 안 됩니다. 그건 마치 '우리는 긴 항해를했는데, 그사이 비타민C 말곤 다 먹었어'라고 말하는 것과 같아요. 좋아요, 지금까진 괜찮았겠죠. 하지만 곧 괴혈병에 걸려 죽게 될 겁니다. 그것도 고통스럽게. 끔찍한 일이죠. 비타민C 부족으로 천천히 고통스럽게 죽는 거예요. 그러니 화성에서도 비타민C를 확보해야 해요. 그렇다면 대략 어느 정도 무게의 화물을 가져가야 자급자족할 수 있을까요? 아마도 100만 톤은 넘어야 할 겁니다."

플러가 처음 계산한 지 5년 이상 지난 후에도 머스크는 100톤의 무게를 화성으로 운반하는 우주선을 구상하고 있었다. 이 성능은 스타십 로켓 설계의 기준이 되었다. 하지만 이 정도의 놀라운 운송 능력에도 불구하고 100만 톤을 운반하려면 만 번이라는 어마어마한 횟수의 착륙이 필요할 터였다. 화성 탐사 반세기 동안 고작 열 번의 착륙에 성공했고, 운송한 화물의 무게도 모두 합해 몇 톤에 불과하다는 점을 생각해보라.

물론 스타십은 재사용이 가능하도록 설계되었다. 하지만 화성에서의 연료 재보급 문제로 아마도 대부분은 지구로 돌아오지 못할 것이다. 그래서 머스크는 스타십을 싸게 만들어야 했다. 그는 대당 500만 달러에 만들고 싶다고 했다. 꽤 큰 금액처럼 들릴지 모르겠지만, 평범한 우주선을 제작하는 데도 문자 그대로 수십억 달러가 들 수 있다. 그런데 스타십은 평범한 우주선이 아니다. 지금까지 만들어진 우주선 중에서 가장 크고 가장 강력한 우주선이다. 그런데 머스크는 이 우주선을 500만 달러에 만들고 싶다는 것이었다.

나도 모르게 입에서 "에이, 미친 소리야"라는 말이 튀어나왔다.

그러자 머스크가 "맞아요, 미친 소리죠"라고 맞받았다.

"정말로 미친 소리예요."

"맞아요, 말도 안 되는 소리라는 거 압니다."

나는 "항공우주 업계 어디를 둘러봐도 이것과 비슷한 말조차 하는 사람이 없어요"라고 말했다.

"맞아요, 완전히 미친 짓입니다. 여기서 우리가 하는 일은 기존의 우주 패러다임하고는 안 맞아요. 우리는 인류가 화성에 정착할 수 있게, 그래서 다행성 종이 될 수 있게 하려고 대규모 우주선 선단을 만들 작정입니다. 각각의 우주선은 모두 새턴V보다 더 많은 화물을 탑재할 것이고 재사용도 가능할 겁니다."

머스크가 말했다.

수천 대의 스타십을 제작하겠다는 것이나 화성에서 스타십에 연료를 재충전하는 것의 어려움에 대해 고민하는 모습을 보면, 우주로 진출하는 것을 바라보는 머스크와 스페이스X의 근본 자세를 알 수 있다. NASA는 우주를 탐사한다. 아폴로 시절에 NASA는 두 명의 우주 비행사를 달 표면에 잠깐 내려보내는 것으로 끝이었다. 화성에도 수수의 우주 비행사를 보냈다가 귀환시키는 임무를 구상하고 있다. 그런 다음 그들이 지구로 돌아오면 색종이 테이프를 뿌리는 축하 행진으로 끝날 것이다. 하지만 머스크는 화성 탐사를 원하지 않는다. 그는 화성에 인류를 정착시키고 싶어 한다. 인간이 지난 60년 동안 우주에서 해온 일과 비교하면 이것은 정말로 엄청난 차이다.

정말 터무니없을 정도로 거대한 프로젝트다. 엄청난 공학적 도전 과제는 모두 제쳐두고라도 내 머릿속에는 한 가지 큰 의문이 남았다.

도대체 이 돈은 누가 감당할 것인가?

화성에 도시를 건설하는 비용은 누가 댈 것인가?

뷸렌트 알탄은 이 답을 알고 있는 사람 중 하나였다. 튀르키예 출신의 알탄은 2002년에 미국으로 건너와 스탠퍼드대학교 대학원에 진학했다. 2년 뒤 그는 스페이스X에 입사해 콰절레인에서 팰컨1 로켓을 발사하던 시절에 항공전자 엔지니어로 중추적인 역할을 담당했다. 그때부터 그 이후 팰컨9과 드래건을 개발하는 동안 알탄은 스페이스X에 자신의 모든 것을 바쳤다.

안 좋은 점도 있었다. 그는 팰컨9 초도 발사 준비를 마치기 위해 정신없이 일하던 중 튀르키예에 있는 여동생으로부터 전화를 받았다. 어머니가 아프다는 것이었다. 건망증이 심하고 잘 걷지 못한다고 했다. 그러면서 집에 한번 올 수 있느냐고 물었다. 알탄은 팰컨9 첫 발사가 끝난 후 튀르키예에 갔다. 10년 사이에 두 번째 방문이었다. 그의 어머니는 엔지니어였다. 알탄이 이 진로를 선택한 것도 어머니의 영향이 컸다. 알탄은 어머니와 가까웠지만, 더는 팰컨9 로켓 발사가 성공했다는 이야기를 어머니와 나눌 수 없다는 사실을 깨달았다. 어머니가 그의 말을 알아듣지 못하기 때문이었다. 나중에 그의 어머니는 퇴행성 뇌질환인 크로이츠펠트-야코프병 진단을 받았다.

"사형선고나 다름없었어요. 그 뒤로 어머니 병세는 급속히 악화되었죠." 알탄이 말했다.

2012년 10월 드래건은 우주정거장을 향해 실제 임무를 수행하는 첫 비행을 떠났다. 로켓 발사 후 알탄은 가까운 회사 동료 데이비드 기거, 폴 포케라와 함께 저녁 식사를 하러 갔다. 식사 도중 알탄은 튀르키예에서 걸려온 전화를 받았다. 어머니가 돌아가셨다는 것이었다. 무슬림 전통에 따르면, 죽은 사람은 가급적 빨리 매장해야 한다. 하지만 알탄은 아버지에게 로봇 팔이 우주선을 포획해 버싱할 때까지 자리를 지켜야 한다며 하루만 더 기다려달라고 부탁했다. 이튿날 그가 우주선 운용실로 들어서니 존 쿨러리스가, '어머니가 돌아가셔서 안 됐네. 그런데도 이 자리에 와줘서 매우 고맙네'라고 말하는 듯한 표정으로 그를 쳐다보며 고개를 끄덕였다. 드래건이 버싱에 성공하자 알탄은 운용실 뒤로 걸어가 쿨러리스와 포옹한 뒤 공항으로 차를 몰았다.

알탄은 어머니를 잃고 나서 그동안 자신을 위해 가족이 희생해왔다는 사실을 깨닫고 큰 충격을 받았다. 장례식을 마치고 돌아온 그는 오로지 일만 하는 스페이스X의 생활 방식을 새로운 시각으로 바라보게 되었다. 그래도 한동안 묵묵히 자기 일을 해나갔다.

그는 항공전자 담당 부사장이 되어 팰컨9을 버전 1.1로 업그레이드하는 책임을 맡았다. 2013년 여름, 팰컨9 버전 1.1 첫 발사가 임박했을 무렵 알탄은 팀 부차, 한스 쾨니히스만과 함께 반덴버그 발사장 인근에 있는 주택으로 거처를 옮겼다. 그는 LOX 대규모 증발 사건이 일어난 뒤 머스크와 소통하는 과정에 부차가 겪는 고통을 바로 옆에서 목격할 수 있었다.

어머니를 잃은 그의 눈에는 이런 것이 좋게 보이지 않았다. 부차가 스페이스X를 떠나기로 마음먹은 날 알탄도 비슷한 결론에 도달했다.

"부차는 내 롤 모델이었어요. 아마 스페이스X에서 가장 닮고 싶었던 사람이었을 겁니다. 부차에게 그런 일이 일어났을 때 나도 회사를 그만뒀어요. 하고 싶었던 일을 해봤으니 이제 다음 도전을 할 때라고 생각했습니다." 알탄이 말했다.

2014년 알탄은 스페이스X와 거리를 두기 위해, 튀르키예에 있는 가족과 가까운 거리에 있으면서도 항공우주 업계에서 일할 수 있는 유럽으로 이주했다. 그는 울타리 건너편의 삶, 즉 스페이스X 같이 혁신을 하지 못하면 죽는 환경에서의 삶이 아니라 전통적인 대형 방위산업체의 삶은 어떤지 알아보고자 독일의 뮌헨 근처에 있는 '에어버스 디펜스앤스페이스(Airbus Defense and Space)'에 입사했다.

그렇다면 공격적인 스타트업에서 30개국에 4만 명의 직원이 근무하는 대기업으로 옮긴 그의 소감은 어땠을까? 전반적으로 끔찍한 경험이었다고 했다. 뛰어난 리더가 많았지만 회사 문화를 바꾸지는 못했다고 했다. 머스크가 결정하면 직원들은 그대로 실행하거나 회사를 그만두거나 아니면 결국 해고되는 스페이스X와 너무 차이가 난다고 했다. 또 스페이스X와 달리 경영진의 권한이 너무 크다고도 했다.

알탄은 에어버스에서 근무한 지 몇 달이 지나자 자신이 가지고 있는 '디지털 변환 및 혁신 책임자'라는 직책이 조롱처럼 느껴지기 시작했다. 그래서 2016년 여름 머스크에게 이메일을 보냈다. 알탄은 우호적인 분위기에서 스페이스X를 떠났었다. 그는 머스크에게 다시 바쁘게 돌아가는 근무 환경에서 일하고 싶다고 했다. 머스크는 그의 재능에 맞는 자리를 찾아보겠다고 답했다.

머스크는 알탄에게 새로 시작한 스타십 프로젝트와 스타링크 (Starlink) 위성통신망 프로젝트 중 하나를 선택하라고 했다. 항공전자와 전자공학을 전공한 알탄은 수천 개의 스타링크 위성을 개발해 쏘아 올리는 일이 매력적으로 느껴졌다. 스페이스X가 스타링크 사업 초창기라 위성 개발에 어려움을 겪고 있었기에 머스크도 그가 이 일을 해주기를 바랐다.

"머스크는 대규모 위성통신망의 역사는 실패의 이야기로 점철되어 있다고 말했습니다. 스타링크 통신망에 대한 그의 걱정을 느낄 수 있었죠." 알탄이 말했다.

2016년까지도 인공위성을 이용한 초고속 인터넷 서비스는 미래의 이야기처럼 들렸다. 우주에서 데이터를 수신하는 것은 새로운 일이 아니었다. 당시 DirecTV와 디시네트워크(DISH Network)는 20년째 위성방송 서비스를 제공해오고 있었다. 하지만 이 신호는 정지궤도에 있는 고가의 대형 위성에서 전송되는 것이었다. 지구 상공 3만 5천 킬로미터가 넘는 이 고도에서는 위성이 지구를 공전하는 속도와 지구가 자전하는 속도가 정확히 일치한다. 정지궤도의 위성은 항상 하늘에서 같은 위치에 있기 때문에 매우 유용하다.

문제는 데이터가 위성까지 오가려면 수만 킬로미터를 이동해야 하므로, 아무리 빛의 속도로 움직인다고 해도 지연이 발생한다는 점이다. 따라서 초고속 인터넷 서비스를 지연 없이 제공하기란 거의 불가능하다. 해결책은 위성을 지구 저궤도에 올려놓는 것이다. 하지만 저궤도의 위성은 지구의 자전 속도보다 훨씬 빠른 속도로 지구 둘레를 공전한다. 이 위성은 한쪽 지평선 끝에서 다른 쪽 지평선 끝까지 이동하는 데 몇 분밖에 걸리지 않는 속도로 우리 머리 위를 쌩하고 지나간다. 따라서 위성을 이용한 광대역 인터넷을 사용하려면 위성 수가 많아야 할 뿐만 아니라, 위성이 지평선 너머로 사라지더라도 사용자와의 연결이 끊어지지 않도록 위성 상호 간 소통을 계속 유지할 수 있을 만큼 위성을 똑똑하게 만들어야 한다.

머스크는 전 세계를 커버하는 인터넷망을 구축하려면 어림잡아 1만 2천 개의 스타링크 위성이 필요하다고 추산했다. 상상을 초월하는 숫자다. 세계에서 수백 개 이상의 위성을 운용하는 기업은 없다. 아니 그런 국가도 없다. 스타링크 위성은 그 크기도 그렇게 작은 편이 아니다. 위성 하나가 대략 식탁 정도의 크기이고 무게도 230킬로그램이 넘는다. 이 모든 정교한 기술을 개발하고, 개발한 위성을 우주로 쏘아 올리려면 적어도 100억 달러는 들어갈 프로젝트였다.

그렇다면 머스크는 왜 이 일을 하려고 했을까? 스페이스X는 이미 그의 기대에 대한 부담감으로 헉헉대고 있었다. 알탄은 AMOS-6 폭발 사고가 일어난 직후에 회사에 복귀했다. 머스크가 멕시코에서 스타십 구상을 발표하기 전이었다. 스페이스X는 팰컨 9의 비행 재개를 준비하고 스타십을 설계하느라 정신없이 바쁘게 돌아가고 있었다. 그런 회사가 세계에서 가장 큰 위성통신 사업자가 되려는 것이었다. 그것도 다른 사업자보다 열 배 이상 규모가 큰 사업자를 목표로 하고 있었다.

알탄은 이렇게 말했다. "머스크는 스타링크가 성공해야 한다는 점을 분명히 했습니다. 스타링크는 스페이스X의 황금알을 낳는 거위가 되어, 앞으로 우리가 하려고 하는 모든 일의 자금원이 될 것이라고 했죠."

다시 말해 스타링크를 만들려는 이유는 전 세계의 외딴 지역에서 미군이나 미 동맹군이 유용하게 사용할 안전한 통신망 제공뿐만 아니라, 컴캐스트를 비롯한 인터넷 사업자와 경쟁하려는 것이었다. 이 사업은 수천억 달러까지는 아니라 해도 수백억 달러의 잠재적 가치가 있었다. 머스크는 이 가치를 주주들에게 나눠주는 대신 우주선 선단을 만들어, 100만 톤의 화물을 화성으로 실어 보내 화성에 자급자족할 수 있는 정착지를 만들 생각이었다.

머스크는 스타링크팀과 잠재 고객을 대상으로 마케팅을 어떻게 할지를 논의하는 회의 석상에서 이렇게 말했다. 그 자리에는 나도 옵서버로 참석했다.

"우리 서비스를 이용하면 인류가 다행성 종이 될 수 있도록 돕는 것이라는 사실을 고객들에게 알려야 해요. 이렇게 말하는 겁니다. '당신은 컴캐스트 따위의 서비스를 이용할 수도 있고, 인류가 지구 너머로 진출할 수 있게 도울 수도 있습니다. 선택은 당신 몫이죠.'"

머스크는 화성 정착 비용을 대기 위해 2010년대 중반에 커다란 모험을 감행했다. 스페이스X가 거대한 프로젝트를, 그것도 하나가 아니라 두 개를 동시에 시작한 것이었다. 하나는 스타십이었고 다른 하나는 스타링크였다. 둘 다 역사상 전례가 없는 프로젝트였다. 스타십은 NASA의 강력한 새턴V 로켓보다 더 크고 더 강력할 터였고, 여러 번 재사용할 수 있을 터였다. 스타링크는 역사상 어떤 군집위성보다도 더 크고 더 야심 찬 위성통신망을 목표로 하고 있었다. 두 프로젝트 모두 실패할 가능성이 높았다.

알탄은 이렇게 말했다. "머스크는 스페이스X가 돈을 엄청나게 잘 벌어 재무적으로 놀랄 만큼 성공한 회사가 되더라도 화성에 가지 못한다면 실패한 회사라는 생각을 갖고 있어요. 나는 머스크의 그런 점이 맘에 듭니다. 머스크에 대한 온갖 안 좋은 얘기들은 논외로 하고, 이 최종 목표에 대한 그의 집중력은 어마어마해요. 다른 사람들은 모두 스페이스X가 성공했다고 평가하더라도 이 두 가지를 달성하지 못한다면 머스크의 기준으로는 스페이스X가 실패한 거예요."

머스크는 과달라하라 연설에서는 스타링크를 언급하지 않았다. 대신 '자금 조달'이라는 제목의 슬라이드에서 거대한 화성 프로젝트에 비용을 댈 몇 가지 방법을 우스개 식으로 나열했다. 그가 제시한 방법으로는 속옷 훔치기[1], 위성 발사하기, 우주정거장에 화물과 우주 비행사 실어 보내기, 킥스타터[2] 등이 있었다.

머스크는 과달라하라 연설에서 이렇게 말했다. "이 프로젝트의 자금 조달은 분명히 어려운 과제가 될 겁니다. 우리는 위성을 많

---

1 미국의 TV 시리즈 애니메이션 〈사우스 파크(South Park)〉 두 번째 시즌에 나오는 에피소드에서 땅속 요정 노움(gnome)이 제시한 사업 계획에서 유래한 표현. 그의 사업 계획 프레젠테이션은 1. 속옷 훔치기, 2. ?, 3. 수익으로 되어 있다. 구체성이 없는 사업 계획이나 정치적 목표를 은유하는 표현으로 쓰인다.

2 Kickstarter. 미국의 크라우드 펀딩 서비스.

이 발사하고 우주정거장에 화물을 운송해 상당한 금액의 순현금 흐름을 창출할 수 있으리라 기대합니다. 그리고 민간 부문에서 화성 기지 건설에 자금을 지원할 의사가 있는 사람이 많다는 사실도 알고 있습니다. 그러면 아마 정부 부문에서도 관심을 갖게 되겠죠. 궁극적으로 이 프로젝트는 거대한 민관 공동 프로젝트가 될 것입니다."

머스크가 멕시코에서 스타링크에 대해 공개적으로 언급하지 않은 이유 중 하나는 이 프로젝트가 어려움을 겪고 있었기 때문이다. 2014년 알탄이 스페이스X를 떠나자 머스크는 오랫동안 마이크로소프트에서 근무한 엔지니어 라지브 배디얼(Rajeev Badyal)을 영입해 항공전자팀 운영을 맡겼다. 배디얼은 마이크로소프트에서 근무하는 동안 엑스박스 같은 성공작도 내놓았지만 휴대용 음악 플레이어 Zune 같은 실패작도 경험했다.

그는 스페이스X에 합류한 뒤 스타링크 프로그램을 이끌게 되었다. 배디얼은 마이크로소프트에 있는 그의 인맥을 활용하기 위해 머스크를 설득해 스타링크 사무소를 워싱턴주 레드먼드로 옮겼다. 이곳은 스페이스X가 호손 외의 지역에 개소한 첫 번째 제품 설계 사무소다.

레드먼드 사무소는 호손에서 1천 6백 킬로미터 이상 떨어진 데다 마이크로소프트 같은, 스페이스X보다 보수적인 환경에서 근무하던 사람들로 채워져 있어 독자적인 기업 문화가 형성되었다.

이런 현상을 못마땅하게 여긴 머스크는 레드먼드 사무소에 대한 관리, 감독을 강화하고 싶어 했다. 초창기 멤버 중 한 사람인 알탄은 스페이스X가 공격적으로 일하던 시절에 성년이 되었다. 머스크는 알탄을 '위성 임무 보장' 담당 부사장으로 임명해 레드먼드로 파견했다.

이 실험은 계획대로 잘 이루어지지 않았다. 스페이스X 전체 인력의 약 5퍼센트에 해당하는 수백 명의 레드먼드 사무소 직원들은 알탄을 호손의 스파이로 생각했다. 그들은 머스크의 궤도를 벗어나 자기들만의 방식으로 일하려고 했다. 가끔 알탄이 자리에 앉아 있으면 여러 사람이 회의를 마치고 나가는 모습이 보일 때가 있었다. 알탄이 무슨 회의를 했느냐고 물어보면 궤도 잔해 같은 주제의 회의라고 답할 때도 있었다.

"임무 보장 책임자는 궤도 잔해 문제에 대해서도 알아야 해요. 그런데 그 사람들은 언제나 나를 빼돌리고 회의를 하는 거예요." 알탄이 말했다.

알탄은 이런 상황을 견딜 수 없어 2017년 9월에 두 번째로 스페이스X를 그만두었다. 몇 달이 지난 2018년 초, 스페이스X는 틴틴 A와 틴틴 B라는 이름을 붙인 첫 번째 스타링크 위성 시제품 두 개를 쏘아 올렸다. 두 위성의 작동 상태는 양호했다. 하지만 그해 봄 머스크는 위성 개발 속도를 놓고 배디얼과 충돌했다. 배디얼은 스타링크 위성의 설계를 고쳐가며 시제품을 몇 번 더 쏘아 올려본 뒤에 실제 운용할 군집위성을 발사하고자 했다. 머스크는 마크 훈 코사를 레드먼드로 보내 실태를 살펴보도록 했다. 훈코사는 머스 크가 의심한 대로 레드먼드 사무소는 업무 처리 속도가 너무 느리 고, 머스크의 요구에 부담을 느끼고 있는 듯하다고 보고했다.

머스크에게는 그것으로 충분했다. 2018년 6월 머스크는 레드 먼드로 날아가 배디얼과 스타링크 프로그램 책임자 네 명을 해고 했다. 그는 레드먼드 사무소의 방향을 바로잡고, 스페이스X의 빨 리 움직이는 문화를 레드먼드 사무소에 심기 위해 훈코사를 책임 자로 임명했다. 그로부터 1년도 채 지나지 않아, 스페이스X는 스 타링크 위성 60기로 이루어진 1차분 물량을 발사대에 올려놓을 수 있었다. 속도와 기술 측면에서 놀라운 성과였다. 이렇게 빠른 속도의 위성 대량 생산은 그때까지 우주 업계에서 전례 없던 일이 었다. 위성과 지상 사이 그리고 위성 상호 간에 신호를 전달하려 면 정교한 기술이 필요한데 이 문제도 극복했다. 언제나 그랬듯이 훈코사는 머스크의 가장 중요한 해결사였다.

위성을 발사하기 전날 머스크는 기자들에게, 이 단계에 도달하 는 데 필요한 기술을 개발하는 것이 매우 어려웠다고 말했다.

"신기술을 많이 적용했기 때문에 일부 위성이 작동하지 않을 수도 있어요. 그래도 전체 위성이 다 작동하지 않을 가능성은 거 의 없습니다." 머스크가 말했다.

하지만 대부분의 위성은 정상적으로 작동했다. 2023년 말 현재 재사용이 가능한 팰컨9 로켓 덕분에 거의 6천 개의 스타링크 위성이 우주를 날아다니고 있다. 로켓 회사로 출발한 스페이스X는 이제 세계에서 가장 큰 위성통신 사업자라는 타이틀도 거머쥐었다. 현재 스타링크는 궤도에 있는 모든 활동 위성의 3분의 2를 차지하고 있다. 화성 프로젝트 측면에서 중요한 것은 스타링크가 양(+)의 현금흐름을 창출하기 시작했다는 점이다.

이렇게 되면 스페이스X는 화성에 가기 위해 속옷을 훔칠 필요가 없을지도 모른다.

머스크 밑에서 일한다는 것은?

머스크가 레드먼드 사무소에 스페이스X 문화를 심고자 했을 때 그 문화가 의미하는 것은, 최대한 열심히 그리고 최대한 빨리 일을 밀어붙이는 것이었다. 그는 장시간 근무와 뛰어난 업무 처리 능력을 원했다. 훈코사 같은 참모들은 머스크의 요구를 이해하고 이를 실행에 옮겼다.

이런 관리 방식에는 분명한 장점이 있다. 스페이스X는 우주 업계에서 가장 우수한 제품을 경쟁사보다 더 빠르게, 그리고 훨씬 적은 비용으로 만들어낸다. 단점도 매우 분명하다. 이런 근무 환경은 직원들에게 피해를 준다. 일부 관리자, 예컨대 플로리다에서 근무하던 브라이언 모스덜 같은 사람은 장시간 근무에 불만을 품고 회사를 그만두었다. 모스덜은 이런 문화를 직원들에게 강요하는 것에 불편함을 느꼈다.

모스덜은 이렇게 말했다. "그들이 어떻게 생각하는지 모르겠지만 일주일에 80시간 근무는, 100시간은 말할 것도 없고, 있을 수 없는 일입니다. 그들은 이 문제를 민감하게 받아들이지 않는 듯해요. 회사를 그런 식으로 계속 끌고 가기 위해 모르는 척하는 것일 수도 있고요. 스페이스X의 경영 전략은 사람들이 쓰러질 때까지 일 시키는 것이라는 생각이 듭니다. 사람은 나중에 교체하면 되니까요. 그사이에 최대한 우려먹는 거죠."

스페이스X에는 기본적으로 두 계층의 직원이 있다. 하나는 머스크와 대면하는 직원이고, 다른 하나는 그런 관리자 밑에서 일하는 직원이다. 각 계층에는 그 나름의 어려움이 있다. 관리자에게는 머스크를 만나는 것 자체가 도전이다. 하위직원들에게는 엄청나게 빡빡한 일정과 불가능해 보이는 엔지니어링 문제의 해결을 요구하는 머스크의 지시를 이행하는 것이 도전이다. 이 책을 쓰기 위해 내가 공식적 또는 비공식적으로 만난 거의 모든 직원이 평생 일해본 직장 중에 스페이스X가 가장 힘들었다고 말했다. 이들은 모든 것을 쏟아붓지 않으면 금방 쫓겨난다고 했다.

이 문화를 조금 더 잘 이해하려면, 스페이스X에서 보내는 시간을 사랑했지만 결국 스페이스X에 등을 돌린 직원들의 경험담을 들어보는 것이 도움이 될 것이다.

머스크와의 첫 만남에서 경외감을 느꼈던 비디오 게임 프로그래머 로버트 로즈는 소프트웨어 엔지니어라는 초급 직원에서 시작해 2011년에 머스크에게 직보하는 비행 소프트웨어 책임자 자리에 올랐다. 로즈는 스스로를 〈울프 홀〉이나 〈튜더스〉에 나오는, 미천한 출신에서 시작해 헨리 8세의 궁정에서 중요한 자리를 차지하는 토머스 크롬웰 같은 인물처럼 느꼈다.

"언젠가는 머스크와 마지막 대화를 나누는 날이 오리라는 사실을 알고 있었습니다. 나는 머스크와 회의할 때마다 그게 마지막 회의라는 생각으로 임했어요. '잘리지 않으려면 이번 회의에서는 무슨 내용을 말해야 하지?'라는 것이 기본적인 내 생각이었죠. 나는 업무와 감정을 분리할 줄 압니다. 많은 사람이 그걸 못해 머스크와 일하면서 마음고생을 많이 했죠." 로즈가 말했다.

로즈는 이 고위직에서 3년 넘게 버텨냈다. 그 기간에 그는 장시간 근무와 고된 업무 환경에도 불구하고 사람들을 스페이스X로 끌어들이는 일종의 도취감 같은 것을 경험했다. 그는 팰컨9의 발사 업무를 도왔고, 카고 드래건과 크루 드래건의 프로그래밍을 맡아서 처리했다. 그가 이끌던 팀은 나중에 팰컨9을 착륙시키는 데 쓰인 코드를 프로그래밍하기도 했다. 스페이스X가 로즈 같은 직원들을 영입할 수 있었던 이유는, 그들이 스페이스X의 사명을 진정으로 믿었기 때문이다. 그들은 다른 곳에 가서 돈을 더 많이 벌 수도 있었다. 하지만 스페이스X에서는 문자 그대로 인류 지성의 빛을 우주의 깊은 곳으로 확장하는 데 기여할 수 있었다. 스페이스X가 성취하려는 일에 자신이 도움을 줄 수 있다는 데서 오는 감동과 기쁨이 문자 그대로 로즈를 압도한 순간도 있었다. 그럴 때면 잠을 자는 것도 그 일을 하기 위해서라고 생각했다.

하지만 사람에게는 누구나 한계점이 있다. 로즈의 한계점은 2014년 크루 드래건에 비행을 제어하는 터치스크린 설치 문제를 놓고 머스크와 감정을 소진하는 힘든 회의를 한 뒤에 찾아왔다(이에 대한 자세한 내용은 11장에서 설명할 예정이다). 그가 스페이스X에서 근무한 기간은 5년이 조금 넘었지만, 그에게는 20년처럼 느껴졌다. 당시 로즈는 결혼한 지 얼마 되지 않은 30대 중반의 나이였는데도 이미 정년을 다 채운 듯한 느낌이 들었다.

"몇 년 동안 계속해서 주당 100시간 근무를 하면 결혼 생활이 힘들어지죠. 이 일을 1년만 더 했더라면 아내에게 이혼 서류를 받았을 겁니다. 아내는 사내애를 키우려면 아빠가 있어야 한다고 했어요. 자기도 남편이 필요하다고 했죠. 그러면서 나한테 가장 중요한 게 뭔지 한번 생각해보라고 했습니다. 아내 말이 맞았어요. 우리 애들이 아빠 없이 자라게 돼서는 안 된다는 생각이 들었죠." 로즈가 말했다.

조시 융은 2004년 초에 맥그리거의 첫 정규직 엔지니어로 스페이스X에 입사했다. 그는 이 일을 정말 좋아했다. 대학을 갓 졸업한 융은 건사할 가족도 없었다. 그는 시험대를 구축해 로켓엔진 연소 시험을 하면서 자신이 정말 하고 싶었던 일을 하고 있다고 느꼈었다. 초기 몇 년 동안은 일주일에 7일 꼬박, 그것도 종종 하루 열두 시간씩 일하는 미친 듯한 일정이 쉼 없이 이어졌다. 시험 기술자가 한두 명밖에 없을 때가 많았기 때문에 로켓 시험을 할 때면 아무도 자리를 뜰 수 없었다. 모두 그저 일만 했다.

이런 상황은 시간이 지나면서 점점 개선되었다. 융이 입사할 때 세 명이었던 맥그리거 시험장 직원은 수백 명으로 늘어났다. 시험 기술자가 서른 명, 지상 지원 기술자가 서른 명일 때도 있었다. 그래서 시차를 두고 교대 근무를 할 수 있었기에 쉬는 날이 생겼다. 요즘도 일이 바쁠 때는 한 달 내내 주 7일, 하루 열두 시간씩 일할 때가 있다. 이런 일은 머스크나 샷웰이 요구하는 프로젝트 마감 기한이 너무 짧아 인력을 더 채용하지 못할 때 발생한다.

맥그리거에서 시험대 관련 업무를 시작한 지 10년이 지나자 융에게 시험장 책임자로 일해달라는 요청이 들어왔다. 그는 관리 업무를 하고 싶지 않았지만 텍사스의 시험장을 계속 유지하기 위해 그 직책을 받아들였다. 2년이 지난 2016년, 융은 3개월의 안식 휴가를 떠났다. 그 기간에 여자 친구가 첫 아이를 임신했다. 그러자 융은 스페이스X와 가정 중에서 하나를 선택해야 한다는 사실을 알게 되었다.

"지금 내가 안고 있는 문제는 아직도 스페이스X를 머릿속에서 지우지 못한다는 거예요. 집에 있을 때는 아직도 핸드폰이나 컴퓨터로 스페이스X를 찾아보고 있어요. 멈출 수가 없습니다. 그 일을 너무 좋아했으니까요. 당시 내 고민은 어떻게 하면 가정을 유지하면서도 스페이스X에서 계속 일할 수 있을까였죠. 어떤 사람들은 스페이스X를 잊을 수 있다는데, 나는 잊을 수가 없어요. 내가 사랑하던 일이었으니까요. 나는 로켓의 연기와 화염이 좋아요. 우리는 정말 어려운 문제와 씨름했습니다. 놀라운 일을 했죠. 그래서 어떤 해결책을 찾을 때까지 스페이스X로 돌아가지 않는 게 저 자신한테 더 낫겠다는 생각이 들었어요. 거의 7년이 지났지만 아직도 스페이스X 생각이 나요. 가끔 돌아갈 때가 정말 가까워졌다는 생각이 들 때가 있습니다." 융이 말했다.

그는 아직 돌아가지 않았다.

필립 렌치는 39A 발사단지에서 팰컨 헤비와 크루 드래건을 발사할 수 있도록 하는 재건 공사 작업을 돕다가, 2018년 8월 스타십 발사장 건설 작업에 참여하기 위해 텍사스 남부로 자리를 옮겼다. 그에게는 거의 다른 행성으로 이주한 것과 같았다.

케이프 커내버럴과 인근의 케네디우주센터는 반세기 이상 로켓 발사장으로 이용되어왔다. 시간이 지나면서 이 두 시설은 세계에서 가장 크고 가장 앞선 우주 공항이 되었다. 우주 공항 출입구 바로 너머에 있는 작은 마을과 도시에는 식당과 호텔, 편의시설이 즐비하다. 월트 디즈니 월드도 한 시간 이내의 거리에 있다.

이에 비해 스페이스X가 스타십 발사장을 짓기 위해 인수한 텍사스 남부의 부지는 대서양이나 멕시코만에 면한 땅으로서는 미국에서 가장 외진 곳에 있는 해변 부동산일 것이다. 이곳에 가려면 브라운스빌에서 보카치카 해변까지 이어진 제한 속도 60킬로미터의 2차선 도로를 타는 길밖에 없다. 군데군데 포장이 갈라진 이 도로를 타고 달리다 보면 마치 세상의 끝을 향해 운전하는 듯한 느낌이 든다. 렌치도 처음 도착했을 때 그런 느낌을 받았다. 남쪽으로는 리오그란데강, 동쪽으로는 멕시코만을 끼고 있는 보카치카는 해수면보다 불과 1미터 남짓 높은, 건조하고 황량한 관목 지대여서 외진 곳이라는 느낌이 더 강해진다. 이곳은 1년 대부분 타는 듯이 덥다. 겨울은 몇 주 정도 이어지는데 이때는 바람이 많이 불고 춥다.

2018년까지 이곳에는 드래건 우주선을 추적하는 대형 접시 안테나 몇 개밖에 없었고, 존 무라토레가 이끄는 팀 소속의 직원 몇 사람이 일하고 있었다. 렌치의 첫 임무는 가로 60미터, 세로 90미터, 높이 8미터의 흙더미를 운반하는 것이었다. 스페이스X는 발사장을 만들기 위해 몇 년 전에 이 흙을 옮길 준비를 해놓았다. 흙더미의 무게는 대략 6만 톤이었다. 이 무게의 흙이 원래 늪지대였던 밑바닥을 서서히 내리누르면서 바닥이 자연스럽게 다져져 훌륭한 기반이 조성되었다. 이제 이 기반 위에 진짜 발사장을 구축하기 위해 흙을 옮겨야 했다. 무라토레가 토사 운반 회사와 접촉해 견적서를 받아보니 견적 금액이 100만 달러가 넘었다. 하지만 머스크는 그런 데 돈을 쓰려고 하지 않았다. 그래서 렌치는 다른 엔지니어 몇 사람과 함께 굴삭기, 불도저, 덤프트럭을 빌려 직접 흙을 실어 날랐다. 그들은 몇 주 동안 쉬지 않고 미친 듯이 같은 일을 반복해야 했다.

"우리가 흙 옮기는 작업을 하자 '저 사람들 도대체 뭐 하는 거죠?'라는 질문이 인터넷에 올라오기 시작했어요." 렌치가 말했다.

2019년 초 텍사스 남부 팀은 스타호퍼(Starhopper)라는 이름의 소형 스타십 시제품을 만들기 시작했다. 스페이스X는 2019년 7월과 8월에 이 작은 우주선을 잠깐 시험 비행해본 뒤 바로 퇴역시켰다. 몇 달 뒤 무라토레가 스페이스X를 떠나자 렌치는 머스크에게 직보하는 텍사스 남부 발사장 책임자 자리를 맡게 되었다. 몇 년 전까지만 해도 플로리다의 시월드에서 놀이기구를 수리하던 전자 엔지니어가 하루아침에 벼락출세를 한 셈이었다.

머스크는 주말이면 종종 텍사스 남부로 날아가 토요일 밤을 보내며 발사장 작업 진행 상황을 점검하고 필요한 부분을 독려하곤 했다. 어느 주말 렌치와 머스크는 일요일 새벽 두세 시경까지 스타십 공장 건축 계획을 논의했다. 머스크는 렌치의 구상이 아주 마음에 든다며 바로 시작하자고 했다. 그다음이 문제였다.

"머스크가 나에게 콘크리트 회사에 전화하라고 하더라고요. 내가 여기 와 있으니 콘크리트 회사 담당자가 당장 이리로 와야 한다는 식이었죠. 그래서 어쩔 수 없이 우리가 이용하던 콘크리트 회사에 전화를 걸었습니다. 당연히 그 시간에 전화를 받을 리가 없죠." 렌치가 말했다.

이것이 머스크가 일을 처리하는 방식이다. 머스크는 결정을 내리면 옳든 그르든 바로 실행에 옮긴다. 위원회 같은 것은 없다. 그 자신이 1인 위원회다. 이것이 스페이스X가 신속히 움직일 수 있는 이유다.

"같은 날 머스크가 나에게 스타십 공장을 지으려면 뭐가 필요한지 묻더군요. 그래서 나는 보카치카 주변에 있는 모든 땅을 가리키는 것부터 시작해 이것도 필요하고 저것도 필요하다는 식으로 죽 이야기했죠. 그랬더니 내가 말하는 것마다 다 알았다는 식으로 대답하더군요. 머스크는 사실상 그 순간 스타십 공장을 짓는 데 필요한 모든 권한을 나한테 위임했습니다." 렌치가 말했다.

얼마 지나지 않아 렌치는 머스크가 요구하는 속도가 너무 버겁다고 느끼기 시작했다. 머스크는 작업의 편의를 위해 풋볼 경기장 크기만 한 길이 120미터, 폭 33미터의 거대한 천막 세 개를 지붕 삼아 그 밑에 공장을 지으라고 했다. 2019년 11월 22일 아침, 렌치는 머스크에게 상황 보고 전화를 걸었다. 전날 밤 머스크는 잠을 제대로 자지 못했다. 전날 저녁 로스앤젤레스에서 테슬라의 사이버트럭을 공개하는 행사가 있었는데, 행사가 뜻대로 진행되지 않았기 때문이었다. 머스크는 발표 도중 테슬라의 수석 디자이너 프란츠 폰 홀츠하우젠을 무대로 불러 트럭 유리창이 방탄이 된다는 것을 시연하도록 했다. 그런데 폰 홀츠하우젠이 유리창에 쇠

공을 던지자 유리창이 산산조각 나버렸다. 그러자 머스크는 "공을 너무 세게 던진 것 같군요"라고 얼버무렸다. 그러니 그다음 날 아침 머스크의 기분이 좋을 리가 없었다. 게다가 렌치는 천막을 구입해 설치하는 데 걸리는 시간이 예상보다 길어지고 있다고 보고 했다.

"머스크는 잠을 못 잔 것 같았어요. 그는 말도 안 되는 그 일로 내게 해고하겠다고 으름장을 놓았어요. 천막 문제를 두고 말이에요. 그 순간 내 인내심이 바닥 났습니다. 당시 주당 80에서 90시간씩 일하고 있었고, 가족들 얼굴 본 지가 적어도 한 달은 됐을 거예요. 몸과 마음이 지칠 대로 지쳐 있었죠." 렌치가 말했다.

머스크와 통화를 마친 렌치는 잭 던에게 전화를 걸었다. 그는 회사를 그만두었다. 렌치는 가능한 한 로켓으로부터 멀리 떨어진 곳에 가서 살고 싶었다. 그는 아내와 함께 메인주 남부로 이주한 뒤 8만 제곱미터 넓이의 농장을 매입해 과일나무 10만 그루를 심었다. 여름이면 렌치 부부는 지역 주민들을 초대해 딸기를 딸 수 있도록 한다. 그는 붉은 행성을 기꺼이 붉은 과일과 바꿨다.

스페이스X에서 고위직에 오른 사람들은 이구동성으로 자신이 덤으로 주어진 시간을 살고 있다는 사실을 받아들여야 한다고 말했다. 스페이스X에서 5년 동안 이사급으로 근무한 아비 트리파티는 이렇게 말했다.

"스페이스X에서 이사라면, 특히 부사장이라면 자신은 이미 죽은 목숨이라고 생각하고 있어야 합니다. 과장된 말로 들릴 수도 있겠지만, 부사장이 되면 해고되거나 번아웃이 올 가능성이 거의 100퍼센트예요. 이사 자리는 엄청난 압박을 받지만 자유로워질 수 있다는 점에서 양날의 검과 같아요."

이 중력을 거스른 유일한 사람은 고객들에게 인정받았고 머스크와 함께 일하는 재능이 있는 그윈 샷웰이다. 샷웰을 제외하면 누구보다도 오랜 기간인 19년 동안 머스크 가까이에서 일한 한스 쾨니히스만은, 자기 페이스를 지키는 것과 머스크의 기대치를 관리하는 것 사이에서 적절한 균형을 유지하는 것이 장수의 비결이라고 말했다. 유능한 관리자들은 직원들 보호도 잘했다. 쾨니히스만은 직원들이 회사라는 기계에 빨려 들어가지 않도록 노력했기에, 그와 함께 일한 적이 있는 거의 모든 직원으로부터 존경받고 있다. 그도 유능한 이사나 부사장이 되려면 언제든 해고될 수 있다는 사실을 기꺼이 받아들여야 한다고 했다.

"관리자로서 성공하려면 직에 너무 연연하지 말아야 한다고 생각합니다. 그래야 회사의 관리자로서 훨씬 더 가치 있는 사람이 되죠. 자기 목숨 구할 생각만 하지는 않을 테니까요."

쾨니히스만이 말했다.

우리는 스페이스X의 기업 문화를 어떻게 이해해야 할까?

화성의 대가는 매우 비싸다. 직원들은 그 대가를 치를 의향이 있다고 선택한 사람들이다. 스페이스X에 입사한다는 것은 세계에서 가장 도전적인, 그리고 그 이상의 엔지니어링 문제를 해결하기 위해 '죽기 살기로' 일한다는 뜻이다. 2022년 10월 머스크는 소셜 네트워킹 사이트 트위터를 440억 달러에 인수한 뒤, 스페이스X에서 하듯이 트위터 직원들에게 비용 절감과 서비스 개선을 위해 죽기 살기로 일하라고 요구했다. 이 말은 장시간 근무와 불필요한 인력의 대량 해고를 의미했다. 머스크가 인수한 뒤 X로 이름을 바꾼 트위터의 경영 실적은, 좋게 표현하자면 들쑥날쑥하다고 할 수 있다.

스페이스X에서는 통하는 머스크의 경영 방식이 X에서는 통하지 않는 이유는 간단하다. 스페이스X에서 일하기로 마음먹은 직원 1만 명은 일하러 가는 곳이 어딘지 알고 선택한 이들이다. 머스크는 우주 업계에서는 이미 성향이 잘 알려진 인물이다. 스페이스X에 입사하려는 사람들은 친구들을 통해 업무 환경을 알고 있다. 가장 중요한 것은 이들이 스페이스X의 사명을 믿는다는 점이다. 이들은 진정으로 믿는다. 이들의 비전은 우주 비행에 대한 머스크의 열정적인 목표와 일치한다. 그렇기에 로버트 로즈는 머스크가 명령하면 지뢰라도 밟겠다고 했다. 모든 직원이 로즈만큼 열렬하지는 않아도 대부분은 진짜로 그 사명을 믿었다. 이에 비해 트위터 직원들은 그런 머스크 밑에서 일하겠다고 입사한 사람들이 아니었다. 이들은 머스크가 트위터에 대해 가지고 있는 비전과, 그 비전을 단기간에 실현하려는 머스크의 결단력에 경악을 금할 수가 없었다.

로리 가버는 머스크와 20년 동안 알고 지낸 사람이다. 가버는 오바마 정부에서 NASA 부국장으로 지낼 때 머스크의 지원군 역할을 했다. 하지만 가버는 항공우주 업계의 건강한 인적 구성 문제에 대해서도 관심을 기울이고 있다. 그중에서도 특히 여성과 소수자 문제에 관심이 많다.

"스페이스X가 어떤 식으로든 직원들을 비인간적으로 대한다고 생각했다면 내가 그 문제를 제기했을 겁니다. 그런 식으로는 오래 지속될 수 없어요. 스페이스X가 직원들에게 일을 많이 시키기는 하죠. 그곳 문화는 '네가 여기 들어오고 싶다면 정말로 열심히 일해야 한다'는 식입니다. 스페이스X가 그렇게 돌아간다는 건 모든 사람이 알고 있어요. 내가 이렇게 말한다고 해서 스페이스X에 개선의 여지가 없다는 뜻은 아닙니다." 가버가 말했다.

다양성 측면에서도 개선의 여지가 있다. 가버는 우주 업계에 여성이 부족한 현실에 안타까움을 느껴 2017년에 윌 포머랜츠, 캐시 리와 함께 브룩오웬스펠로십(Brooke Owens Fellowship)을 설립했다. 세 사람은 모두 서른다섯 살에 유방암으로 세상을 떠난 파일럿이자 우주 정책 전문가였던 돈 브룩 오웬스를 잘 알았고, 그를 좋아했다. 브룩오웬스펠로십은 해마다 천 명가량의 여성과 성 소수자 학부생 지원자 중에서 50명을 선발해 우주 기업에서 유급 인턴십과 임원 멘토링을 받을 수 있게 주선한다. 3년 뒤인 2020년 포머랜츠는 항공우주 분야에서 경력을 쌓고 싶어 하는 흑인 학부생을 위해 패티그레이스스미스펠로십(Patti Grace Smith Fellowship)을 공동 설립했다.

오늘날에도, 머스크와 그가 운영하는 사업체의 근무 환경을 둘러싸고 온갖 부정적인 기사가 쏟아지고 있어도, 스페이스X는 이 두 펠로십 신청자들이 가장 많이 지원하는 회사다. 가버는 항상 브룩오웬스펠로십 수혜자들을 만나 그들의 경험담을 듣는다고 말했다. 그 결과 일부 회사는 문제가 있어 대상 기업에서 제외되었다. 하지만 스페이스X에 배치된 인턴들은 경험담을 자랑스럽게 늘어놓는다고 했다.

"많은 지원자가 그곳에 남아서 일하고 있어요. 그 친구들은 그 일에서 희열을 느낀다고 해요. 그 친구들은 그 일을 좋아하니까 열심히 일합니다. 자기 일에 신경 쓰느라 사회생활까지 포기했어요. 그들이 얼마나 오래 버틸지는 모르지만 적어도 혹사당하고 있지는 않는 듯해요." 가버가 말했다.

스페이스X에도 노사 분쟁, 성희롱 등 기업에서 흔히 볼 수 있는 문제가 꽤 있었다. 이 중 일부는 대기업의 고질적인 문제지만, 일부는 머스크의 행동 때문에 발생했다. 그중 가장 구설에 오른 사건은 2016년 머스크의 전용기에서 일어났는데, 계약직으로 채용한 승무원과 관련된 것이다. 성기 노출이 있었다는 소문과 관련된 자세한 내용은 공식 확인되지 않았지만, 〈비즈니스 인사이더〉

에 따르면 2018년 머스크와 스페이스X는 이 문제로 소송을 제기하지 않는 조건으로 25만 달러를 주기로 하고 이 승무원과 고용해지 계약을 체결했다. 이 계약은 비밀 유지 조건을 포함한다. 머스크의 공식적인 입장은 이런 사건이 "절대 일어나지 않았다"는 것이다.

2022년 이런 사실이 세상에 알려지자, 당연한 결과지만 직원들 사이에 동요가 일었다. 샷웰은 사태를 진정시키려고 전 직원에게 '나는 20년 동안 머스크 가까이에서 일해왔지만 이런 소문과 유사한 일조차 본 적도 없고 들은 적도 없습니다'라는 내용의 이메일을 보냈다. 그 후에 일어난 일은 스페이스X의 기업 문화와 화성의 대가를 적나라하게 보여준다. 몇몇 직원이 고위 경영진에게 공개서한을 보내, 머스크의 행동과 그 행동이 회사에 미치는 부정적인 영향에 대해 우려를 표명했다. 그들은 이 편지에서 '스페이스X는 머스크라는 개인 브랜드에서 빨리 그리고 확실하게 벗어나야 합니다'라고 했다. 직원 수백 명이, 대부분 익명으로 여기에 서명했다.

그러나 이 서한은 변화를 일으키기는커녕 고위 경영진의 분노를 유발했다. 샷웰은 직원들에게 맡은 일에 집중해야 한다고 말했다. 결국 아홉 명의 직원이 해고되었다. 공개서한에 관여한 것이 이들의 해고 이유 중 하나였다.

이 사건의 메시지는 아주 분명했다. 스페이스X에서 일한다는

것은 일론 머스크 밑에서 일한다는 뜻이었다. 좋든 싫든 스페이스
X와 머스크는 한 몸이었다.

"현장이 주 7일, 하루 24시간 내내 벌집처럼 보여야 합니다"

2016년 AMOS-6 폭발 사고가 난 뒤 머스크가 화성에 대한 연설
을 강행했을 때 나는 그가 상황 파악을 잘못하고 있다고 생각했
다. 당시 미국의 대러시아 관계는 러시아의 크림반도 점령 여파로
이미 얼어붙고 있었다. 러시아는 국제우주정거장에 가는 NASA
우주 비행사의 소유스 우주선 탑승 가격을 계속 올려 결국에는
8100만 달러까지 받았다. NASA는 우주 비행사 운송의 러시아 의
존도를 줄이기 위해 상용 승무원 운송 프로그램을 통해 스페이스
X와 보잉에 수십억 달러를 쏟아붓고 있었다.

당시 내가 NASA의 여러 사람과 이야기를 나눠본 결과 그들의
정서는 대략 '수천 명을 화성에 보내 정착시키겠다는 머스크의 꿈
은 스페이스X가 우주정거장에 우주 비행사 두 사람을 보낼 수 있
을 때까지 뒤로 미뤄야 할지도 모른다는 것'으로 요약되었다. 나
는 이런 내용의 기사를 썼다. 물론 머스크는 먼 미래의 꿈과 슈퍼
로켓에 대한 집착을 줄이고 팰컨9을 안전하게 쏘아 올리는 데 더
집중해야 한다는, 나나 다른 사람의 말을 들으려고 하지 않았다.

NASA와 스페이스X는 대체로 20년 가까이 환상적일 만큼 서
로에게 유익한 관계를 유지해왔다. NASA는 가장 중요한 순간

에 스페이스X의 자금원이 되어주었고, 그 대가로 스페이스X는 NASA가 필요로 하는 해결책을, 그것도 종종 최고의 해결책을 가장 저렴하면서도 빠르게 제공했다. 그러나 보이지 않는 긴장이 형성될 때도 많았다. 인류를 화성에 보내겠다는 스페이스X의 목표는 태양계와 그 너머를 탐사한다는 NASA의 기본 임무보다 앞선 것이었다. 머스크가 이런 극단적인 목표를, 자신의 가장 중요한 고객의 당면 목표인 우주 비행사를 크루 드래건에 태워 우주정거장에 보내는 일보다 우선시하면서 이런 갈등의 골이 더 깊어졌다.

과달라하라 연설 이후 3년 뒤 이런 갈등이 다시 수면으로 떠올랐다. 2019년 9월 스페이스X 직원들은 Mk1이라는 이름의, 첫 번째 실물 크기의 스타십 시제품 제작을 끝마치려고 정신없이 일하고 있었다. 마감 시한은 9월 28일이었다. 이날 머스크는 텍사스 남부에서 Mk1을 공개하는 화려한 행사를 개최할 예정이었다. 캘리포니아의 직원들은 계획된 행사 일정에 맞춰 완료해야 할 일이 시간 단위로 표시된 일정표에 따라 작업을 밀어붙였다.

행사가 있기 몇 주 전부터 머스크는 매일 호손의 임원 회의실에 20여 명의 엔지니어를 불러 모아 회의를 했다. 보카치카 빌사장의 관리자들도 전화로 회의에 참석했다. 어느 날 회의 초두에 머스크는 참석자들에게 명확히 지시를 내렸다.

"목표는 단 하나입니다. 최대한 빨리 이 일을 마무리하세요."

머스크는 48미터 높이의 우주선이 계획대로 제작되고 있는지 확인하고자 제작 현장에 카메라를 설치하라고 했다.

"현장이 주 7일 하루 24시간 내내 벌집처럼 보여야 합니다. 주 7일 하루 24시간 내내 벌집처럼 돌아가지 않으면 끝난 겁니다. 그래서 저속 촬영 카메라를 설치하라고 한 거예요. 나는 정말로 현장이 바삐 돌아가는 벌집처럼 보이는지 알고 싶어요. 만약 24시간 내내 바쁜 벌집처럼 보이지 않는다면 이 일은 끝난 거니까요. 사람을 더 고용해야 하든지 협력업체를 더 써야 한다면 그렇게 하세요. 방법을 잘 모르겠다면 나한테 얘기하세요. 내가 가르쳐줄 테니까. 그렇지만 모르면서 가만히 있으면 안 됩니다."

머스크는 이렇게 말했다.

9월 13일에는 회의 도중 스페이스X의 협력업체인 용접 회사 CEO에게 머스크가 직접 전화를 걸겠다고 했다. 금요일 밤의 늦은 시간이라 직원들이 만류하자 머스크는 다음 날 아침에 전화하기로 했다. 그는 용접 회사 CEO에게 다른 일은 모두 제쳐두고 스타십에 집중해달라고 요청할 생각이라고 했다. 용접공을 다른 일에서 빼내오는 데 추가 비용이 든다면 기꺼이 지불하겠다고 했다.

"최고의 인력이, 지금 무슨 일을 하고 있든 그 일을 그만두고 우리 일을 하러 와야 해요. B팀을 보내면 안 되고 A팀을 보내야 해요. 최고의 인력을 보카치카에 보내야 합니다. 그 회사 고객이 화를 낼 수도 있겠지만, 이 일이 우주에서의 인류의 미래를 위한 일이라는 걸 안다면 엄청나게 화를 내지는 않을 겁니다. '당신 회사 일이 2주 정도 늦어지겠지만, 이 일과 그 일의 중요성을 한번 생각해보세요'라고 말하는 거예요."

머스크는 그달 말 텍사스 남부에서 별이 빛나는 토요일 밤하늘 아래 진행될 행사를 위해 스타십 시제품을 완성하는 데 스페이스 X의 모든 노력을 최대한으로 집중했다. 그는 용접공이 되었든 리 벳공이 되었든, 발사하지도 못할 우주선을 완성하는 데 필요한 인 력이라면 누구든 끌어오기 위해 아낌없이 돈을 지출하려고 했다. 그저 자신이 임의로 정한 날짜에 맞춰 호화로운 행사를 개최하려 는 심산이었다.

스타십에 미친 듯이 집중하는 그의 이런 행태는 전투기 조종사 와 하원 의원을 거쳐 당시 NASA 국장으로 있던 짐 브라이든스타 인(Jim Bridenstine)의 심기를 건드렸다. 스페이스X와 보잉은 우주 비행사를 운송하겠다는 당초 계획보다 2년이나 뒤쳐진 상태에서 아직도 중요한 문제를 해결하지 못하고 있었다. NASA는 우주 비 행사를 실어 보낼 좌석을 구하려고 러시아를 계속 찾아가 굽실거 려야 했다. 그런데 일론 머스크라는 작자가 또다시 NASA를 무시 하고 화성에 가려고 온갖 짓을 다 하고 있는 것 아닌가.

브라이든스타인은 끝내 참지 못하고 감정을 터트렸다. 요란한 스타십 공개 행사가 있기 전날, 그는 스페이스X의 잘못된 우선순 위에 대한 불만을 드러내는 글을 몇 자 적어서 트위터에 올렸다.

'내일 있을 스페이스X의 발표가 기대됩니다. 하지만 그사이

상용 승무원 운송 프로그램은 수년째 일정이 지연되고 있습니다. NASA는 미국 납세자의 투자에 걸맞은 수준의 열정이 이 프로젝트에도 쏟아지기를 기대합니다. 이제 결과를 내야 할 때입니다.'

그리고 스페이스X는 그의 말대로, 결국 해냈다.

11장

파베르제의 달걀

2008년 12월,
워싱턴 DC

짐 브라이든스타인이 '이제 결과를 내야 할 때입니다'라는 트윗을 올렸을 때는 상용 승무원 운송 프로그램이 시작되고 나서 이미 10년째였다. 프로그램이 시작될 당시 워싱턴 DC에서 민간 기업이 NASA 우주 비행사를 국제우주정거장에 실어 보낸다는 아이디어를 좋아한 사람은 거의 없었다. 그런 신성한 임무 수행은 오직 NASA만 가능하다고 생각했다. 상용 화물 운송 프로그램을 설계한 NASA 국장 마이크 그리핀(Mike Griffin)조차 승무원 운송이 너무 무리한 계획이라고 생각했다. 그는 스페이스X와 같은 민간 기업이 화물 운송 능력을 "충분히 입증하면" 그때 가서 승무원 운송을 고려해볼 수 있다고 했다. 하지만 그 전에는 안 된다고 했다.

그러다 2008년에 시작된 대침체 덕분에 이 문이 열렸다. 버락 오바마가 대통령에 당선되자 부시 대통령은 경기 부양책 마련을 차기 대통령에게 맡기고 자리에서 물러났다. 민간 우주탐사를 지지하던 로리 가버는 오바마 대통령 인수위원회의 NASA팀을 맡았다. 새 정부는 민간 우주 기업을 육성하면 우주 비행에 드는 비용을 낮출 수 있고, 미국 우주 산업에 새로운 활력을 불어넣을 수 있다는 가버의 목소리에 귀를 기울였다. 하지만 가버는 그리핀 같은 영향력 있는 인사들이 반대 목소리를 내고, 기존 우주 기업들이 스페이스X 같은 신규 업체가 진입해 NASA의 돈을 받아가지 못하게 막으려는 상황에서 의회가 그런 생각을 쉽게 받아들이지 않으리라는 점을 알고 있었다. 그래서 그는 상용 승무원 운송 프로그램을 시작하기 위해, 반드시 통과될 것으로 보이는 8000억 달러 규모의 '미국 경제회복 및 재투자법'에 5000만 달러를 끼워 넣어달라고 백악관에 요청했다.

"우리는 재투자 법안이 회부된다는 사실을 알고 있었죠. 거기서 의회가 이런 작은 액수까지 따질 기회가 없으리라고 생각했습니다. 좀 비겁한 방법이라고 볼 수도 있지만, 그렇게 하지 않았다면 상용 승무원 운송 프로그램은 실행되지 못했을 거예요." 가버가 말했다.

그리핀과 의회에 있는 그의 지지자들은 사람을 궤도로 올려보낼 수 있는 미국의 유일한 수단인 우주왕복선이 곧 퇴역한다는 사실을 잘 알고 있었다. 하지만 이들은 단기적으로는 러시아의 소유스 우주선에 의존하면 되고, 장기적으로는 오리온 우주선을 개발해 지구 저궤도에 올려보내겠다는 NASA의 계획에 따르면 된다고 생각했다. 지금 와서 보면 둘 다 잘못된 생각이었다. 소유스 우주선은 한동안은 믿을 만했다. 하지만 2010년 말이 되자 러시아 우주 프로그램은 심각한 품질 관리 문제를 겪기 시작했다. 게다가 소유스가 우주정거장에 가는 미국의 유일한 생명줄이었다면, 러시아의 우크라이나 침공으로 NASA는 끔찍한 상황에 처했을 것이다. 오리온 우주선은 적어도 2025년까지는 사람을 우주로 실어 나를 수 없을 것이고, 우주 비행사를 운송한다고 해도 1인당 비용이 상용 승무원 운송 프로그램의 열 배는 들 것으로 보인다.

2009년 2월에 재투자 법안이 통과된 뒤 상용 승무원 운송 프로그램은 전기를 맞이했다. 미국의 우주 분야에서 가장 신뢰받는 기업인 보잉이 이 프로그램의 입찰에 참여하기로 한 것이다. 이로써 민간 기업은 이런 일을 감당할 수 없다는 회의론자들의 주장이 자취를 감추었다. 아무리 비판자라도 NASA의 가장 중요한 협력 업체인 보잉이 유인 우주 비행에 실패할 것이라고 주장할 수는 없었다. 보잉의 참여로 의회의 자금 댐이 무너지기 시작해, 2010년 가을이 되자 수억 달러의 자금이 유입되기 시작했다.

현대 우주선은 어떻게 착륙해야 할까?

그 뒤 4년에 걸쳐 이 프로그램의 경쟁사는 세 개 업체로 압축되었다. 보잉과 스페이스X 그리고 콜로라도에 기반을 둔 우주 비행기 제작업체 시에라네바다사(Sierra Nevada Corporation)였다. 각 사는 저마다 장점이 있었다. 보잉은 수십 년간 우주 분야에서 활동해온 명문 기업이었다. 스페이스X는 이미 드래건 우주선을 만든 경험이 있었다. 시에라네바다사는 드림 체이서(Dream Chaser)라는 우주 비행기를 개발하고 있었는데, 일부 NASA 직원들은 날개가 달려 우주왕복선을 닮은 이 비행기에 향수를 느끼고 드림 체이서를 좋아했다.

이 경쟁은 2014년에 절정에 달했다. 우주선이 설계 단계에서 실제 개발 단계로 넘어가면서 한 업체나 많아도 두 업체만 선정할 때가 되었기 때문이다. 그해 5월 머스크는 호손의 본사에서 특유의 화려한 행사를 열어 크루 드래건 우주선을 세상에 공개했다. 조명이 번쩍이고 포그머신에서 안개가 뿜어 나오는 가운데 머스크는 흑백의 캡슐 위에 씌워놓았던 커튼을 들어 올렸다. 그는 특히 드래건이 어떻게 착륙하는지 설명할 때 자랑스러움을 감추지 못했다. 이전에는 우주선이 궤도에서 귀환할 때 낙하산을 펼치거나 날개를 이용해 활공하는 것 외에는 다른 방법을 쓴 적이 없었다. 새 드래건 우주선은 그렇지 않았다. 크루 드래건은 슈퍼드라코라는 추력기가 장착되어 자체 동력으로 착륙하게 되어 있었다.

머스크는 자랑스러운 어조로 "크루 드래건은 헬리콥터 수준의 정확도로 지구상 어디든 착륙할 수 있을 것입니다. 현대 우주선이라면 이 정도는 할 수 있어야 합니다"라고 말했다.

그로부터 몇 주 뒤 나는 보잉에서 상용 승무원 운송 프로그램을 관리하던 엔지니어 존 엘번을 인터뷰했다. 그는 스페이스X가 팰컨9을 1년에 몇 번밖에 발사하지 못한다면서 비행 빈도가 너무 떨어진다는 점을 지적하며, 당시까지의 스페이스X의 성과를 폄하했다. 머스크의 크루 드래건 공개 행사에 대해서도 이렇게 일축했다. "우리는 화려한 볼거리가 아니라 실질을 추구합니다."

엘번이 자신감을 보이는 것도 납득할 만했다. 그해 봄이 되자 세 회사를 대상으로 한, 우주선을 개발해 우주정거장까지 여섯 번의 실제 비행 임무를 수행하는 내용의 입찰이 마무리 단계에 접어들었다. 수십억 달러의 계약이 걸린 입찰이었다. 각 사는 이 프로젝트에 필요한 금액을 써냈다. 이 계약은 확정 가격 방식이라 선정된다면 제시한 가격으로 프로젝트를 수행하게 되어 있었다. 물론 보잉, 스페이스X, 시에라네바다사는 최대한 많은 돈을 받아내고 싶어 했다. 하지만 이 프로그램에 책정된 NASA의 예산이 한정되어 있으므로 입찰가를 낮게 적어내야 유리했다. 그러자 보잉은 NASA에 상용 승무원 운송 프로그램에 책정된 예산을 다 밀어주면 이 프로그램을 성공시키겠다고 말했다. 의사 결정 라인에 있는 많은 사람이 보잉만이 우주 비행사를 안전하게 실어 보낼 수 있을 것이라고 믿었기 때문에, 보잉의 이 수는 거의 성공할 뻔했다.

2014년 1월 말 세 회사는 NASA에 초기 입찰서를 제출했다.

그 뒤 약 6개월 동안 '제안서 평가위원회'의 평가와 심의를 거친 뒤 7월에 최종 입찰서를 제출했다. 이 1차 심사에서는 분야별 전문가가 각자 제안서를 평가한 다음 한데 모여 각 사의 순위를 매겼다. 시에라네바다사는 전반적인 점수가 낮은 데다 제시한 가격이 높아 경쟁에서 탈락했다. 그 결과, 한 업체만 낙찰될 것으로 예상되는 가운데 보잉과 스페이스X 두 회사가 남게 되었다.

워싱턴에 있는 NASA 본부에서 상용 승무원 운송 프로그램을 책임지고 있던 필 매캘리스터(Phil McAlister)는 이렇게 말했다. "당시에는 두 업체를 선정할 만한 예산이 없었어요. 우리가 두 회사를 선정할 거라고 생각한 사람은 아무도 없었을 겁니다. 내가 '한 업체 이상 선정해야 한다'라고 말하면 사람들이 이상한 눈으로 나를 쳐다보곤 했죠."

평가 위원들은 세 가지 요소를 기준으로 업체를 평가했다. NASA의 한정된 예산 때문에 셋 중 가장 중요한 요소가 가격이었다. 그다음은 '임무 적합성'이었고, 세 번째 평가 요소는 '실적'이었다. 가격은 가중치가 두 번째 요소와 세 번째 요소를 합한 것과 거의 같았다.

스페이스X는 가격에서 보잉을 압도했다. 보잉은 42억 달러를 써냈는데, 이 가격은 스페이스X의 입찰가 26억 달러보다 60퍼센트 더 높은 금액이었다. 두 번째 평가 요소인 임무 적합성은 입찰자가 NASA의 요구 조건을 충족하는지와 실제로 승무원을 우주정

거장까지 안전하게 실어 보냈다가 데려올 수 있는지를 평가하는
것이었다. 이 항목에서는 보잉이 스페이스X의 '매우 좋음'보다 높
은 '뛰어남' 등급을 받았다. 세 번째 요소인 실적은 입찰자가 실제
로 거둔 최근의 성과를 평가하는 것이었다. 여기서 보잉은 '매우
높음' 등급을 받았고, 스페이스X는 '높음' 등급을 받았다.

　이렇게 보면 두 회사의 평가 결과가 비슷한 것 같지만, 매캘리
스터는 임무 적합성과 실적에서 두 회사의 점수 차이는 사실 그리
크지 않았다고 말한다. 마치 학점 받는 것과 비슷했다. 스페이스
X는 88점으로 B 학점을 받고, 보잉은 91점으로 A 학점을 받은 것
과 같았다. 가격에서의 차이가 워낙 커, 제안서 평가위원회는 스
페이스X가 경쟁에서 이길 것으로 보았다. 이렇게 되면 스페이스X
는 가격 때문에, 보잉은 약간 더 높은 기술 점수 때문에 NASA가
두 회사를 다 선정해야 할 것으로 보였기에 매캘리스터는 내심 기
뻤다. 그는 두 회사의 경쟁을 통해 프로그램 진행 속도가 빨라지
기를 바랐다.

　낙찰자 결정은 8월 6일 NASA 본부에서 열리는 회의를 통해
이루어질 예정이었다. NASA의 유인 우주 비행 책임자 빌 거스텐
마이어는 '우주운영센터' 소속의 유인 우주 비행 자문위원들을 소
집해 회의를 개최했다. 이 보안 회의실은 2003년 컬럼비아호 사
고 이후 고위급들의 전략 회의를 위해 마련된 공간이었다. 거스텐
마이어와 20여 명의 NASA 고위 관계자들은 커다란 원형 테이블

에 둘러앉아, 제안서 평가위원회의 평가 결과를 놓고 낙찰자 선정을 위한 논의에 들어갔다.

기술 점수에 대한 프레젠테이션이 끝난 뒤 거스텐마이어는 각 자문위원에게 의견을 물었다. 이들은 모두 미국의 우주 비행 분야에서 내로라하는 인사들로, 상당수가 거스텐마이어처럼 민간 상업 우주 시대가 시작되기 훨씬 전부터 우주왕복선 프로그램에서 잔뼈가 굵은 사람들이었다. 거스텐마이어가 차례로 의견을 묻자 연이어 "보잉"이라는 대답이 튀어나왔다. 처음에는 다섯 명이 "보잉"이라고 하더니 그다음에는 열 명, 그다음에는 열다섯 명으로 그 수가 늘었다. 세계의 우주 비행 인사들 사이에서 '거스트'라는 애칭으로 잘 알려진 거스텐마이어는 이 대답을 듣고 기뻐하는 듯한 표정을 지었다. 분위기가 이렇게 흘러가다 보니 뒷사람이 반대 의견을 내고 싶어도 그러기가 쉽지 않았다. 보잉에 우호적인 발언이 이어지면서 도저히 깰 수 없는 의견 일치가 이루어지는 모습을 본 매캘리스터는 갈수록 두려움을 느끼기 시작했다.

"나는 자문위원들이 모두 보잉으로 기우는 모습을 보고 기겁했어요. 내가 보기에는 스페이스X의 제안이 더 나은데 전부 보잉 얘기만 하는 거예요. 집단 사고 때문이라고 할 수만도 없었습니다. 당시에는 사람들이 모두 보잉에 너무 익숙했다고 보는 편이 나을 겁니다. 스페이스X는 우주정거장에 화물을 실어 나른 지 이제 2년밖에 되지 않았거든요." 매캘리스터가 말했다.

매캘리스터는 2005년에야 NASA에 합류했기에 이 유인 우주 비행 실세 집단의 일원이 아니었다. 민간 우주 개발 책임자로 거스텐마이어를 보좌하던 매캘리스터는 이 문제에 뛰어들어 보잉으로 기우는 판세를 저지해야 할지 말아야 할지 고민했다. 그는 가격이나 기술적 장점으로 봤을 때 스페이스X의 제안이 더 낫다고 주장해봤자 아무 소용이 없으리라는 사실을 알고 있었다.

논의가 끝나갈 무렵 거스텐마이어는 매캘리스터의 의견을 물었다. 그러자 매캘리스터는 의견 개진 대신 질문을 던졌다. 먼저 그의 질문은 NASA의 조달 책임자 빌 맥닐리를 향했다. 맥닐리는 NASA에 합류하기 전에 30년 가까이 미 공군의 획득 부문에서 일하며 토마호크 순항 미사일 프로그램과 '스타워즈' 미사일 방어 프로그램의 기술 계약을 관리했다. 매캘리스터는 이 베테랑 조달 책임자에게 정부 기관이, 두 입찰서가 모두 기술적으로 수용할 수 있는 수준인데 가격이 60퍼센트나 더 비싼 입찰자를 선정한 결과를 본 적이 있느냐고 물었다.

이 질문을 받은 맥닐리는 불편한 표정으로 자세를 바꿔 앉았다. 그러다 그는 낙찰자 선정 책임자인 거스텐마이어가 마음대로 할 수 있다고 답했다. 그러자 매캘리스터가 같은 질문을 던지며 더 밀어붙였다. 결국 맥닐리는 "아니요, 아직 본 적 없습니다"라고 답했다.

다음으로 매캘리스터는 안전 및 임무 보장 책임자 디어드라 힐리에게 질문을 던졌다. 힐리는 보잉이 우주선 중단 시스템을 실제 비행 중 시험한다면 안전 부서에서는 보잉을 선호한다고 말했다. 우주선 중단 시스템은 발사 도중 로켓에 이상이 생겼을 때 우주선을 로켓에서 분리해주는 강력한 추력기를 의미한다. 그러나 보잉은 그렇게 할 계획이 없었다. 보잉이 제출한 제안서에는 우주선 중단 시스템에 대한 지상 시험 계획만 들어 있을 뿐 실제 비행 중 시험 계획은 포함되지 않았다. 매캘리스터는 이 점을 지적하며, 그렇다면 보잉의 제안은 미흡하다고 봐야 하지 않겠느냐며 힐리에게 되물었다. 그러나 힐리는 그렇지 않다고 답하며, 해당 제안이 여전히 수용 가능하다는 입장을 밝혔다.

회의에 참석했던 제안서 평가 위원이자 존슨우주센터 조달 부문 부책임자 리 패걸은 이 질문으로 매캘리스터가 유리한 입장에 서게 되었다고 했다. 그렇게 많은 똑똑한 사람들이 NASA가 말만 하면 보잉이 우주선 중단 시스템의 실제 비행 중 시험을 할 것이라고 생각했다니, 이상한 일이었다. "보잉과 그렇게 오래 일해왔어도 보잉이 대가를 받지 않고 추가 작업에 동의하는 것을 본 적이 없습니다." 패걸이 말했다.

매캘리스터는 맥닐리와 힐리를 상대로 한 질문을 마친 후 거스텐마이어를 쳐다보았다.

"나는 거스텐마이어에게 두 업체를 다 선정해야 한다고 말했어요. 안전 및 임무 보장 책임자는 보잉의 제안이 불만족스럽다고 말했고, 조달 책임자는 보잉의 입찰가가 방어하기 어려울 것이라고 했습니다. 보잉만 선정하면 우리 모두 머스크에게 고소당할 것이라고 했죠." 매캘리스터가 말했다.

일반적으로 낙찰자 결정은 이 회의에서 바로 확정된다. 하지만 거스텐마이어는 그날 들은 소리를 좀 더 생각해봐야겠다고 했다. 이렇게 한 달이 지났다. 그사이 누군가가 '선도기업'과 '후발 기업'이라는 아이디어를 내놓았다. 보잉에 대부분의 자금을 지원하고 스페이스X에는 소액을 지원해 일을 계속 끌고 가도록 하자는 것이었다. 하지만 머스크는 이 제안을 단박에 거부했다.

이와 동시에 매캘리스터는 프로그램을 효과적으로 끌고 가려면 경쟁이 필수라며 거스텐마이어를 계속 압박했다. 경쟁을 시켜야 보잉과 스페이스X가 상대방보다 더 안전하고 신뢰할 수 있으며 비용 효율적인 우주선을 만들기 위해 노력할 것이라고 했다. 마침내 거스텐마이어는 그렇게 하기로 결정했다. 그는 찰리 볼든 국장에게 전화를 걸어 NASA 예산에 구멍을 낼 일이 생겼다고 보고했다. 그러면서 의회에 신청한 8억 7000만 달러의 다음 회계연도 상용 승무원 운송 프로그램 예산을 12억 5000만 달러로 상향 조정하겠다고 했다.

매우 아슬아슬한 상황이었다. NASA 관계자들은 이미 보잉을 상용 승무원 운송 프로그램의 단독 낙찰자로 선정한 근거까지 작성해둔 상태였다. 이들은 서둘러 스페이스X를 포함한 발표문을 다시 작성했다. 이 때문에 낙찰자 발표가 9월 16일로 연기되었다.

7년 뒤 러시아가 우크라이나를 침공하자 NASA와 러시아 우주 기관 로스코스모스 사이에 갈등이 폭발했다. 로스코스모스의 호전적인 책임자 드미트리 로고진(Dmitry Rogozin)은 NASA가 우주정거장에 발도 못 붙이도록 하겠다고 큰소리쳤다. 그러나 상용 승무원 운송 프로그램에서 스페이스X와 보잉을 경쟁시키기로 한 NASA의 결정 덕분에 그의 이런 발언은 공허한 위협이 되고 만다. 로고진은 드래건 우주선과 춤을 추다 큰 화상을 입은 셈이다.

NASA가 그걸 싫어했어요

상용 승무원 운송 프로그램의 낙찰자 발표가 나오기 전에 스페이스X의 드래건팀은 몹시 불안했다. 데이비드 기거는 NASA 우주 비행사 출신 개릿 라이스먼(Garrett Reisman)과 긴밀히 협력하며 제안서를 작성했다. 스페이스X는 이 입찰의 낙찰자 결정에 도움을 받고, 드래건 우주선에 우주 비행사의 관점을 반영하기 위해 2011년에 라이스먼을 영입했다. 하지만 스페이스X의 소규모 팀은 보잉의 입찰 제안서 작성팀의 상대가 되지 못했다. 드래건팀은 작은 회의실에 들어갈 수 있을 정도의 인원인 데 비해서 보잉은 200명이 제안서 작업을 하고 있다는 사실을 알고, 이들은 겁이 나기 시작했다.

NASA는 그동안 계속해서 경쟁 시스템을 도입하겠다고 말해

왔다. 그러다 2014년 여름이 되자 NASA가 한 업체만 선정할지도 모른다는 말과 활주로에 착륙할 수 있는 날개 달린 우주선을 선호한다는 말이 흘러나오기 시작했다. 한 업체만 뽑는다면 보잉이 선정될 것 같았고, 두 번째 낙찰자를 선정한다면 드림 체이서에 모험을 걸어볼 것 같았다. 9월 16일 오전으로 예정되었던 낙찰자 발표가 오후로 넘어가자 드래건팀의 스트레스는 가중되었다.

"우리는 조마조마해서 미칠 것 같았습니다. 그러다 마침내 샷웰한테 낙찰되었다는 연락이 왔고, 샷웰이 우리에게 그 소식을 전해주었죠. 낙찰 소식을 듣고 나니 이제는 큰일 났다는 생각이 들더라고요. 이제부터는 그 일을 해야 하잖아요." 기거는 이렇게 말했다.

가장 힘든 과제의 하나는 비행 중단 시스템이었다. 보잉과 달리 스페이스X는 슈퍼드라코 추력기를 이용해 드래건 우주선을 로켓에서 분리하는 비행 중단 시스템을, 지상 시험뿐만 아니라 실제 비행 중 시험까지 한다고 했다. 크루 드래건에는 놀랍도록 강력한 이 추력기가 8개 장착되어 있었다. 각 추력기는 7200킬로그램의 추력을 발생시키는데, 드래건에서 쓰던 소형 드라코 추력기의 거의 200배에 이르는 수준이다. '발사대 중단 시험'이라 불리는 첫 번째 시험은 2015년 5월로 잡혀 있었다. 케이프 커내버럴에서 진행될 이 시험에서는 드래건플라이(DragonFly)라는 별명을 가진 시제품 우주선이 슈퍼드라코 추력기를 7초간 가동해 약 2.5킬로미터 상공으로 치솟았다가 대서양 연안으로 떨어질 예정이었다.

시험 며칠 전, 맷 매키언(Matt McKeown)이라는 엔지니어가 이끄는 추진팀은 추진제 탱크로 들어가는 헬륨의 흐름을 제어하는 밸브가 간혹 일찍 닫힐 때가 있다는 사실을 발견했다. 이 헬륨은 추진제가 엔진으로 이동하는 동안 추진제 탱크를 가압해 내부 압력을 유지하기 위해 사용된다. 시험 전날 밤 매키언은 기거에게 예방 차원에서 드래건의 추력기가 연소를 시작하면 1초 뒤에 밸브에 반복 명령을 내리겠다고 말했다. 그러면 닫힌 밸브가 있더라도 다시 열릴 터였다. 드래건팀은 비행 소프트웨어를 다시 코딩하고 시험하느라 그날 밤을 새웠다.

이튿날인 5월 6일 아침, 드래건플라이가 발사대에서 솟아올랐다. 하지만 매키언이 우려했던 대로 탱크 가압 밸브 중 일부가 너무 일찍 닫혀버렸다. 비행을 시작한 지 몇 초 만에 시제품 드래건의 추력기 중 일부가 꺼지면서 주황색 연기구름이 뿜어 나왔다. 산화제 공급 과잉 때문이었다. 하지만 추가 밸브 명령 덕분에 곤경에서 벗어날 수 있었다. 만약 스페이스X가 소프트웨어를 수정하지 않았다면, 드래건은 몇 초 만에 추력이 서서히 떨어지면서 추락했을 것이다. 그렇지만 밸브를 다시 열라는 명령 덕에 드래건은 비행을 이어갔고, 목표 고도의 절반가량인 1.2킬로미터 상공까지 도달할 수 있었다.

이 정도만 해도 필요한 데이터를 얻기에는 충분한 고도였다.

하지만 기거는 드래건이 예상 고도보다 낮게 올라가는 바람에 운동량이 충분하지 않아 해안 가까이 떨어질까 봐 걱정했다. 발사대가 해안에서 몇백 미터밖에 떨어져 있지 않기는 했지만, 근해는 수심이 얕았다. 만약 경착륙한다면 드래건이 폭발해 거대한 불덩어리로 변할 터였다. 하지만 드래건은 충분히 먼 거리까지 날아갔다. 그래도 15미터만 더 해안 가까이 떨어졌더라면 우주선을 잃었을 것이다. 그렇지만 적당히 깊은 곳에 떨어졌기에, 수심이 조금 더 깊은 곳으로 드래건을 끌고 간 다음 회수 선박으로 건져 올릴 수 있었다.

스페이스X는 대서양에서 드래건플라이를 회수한 뒤 추진 착륙 능력을 검증하기 위한 비행 시험을 하려고 이 우주선을 텍사스로 운송했다. 머스크에게는 추진 기능이 드래건 개발의 핵심이었다. 기본적으로 드래건은 NASA를 비롯해 전 세계가 1960년대부터 만들어온 캡슐이었다. 하지만 스페이스X는 여기에 추진 착륙 기능을 더해 우주선을 21세기형으로 만들려는 것이었다. 게다가 화성의 대기가 너무 희박해 대형 우주선은 낙하산을 이용해 착륙할 수 없기에, 머스크는 이 방식을 더 세게 밀어붙였다. 스페이스X는 결국에는 동력을 이용해 착륙하는 우주선이 필요할 터라 머스크는 드래건으로 그 일을 시작하고 싶었다. 심지어 스페이스X는 이르면 2016년에 무인 드래건 우주선을 화성에 보내겠다는 '레드 드래건' 계획까지 발표하며 세간의 이목을 끌기도 했다.

이로 인해 화성에 관한 연구에 새로운 전기가 마련될 것으로 보여 많은 사람이 흥분했지만, 우주 비행사를 안전하게 궤도에 올려보냈다가 데려오는 일을 책임지는 NASA 관계자들의 반응은 냉담했다. 추진 착륙은 상용 승무원 운송 프로그램 입찰 요청서에 들어 있는 부분이 아니었지만, 머스크는 낙하산을 이용한 해상 착륙 대신 추진 착륙을 할 수 있도록 계약 내용을 변경할 생각이었다. 하지만 NASA의 그 누구도 추진 착륙을 원하지 않았다. 그중에서도 가장 싫어한 사람은 거기에 탑승할 우주 비행사들이었다. "NASA가 그걸 싫어했어요. 추진 착륙은 엄청나게 어려운 일이라 그 때문에 프로젝트가 지연되리라는 사실을 알았죠." 매캘리스터가 말했다.

추진 착륙이 엄청나게 어렵다는 것은 사실로 드러났다. 일반적으로 우주선을 설계할 때는 캡슐을 두 부분으로 나눈다. 우주선 상단부에는 우주 비행사가 거주하는 승무원실이 있다. 하단부에는 태양전지판, 추진제 탱크, 엔진 등이 들어 있는 서비스 모듈이 있다. 서비스 모듈은 우주선이 이동하는 동안 동력을 공급하다가 우주선이 지구 대기권에 재진입하기 전에 떨어져 나간다. 분리된 서비스 모듈은 불타 없어지고 승무원 캡슐만 안전하게 지구로 귀환한다. 그런데 스페이스X는 값비싼 추진 시스템을 장착한 서비스 모듈을 버리고 싶지 않았다.

그래서 스페이스X는 드라코 추력기와 슈퍼드라코 추력기를 승무원 캡슐에 집어넣고, 그 밑에 버려도 크게 아깝지 않을 속이 거의 빈 '트렁크'를 붙이기로 했다. 이 트렁크는 우주정거장에 화물을 운반하기 위한 것이었다. 하지만 이렇게 설계를 바꾸다 보니 승무원실이 매우 복잡해졌다.

드라코 추력기는 빨대를 통해 홀짝거리듯 연료를 조금씩 빨아들였다. 하지만 슈퍼드라코 추력기는 소화전에서 뿜어 나오는 거센 물줄기를 빨아들이듯, 드라코 추력기보다 200배 이상 빠른 속도로 연료를 흡입했다. 서비스 모듈이 있는 기존 우주선과 같은 구조라면 이 두 종류의 추력기가 서로 다른 연료 탱크를 사용했을 것이다. 하지만 드래건은 승무원실에 이 모든 기능을 집어넣다 보니 추진제 탱크 하나를 두 종류의 추력기가 공유하는 구조였다. 그래서 무중력 상태에서 연료를 모을 수도 있으면서, 대기권 재진입 시의 높은 중력가속도 하에서도 작동하는 특수한 추진제 관리 장치를 만들어야 했다.

하지만 이것은 시작에 불과했다. 로켓엔진도 가속 페달을 이용해 제어하는 자동차 엔진처럼 추력을 조절할 수 있어야 한다. 스페이스X는 많은 시행착오 끝에 멀린 엔진의 출력 범위를 100퍼센트에서 60퍼센트 사이에서 조절할 수 있게 되었다. 슈퍼드라코 추력기는 출력 범위를 더 확장해야 했다. 비행 중단 시스템을 작동할 때는 100퍼센트의 출력이 필요했고, 착륙할 때는 10퍼센트의 출력만 내야 했다. 기거는 이에 대해 '미친 스로틀 밸브'가 해결책이었다고 했다. 그밖에도 추진 착륙을 하려면 길이를 늘릴 수 있는 착륙용 다리와 기타 여러 신기술이 필요했다.

기거의 팀원들이 이런 여러 문제에 대한 해결책을 낼수록 드래건 우주선의 복잡성이 증가했다. 특히 추진 시스템과 거기에 들어가는 복잡한 추진제 탱크는 머스크가 참석한 가운데 여러 차례 진행된 열띤 토론의 주제였다. 빠른 속도로 공격적으로 밀어붙이는 머스크의 업무 추진 방식도 수많은 기술적 난제 앞에서는 어쩔 수 없었다. 섬세하고 정교한 설계가 필요한 드래건은 로켓과 달랐다. 무턱대고 밀어붙인다고 해서 해결될 문제가 아니었다. 시간이 지나면서 머스크와 엔지니어링 팀원들은 크루 드래건을, 러시아 황제를 위해 만든 화려한 부활절 달걀의 이름을 따 파베르제의 달걀이라고 부르기 시작했다. 어쨌든 시간과 돈만 충분하다면 기거의 팀은 크루 드래건을 만들 수 있었을 것이다. 하지만 그들에게는 시간도 돈도 다 부족했다.

추진 착륙을 밀어붙이려던 머스크의 결심은 2016년 캐시 루더스와 여러 차례 논의를 거친 뒤 흔들리기 시작했다. 당시 루더스는 NASA의 상용 승무원 운송 프로그램을 이끌고 있었다. 스페이스X와 보잉에 대한 루더스의 철학은 가능한 한 참견하지 않는 것이었다. 하지만 스페이스X가 추진 착륙을 추구하느라 1년 이상 시간을 허비하는 모습을 보고, 자기 직원들에게 이 우주선이 우주비행사를 태우고 슈퍼드라코 추력기를 이용해 착륙해도 될 만큼 안전하다는 정부의 승인을 받으려면 얼마나 많은 시험과 인증이 필요할지 물었다.

"나는 언제나 기술 문제에 대한 머스크의 결정을 존중해왔습니다. 그의 우주선이니 결정도 그의 몫이죠. 하지만 우주선을 승인받으려면 얼마나 많은 작업이 필요한지에 대해 머스크와 이야기를 나눌 수 있었어요. 나는 방법을 제시하지는 않았고 그 일에 걸리는 시간만 이야기했죠." 루더스가 말했다.

루더스는 머스크가 보잉을 이기고 싶어 한다는 사실을 알고 있었다. 보잉은 우주 비행사를 우주정거장에 운송하기 위해 스타라이너(Starliner) 우주선을 개발하고 있었다. 스페이스X가 승무원을 실어 나르려면 드래건 외에도 생명 유지 시스템부터 우주복까지 개발해야 할 것이 너무 많았다. 루더스는 머스크에게 추진 착륙에 너무 집착하다 보면 이처럼 다른 일들에 신경 쓸 여력이 없어, 보잉과의 경쟁에서 질 수도 있다고 말했다.

결정타는 낙하산이었다. 드래건팀은 우주선에 낙하산을 달지 않을 수 없다는 판단을 내렸다. 슈퍼드라코 추력기를 주 착륙 수단으로 만들 수는 있었지만, 그렇다고 두 번의 결함이 있어도 전체 추진 시스템이 작동할 수 있도록 만들 수는 없었다(우주항공 업계 용어로 '이중 내결함성'이라고 한다). NASA도 추진 착륙에 대해 이 규칙 적용의 예외를 두지 않으려고 했다. 그러다 보니 어떻게든 드래건에 낙하산을 달아야 했다. 2017년 머스크는 드래건을 자체 동력으로 착륙시키기 않기로 했다. 몇 년 후 나와 가진 인터뷰에서 머스크는 그 결정에 대해, 고통스러웠지만 필요한 결정이었다고 했다.

"우리가 드래건의 추진 착륙 시스템을 개발하려고 했던 이유는 화성 때문이었습니다. 지구 착륙을 위해서가 아니었어요. 화성에는 낙하산만으로는 착륙할 수 없습니다. 우리는 드래건의 착륙 방법을 화성으로 확장할 수 있다고 생각했어요. 그래서 드래건의 추진 착륙 시스템에 공을 들였던 겁니다. 그 때문에 드래건 개발 팀에 큰 고통을 안겨줬어요. 지금 와서 생각해보면 죄책감이 들어요." 머스크는 이렇게 말했다.

드래건의 추진 착륙 문제는 스타십 프로그램의 문제가 되었다. 드래건 개발 과정에서 고통스럽게 얻은 모든 교훈은 더 똑똑하고 더 뛰어난 우주선을 만드는 데 반영될 터였다. 그 교훈의 하나로, 머스크는 파베르제의 달걀에서 얻은 경험을 바탕으로 스타십을 개발할 때 새로운 슬로건을 내걸었다. 드래건의 추진제 탱크는 복잡했지만 스타십에서는 단순함을 추구할 작정이었다.

"최고의 부품은 부품이 없는 것이다." 머스크는 회의 때마다 언제나 이 말을 반복했다.

터치스크린과 우주 턱시도를 비롯한 크루 드래건의 과제

스페이스X가 NASA와 맺은 크루 드래건 개발 계약을 이행하는 데 걸림돌이 된 것은 추진 착륙만이 아니었다. 또 다른 중요한 문제는 우주 비행사가 쓸 조종 장치였다. 드래건 이전에 만들어진 거의 모든 우주선에는 조이스틱이라 불리는, 병진운동과 회전운동을 하는 수동 조작기가 달려 있었다.

그러나 스페이스X 내부에서는 드래건 조종 방법을 둘러싸고 열띤 논쟁이 벌어졌다. 비행 소프트웨어 책임자 로버트 로즈는 우주 비행사가 우주선을 직접 조종하게 해서는 안 된다고 강하게 주장했다. 그렇게 만들면 우주선이 너무 복잡해질 뿐만 아니라, 우주선을 개발하고 시험하는 데 몇 년까지는 아니라 해도 몇 달은 더 걸릴 것이라고 했다. 그는 태블릿 PC와 유사한 터치스크린 인터페이스를 달자고 주장했고, 우주 비행사가 선택할 수 있는 비행 방법도 제한하자고 했다. 이에 대해 우주 비행사 출신 라이스먼은 수동 조종 장치를 강력하게 주장했다. 그는 회의 때마다, 로켓의 맨 앞에 앉을 만큼 용감한 사람이라면 자기 운명을 자기가 조종할 수 있어야 한다고 역설했다.

결국 라이스먼은 수동 조종 장치 없이 비행하는 안을 받아들였다. 하지만 터치스크린 인터페이스에 미리 정해놓은 웨이포인트[1]만 올리자는 로즈의 생각에는 반대했다. 이렇게 하면 우주 비행사

---

1 waypoint. 미리 정해진 비행기의 비행경로를 말한다. 비행기는 위도와 경도의 2차원으로 지정하고, 로켓은 고도를 포함해 3차원으로 지정한다.

가 우주선의 방향을 오른쪽이나 왼쪽으로 틀라는 명령을 내릴 수 없고, 비행 소프트웨어가 제시하는 몇 가지 경로 중에서 하나를 선택해야 한다. 이 문제는 휴스턴과 호손 사이의 반복적인 논쟁으로 비화했다. NASA의 우주선 운용 직원들은 백업 기능이 더 확충되어야 한다고 주장했고, 스페이스X는 자동화를 고집했다. 이 논쟁은 우주 비행사가 수동으로 낙하산을 전개하거나, 로켓이 상승 중일 때도 슈퍼드라코 추력기를 점화해 바로 드래건을 궤도에서 이탈시킬 수 있게 하는 등의 중요한 기능으로까지 확대되었다.

라이스먼은 이렇게 말했다. "머스크를 비롯한 대부분의 스페이스X 사람들은 완전히 자동화된 우주선을 만들고 싶어 했어요. 이들은 승무원이 실수라도 할까 봐 이런 기능을 제어하는 장치를 만들기를 꺼렸습니다. 하지만 NASA의 우주선 운용 부서에서는 수동 백업 기능이 훨씬 더 확충되어야 한다고 생각했어요. 나는 가운데 끼어 있었죠. 서로가 만족할 만한 타협안을 도출해내는 일이 내가 스페이스X에서 근무하는 동안 가장 힘겨웠습니다."

2014년 스페이스X가 입찰서를 제출할 때는 머스크의 지시에 따라 크루 드래건에 수동 조종 장치를 넣기로 되어 있었다. 하지만 이것은 최종 결정이 아니었다. 스페이스X는 계약을 따낸 뒤 드래건을 조종하는 세 가지 옵션을 마련했다. 하나는 병진운동과 회전운동을 하는 전통적인 방식의 수동 조작기였고, 또 하나는 닌텐도나 플레이스테이션에서 쓰는 것과 같은 컨트롤러였으며, 마지막은 터치스크린이었다. 우주 비행사 몇 사람이 호손으로 날아와 세 옵션을 시험해보았다. 그들은 조이스틱을 선호했지만, 터치스크린도 기능상으로는 아무런 문제가 없다는 결론을 내렸다.

이것이 타협안을 도출하는 데 도움이 되었다. 머스크는 미적 관점에서 봤을 때 현대 우주선에는 터치스크린이 더 어울린다고 생각했다. 그래서 인터페이스 방식에는 로즈 편을 들었다. 하지만 웨이포인트 시스템은 바람직하지 않으며 우주 비행사는 우주에서 드래건의 비행을 제어할 수 있어야 한다는 데는 라이스먼 편을 들었다. 이제 라이스먼은 이 타협안으로 NASA를 설득해야 했다.

상용 승무원 운송 프로그램 입찰 제안서를 작성할 때 처음에 조이스틱을 선택한 머스크의 결정에서 그가 NASA나 다른 정부 기관을 어떤 식으로 상대하는지 엿볼 수 있다. 그 결정은 비행 관제사와 영향력 있는 우주 비행사 커뮤니티를 달래기 위한 현실 정치 같은 것이었다. 만약 스페이스X가 조이스틱이 빠진 제안서를 제출했다면, 존슨우주센터의 우주비행사실에 스페이스X 낙찰 반대 운동을 할 수 있는 쉽고도 간단한 명분을 제공했을 것이다.

드래건팀이 추진 착륙이나 낙하산 등과 같이 더 시급한 문제에 매달려 있는 사이 조이스틱 논쟁은 몇 년 동안 뒷전으로 밀려나 있었다. 그러다 2018년 스페이스X가 업그레이드된 터치스크린 인터페이스 평가를 위해 우주 비행사 몇 사람을 초청하면서 이 문제가 다시 수면으로 떠올랐다. 이들은 터치스크린을 이용해 드래건을 비행하고 우주정거장에 도킹하는 시뮬레이션을 했다. 여섯 명의 비행사가 시도해봤으나 모두 어려움을 겪었다. 첫 번째 시도에서 성공한 사람은 단 한 명으로, 우주왕복선 비행사 더그 헐리(Doug Hurley)였다.

그렇다고 해서 헐리가 시뮬레이터 우주선을 쉽게 조종할 수 있었던 것은 아니다. 조종이 너무 어려웠다. 하지만 그는 전투기 조종사 출신으로 우주왕복선 임무를 두 번이나 수행한 베테랑이었다. 그 과정에 랑데부 시뮬레이터에 앉아 우주왕복선을 수백 번 조종해보았다. 헐리가 드래건 도킹에 성공할 수 있었던 것은 테스트 파일럿으로서의 오랜 경험과 우주왕복선 시뮬레이터 경험이 있었기 때문이었다.

헐리는 이렇게 말했다. "솔직히 말하면 개똥 같았어요. 전혀 조종할 수 없을 지경이었어요. 여섯 명의 우주 비행사 가운데 다섯 명이 못 한다면 시스템에 문제가 있는 겁니다." 드래건팀은 다시 작업에 들어갔다.

우주 비행사가 입을 옷도 만들어야 했다. 우주선이 발사될 때와 지구로 돌아올 때 인간은 몇 가지 이유로 여압복을 입는다. 그 이유 중 하나는 선실의 압력이 떨어질 경우에 대비한 것이다. 우주선의 공기가 누출되었다고 기체가 파괴되지는 않는다. 이때 여압복을 입고 있으면 살아남을 가능성이 커질 것이다. 여압복은 백업 안전장치도 제공한다.

머스크는 자신이 이전에 보았던 모든 우주복이 투박하고 멋지지 않다고 생각했다. 기거는 머스크가 스페이스X 우주복은 턱시도 같은 느낌이 났으면 좋겠다고 말했다고 했다. "머스크가 이런 말을 천 번은 했을 거예요. '우주복을 입었을 때 턱시도 입은 것처럼 보였으면 좋겠습니다. 턱시도는 누구나 입을 수 있어요. 키가 크든 작든, 뚱뚱한 사람이든 마른 사람이든, 몸에 잘 맞는 턱시도를 입으면 멋져 보이잖아요? 우리 우주복도 그랬으면 좋겠어요.'"

머스크는 NASA 우주 비행사나 러시아 우주 비행사가 우주왕복선이나 소유스 우주선을 타고 궤도에 오를 때 착용하는 '고무 장화'를 싫어했다. 그는 스페이스X의 부츠는 기존의 멋없는 고무장화처럼 보이지 않아야 한다고 했다. 물론, 모든 우주 비행사에게 맞춤 우주복을 제공할 계획이었지만 그렇다고 우주복에 큰돈을 들일 생각은 없었다. 스페이스X는 치수를 잴 때 50가지 정도의 항목을 측정해 알고리즘에 입력하면 이상적인 우주복 사이즈가 나오도록 했다. 머스크는 맞춤 우주복이라도 고급 맞춤 턱시도(우주용으로 만든 것이 아닌) 가격인 1만 달러 선에서 만들어야 한다고 했다.

비행복과 우주복 분야에서 세계 최고의 기업은 매사추세츠주에 있는 데이비드클라크사(David Clark Company)로, 2차 세계대전 초기부터 미국의 거의 모든 고고도 및 우주 프로그램에 옷을 공급해온 회사다. 스페이스X가 견적서를 요청했을 때 이 회사는 이미 보잉의 스타라이너 우주선에 쓸 우주복을 만들고 있었다. 데이비드클라크사가 보내온 견적가는 한 벌에 100만 달러 가까이 되었다. 이 가격은 애당초 협상을 시작해볼 수도 없는 수준이라 제이슨 테넨바움이 이끄는 우주복팀과 라이스먼은 창의력을 발휘해야 했다. 테넨바움은 우주복에서 가장 어려운 부분인 장갑을 개발하기 위해, NASA의 장갑 디자인 공모전에서 두 번이나 1위를 차지한 피터 호머라는 기계 엔지니어를 영입했다. 처음에 재미로 만들기 시작한 호머의 장갑은 우주복이 가압된 상태에서도 최대한 손을 자유롭게 쓸 수 있게 천으로만 되어 있다. 이 기본 디자인은 지금도 사용되고 있다.

스페이스X는 헬멧도 적층 방식으로 만들기로 하면서 3D 프린터로 만들어진 제품의 품질을 의심하는 사람들을 설득해야 했다. 일부 NASA 엔지니어는 플라스틱으로 우주 비행사의 머리를 보호한다는 생각을 별로 달가워하지 않았다. 하지만 3D 프린터를 이용하면 머리의 윤곽과 크기에 맞게 헬멧을 쉽게 만들 수 있었다. 결국 테넨바움의 우주복팀은 우주복 제작 비용을 데이비드클라크사가 요구한 가격의 몇 분의 1 수준으로 낮출 수 있었다. 이것이 스페이스X의 전형적인 업무 처리 방식이다. 우주복 제작 비용은 머스크가 원한 것보다는 훨씬 높았지만 업계 표준 가격보다는 훨씬 낮았다.

이제 남은 것은 우주복의 스타일이었다. 스페이스X는 50개 이

상의 디자인을 검토했다. 그사이 머스크와 거의 그만한 횟수의 회의도 거쳤다. 스페이스X는 최대한 보기 좋은 우주복을 만들기 위해 다양한 디자이너를 고용했다.

마침내 2015년 모델 한 사람이 가장 최근에 디자인한 우주복을 입고 회의장으로 걸어 들어왔다. 세련된 선과 각이 살아 있어 누가 보아도 초현대적으로 보이는 흑백 우주복이었다.

"좋습니다. 바로 저거예요." 머스크가 말했다.

머스크와 유인 우주 비행 커뮤니티의 싸움

스페이스X는 한편으로는 수많은 기술적 난제와 씨름하면서 다른 한편으로는 유인 우주 비행 커뮤니티에 퍼져 있는 회의론도 극복해야 했다. NASA 우주 비행사들의 목숨이 걸린 일이었기에 많은 사람이 눈을 부릅뜨고 스페이스X의 움직임을 주시하고 있었다.

NASA 역사에서 세 번 일어난 우주 비행사 사망 사고(아폴로 1호 화재 사고와 두 번의 우주왕복선 폭발 사고)가 남긴 유산의 하나는 NASA의 안전 절차를 들여다보는 독립된 많은 검토 위원회다. 2011년 여름, 이 중 하나인 항공우주안전자문위원회가 드래건 우주선의 소프트웨어에 대해 발표해달라며 스페이스X를 초청했다. 샷웰은 거절하는 것이 최선이라고 생각했지만, 매캘리스터와 루더스가 샷웰에게 초청을 받아들이라고 권유했다. 두 사람은 스페이스X가 위원회에 나가 직접 설명하면 이 신흥 기업에 대한 일부

위원들의 우려를 잠재울 수 있으리라고 기대했다.

샷웰은 두 사람의 말을 따르기로 하고 로즈에게 스페이스X의 비행 소프트웨어를 소개해주라고 했다. 로즈는 기술 자료를 챙겨 휴스턴에서 열린 회의에 참석했다. 그런데 위원들이 오기를 기다리던 중에 샷웰이 로즈에게 예전에 그가 플레이스테이션용 비디오 게임 코딩할 때의 경험담을 들려주라고 했다. 그러면 위원들이 아주 재미있어할 것이라고 했다. (미리 밝혀두지만, 해군 중장 조지프 다이어가 의장을 맡은 위원회는 이 이야기를 좋아하지 않았다.)

"당시에는 깨닫지 못했지만 우리는 식인 상어가 우글대는 곳으로 들어간 것이었어요. 나는 별생각 없이 내 배경에 대해 이야기하기 시작했죠. 그러자 위원 한 사람이 끼어들어 '이봐요, 이건 〈스페이스 인베이더〉가 아니잖아요.'라고 하더군요. 그래서 도와달라는 표정으로 샷웰을 쳐다봤죠. 그랬더니 샷웰이 단호하게 고개를 끄덕이며 계속해서 밀고 나가라는 신호를 보내더군요." 로즈가 말했다.

그때부터 위원들은 각종 질문 공세를 퍼부으며 로즈를 괴롭히기 시작했다. 마치 코미디 클럽에서 어떤 코미디언의 연기가 재미없다고 판단되면 그 코미디언을 공격하는 것처럼 말이다. 하지만 로즈는 억지로 밀고 나가, 마침내 장애 관리 소프트웨어에 대한 상당히 기술적인 논의로 접어들었다. 그는 곧 실시할 특정 시험에 대해 언급했다. 하지만 긴장한 나머지 위원들이 자기만큼 기술적 깊이가 없다는 점을 잊었다. 그는 이 시험의 세부 내용을 설명하는 과정에 어떤 방식으로 장애 감지와 장애 대응 소프트웨어 코딩의 결함 여부를 확인하는지 설명하다 말을 잘못했다.

그러자 그가 설명하는 도중 위원 한 사람이 끼어들었다. "하나 짚고 넘어갈 게 있는데, 그 말은 당신 소프트웨어에는 아무런 결함이 없다는 뜻입니까?"

하도 어처구니없는 트집이라 로즈는 어떻게 대꾸해야 할지 몰라 한동안 그 자리에 멍하니 서 있었다. 그는 자기 말이 무슨 뜻인지 설명하려고 했지만 계속해서 가로막혔다. 위원 절반은 자기들끼리 활발한 토론을 벌이기 시작했고, 절반은 로즈를 가르치려 들었다. 그들은 삿대질까지 해가며 옛날에 있었던 유명한 소프트웨어 버그 사건을 쉴 새 없이 떠들어댔다. 마치 소프트웨어 프로그래머인 로즈가 그런 일을 들어본 적도 없다는 듯이 자기들 할 말만 했다. 로즈는 이것이 함정인 줄도 모르고 제 발로 뛰어들었다는 사실을 깨닫기 시작했다.

두 달 뒤 안전자문위원회가 8월 회의의 요약본을 공개하면서 로즈의 당혹감은 더 커졌다. '스페이스X의 소프트웨어 프레젠테이션은 자문위원회에 불안감을 안겨주었다. 소프트웨어와 관련된 스페이스X의 발언은 매우 우려스러웠고, 이 프로젝트에서 무엇이 잘못될 수 있는지에 대한 통찰과 정교함이 부족했다.'

이런 문제와 관련해 스페이스X와 처음으로 직접 접촉해본

NASA의 안전 자문위원들이 좋은 인상을 받지 못한 것이었다. "우리는 항공우주안전자문위원회가 스페이스X의 말을 직접 들어보게 하는 것이 도움이 되리라 생각했어요. 그런데 결과는 그렇지 않았어요. 거의 재앙에 가까웠죠." 매캘리스터가 말했다.

4년 뒤 스페이스X는 NASA 국제우주정거장 자문위원회라는 또 다른 안전 위원회와 더 심각한 충돌을 겪게 된다. 추진제 고밀화와 팰컨9 로켓에 극도로 냉각된 연료 및 산화제를 주입한 뒤 바로 발사해야 할 필요성을 둘러싸고 벌어진 것이었다. 이렇게 하려면 스페이스X가 승무원을 드래건에 태운 상태에서 로켓에 연료를 주입해야 했다. 이런 방법은 '연료 주입 후 발사(load-and-go)'라는 이름으로 불리게 된다. 문제는 NASA가 처음부터 이것과 다른 방법으로 일을 처리해왔다는 점이다. NASA는 로켓 발사 몇 시간 전에 추진제를 주입한 뒤 로켓을 안정화했다. 그리고 나서야 기술자들의 도움을 받아 승무원이 우주선에 탑승했다.

존경받는 전 아폴로 우주 비행사 토머스 스태퍼드가 위원장으로 있는 국제우주정거장 자문위원회는 우주 비행사가 탑승한 채 연료를 주입하는 것은 무모한 일이라고 판단했다. 2015년 스태퍼드는 NASA에 그런 내용의 서한을 보냈다. '로켓에 산화제를 주입하기 전에 승무원을 드래건 우주선에 탑승시키는 것은 우리 미국뿐만 아니라, 국제적으로도 50년 이상 지켜온 로켓 안전 기준에 위배된다는 것이 우리 위원회의 일치된 의견입니다.'

그 뒤 항공우주안전자문위원회도 같은 목소리를 냈다. 안전자문위원회는 2016년에 발표한 연례 보고서에서 NASA는 이 방법이 안고 있는 위험성을 '면밀히 살펴봐야' 하며, 예산 압박을 지나치게 우려해 계획된 일정에 맞춰 승무원을 우주정거장에 보내려고 서둘러서는 안 된다고 경고했다. 이런 공개 발언은 막후에서 오고 간 말에 비하면 상당히 완화된 것이었다.

매캘리스터는 이렇게 말했다. "스페이스X가 승무원을 먼저 태우고 추진제를 주입하겠다고 하자 자문위원들이 벌집 쑤셔놓은 듯 들끓었죠. 발등에 불이 떨어진 듯 난리가 났어요. 추진제를 먼저 주입해 열적으로 안정된 상태를 만드는 것이 일반 통념이었어요. 연료 주입은 아주 역동적인 작업이에요. 기체에서 팡 터지는 소리나 쉭쉭대는 소리가 나죠. 자문위원들은 추진제를 먼저 주입한다는 생각에 단호하게 반대했어요."

자문위원들은 NASA에 '연료 주입 후 발사' 방식으로 로켓을 발사하겠다는 스페이스X의 요청을 거부하라고 촉구했다. 2016년 9월 AMOS-6 위성을 탑재한 팰컨9 로켓에 추진제를 주입하던 중 폭발 사고가 일어나자 압력은 더 거세졌다. 우주선에 탑승한 우주 비행사도 이런 비참한 운명을 맞이할 수 있다고 상상하는 것은 어려운 일이 아니었다. 크루 드래건에는 슈퍼드라코 추력기로 구동되는 비상 탈출 시스템이 있었지만, 발사대에서 비행 중단 시스템을 작동시키는 것은 우주 비행사가 매우 높은 중력가속도에 노출되는 역동적이면서도 위험한 일이었다. 팰컨9이 거대한 불덩어리가 되어 사라지는 소름 끼치는 영상은 스페이스X의 주장에 치명타를 가했다.

자문위원들의 줄기찬 요구에도 불구하고 루더스는 스페이스X에 '연료 주입 후 발사' 방식은 안 된다고 단호하게 말하지 않았다. 대신 추진 착륙 문제에서와 마찬가지로, NASA의 안전 요구 조건을 충족시키려면 힘들고 번거로운 시험과 서류 작업을 하느라 몇 년을 소모할 것이라고 에둘러 말했다. 하지만 이번에는 머스크도 고집을 꺾지 않았다. 고밀화는 팰컨9 로켓을 신속하게 재사용하겠다는 계획의 핵심이었으므로 양보할 생각이 없었다.

루더스의 말대로 NASA는 '연료 주입 후 발사' 방식의 인증을 위해 스페이스X에 여러 가지 까다로운 요구를 했다. 결국 스페이스X를 구한 것은 높은 비행 빈도였다. 우주 비행사가 팰컨9에 처음으로 탑승할 무렵 스페이스X는 이미 AMOS-6 폭발 사고 뒤 '연료 주입 후 발사' 방식으로 50회 이상 로켓을 발사하는 데 성공했다.

매캘리스터는 이렇게 말했다. "우리는 스페이스X를 3년 넘게 괴롭히다가 마침내 '연료 주입 후 발사' 방식을 승인했습니다. 승인을 쉽게 거절할 수도 있었어요. 승인을 거절하고 아폴로 시대부터 쭉 해오던 방식으로 일처리를 하라는 압박을 많이 받았어요. 다른 회사였다면 NASA에 굴복했을 겁니다. 하지만 이건 팰컨9

재사용에 매우 중요한 일이었고, 머스크가 한결같이 추구해온 비전이 옳다는 것을 보여주는 증거였어요."

머스크는 팰컨9을 재사용할 수 있어야 하고, 팰컨9의 경제성을 확보하기 위해 부스터에 극도로 냉각된 추진제를 주입해야 한다고 생각했다. 이런 의지가 너무 강해 그는 NASA뿐만 아니라 유인 우주 비행 커뮤니티 전체를 상대로 기꺼이 싸움을 벌였다.

그 싸움에서 그는 이겼다.

매캘리스터는 이렇게 말했다. "머스크가 아니었다면 로켓 재사용 혁명은 일어나지 않았을 겁니다."

12장

제2의 우주 시대

2019년 4월 20일,
텍사스주 리그시티

부활절을 하루 앞둔 토요일, 출장과 훈련 등으로 바쁜 한 주를 보낸 NASA 우주 비행사 더그 헐리는 휴스턴 인근에 있는 자택에서 휴식을 취하고 있었다. 하지만 오랜만에 느껴보는 이 평화는 스페이스X의 리 로즌이 보낸 문자 신호음 때문에 금방 깨지고 말았다.

'캡슐이 폭발했어요.'

몇 분 전 드래건 우주선이 폭발했고, 로즌은 헐리가 뉴스를 통해 이 소식을 듣기 전에 그에게 알려야겠다고 생각했다. 헐리가 집에서 쉬는 대신 그 안에 앉아 있을 수도 있었던 우주선이, 완전히 산산조각 난 것이다.

지금까지 모든 일이 순조롭게 진행되고 있었다. 2019년 3월 첫째 주에 스페이스X는 크루 드래건 우주선을 국제우주정거장으로 날려 보내는, '데모-1'으로 알려진 임무를 놀랍도록 성공적으로 수행했다. 우주 비행사를 태우지 않고 수행한 이 비행 임무에서 드래건은 우주정거장에 자율적으로 도킹한 뒤 5일 동안 머물면서 몇 가지 중요한 시험을 완료해 사람을 안전하게 실어 나를 수 있다는 사실을 보여주었다.

이제 남은 것은 낙하산 시험을 몇 번 더 한 뒤 NASA가 데모-1 임무에서 얻은 데이터를 자세히 분석해, 드래건에 사람을 태우고 비행해도 된다고 승인해주기를 대기하는 것뿐이었다. 헐리는 부활절을 앞둔 주에 케네디우주센터에 가서 우주 비행을 마친 드래건을 직접 살펴보기까지 했다.

헐리가 가족과 함께 부활절 주말을 보내기 위해 휴스턴으로 날아가는 사이 스페이스X는 슈퍼드라코 추력기 가동을 포함해 몇 가지 추가 시험을 위해 드래건 우주선을 준비하고 있었다. 스페이스X의 기술자들은 부활절 주말을 앞두고 드래건 우주선을 착륙구역 1의 시험대로 옮겼다.

"우리는 모두 붕 떠 있었죠. 데모-1 임무가 성공한 뒤 우리가 보잉을 이길 거라고 생각했습니다. 곧 우주에 갈 거라고 생각했죠." 헐리가 말했다.

그러던 중에 로즌으로부터 섬뜩한 내용의 문자를 받은 것이다. 헐리는 아내 캐런 나이버그(Karen Nyberg)에게 이 사실을 알렸다. 나이버그는 우주왕복선과 러시아의 소유스 우주선을 타고 두 번이나 우주 비행을 한 베테랑 우주 비행사였다. 헐리는 곧 이 참사가 언론을 통해 알려질 거라고 했다. 두 사람은 앞으로 이 일이 어떻게 전개될지 의견을 나누었다. 나이버그는 헐리에게, 드래건을 타기로 한 약속을 다시 생각해봐야 하지 않겠냐고 묻지 않았다.

"아내는 그런 사람이 아니에요. 그런 말은 절대 하지 않을 겁니다. 대신 내 생각은 어떤지, 걱정되지는 않는지 묻더군요." 헐리가 말했다.

헐리가 바로 대답할 수 없는 질문이었다. 그는 수년 동안 자기 뒤에서 스페이스X에 대해 수군대는 소리를 들어왔다. 스페이스X가 너무 무모하다는 둥, 그런 무모함 때문에 사람이 죽을 것이라는 둥, 그래서 헐리도 죽을지 모른다는 등의 말들이었다. 하지만 그는 4년 동안 스페이스X 엔지니어들과 함께 일하는 사이에 그들의 다른 면을 보았다. 물론 그들은 NASA 직원들보다 어렸다. 하지만 스페이스X 엔지니어들은 열정이 있었고, 크루 드래건을 안전하게 우주로 보내기 위해 전심전력을 기울이고 있었다. 헐리는 그들을 믿었다.

약 한 시간 뒤 사고가 보도되기 시작할 때까지도 헐리와 나이버그는 그 이야기를 나누고 있었다. 이 사고는 스페이스X가 은폐하고 싶어도 그럴 수 없는 사고였다. 수많은 구경꾼이 해마다 부활절 주말에 열리는 서핑 대회를 보려고 푸른 하늘과 하얀 파도를 기대하며 코코아 비치의 흰 모래사장에 운집해 있었다. 그런데 그날 오후 주변과 어울리지 않는 주황색 연기구름이 북쪽 수평선 위로 피어오르기 시작했다. 잠시 후 드래건 우주선의 슈퍼드라코 추력기를 점화하기 위해 카운트다운하는 모습을 보여주는 무단 동영상이 나돌기 시작했다. 그러다 점화 직전 우주선이 쾅 하고 폭발해버렸다.

"그날이 몇 달간 이어진 암울한 나날들의 시작이었어요." 헐리가 말했다.

보잉과 우주 비행사의 갈등

더글러스 제럴드 헐리는 우주 비행사가 되면 세계적 유명 인사가 되던 시대를 놓쳤다. 그는 NASA가 우주왕복선 임무를 위해 주기적으로 15~20명씩 우주 비행사를 모집하던 2000년에야 NASA에 합류했다. 비슷한 임무를 띠고 지구 저궤도에 올라가는 우주 비행사가 너무 많다 보니, 우주왕복선 시대의 우주 비행사들은 머큐리 계획에 참여한 선구자들이나 아폴로 시절에 달 표면을 걷던 우주인들과 같은 명성을 떨치지 못했다.

그럼에도 헐리는 그 시대의 우주 비행사들과 같은 자질과 정신을 가진 사람이었다. 짧은 금발 머리에 얼굴 윤곽이 뚜렷한 전투기 조종사 출신의 헐리는 대개 익명으로 근무하는 우주인단 소속의 어떤 우주 비행사보다도 외모와 경력이 뛰어났다. 그는 해병대와 해군에서 조종사로 근무하다 테스트 파일럿이 되어 첨단 전투기를 조종했다. NASA에서 그가 처음 맡은 일은 우주 비행사들의 안전을 지키는 '케이프 크루세이더[1]'였다. 2003년 2월 1일 아침, 그는 케네디우주센터의 긴 활주로에서 영원히 돌아오지 않을 우주왕복선을 기다리고 있었다. 컬럼비아호 폭발 사고는 그에게 자신이 선택한 직업의 위험성을 확실하게 일깨웠다.

우주왕복선 비행이 재개되고 난 뒤 헐리는 2011년 시행된 역사적인 우주왕복선 프로그램의 마지막 비행을 포함해 두 번의 비행사 임무를 수행했다. 2년 뒤 아내 나이버그가 국제우주정거장에서 6개월을 보내는 동안 그는 집에서 아들 잭을 보살폈다. 나이버그가 돌아온 뒤 두 사람은 그들의 미래에 대해 고민했다. 당분간 우주에 갈 수 있는 유일한 방법은 소유스 우주선을 타고 가는 것이었고, 한번 올라가면 우주정거장에 장기간 머물러야 했다. 헐리는 그렇게 하고 싶지 않았다. 자신이 NASA에 합류한 것은 우주선을 조종하기 위해서였지, 관리인 겸 연구원이 되어 몇 달씩 가족과 헤어져 있으려던 것이 아니었다. 2015년 초 NASA의 미션 운용 책임자 브라이언 켈리가 찾아와 헐리에게 우주선에 탑승할 의향이 있느냐고 묻자 헐리는 지금까지와 다른 뭔가 새로운 것이라면 해보겠다고 했다.

---

1 Cape Crusader. '망토 입은 십자군 전사'라는 뜻으로 흔히 배트맨을 부를 때 쓰는 말이다. NASA의 케이프 크루세이더는 우주왕복선을 발사하기 전에 최종 점검하는 일을 했다.

그는 소원을 이루었다. 그해 7월 헐리는 밥 벵컨, 에릭 보, 서니 윌리엄스 등 다른 우주 비행사 세 명과 함께 NASA의 상용 승무원 요원으로 선임되었다. 뒤에 이들은 두 그룹으로 나뉘어, 두 사람은 크루 드래건을 타게 되고 두 사람은 보잉의 스타라이너를 타게 된다. 하지만 당시에는 함께 스페이스X와 보잉 공장을 찾아다니며 그들이 만드는 우주선에 대한 정보도 얻었고 자신들의 의견도 제시했다.

헐리는 호손에 있는 스페이스X 공장에 가면 자기도 모르게 활기가 솟았다고 했다. "호손 공장의 분위기는 내가 있던 존슨우주센터와 완전히 대조적이었어요. 존슨우주센터는 뭔가 고리타분하고 정체되어 있으며 나이 든 화이트칼라가 많다는 느낌이 들었거든요. 그런데 호손 공장에는 젊은 친구들이 많았습니다. 시끌벅적했지만 그 속에서 활기를 느낄 수 있었어요."

네 사람이 호손에 갈 때면 대개 상세한 방문 계획을 세워놓고 가지만, 막상 도착하면 팰컨9 발사 일정이 뒤로 밀려 전 직원이 그 일에 매달려 있을 때가 많았다. 그러면 우주 비행사 네 사람은 작은 방에서 밀린 서류 작업을 하거나 다른 업무를 처리하곤 했다. 헐리는 "스페이스X에는 미래를 내다보고 하는 여러 프로그램이 있었지만, 그 일을 수행할 인력이 충분하지 않았어요. 우리는 그 상황에 맞추는 수밖에 없었어요"라고 말했다.

하지만 스페이스X의 이런 혼란에도 불구하고 헐리는 보잉보

더그 헐리가 데모-2 우주 비행사로 선정된 후 기뻐하고 있다. (사진 제공: NASA)

다 스페이스X의 분위기를 더 좋아했다. 스페이스X 엔지니어들은 NASA 우주 비행사들의 피드백을 듣고 싶어 했고, 그들과 함께 일하고 싶어 했으며, 그들의 제안에 귀를 기울였다. 이에 반해 보잉 엔지니어들은 이들의 의견을 듣는 데 관심이 없어 보였다. 헐리는 이 문제로 다른 사람들보다도 더 힘들어했다. 자신과 친하게 지내던 전 NASA 우주 비행사 때문에 이런 일이 벌어졌다고 생각했기 때문이었다.

헐리가 마지막 우주왕복선 임무를 수행했을 때 그 비행을 지휘한 사람은 크리스 퍼거슨(Chris Ferguson)이었다. 하지만 임무를 마친 뒤 두 사람의 관계는 소원해졌다. 우주왕복선 비행을 마치고 몇 달이 지난 2011년 말, 퍼거슨은 NASA를 떠나 보잉으로 자리를 옮겨 상용 승무원 운송 프로그램의 '승무원 및 임무' 시스템 책임자가 되었다. 헐리는 퍼거슨이 우주왕복선 비행 전부터 보잉으로 떠날 계획을 세우고 있었다고 생각했다. 퍼거슨은 이 비행 임무를 할 때 1981년에 첫 우주왕복선에 실려 우주에 올라갔던 성조기를 우주정거장으로 가져가는 국기 의식을 했는데, 그것이 이 계획의 일환이라는 것이 헐리의 생각이었다.

당시 퍼거슨은 우주정거장 내부에 국기를 걸며 이렇게 말했다. "성조기는 우리나라의 자부심과 명예의 상징입니다. 하지만 이 깃발은 거기에 더해 우리의 목표까지 보여주는 것입니다. 이 국기는 눈에 잘 띄는 2번 노드의 전방 해치 옆에 걸려 있다가 미국 우주선을 타고 올 우주 비행사에 의해 다시 한 번 지구로 귀환할 것입니다. 몇 년 안에 그때가 왔으면 좋겠습니다."

나중에 헐리는 퍼거슨 자신이 그 우주 비행사가 되려고 한다는 사실을 깨달았다. 퍼거슨은 보잉이 개발하는 새 우주선을 타고 갈 계획이었다. 헐리는 NASA의 상용 승무원 요원으로 보잉 엔지니어들을 만나기 시작하면서 보잉 엔지니어들이 왜 그들의 의견에 관심을 기울이지 않는지 깨닫기 시작했다. 보잉에는 이미 퍼거슨이라는 우주 비행사가 있었다. 퍼거슨이 스타라이너의 첫 유인 우주 비행을 지휘할 예정이었으므로, 그들에게 중요한 것은 퍼거슨의 의견뿐이었다.

"나에겐 상당히 불쾌한 일이었어요. 퍼거슨과의 개인적인 관계 때문에 다른 사람들보다 더 민감하게 받아들인 듯합니다. 그들에게서 스페이스X에서는 절대 볼 수 없는 오만함 같은 걸 느꼈어요." 헐리가 말했다.

존슨우주센터의 엔지니어들도 보잉이 스페이스X보다 우월하다고 생각했다. 그들은 보잉이 경쟁에서 이길 것이라고 믿었다. 하긴 그렇게 생각하지 않을 사람이 누가 있었겠는가? 7월 9일 NASA가 네 명의 상용 우주 비행사를 선임할 때는 CRS-7 임무를 위해 우주정거장으로 발사된 팰컨9 로켓이 폭발한 지 겨우 11일이 지났을 때였다. 그런 다음에도 이들이 선임된 지 1년이 조금 더 지난 시점에 스페이스X의 또 다른 로켓이 폭발했다.

이 사고로 헐리는 한동안 실의에 빠졌다. 스페이스X가 팰컨9 폭발 사고에서 벗어나기 위해 허우적거리는 동안 보잉도 이렇다 할 성과를 내지 못했다. 엔지니어들이 지나치게 자신만만했을 뿐만 아니라 경영진도 적극적으로 이 프로젝트를 지원하지 않았기 때문이다. NASA는 상용 승무원 운송 프로그램 같은 '상업용' 프로그램을 운영하면서 민간 고객 유치까지 염두에 두고 있었다. 그래서 NASA가 개발 비용 대부분을 지원하기는 하지만 프로그램에 참여하는 기업 역시 자기 돈을 어느 정도 투자해야 했다. 이렇게 투자한 돈은 민간 고객으로부터 회수하면 된다는 것이 NASA의 생각이었다. 헐리의 눈에 보잉은 급한 것이 전혀 없어 보였다. 급하기는커녕 스타라이너 작업을 파트타임으로 하는 것 같았다.

"보잉 입장에서는 결국 모든 게 비용 관리 문제였어요." 헐리가 말했다. "그런데 한편에서는 로켓을 여기저기서 계속 터뜨리고 있었죠. 정말 '이게 뭐지' 싶더라고요. 그 상황을 받아들이는 게 무척 힘들었습니다."

하지만 AMOS-6 폭발 사고 이후 몇 달이 지나자 스페이스X는 헐리를 비롯한 상용 승무원 운송 프로그램 우주 비행사들의 마음을 얻기 시작했다. 스페이스X는 사고가 일어난 로켓의 문제점을 투명하게 공개했다. 또, 플로리다의 제40우주발사단지 재건과 팰컨9의 비행 재개에 대한 상세한 내용을 계속 업데이트해 이들에게 제공했다.

반면에 헐리와 보잉의 관계는 계속 악화되었다. 그의 인내심은 2018년 여름 보잉이 뉴멕시코주의 화이트샌즈에서 발사대 중단 시험을 하면서 한계에 달했다(보잉은 비행 중단 시스템의 실제 비행 중 시험은 하지 않았다). 그해 6월 스타라이너의 비행 중단 엔진을 시험 가동하자 엔진이 정상적으로 연소했다. 그러다 엔진 정지 과정에서 추진제 누출로 심각한 문제가 발생했다. 결국 이 문제로 보잉의 발사대 중단 시험은 1년 이상 늦어지게 된다. 하지만 당시 보잉은 이 문제를 상용 승무원 운송 프로그램 우주 비행사들에게 알리지 않았다. 헐리는 거의 한 달이 지나서야 이 사실을 알게 되었다. 그는 보잉이 NASA 우주 비행사들에게 이 문제를 알리지 않았다는 것 때문에 분노했다.

"그게 결정타였어요. 보잉과 나와의 관계는 그걸로 끝이었죠. 나는 그런 마음을 잘 감추지도 못한 듯해요." 헐리가 말했다.

그해 여름 NASA는 각 사의 첫 번째 우주선을 탈 승무원 배정 작업에 들어갔다. 헐리는 우주비행사실 책임자 팻 포리스터에게 스타라이너는 타지 않겠다고 했다. 그는 퍼거슨이 사령관을 맡는 우주선에는 다시 타고 싶지 않았고, 자신에게는 그럴 권리가 있다고 생각했다. 게다가 화이트샌즈에서 일어난 사건을 우주 비행사들에게 알리지 않아 생긴 분노도 아직 남아 있었다. 자신의 결정 때문에 우주에 다시 못 간다고 해도 받아들일 자신이 있었다.

그다음 달, 드래건과 스타라이너를 탑승할 승무원을 발표하는 행사가 존슨우주센터에서 성대하게 거행되었다. 헐리는 벵컨과 함께 드래건 우주선에 배정되었다. 퍼거슨은 에릭 보, 초보 비행사 니콜 만과 함께 스타라이너의 첫 번째 비행 임무를 수행하게 되었다. 서니 윌리엄스는 스타라이너의 두 번째 비행 임무 종사자로 지명되었다.

헐리는 휴스턴의 강당 연단에 올라 주먹을 불끈 쥐고 하늘로 내질렀다. 그의 기쁨은 진심이었다. 그는 이 임무를 배정받고 홍분했다. 그 순간 절친한 친구 사이였던 헐리와 벵컨에게 이 임무는 공적인 의미를 뛰어넘어 개인적인 의미를 갖게 되었다. 두 사람은 모두 NASA 우주 비행사와 결혼했고, 서로의 결혼식에서 들러리를 맡았으며, 어린 아들이 있었다. 우주로 올라가는 경쟁은 운동 경기처럼 느껴지기 시작했고, 두 사람은 이 경기에서 이기고 싶었다. 두 사람은 보잉의 코를 납작하게 해주자고 했다. 그다음 번 두 사람이 훈련차 호손에 갔을 때 두 사람은 드래건 팀원들에게 그들을 위해 일하러 왔다고 말했다. 두 사람은 모든 것을 다 걸 생각이었다. 어떤 대가를 치르더라도.

밸브 누출 문제와 낙하산의 비대칭성 문제

이들의 희망은 두 차례의 큰 사고로 물거품이 될 뻔했다. 2019년 4월 드래건이 폭발하는 사고가 발생했다. 이 사고는 주황색 연기 구름 때문에 바로 세상에 알려졌다. 하지만 이보다 12일 앞서 네바다주에서 일어난 또 다른 심각한 사고는 사람들의 눈에 띄지 않았다. 이때는 시험용 모의 드래건의 낙하산이 제대로 펴지지 않아 드래건이 땅에 떨어지며 연기와 함께 땅이 움푹 파였다. 스페이스X가 이 두 사고를 일으킨 문제를 해결할 때까지 드래건 발사는 지연될 수밖에 없었다.

머스크는 드래건 폭발 사고 조사를 다시 쾨니히스만에게 맡겼다. 그 무렵 쾨니히스만은 스페이스X에서 가장 오래 근무한 직원이었다. 독일 출신의 이 엔지니어는 스페이스X 내부에서뿐만 아니라 NASA나 다른 사고 조사 기관에서도 신뢰를 받고 있었다. 그는 스페이스X 내부에서 공정하고 평정심을 잃지 않는 원로로 사랑받았다. 스페이스X 외부에서는 규제 기관이 그를 신뢰했다. 이번 건은 심각한 사고였기에 스페이스X는 쾨니히스만처럼 신뢰받는 사람이 필요했다.

"그 사고로 많은 사람이 좌절했죠. 승무원을 구해야 할 시스템이 오히려 캡슐을 폭발시켰으니까요." 쾨니히스만이 말했다.

쾨니히스만은 NASA, 연방항공청, 연방교통안전위원회 관계자들과 함께 조사를 벌였지만 사고의 근본 원인은 한동안 수수께끼로 남아 있었다. 쾨니히스만 팀이 이 문제가 사산화질소와 관련이 있다는 사실을 깨닫기까지는 거의 3개월이 걸렸다. 사산화질소는 온도와 관계없이 장기간 보관할 수 있고 하이드라진과 만나면 자연 연소하기 때문에, 드래건을 포함해 대부분의 우주선은 사산화질소를 추력기의 산화제로 쓴다. 우주 비행에서 간단한 것은 아무것도 없지만 이 두 추진제를 혼합해 추력을 얻는 것은 상당히 간단하다. 밸브를 열고 사산화질소와 하이드라진을 추력기에 주입하면 바로 연소가 시작된다.

예상치 못한 일이 일어난 것은 슈퍼드라코 추력기가 점화되기 100밀리초 전이었다. 사산화질소가 누출되어 헬륨 관에 들어가 있다가 추진 시스템에 압력이 가해지자 이 사산화질소가 헬륨을 막기 위해 설치된 '체크 밸브(역류 방지 밸브)'로 유입되었다. 그 뒤 티타늄 체크 밸브에 불이 붙으면서 우주선의 폭발로 이어졌다. 이런 현상은 예상치 못한 것이었다. 수십 년 동안 우주선에 티타늄을 써왔지만 이런 식으로 불이 붙은 적은 없었다. 해결책은 체크 밸브를 파열판[1]이라 불리는 다른 장치로 바꾸는 것이었다. 파열판은 정해진 압력에 도달하기 전에는 열리지 않기 때문에 체크 밸브처럼 누출이 일어나지 않는다.

결과적으로 이 조사를 계기로 작은 티타늄 부스러기가 매우 높은 압력하에서 산화제와 섞이면 어떤 반응을 일으키는지 알 수 있게 되었다. 사고는 끔찍했지만 그 덕분에 슈퍼드라코 추력기의 고장 양상에 대한 이해도가 높아졌다. 캐시 루더스는 사고가 지상에서 일어났고, 다친 사람이 아무도 없으며, NASA와 우주 비행 커뮤니티가 새로운 현상을 알게 되었다는 점에서 드래건의 폭발을 '큰 선물'이라고 표현했다.

이 사고만큼 많이 알려지지는 않았지만, 낙하산 사고도 그에 못지않게 드래건 우주선의 성패를 좌우할 정도의 심각한 사고였다. 처음에 스페이스X 엔지니어들은 낙하산은 비교적 간단한 문제라고 생각했다. 스페이스X는 이미 카고 드래건을 여러 번 착륙

---

1 밀폐된 용기, 배관 등의 내압이 이상 상승할 경우 정해진 압력에서 파열되어 본체의 파괴를 막을 수 있도록 제조된 원형의 얇은 금속판.

시킨 경험이 있었다. 크루 드래건은 비행 중단 시스템 때문에 부품이 추가되어 기체의 무게가 늘어나는 바람에 낙하산이 네 개 필요했지만, 엔지니어들은 낙하산을 세 개에서 네 개로 늘리는 것은 간단한 작업이라고 생각했다. 하지만 그렇지 않았다.

우주선이 낙하산에 매달려 착륙한 지 60년이 넘었지만 낙하산은 여전히 까다로운 문제로 남아 있다. 강한 바람을 받아 펄럭이는 깃발을 상상해보라. 바람을 받아 이리저리 펄럭이는 깃발의 움직임은 매우 혼란스럽다. 낙하산도 이와 비슷하다. 차이점이 있다면 깃발보다 훨씬 더 크다는 것과 풍속이 시속 수백 킬로미터에 이른다는 것이다. 낙하산은 기압과 풍속의 급격한 변화를 겪으며 사납게 요동치는 난기류 속에서 펼쳐지고 부풀어야 한다. 이 중 일부는 컴퓨터로 모의 시험을 해볼 수 있지만 실제 시험을 대체할 수는 없다.

드래건 낙하산 팀을 특히 괴롭혔던 것은 '비대칭 지수'라는 변수였다. 비대칭 지수란 네 개의 낙하산이 튀어나와 부풀기 시작할 때 보이는 혼란스러움의 정도를 수치로 나타낸 것이다. 방출 직후 네 개의 주 낙하산은 좁은 공간에 갇혀 있던 네 마리의 해파리처럼 더 넓은 공간을 차지하려고 경합을 벌인다. 이 경합 과정은 결코 대칭적이지 않아, 하나의 낙하산이 다른 세 개를 앞지르기도 하고 세 개의 낙하산이 다른 하나를 앞지르기도 한다. 이런 비대칭성의 정도는 측정이 가능해, NASA는 드래건 우주선의 요구 조건을 정할 때 스페이스X에 목표치를 제시했다. 이 수치를 넘어서면 낙하산이 너무 혼란스럽게 전개돼 하나 또는 그 이상의 낙하산이 늦게 펴지게 되고, 그럴 경우 심각한 문제로 이어질 수 있다고 했다.

스페이스X는 2017년에서 2018년에 걸쳐 자체 개발한 '마크2' 낙하산 시험을 20여 차례 실시했다. 서로 다른 고도와 다양한 조건에서 낙하산을 투하하는 방식이었다. 시험을 진행하다 보니, 낙하산 설계가 NASA가 제시한 비대칭 지수 요구 조건을 충족했는데도 온갖 종류의 실패가 발생하기 시작했다. 이들은 낙하산 하나가 다른 세 개의 낙하산보다 너무 늦게 펴지면, 완전히 펴진 다른 세 개의 낙하산에 부하가 너무 많이 걸린다는 사실을 발견했다. 그 결과 다른 세 개의 낙하산 줄이 끊어져 치명적인 실패로 이어지곤 했다.

쾨니히스만으로부터 낙하산 개발 책임을 위임받은 아비 트리파티는 이렇게 말했다. "낙하산 개발이 한참 진행된 뒤에야 NASA가 제시한 요구 기준이 전혀 보수적이지 않았다는 사실을 알게 됐다고 한번 상상해보세요."

피를 말리는 듯한 마크2 낙하산 시험이 거의 끝나가던 2019년 초가 되자, 스페이스X와 NASA는 생각보다 높은 비대칭성을 고려해 낙하산 설계를 강화할 필요가 있다는 사실을 깨달았다. 이를 위해 스페이스X는 낙하산의 캐노피를 보강했고, 방탄복에 사용되는 고분자 섬유 자일론으로 낙하산과 우주선을 연결하는 줄을 만들었다. 스페이스X는 2019년 봄 내내 납품업체 에어본시스템스(Airborne Systems)와 협력해 '마크3' 낙하산을 만들었다. 하지만 디자인을 새로 만드는 바람에 스페이스X는 다시 한번 20여 차례의 시험을 통해 낙하산을 검증해야 했다. 스페이스X는 크루 드래건 납기를 지켜야 한다는 압박감에 신속 시험 프로그램으로 전환했다. 하지만 4월, 드래건이 세 개의 낙하산만으로도 안전하게 착륙할 수 있다는 사실을 보여주기 위해 낙하산 하나가 펴지지 않는 상황을 가정하고 진행한 마크3 디자인의 두 번째 시험에서, 스페이스X는 비참하게 실패했다.

트리파티는 이렇게 말했다. "두 번째 신속 시험을 할 때였어요. 여기서 핵심은 신속이라는 말입니다. 이렇게 빨리 진행하다 보면 예상치 못한 일이 일어날 가능성이 높아지죠. 이 시험에서는 낙하산 하나에 문제가 생기자 곧바로 두 번째 낙하산에도 문제가 생겼고 세 번째도 마찬가지였어요. 결국 우주선 전체가 땅바닥으로 추락했죠."

사고 뒤 트리파티의 주도하에 이루어진 조사 결과 캐노피와 우주선을 연결하는 낙하산 줄의 일부인 라이저에 설치한 장치 때문에 문제가 생긴 것으로 밝혀졌다. 아이러니하게도 이 장치는 비대칭 정도를 측정하는 기구였다. 엔지니어들은 이 장치 때문에 낙하산 줄이 쏠릴까 봐 이 장치를 보호 천으로 싸놓았다(사실 이 천은 호텔에서 '빌려 온' 침대 시트였다). 동영상을 확인해보니 고도 3000 미터에서 낙하산이 튀어나와 전개되는 순간, 무언가 하얀 것이 세 개의 낙하산 중 첫 번째 낙하산에 부딪히는 장면이 보였다. 침대 시트 조각이었다.

사고가 낙하산 자체의 결함 때문이 아니라 테스트 설계 때문이라는 사실이 밝혀지자 분석에 속도가 붙었고, 2019년 여름 낙하산 팀은 다시 시험을 시작할 수 있었다. 그해 하반기, 하와이 마우나케아산 꼭대기의 천문대에서 일하다 이직한 엔지니어 빌리 버키가 이끈 이 팀은 미친 듯이 시험에 매달렸다. 이들은 한번 시험을 끝내면 한 걸음 전진했다가 결함이 발견되거나 시험 기준을 위반하는 등 어떤 문제가 생기면 두 걸음 후퇴하곤 했다.

낙하산 팀은 남부 캘리포니아나 애리조나주의 사막으로 가, 솔튼호 근처에 있는 엘센트로 같은 마을 외곽에서 낙하산 시험을 했다. 이들은 한 번에 며칠 또는 몇 주씩 사막에 머물 때가 많아 배우자나 애인을 데려갔다. 이들은 이를 '낙하산 쇼'라고 부르며, 밤이면 모닥불을 크게 피워놓고 그들만의 버닝맨 페스티벌 같은 축제를 열었다.

"스페이스X 직원들은 모두 일벌레예요. 그런데 낙하산 팀원들은 스페이스X 내에서도 별종이었죠. 아마 다른 사람들보다 열 배 이상 더 힘들었을 겁니다. 일 자체가 극도로 힘든 데다 시간에 쫓기다 보니 거의 사막에서 살다시피 했죠." 트리파티가 말했다.

2019년 여름과 가을 사이에 낙하산 팀이 사막 한가운데서 낙하산을 떨어뜨리고 데이터를 검토하는 등 낙하산 쇼에 매진하는 동안 나머지 스페이스X 직원들은 거의 모든 역량을 스타십에 쏟아부었다. 드래건의 비행 준비가 거의 다 되어가는 데다 NASA가 우주정거장으로 가는 승무원의 운송을 러시아에 의존하는 상황에서 벗어나게 해줄 미국의 역량이 절실히 필요한 시점이었다. 이런 때 머스크가 스타십에 주안점을 두자, 짐 브라이든스타인은 스페이스X가 결과를 보일 때가 되었다는 트윗을 올렸다. 그는 불만과 분노에 가득 차 머스크의 주의를 환기하고 싶었다.

브라이든스타인이 트윗을 올린 직후 나는 머스크와 이야기를 나눌 기회가 있었다. 2019년 9월 28일, 그는 브라이든스타인의 분노를 자아낸 스타십 행사를 개최했다. 텍사스 남부에서 처음으로 스타십의 실물 크기 시제품을 공개하는 자리였다. 팰컨1 첫 발사에 성공한 지 11년째 되는 날이었기에 더 뜻깊은 행사였다. 행사가 끝난 뒤 자정이 가까워질 무렵 나는 친구이자 동료인 〈뉴욕타임스〉 과학 기자 케네스 창과 함께 텍사스 남부 공장에 있는 작은 컨테이너 사무실로 초대를 받았다. 머스크는 화성 탐사 책임자 폴 우스터 그리고 당시 머스크와 사귀고 있던 캐나다의 싱어송라이터 클레어 부셰(그라임스라는 이름으로 더 잘 알려져 있다)와 함께 우리를 기다리고 있었다. 우리는 뒤집어놓은 하얀 양동이 위에 앉아 30분가량 이야기를 나누었다. 브라이든스타인은 머스크의 주의를 환기하는 데 성공한 것 같았다.

이 자리에서 머스크는 이렇게 말했다. "NASA 국장님 말은 '크루 드래건 일은 왜 하지 않는 거죠?'라는 뜻 같았습니다. 사실 우리 입장에서 하드웨어는 더 이상 손볼 게 없어요. 문제는 NASA의 안전 검토를 통과하는 거예요. 그래야 NASA나 스페이스X나 연방 항공청에 있는 모든 사람의 마음이 편해지겠죠. 이 말은 앞으로도 끝없는 회의를 거쳐야 한다는 뜻입니다. NASA가 검토 속도를 높여주면 우리도 빨리 발사할 수 있어요."

이 말이 완전히 맞는 것은 아니었다. 스페이스X는 아직 낙하산 시험을 끝내지 못했고, 슈퍼드라코 추력기를 이용한 비행 중단 시스템의 실제 비행 시험도 남아 있었다. 하지만 크루 드래건을 발사하기 전에 NASA와 스페이스X가 해야 할 일의 대부분은 서류 작업과 검토라고 한 머스크의 말은 정확했다. 머스크와 브라이든스타인은 곧 화해했다. 스타십 행사가 끝나고 며칠이 지난 뒤 머스크는 브라이든스타인에게 전화를 걸었다. 두 사람은 불편한 심기를 다독이며 서로의 불만을 봉합했다. 2주 뒤 브라이든스타인이 호손에 있는 스페이스X 공장을 방문하자 머스크는 마크3 낙하산의 개발과 시험에 관한 내용을 비롯해 스페이스X가 드래건에 기울이고 있는 노력에 관해 설명했다. 스페이스X 방문을 마친 브라이든스타인은 이렇게 말했다. "머스크는 스페이스X가 드래건에 주안점을 두고 일하고 있다고 말하면서 나에게 현장을 보여주었어요. 스페이스X는 낙하산 작업을 끝내기 위해 최대한의 가용 자원과 인력을 투입하고 있었죠."

브라이든스타인이 방문했을 때 머스크는 기자들에게 드래건이 '다른 무엇보다도 중요한 최우선 순위'라고 말했다. 그는 사내에도 이미 이렇게 알려놓았다. 헐리와 벵컨의 비행 훈련을 담당하고 있던 로라 크랩트리는 하룻밤 사이에 스페이스X의 분위기가 바뀌었다고 했다. "마치 백열등이 갑자기 꺼져버린 것 같았어요."

스페이스X에는 언제나 우선순위를 놓고 다투는 일들이 있었다. 10년 전에는 카고 드래건이 팰컨9 로켓과 자원 확보 경쟁을 벌였다. 그다음에는 그래스호퍼와 로켓 회수 프로그램이 경쟁을 벌였고, 스타링크와 스타십이 그 뒤를 이었다. 작업에 투입할 엔지니어와 프로그래머와 기술자는 한정되어 있었고, 해야 할 일은 항상 더 많았다. 크랩트리는 드래건의 각 부분을 담당하는 엔지니어들을 만날 약속을 잡거나 소프트웨어 작업을 끝낼 일정을 협의하려고 할 때 뜻대로 되지 않아 답답함을 느끼곤 했다.

하지만 브라이든스타인이 결과를 보일 때가 되었다는 말을 하고 머스크가 그러겠다고 응답하자 모든 장벽이 사라져버렸다. 이제 크랩트리를 비롯한 드래건 팀원들은 무언가 요청하고 나서 더 이상 기다릴 필요가 없었다. 어떤 문제를 해결하기 위해 더 많은 인력을 투입할 필요가 있다고 말하면 바로 자원이 투입되었다. 비행 소프트웨어도 예정보다 빨리 완성되었다.

해가 바뀌어 2020년에 접어들자 낙하산 팀은 20회의 시험을 거의 끝마쳤고, NASA는 개선된 슈퍼드라코 추력기에 만족감을 표했다. NASA는 필요한 데이터를 거의 모두 확보했다. 1월에 드래건 비행 중단 시스템의 실제 비행 시험을 통해 낙하산과 슈퍼드라코 추력기의 시험에 성공하자, 이제 남은 것은 필요한 서류 작업의 마무리와 우주선이 우주정거장을 방문하는 일정에 승무원 운송 임무를 끼워 넣는 것이었다.

4월 중순이 되자 코로나19로 인한 봉쇄 조치가 점점 확산되는 상황에서도 NASA는 확신을 가지고 크루 드래건 발사 일정을 잡았다. 헐리가 사령관을 맡았고, 벵컨은 임무 수행을 맡았다. 이들을 태운 로켓은 5월 27일 오후에 발사될 예정이었다.

기상 통보에 의문을 품은 머스크

날씨가 발목을 잡았다.

국제우주정거장에 도달하는 궤도 역학 때문에 케네디우주센터에서 로켓을 발사할 기회는 통상 하루에 한 번뿐이다. 기본적으로 로켓은 우주정거장이 머리 위를 지나갈 때 발사된다. 이렇게 해서 궤도로 올라간 우주선이 궤도를 높여 우주정거장을 따라잡는 데 보통 하루가 걸린다. 5월 말이면 우주정거장이 머리 위로 지나가는 시간이 오후 4시 32분이었다. 문제는 플로리다주 대서양 연안의 여름철 날씨 패턴이 오후 시간대에 바닷바람과 함께 뇌우가 몰아치는 일이 잦다는 것이었다.

5월 27일 수요일 날씨가 그랬다. 발사 예정 시각 35분 전, 발사 책임자 마이크 테일러는 팰컨9 로켓에 액체 산소 주입을 진행하라는 명령을 내렸다. 그는 날씨가 아슬아슬하다는 사실을 알고 있었지만 로켓을 발사할 기회는 있으리라고 생각했다.

이 결정을 내릴 때 머스크는 날씨를 판단하는 최종 책임자가 누구인지 알고 싶어 했다. 검은색 정장을 차려입은 머스크는 케네디우주센터의 4번 발사실에 자리 잡고 있었다. 스페이스X는, 크루 드래건 임무는 몇 킬로미터 떨어진 케이프 커내버럴 쪽의 자사 발사통제센터 대신 이 NASA 시설에서 로켓 발사를 지휘하기로 했다. 4번 발사실에는 카메라가 설치되어 〈리턴 투 스페이스〉라는 다큐멘터리를 찍고 있었다.

"한 번 더 확인하고 싶은데, 기상 관측은 누가 합니까?" 머스크가 물었다.

"레인지 측입니다." 스페이스X의 드래건 지상 및 발사 운영 책임자 키코 돈체프가 대답했다.

"그건 알겠는데, 정확하게 레인지의 누구요?"

"발사 기상 장교입니다."

머스크는 팰컨9 로켓 발사가 취소되면 책임을 돌릴 사람을 찾고 있었다. 크루 드래건의 첫 발사라 발사통제센터에 있는 대부분의 사람과 마찬가지로 머스크도 신경이 곤두서 있었다. 발사 기상 장교는 마이크 매컬리넌이었다. 그는 몇 킬로미터 떨어진 건물에서 기상 상황을 예의 주시하고 있었다. 매컬리넌은 짧은 발사 창이 열리기 30분 전쯤 강한 뇌우가 밀어닥치는 모습을 보고 상황이 낙관적이지 않다는 사실을 알고 있었다. 게다가 발사대에서 약 5킬로미터가량 떨어진 곳에서 토네이도가 발생하면서 케이프 커내버럴에 토네이도 경보까지 발령해야 했다. 하지만 스페이스X 발사통제센터에는, 토네이도가 발사대 반대편으로 멀어지고 있으니 걱정하지 말라고 했다.

팰컨9 꼭대기에서는 헐리와 벵컨이 초조하게 기다리고 있었다. 드래건에는 창문이 두 개뿐이었고 둘 다 입구 해치 근처에 있었다. 그래서 두 사람이 앉아 있는 좌석에서는 날이 어두워지는 것 외에는 바깥의 기상 상황을 확인하기 어려웠다. 카운트다운이 시작되자 유리창을 통해 하늘이 어두워지면서 빗방울이 떨어지는 모습이 어렴풋이 보였다. 두 사람은 모두 드래건에 오르기 전 이미 날씨가 만만치 않으리라는 사실을 알고 있었다. 특히 헐리는 2009년 여름, 첫 우주 비행에서 겪은 상처 때문에 정시 발사에 대해 늘 의구심을 품고 있었다. 그 비행 임무는 우주왕복선 엔데버호의 수소 연료 누출로 6월에 두 번이나 취소되었다. 연료 누출 문제를 해결한 뒤 7월에 시도한 초저녁 발사도 세 번 연속 취소되었다. 그리하여 헐리는 여섯 번째 시도 만에 처음으로 우주에 오를 수 있었다.

헐리는 "그 일 이후 발사대에 갈 때마다 이번에도 취소될 것 같은 생각이 들곤 해요"라고 말했다.

액체 산소 주입이 시작된 뒤 매컬리넌은 테일러와 수시로 이야기를 나눴다. 뇌우가 심했지만 날이 개기 시작했다. 매컬리넌은 로켓을 발사할 때쯤이면 기상 상황이 좋아질 것이라고 했다. 하지만 '필드 밀 규칙[1]'이라는 문제가 있었다. 일반인에게는 생소한 이 용어는 쉽게 말해 뇌우가 지나간 뒤 공기 중에 잔류하는 전기를 의미한다. 뇌우가 발생하면 번개 때문에 대기 중에 전하가 쌓이는데, 이 전기장이 안정되려면 시간이 걸린다. 매컬리넌은 전기장의 세기가 허용 가능한 수준까지 떨어지도록 5~10분 정도 더 기다렸다가 로켓을 발사하는 것이 좋겠다고 말했다.

그러나 드래건에겐 기다릴 시간이 없었다. 일단 로켓에 연료를 주입하면 정확하게 예정된 시간에 발사해야 했다. 우주정거장을 향한 발사 창이 열리는 짧은 순간에 발사해야 하는 또 다른 이유는, 드래건 발사가 늦어지면 우주정거장을 따라잡을 만큼 추진제가 충분하지 않을 수도 있기 때문이었다. 결국 테일러는 발사를 17분 남겨놓고 중단 명령을 내렸다.

발사실에 있던 머스크는 분노에 찬 표정으로 눈을 부라렸다.

---

1 필드 밀(field mill)은 전기장을 측정하는 기구를 말하고, 필드 밀 규칙의 자세한 내용은 다음 쪽에 나온다.

"적어도 눈으로 보기에는 발사를 중단해야 할 상황은 아닌 것 같은데요." 머스크는 창밖을 내다보며 돈체프에게 말했다. 그러더니 이렇게 덧붙였다. "날씨 때문에 발사를 중단해야 한다면, 적어도 30분이나 지난 오래된 데이터를 보고 판단하는 일은 없었으면 합니다. 정말로 그래야 할 상황인지 아니면 지레 겁을 먹고 그러는 건지 확실히 할 필요가 있군요."

날씨로 인한 이런 모든 문제와 사람들이 던지는 의혹의 눈길 때문에 매컬리넌과 테일러에게는 몹시 힘든 하루였다. 수십 번의 발사 작업을 함께하면서 가까운 사이가 된 두 사람은 그날 저녁 코코아 비치에 있는 놀런스아이리시펍에서 만나 스트레스를 풀기로 했다. 하지만 매컬리넌은 차를 몰고 술집으로 가던 중 테일러의 전화를 받았다. 테일러는 매컬리넌에게 몇 분 뒤에 낯선 번호로 전화가 갈 것이라면서, 머스크의 전화니 받으라고 했다. 매컬리넌은 차를 돌려 집으로 갔다. 그런 다음 레인지 서류와 자료를 챙겨 발사를 중단하게 된 이유를 자세히 설명할 준비를 했다.

아니나 다를까 머스크의 전화가 걸려왔다. 매컬리넌은 머스크에게 케이프 커내버럴에는 커피 캔 크기의 필드 밀이 33개 설치되어 미터당 전압(전기장 세기의 단위)을 측정한다고 설명했다. 잔디 깎는 기계가 지나가도 그래프가 급격히 상승할 정도로 매우 민감한 이 기구는 전하를 띤 공기 중의 미립자 물질을 포착한다. 뇌우 때문에 전기장이 상승하면 대기가 안정될 수 있도록 15분을 기다리는 것이 레인지의 규칙이었다.

왜 이런 규칙이 필요했을까? 로켓을 발사하면 로켓이 공기를 뚫고 올라가면서 전기장을 압축하기 때문이다. 전기장이 압축되면 번개를 생성하지 않는 뭉게구름 안에서도 압축된 전기장과 이온화된 로켓의 연기 기둥이 결합해 번개를 일으킬 수 있다. 달 탐사 임무를 띠고 발사된 아폴로 12호에서 이런 일이 일어난 것으로 유명하다. 거대한 로켓이 발사한 지 1분도 채 지나지 않아 두 번의 번개를 일으키는 바람에, 비행관제센터에서는 비행을 중단할지 계속할지 급박하게 결정해야 했다. 결국 승무원들이 아폴로 우주선 안의 전자장비를 리셋한 뒤 안전하게 우주로 향할 수 있었다. 이 일을 계기로 NASA는 레인지와 함께 필드 밀 규칙을 개발하기 시작했다.

매컬리넌의 설명을 들은 머스크는 이해가 갔다. 규칙이 너무 보수적인 것 같기는 했지만 어쨌든 물리 법칙에 근거한 것이었다. 머스크는 매컬리넌에게 나중에 읽어볼 수 있도록 이메일로 규칙을 좀 보내달라고 부탁했다. 전화를 끊은 매컬리넌은 안도의 숨을 깊이 들이마신 뒤 술집으로 향했다.

"머스크에게는 솔직하게 대답하고 원하는 세부 내용을 제공하면 됩니다. 그럼 만족하죠. 하지만 그를 속이려 들면 안 돼요. 금방 눈치챕니다." 매컬리넌이 말했다.

드래건의 첫 발사를 참관하러 왔던 또 다른 인사는 이유를 설명해도 납득하려 들지 않았다. 그해는 선거가 있는 해였고, 플로리다주는 중요한 스윙 스테이트였다. 트럼프 대통령은 자신의 재임 기간에 미국이 우주로 다시 돌아간다는 상징성을 좋아했다. 더구나 오바마 대통령 시절에 우주왕복선이 비행을 중단했기에 더 그러했다. 그래서 NASA가 다시 위대해지는 순간에 그 자리에 있는 모습을 보이고 싶었다. 트럼프는 발사대에서 몇 킬로미터 떨어진 제2운영지원동의 발코니에서 카운트다운이 진행되는 모습을 내려다보고 있었다. 발사가 중단되자 트럼프는 분노했다. 그는 발사가 중단된 이유를 이해하지 못했고, 알고 싶어 하지도 않았다. 대신 발사 장면을 보려고 모인 VIP들 앞에서 브라이든스타인을 심하게 질책했다.

사흘 뒤 다음번 발사 가능일이 돌아오자 헐리와 벵컨은 다시 우주복을 입고 테슬라에 올라 발사대로 향했다. 두 사람은 엘리베이터를 타고 발사탑 꼭대기로 올라가 크루 드래건에 탑승하면서 이번에는 발사에 성공할 것 같은 느낌이 들었다. 날씨도 전보다 좋았고, 기술적인 면에서도 첫 번째 카운트다운이 순조롭게 진행되었기 때문이었다.

드래건 내부에 앉아 있는 헐리의 귀에 슈퍼드라코 추력기의 밸브가 열렸다가 닫히는 소리가 들렸다. 빠르게 진행되는 점검 소리가 마치 빠른 속도로 망치질하는 소리 같았다. 그는 저 아래쪽에서 추진제가 주입되고 있음을 느낄 수 있었다. 이 순간 그의 머릿속에는 숱한 생각이 스쳐 지나갔다. 헐리는 창끝과 같은 이곳에 자신을 올려놓은 스페이스X 팀과 NASA 팀을 믿었다. 1961년 이후 인간을 궤도에 실어 올린 우주선은 여덟 종류뿐이었는데, 모두 소련이나 미국 또는 중국에서 만든 것이었다. 마지막으로 등장한 새 유인 우주선은 중국의 선저우호인데, 이것도 거의 20년 전일이었다. 헐리와 벵컨에게는 이 자리에 앉아 있는 것이 특권이자 책임이었다. 헐리는 몇 킬로미터 떨어진 곳에서 기화된 산화제를 배출하느라 하얀 연기를 내뿜는 로켓을 보고 있을 아내 캐런과 아들 잭의 모습도 떠올려봤다. 아내와 아들은 긴장했을 터였고, 그래서 그는 자신을 걱정하고 있을 아내와 아들을 걱정했다.

하지만 그가 하는 생각의 대부분은 이 일이 실현돼야 한다는 것이었다. NASA는 9년 동안 이런 능력을 발휘하지 못했다. 미국은 유인 우주 비행에 복귀해야 했다. "때가 되었다고 생각했어요. 팬데믹이 한창이던 2020년이었죠. 이 순간 때문에 많은 사람이 수년 동안 엄청나게 열심히 일했다는 생각이 들었어요." 헐리는 이렇게 말했다.

드디어 때가 되었다. 현지 시간 오후 3시 22분, 팰컨9 로켓은 발사대에서 이륙해 파란 하늘을 배경으로 우주를 향해 계속 속도를 높였다. 헐리는 탑승감이 우주왕복선보다 훨씬 더 부드럽다고 느꼈다. 우주왕복선은 궤도에 올라가는 데 필요한 대부분의 힘을, 엄청난 굉음을 내는 매우 강력한 고체 로켓엔진에 의존했기 때문이다. 헐리는 바깥에서 나는, 드래건이 바람을 가르며 올라가는 소리를 들을 수 있었다. 그러다 어느 순간 1단 엔진이 꺼지는 섬뜩한 느낌이 들더니 압축가스의 힘에 의해 단 분리가 일어났다. 이 때문에 두 사람의 몸이 앞으로 확 쏠렸다. 몇 초 뒤 2단 엔진이 점화되었다. 이번에는 아까와 달리 덜컹거리는 느낌이 들었다. 엔진이 우주선 뒤에서 겨우 몇 미터 떨어진 아주 가까운 곳에 있기 때문이었다.

"생각했던 것보다 더 덜컹거리는군." 상단부 멀린 엔진이 점화되자 헐리가 벵컨을 향해 말했다.

하지만 어쨌든 드래건은 진짜로 날고 있었다.

세상을 바꾼 두 사람이 피자를 먹고 맥주를 마시다

로라 크랩트리는 호손의 비행관제센터에서 야간 교대 근무를 하기로 되어 있어 지금은 잠을 자고 있어야 할 시간이었다. 하지만 크랩트리는 사람을 우주에 보내겠다는 생각으로 2009년에 스페이스X에 입사해 지난 5년 동안 헐리와 벵컨을 훈련시켰다. 두 사람은 서로 친구였기에 이번 임무에서 가장 역동적인 이 순간, 자고 있을 수는 없었다.

크랩트리는 발사 당일 호손의 공장으로 오면서 이상한 기분이 들었다. 스페이스X에 이르는 시내의 거리는 무시무시한 느낌과 함께 긴장감이 감돌았다. 흑인 남성 조지 플로이드의 사망으로 촉발된 로스앤젤레스의 시위가 절정에 달했을 때였다. 크랩트리를 비롯한 스페이스X 직원들은 로켓 발사 뒤 집에 돌아갈 때 호손의 도로가 폐쇄되지나 않을까 걱정했다. 불안감은 코로나19 때문에 더 증폭되었다. 스페이스X는 봉쇄 조치 면제를 받아 현장 직원을 투입해 공장을 계속 운영할 수 있었지만, 여러 사람이 모이는 것은 금지되었다. 로켓을 발사할 때면 보통 비행관제센터 앞에 사람들이 모여 바닥에서 천장까지 이어진 통유리창을 통해 발사 과정을 지켜보곤 했다. 하지만 이제는 팬데믹 때문에 아무도 모일 수가 없었다.

"기분이 안 좋았어요. 우리가 이 미칠 것 같은 힘든 일을 하고 있으면 보통 수천 명이 응원을 보내주었죠. 그러면 힘이 솟아났어요. 하지만 이번에는 쥐 죽은 듯 조용했습니다. 바닥에 물걸레질하는 사람 정도나 있었을까요?" 크랩트리가 말했다.

크랩트리를 비롯한 운용팀 직원들은 비행관제센터 위에 있는 사무실에 모여 있었다. 크랩트리는 비행 관제사들의 통신 내용에 귀를 기울이며 상황을 계속 추적했다. 그는 앞서 있었던 발사 중단 때문에 이번에도 헐리와 벵컨이 출발할 수 있을지 확신할 수 없었다. 그러다 마지막 순간이 되어서야 두 사람이 진짜 출발한다는 확신을 갖게 되었다. 크랩트리의 심장이 쿵쿵대며 빠르게 뛰기 시작했다.

데이비드 기거는 공장에서 멀리 떨어진 산타모니카의 자택에서 로켓 발사를 지켜보았다. 그는 10년 넘게 스페이스X에서 근무하다 2017년 말에 사직했다. 당시 스페이스X와 드래건은 그의 정체성에서 큰 부분을 차지했다. 하지만 기거는 더 이상 20대의 젊은이가 아니었기에 주당 80~100시간을 일에 쏟아붓는 생활에 더는 매력을 느끼지 못했다. 그는 스페이스X에서 기술직 채용을 담당하고 있던 알린과 결혼했다. 두 사람은 그들의 삶을 더 미루고 싶지 않아 회사를 그만두고 가정을 꾸렸다. 기거는 생후 2개월 된 딸 에이바를 무릎에 앉힌 채 데모-2의 비행 임무를 지켜보았다.

부부는 만감이 교차했다. 두 사람은 발사에 참여하는 짜릿함은 놓쳤지만 그래도 발사의 성공을 만끽할 수 있었다. 기거는 드래건을 만든 팀을 만든 사람이었다. 그의 아내는 수년 동안 드래건 제작에 참여한 많은 엔지니어를 채용한 사람이었다.

기거는 "우리가 함께 만든 그 멋진 기계가 정말 자랑스러웠어요. 업계 최고의 직원들과 함께한 길고도 힘든 싸움 끝에 탄생한 작품이었죠"라고 말했다.

캐시 루더스는 데모-2 발사 당일 아침 케네디우주센터로 떠나기 전 남편에게 그날 저녁에는 집에 돌아오지 못할 것이라고 말했다. 루더스는 작은 여행용 가방을 싼 뒤 베개와 담요까지 챙겨 들고 발사실로 향했다. 루더스는 쾨니히스만과 함께 발사 장면을 지켜보다가, 발사가 성공하자 쾨니히스만을 끌어안고 기쁨을 나누었다.

두 사람은 두 번의 로켓 폭발 사고 조사와 한 번의 드래건 폭발 사고 조사를 함께 수행했다. 루더스도 헐리와 마찬가지로 스페이스X가 정보를 매우 투명하게 제공한다는 점을 좋아했다. 로켓이나 우주선에 문제가 생기면 쾨니히스만이나 차석인 발라 라마무티가 바로 알려주었다.

루더스는 이렇게 말했다. "문제가 생기면 항상 전화를 했어요. 아무것도 숨기지 않았죠. 스페이스X는 언제나 '함께 해결합시다'라고 말했어요. 그게 파트너십입니다. 관계를 유지하는 데 아주 중요한 부분이었죠. 우주 비행은 정말로 어려운 일입니다. 그 어려움은 말로는 다 표현할 수 없어요."

루더스는 상용 승무원 운송 프로그램의 책임자였기에 자신이 승무원의 목숨을 책임지고 있다고 생각했다. 루더스는 크루 드래건의 안전성과 팰컨9 로켓의 '연료 주입 후 발사' 방식을 승인했다. 많은 NASA 동료가 이 문제에 의문을 제기했다. 하지만 루더스는 스페이스X를 믿었다. 승무원 운송 임무에서 사고 발생에 가장 취약한 구간은 발사 시작부터 우주정거장에 도착할 때까지였다. 데모-2 비행 임무의 경우 이 구간에 대략 열아홉 시간이 걸렸다. 루더스는 혹시라도 문제가 발생할 경우에 대비해 승무원 가족들과 함께 현장에 남아 있기로 했다.

루더스는 케네디우주센터에서 그날 밤을 보내기로 하고 휴게실에 있는 작은 소파에 누워 잠을 청했다. 하지만 커피를 마시러

들락거리는 사람들 때문에 잠을 잘 수가 없었다. 보다 못한 스페이스X 직원 한 사람이 그네들이 쓰던 작은 회의실에 들어와 자라고 했다.

두 우주 비행사는 우주정거장에 도착해 두 달 동안 그곳에서 생활했다. 그사이 그들은 드래건을 점검해 이상이 없다는 사실을 확인했다. 드디어 귀환할 때가 되었다. 여정의 마지막 구간이자 어쩌면 가장 위험한 구간일 수도 있었다. 지구로 귀환하는 우주선은 다양한 위험에 직면하지만 그중에서도 다음 세 가지가 가장 위험하다. 첫 번째는 우주선 주변을 흐르는 플라스마가 매우 뜨거워질 때 발생하는 통신 두절이다. 이런 통신 두절은 우주선이 대기권에 진입한 후 수 분 동안 지속된다. 우주 비행사나 우주선과 연락이 끊긴 지상 관제요원들에게는 피를 말리는 시간이다.

스페이스X가 걱정했던 두 번째 위험 요인은 드래건의 뒷면이 대칭적이지 않다는 점이었다. 비대칭성의 이유는 드래건 측면에 네 개의 엔진 포드가 튀어나와 있기 때문이다. 각각의 엔진 포드에는 슈퍼드라코 추력기가 두 개씩 달려 있다. 이렇게 모양이 균일하지 않으면 드래건이 극초음속으로 대기권을 통과하다 앞으로 빙빙 돌 수 있었다. 헐리는 당시 자신과 벵컨이 초긴장 상태였다고 했다. 하지만 드래건은 아무 이상 없이 비행했다.

마지막 위험 요인은 낙하산이었다.

아비 트리파티는 20여 명의 낙하산 팀원들과 함께 호손 공장

3층 사무실에 있는 빌리 버키의 자리에 둘러서서 재진입 과정을 지켜보았다. 트리파티는 낙하산 쇼에 매몰되어 1년을 보내면서 NASA가 혀를 내두를 정도의 속도로 테스트를 거듭했다. 하지만 모든 테스트가 성공한 것은 아니었다. 사막에서 테스트를 진행하던 중 두어 번 실패하기도 했다.

"정말 긴장이 됐어요. 시험 중에 다양한 유형의 이상 현상을 여러 번 겪어봤거든요. 화면을 보니 먼저 보조 낙하산이 전개된 뒤 주 낙하산이 전개되고, 곧이어 우주선이 착수하는 장면이 보이더군요. 그 순간 어깨를 짓누르던 부담감이 사라집디다." 트리파티가 말했다.

드래건이 크게 부풀어 오른 흰색 낙하산에 매달린 채 멕시코만에 부드럽게 착수하는 장면을 보는 순간 크랩트리의 평정심도 무너졌다.

"낙하산이 전개되는 순간 눈물이 왈칵 쏟아졌어요. 안도의 눈물이기도 했고, 기쁨의 눈물이기도 했죠. 한꺼번에 온갖 감정이 다 밀려왔어요. 이 과업을 위해 5년간 일한 사람도 있었고, 10년간 일한 사람도 있었죠. 사람을 우주로 보내는 이 일이 내가 하고 싶었던 일이었어요. 우리는 세계적으로 암울한 시기에 지금까지 국가만이 할 수 있었던 과업을 완수해낸 겁니다." 크랩트리가 말했다.

드래건이 바다에서 회수되어 해치가 열리기 전 물에 떠 있는 동안, 헐리와 벵컨이 해야 할 일이 하나 남아 있었다. NASA는 드래건이 멀리 떨어진 곳에 착수해 통신이 끊어질 상황에 대비해 위성 전화기를 제공했다. 전화기가 정상 작동하는지 확인하기 위해 승무원이 전화를 걸기로 예정된 사람이 몇 있었는데, 그 전화번호는 전화기에 저장되어 있었다. 하지만 호손에 있는 NASA의 항공 의무관에게 전화를 걸었더니 전화를 받지 않았다. 휴스턴에 있는 NASA 관계자에게 건 전화도 응답이 없었다. 그래서 두 사람은 절차를 무시하고 존슨우주센터의 비행관제센터에 있는 아내 캐런과 메건에게 전화를 걸었다. 헐리는 어머니에게도 전화를 했다. 두 사람은 회수 선박을 기다리는 동안 번호가 기억나는 다른 친구들에게도 전화를 걸었다.

두 사람은 바다에 둥둥 떠 있는 동안 기분이 너무나 좋았다. 제정신이 아닐 정도로 짜릿했다. 드디어 해냈다. 그 모든 세월, 그 모든 노력, 그 모든 좌절을 딛고 드디어 성공을 거두었다. 자신과 스페이스X와 NASA 그리고 미합중국을 위한 성공이었다. 헐리와 벵컨은 영웅이 되었다. 드래건은 40년 전 우주왕복선 등장 이후 처음으로 우주 비행사를 궤도에 실어 올린 첫 미국 우주선이었다. 두 사람은 위험을 감수하고 우주선에 올라 우주로 가는 미국의 길을 다시 열었다. 두 사람은 회수 선박에서 헬리콥터를 타고 해안으로 이동한 뒤 NASA 비행기로 갈아타고, 가족들이 기다리는 휴스턴으로 돌아갔다.

우주선이 착륙하기 전에 스페이스X의 우주 비행사 연락 담당자 헤일리 에스파르사는 두 사람에게 비행기를 타고 오는 동안 먹고 싶은 것이 있느냐고 물었다. 헐리는 팻타이어 앰버 에일과 피자를 먹고 싶다고 했다. 비행기에 오르니 팻타이어 앰버 에일과 피자가 두 사람을 기다리고 있었다. 소도시 출신의 두 친구가 불덩어리 같은 우주선을 타고 지구로 귀환한 뒤 피자를 먹고 맥주를 마시는 장면은 전형적인 미국식 결말이었다. 두 사람은 우주정거장에 걸려 있던 국기를 다시 가져왔다. 세상을 바꾼 그들도 각자의 집으로 되돌아갔다.

헐리가 말했다. "이제는 제2의 우주 시대예요. 그 시작은 2020년이었죠."

13장

스팀롤러

2018년 2월 5일,
플로리다주 케네디우주센터

검은색 고급 스포츠유틸리티차량 한 대가 39A 발사단지 울타리
바로 안쪽의 1차선 포장도로를 따라 천천히 움직였다. 차는 경사
로를 곧장 올라가 발사대로 향했다. 차가 멈추자 일론 머스크와
그의 자녀 다섯 명이 차에서 뛰어내리더니 거대한 팰컨 헤비 로켓
가까이 걸어갔다. 세 개의 하얀 부스터가 햇빛을 받아 반짝였다.

지금까지 이런 야수 같은 로켓이 비행에 성공한 적은 없었다.
미국이 달 착륙에 성공하며 기세를 올리던 시절에 소련은 거대한
로켓을 개발해 반격에 나섰다. 이 로켓 1단에는 셀 수 없을 정도
로 많은 30개의 엔진이 부착되어 있었다. 소련의 뛰어난 로켓 과
학자들은 이 거대한 N1 부스터를 네 번 발사했지만 네 번 모두 실
패했고, 그때마다 로켓은 엄청난 폭발을 일으켰다. 로켓은 달 근

처에도 가지 못했다. 관리해야 할 엔진이 너무 많았기 때문이다.

2018년 2월 초 스페이스X는 반세기 전에 소련이 실패한 일을 시도하기 위해 나섰다. 로켓을 둘러본 머스크 가족은 SUV를 타고 순환 도로를 따라 발사대에서 400미터가량 떨어진 전망 지점으로 향했다. 몇 분 뒤 머스크가 발사 전 인터뷰를 위해 모습을 드러냈다. 그는 검은색 스포츠 재킷을 고쳐 입으며 장난기 어린 미소를 띠고 걸어와 나에게 손을 내밀었다. 그런 다음 "좀 작아 보이죠? 크기를 좀 더 키워야 할 것 같아요"라고 말했다.

나는 대꾸할 말이 바로 떠오르지 않았다. 로켓은 어느 모로 봐도 작은 크기가 아니었다. 듣던 대로 거대하고 인상적이었다. 나중에 나는 그의 말이 농담이 아니라는 사실을 알게 된다. 머스크는 자신이 방금 현존하는 로켓 중 가장 크고 가장 강력하며 가장 성능이 뛰어난 로켓을 살펴보고 오는 길이라고 했다. 이 로켓은 바로 다음 날 TNT 1800톤의 에너지를 뿜어내며 발사대에서 솟아오를 예정이었다. 스페이스X는 설립 이후 16년의 전 기간을 사방에서 불어오는 역풍을 맞아가며 이 목적을 위해 달려왔다. 이 순간이, 그리고 이 발사대가 가지는 역사적 의미가 고스란히 느껴졌다.

하지만 머스크의 첫 반응은 한마디로 '그저 그렇다'였다.

왜 그랬을까? 이 답을 알려면 머스크를 알아야 한다. 머스크는 한쪽 눈은 현재를, 다른 쪽 눈은 미래를 바라보며 살기에 이미 스타십 로켓의 설계와 초기 개발에 깊이 몰입해 있었다. 그래서 팰컨 헤비가 아무리 크고 엄청나 보여도 미래로 가기 위한 디딤돌에 지나지 않았다.

하지만 디딤돌이라고 하기에는 정말 대단했다.

"달성하지 못할 일이 없겠다는 생각이 들었어요"

머스크는 내가 팰컨 헤비 데뷔 전날 그를 만나기 훨씬 전부터, 심지어 팰컨9이 비행을 시작하기 전부터 대형 발사체 개발을 계획하기 시작했다. 그는 추진팀과 함께 팰컨9 코어 세 개를 묶어 1단으로 만든 발사체를 설계했다. 케빈 밀러 같은 엔지니어들은 이 설계를 보고 불안해했다.

밀러는 이렇게 말했다. "당시 나는 엔진을 하나에서 아홉 개로 늘리는 작업을 하고 있었어요. 그때는 아홉 개의 엔진을 안정적으로 점화하는 것도 힘들 때였죠. 두려웠다고까지 말할 수는 없지만, 팰컨 헤비 같은 로켓을 만드는 것이 엄청나게 어려우리라는 사실은 알고 있었습니다."

팀 부차는 팰컨 헤비 로켓이 케이프 커내버럴에서 발사되는 장면을 묘사한 그래픽을 만들었다. 그는 재미 삼아 밀러에게 이 그래픽을 전송하면서, 한 번에 스물일곱 개의 엔진을 점화하고 제어하려면 추진 엔지니어들이 기량을 더 향상해야 할 것이라는 말을 덧붙였다. 밀러는 이 그래픽을 프린트한 뒤 농담 삼아 그 옆에 '이

Retire before this happens.
—You

케빈 밀러가 팰컨 헤비와 관련해 자신에게 남긴 글. (사진 제공: 케빈 밀러)

런 일이 일어나기 전에 은퇴하라'라고 썼다. 그는 이 그래픽을 책상 앞에 붙여두었다. 밀러는 그 약속을 지키지 못했다. 팰컨 헤비가 하늘을 날 때 스페이스X의 수석 추진 엔지니어로 남아 있었으니까.

머스크가 처음으로 이 대형 로켓에 대해 공개 발언을 한 때는 2011년 봄이었다. 그는 몇 달 후면 오랫동안 사랑받아온 우주왕복선이 퇴역할 예정이지만 우주를 사랑하는 사람들에게 전할 기쁜 소식이 있다고 했다. 팰컨 헤비 로켓은 우주왕복선보다 두 배나 무거운 53톤의 무게를 궤도에 올릴 수 있을 것이라고 했다. 머스크는 내셔널프레스클럽에서 열린 기자 회견에서, 이해하기 쉽게 말하자면 기름을 가득 채운 보잉 737기의 전 좌석에 승객이 탑승하고 짐칸이 꽉 찼을 때의 무게와 맞먹는다고 설명했다. "이 로켓은 크기가 정말 엄청납니다. 미국이 자랑스러워할 만한 로켓입니다."

그는 언제 팰컨 헤비의 첫 발사가 시행되겠냐는 질문을 받았다. 머스크는 "내년 말"쯤이면 발사할 준비가 되어 있을 것이라고 답했다. 전형적인 '말리부까지의 청신호' 예측이었다. 로켓은 아직 만들어지지도 않았다. 발사대도 준비되어 있지 않았다. 게다가 스페이스X 엔지니어들은 팰컨9과 드래건을 만드느라 한눈팔 시간이 없었다.

머스크의 목표 달성은 5년 이상 지연된다. 물론 팰컨 헤비를 더 빨리 만들 수도 있었다. 하지만 스페이스X에는 그보다 우선순위가 앞서는 일들이 있었다. NASA는 팰컨9으로 화물을 실어 올리는 임무에 대가를 지불하고 있었다. 게다가 팰컨 헤비보다 작은 팰컨9의 성능이 향상되면 나중에 팰컨 헤비를 이용하기로 선계약한 고객이 팰컨9으로 옮겨 갈 수도 있었다. 가장 중요한 것은 팰컨 헤비 개발에 필요한 5억 달러의 자금과 직원들이 그 일을 할 시간을 확보하는 것이었다.

2010년대 중반이 되자 스페이스X가 유나이티드론치얼라이언스를 상대로 한 군납 계약 입찰에 뛰어들면서 회사의 우선순위가 바뀌기 시작했다. 공군과 공군 예하 정보기관은 국가 방위를 위해 반드시 위성을 배치해야 하는 아홉 개의 기준 궤도가 있다. 대형 페이로드를 탑재하고 이 모든 궤도에 오를 수 있는 로켓은 유나이티드론치얼라이언스가 제작한 델타IV 헤비뿐이었다. 스페이스X가 전체 군사 위성 발사 계약 입찰에서 ULA와 대등한 경쟁을 벌이려면 대형 로켓이 필요했다.

코어 세 개를 묶은 로켓을 설계할 때의 가장 큰 어려움은 이들 강력한 부스터가 서로에게 미치는 상호 작용을 이해하는 것이다. 이 로켓을 발사할 때 발생하는 소음과 에너지는 팰컨9 로켓 한 대 발사할 때보다 세 배나 더 크다. 각 코어에서 발생한 소음과 에너지의 일부는 옆에 있는 코어로 전달된다. 스페이스X 엔지니어들은 예상치 못한 공진이 구조 시스템 파괴로 이어질까 봐 이 상호 작용을 연구하는 데 많은 시간을 보냈다.

머스크는 이렇게 말했다. "부스터 간의 상호 작용에 대해 많이 걱정했어요. 부스터 사이에 다양한 역학이 작용하거든요. 부스터는 매우 유연한 편인데, 예상치 못한 방식으로 구부러지면 서로에게 영향을 미칠 수 있죠."

이 작업의 일부는 시험 책임자 크리스 핸슨이 맡게 되었다. 그의 팀은 호손과 맥그리거에 특수 시험대를 설치해 3중 코어 로켓의 구조적 안정성, 비행 중 사이드 부스터의 분리 능력, 부스터를 잇는 연결 장치 등을 시험했다. 2017년 가을, 과로로 시달리던 그의 팀에 또 다른 임무가 떨어졌다. 머스크가 맨 처음 발사하는 팰컨 헤비에 자기가 타던 미드나이트체리색 테슬라 로드스터를 싣기로 했기 때문이다.

핸슨 팀의 기술자 중에는 오프로드 차량 맞춤 제작 일을 하다가 온 사람도 있었다. 머스크는 이들에게 우주 비행에 대비해 자기 테슬라를 강화해달라고 부탁했다. 자동차는 진공 상태는 말할 것도 없고, 높은 중력가속도나 발사 시의 진동 등을 견딜 수 있도록 제작되지 않았기 때문이다. 핸슨의 팀원들은 자동차의 사이드 패널이 찌그러지지 않게 지지대를 덧대고, 현가장치를 떼내고 대신 견고한 구조물로 바꾸는 등 자동차의 각 부분을 꼼꼼하게 손봤다. 이들은 비밀을 유지하기 위해 공장 구석에 커튼을 치고 그 뒤에서 이런 작업을 했다.

머스크는 그해 12월이 되어서야 이 페이로드를 발표했다. 그가 자동차를 실어 보내겠다고 하자 외부에서는 뻔뻔한 테슬라의 크로스 마케팅이라는 등의 비판의 목소리가 쏟아졌다. 한동안은 내부에서도 핸슨 같은 직원들이, 왜 자동차 같은 엉뚱한 페이로드를 쏘아 올리느라 힘들게 고생해야 하느냐며 투덜거렸다. 사실 머스크는 NASA에 무상으로 비행 임무를 하나 수행해주겠다고 제안했지만 NASA가 거절했다. 테슬라는 이에 대한 백업 계획이었다.

"우리 직원들이 자동차에 매달려 있는 모습을 보면서, 나는 '우리가 쏘아 올리려는 게 정말 이걸까?'라고 생각했어요. 그러다 페어링이 분리되는 모습을 보는 순간 내 생각이 180도 바뀌었죠."

핸슨이 말했다. 지구를 배경으로 우주복 차림의 '스타맨' 마네킹이 테슬라 운전석에 앉아 있는 모습은 눈길을 사로잡았다. "그제야 왜 머스크가 그렇게 했는지 알게 되었죠. 그 모습은 사람들에게 재미를 선사하면서 우주에 대한 상상력을 자극했어요."

2018년 2월로 예정된 로켓 발사를 앞두고 텍사스에서 사고가 발생해 발사가 몇 개월 늦어질 뻔하기도 했다. 엔지니어들이 로켓 중앙 코어의 추력편향제어 시험을 하던 중 엔진 추력의 방향을 제어하는 유압유가 떨어졌다. 그러자 종 모양의 노즐이 제어력을 잃고 서로 부딪히는 현상이 발생했다. 이 사건은 나중에 '지옥의 종'으로 불리게 된다. 10년 전 밀러를 밤잠 못 이루게 했던 악몽 같은 일이 실제로 벌어진 것이었다. 이렇게 해서 뒤틀린 노즐은 유명한 에드바르 뭉크의 그림 〈절규〉에 나오는 일그러진 인간의 모습과 비슷해 보였다.

스페이스X에는 예비 엔진 아홉 개가 없었다. 당시까지도 대부분의 비행 임무는 새로 만든 1단 로켓을 사용했기에 멀린 제작팀은 여분의 엔진을 갖고 있을 여유가 없었다. 돈도 문제였다. 엔진을 교체하려면 수백만 달러의 비용이 추가될 터였는데, 이 비용은 모두 스페이스X가 자비로 부담해야 했다. 이 문제를 해결하려고 머스크는 옛 친구 마티 앤더슨에게 전화를 걸었다. 2010년 팰컨9의 두 번째 발사 당시 양철가위를 들고 곤경에 처한 스페이스X를 야무진 손놀림으로 구해낸 이 기술자는 몇 년 전 은퇴한 상태였다. 이번에는 망가진 엔진 노즐이 하나가 아니라 아홉 개였다. 앤더슨은 이 도전에 뛰어들었다.

앤더슨은 둥근 고리를 만든 뒤 클램프와 가죽 그리고 망치 세트를 준비해 작업에 들어갔다. 그는 금속이 부서질까 봐 노즐을 세게 내려칠 수 없었다. 그렇지만 망치로 살살 달래가며 노즐을 가볍게 두드려 조금씩 바로잡을 수 있었다. 그는 5주에 걸쳐 옛날 대장장이처럼 꼼꼼하게 작업한 끝에 엔진 노즐을 다시 원래의 둥근 모양으로 만들었다. 작업이 끝난 노즐에는 조그만 흠집 하나 보이지 않았다.

앤더슨은 "머스크와 샷웰은 나에게 정말 잘해줬고, 스페이스X 직원들은 모두 내 가족이나 마찬가지였어요. 그래서 그 엔진을 고치는 게 나에겐 정말 중요한 일이었죠"라고 말했다. 앤더슨이 은퇴한 이유 중 하나는 회사의 제작 공정이 발전하면서 그가 가진 독특한 기술이 쓸모 없어졌다고 느꼈기 때문이다. 하지만 이제 그는 희미한 기억 속에 사라지는 대신 자신의 족적을 남기고 멋지게 마무리할 수 있게 되었다. "내가 스페이스X에서 한 일 중 가장 큰 업적을 남기고 회사를 떠났습니다."

앤더슨은 또 한 번 곤경에 처한 스페이스X를 구해냈다. 엔진은 텍사스로 다시 이송되었다가 그곳에서 플로리다로 운송되었다. 2017년 크리스마스 사흘 뒤 세 개로 묶인 코어가 처음으로 발사대로 옮겨졌다. 팰컨 헤비 로켓을 결합하는 모든 과정은 부스터 하나짜리 로켓에 비해 훨씬 힘들었다. 예컨대 팰컨 헤비 로켓이 처음으로 케네디우주센터의 발사대에 세워졌을 때는 쏟아져나오는 텔레메트리 데이터의 양이 너무 많아 발사대의 지상 소프트웨어가 거의 먹통이 될 정도였다.

스페이스X는 발사대로 로켓을 옮긴 뒤 지상 시스템이 세 개의 부스터에 충분한 양의 고밀화 액체 산소를 충전할 수 있는지 확인하려고 4주 동안 여러 차례 연료 주입 시험을 했다. 연료 주입 시험이 이루어지는 동안 구조팀은 로켓 여기저기에 부착된 수십 개의 센서를 통해 사이드 부스터가 중앙 코어에 가하는 비틀림 힘을 모니터링했다. 여러 번의 연료 주입 시험을 통해 얻은 측정값을 보고 확신을 갖게 된 스페이스X는 마침내 2018년 1월 말 종합 연소 시험을 마쳤다.

비록 탑재 화물은 머스크가 타던 자동차에 지나지 않았지만, 팰컨 헤비의 발사 성공에 스페이스X의 많은 것이 걸려 있었다. 39A 발사단지는 우주 비행사가 드래건에 탑승할 때 이용할 멋진 승무원 탑승 통로를 설치하는 등 유인 우주 비행 임무를 수용하기 위한 마지막 시설 개선 작업이 진행되고 있었다. 게다가 AMOS-6 폭발 사고로 심하게 손상되었던 SLC-40을 복구해 다시 쓸 수 있게 된 것도 겨우 6주밖에 되지 않았다. 로켓 발사 빈도를 늘리려는 스페이스X 입장에서는 더 이상 발사탑을 날려 먹을 여유가 없었다.

리키 림은 수십 차례 로켓 발사를 주재한 경험이 있었는데도 불구하고 2월 6일 카운트다운이 진행되는 도중 굉장히 불안감을 느꼈다. 대기 상층부에 부는 심한 바람 때문에 로켓 발사는 예정 시각보다 두 시간 정도 늦어졌다. 림은 발사대를 잃을까 봐 걱정을 많이 했다. "그동안 발사도 많이 해보고 카운트다운도 많이 겪어봤지만, 그렇게 심하게 가슴이 두근거리기는 팰컨 헤비가 처음이었습니다. 로켓이 폭발하거나 뭔가 아주 나쁜 일이 생기면 발사탑도 위험해질 게 뻔했거든요. 정말 긴장했어요."

마침내 바람이 허용 한계 이내로 잦아들자 이런 걱정은 눈 녹듯 사라졌다. 27개의 멀린 엔진이 굉음을 내며 살아났다. 로켓은 한때 새턴V가 우주 비행사를 달로 실어 나르던 발사대에서 장엄하게 솟구쳐 올랐다. 경외의 눈으로 이 광경을 지켜보는 구경꾼 중에는 밀러와 그의 멘토 톰 뮬러도 있었다. 두 사람은 발사대와 착륙장 사이의 전망 지점에서 27개의 멀린 엔진이 놀랍도록 밝은 불꽃을 내뿜는 모습을 자랑스럽게 지켜보았다. 두 사람은 말문이 막혔다. 두 사람은 단발 엔진 로켓을 가지고도 오랫동안 고생하고 땀 흘리며 때로는 절망도 했다. 그런데 그들의 눈앞에서 이런 마법 같은 괴물이 날아가고 있는 것이 아닌가!

로켓은 곧 시야에서 사라졌다. 하지만 완전히 사라진 것은 아니었다. 하늘에 두 점이 나타나더니 점점 밝아졌다. 사이드 부스터가 해안에 있는 착륙장으로 돌아오는 중이었다. 부스터가 착륙 점화를 하고 몇 초가 지나자 나무숲에 가려 부스터의 모습이 더는 보이지 않게 되었다. 이런 일이 일어나는 동안 멀린 엔진의 소리에 구경꾼들의 귀를 먹먹해졌다. 이보다 더 짜릿한 경험을 할 수 있을까 싶을 정도였다.

뮬러는 이렇게 말했다. "로켓이 얼마나 빠른지 사람들이 잘 모르는 것 같았어요. 로켓은 이륙하면 사라집니다. 초음속이니까요. 이렇게 거대한 것이 바로 사라진 거예요. 그리고 얼마 지나지 않아 하늘 저 높은 곳에서 불빛 두 개가 보였죠. 그런 다음 흰색 줄무늬가 내려오는 모습이 보였어요. 엄청나게 빠른 속도였어요. 아마 다들 제때 멈추지 못할 거라고 생각했을 겁니다. 힘과 속도가 믿을 수 없을 정도였죠. 이건 우리가 해낼 때까지는 말 그대로 공상과학 소설이었어요. 그 자리에 있던 사람들은 공상과학 소설을 본 거예요. 정말 놀라웠어요."

그날 그 장면을 본 사람들은 정말 공상과학 소설을 본 기분이었다. 로켓 발사, 테슬라를 탄 스타맨 마네킹의 상징적 비행, 두 개의 부스터가 착륙하는 장면 등이 일반 대중과 우주 산업계 그리고 스페이스X 자체에 미친 영향은 아무리 강조해도 지나치지 않다. 현재가 미래를 앞지른 순간이었다.

로켓 발사 전, 비판의 목소리를 내는 사람들은 팰컨 헤비를 자기만족 프로젝트라고 했다. 테슬라 사장이 자기 소유의 다른 회사를 이용해 거대한 장난감을 만드는 데 지나지 않는다고 했다. 나에게 이런 말을 한 사람들은 우주항공 분야에서 영향력 있는 인사들이었다. 하지만 미국 정부는 이 로켓의 덕을 톡톡히 보게 된다. NASA가 2020년대의 가장 야심적인 과학 임무를 수행할 우주선(목성의 위성 유로파를 수십 번 근접 비행할 우주선)을 실어 올릴 로켓이 필요했을 때 NASA에는 두 가지 선택지가 있었다. 하나는 자체 개발한 스페이스론치시스템이었고 다른 하나는 팰컨 헤비였다. NASA의 추산에 따르면 스페이스론치시스템은 한 번 발사하는 데 23억 달러가 든다. NASA는 그렇게 하지 않고 스페이스X와 1억 7800만 달러에 유로파클리퍼 우주선을 팰컨 헤비에 실어 발사하는 계약을 체결했다. 납세자의 돈을 20억 달러 이상 절감한 것이다.

스페이스X가 국가 안보 위성 발사 경쟁에 뛰어들면서 미군, 그중에서도 특히 대형 위성이 필요한 국가정찰국의 예산도 절감되었다. 미 공군 대령 더글러스 펜티코스트는 이렇게 말했다. "우리는 이전에 델타 헤비를 쓸 때보다 50퍼센트가량 예산을 절감했습니다. 값비싼 대형 위성 쪽에서 많은 돈을 절감하고 있죠." 유나이티드론치얼라이언스의 델타 헤비 로켓이 퇴역을 앞두고 있고 동사의 차세대 로켓 벌컨은 아직 승인을 기다리고 있는 2023년 말현재, 팰컨 헤비는 군의 값비싼 대형 페이로드를 궤도에 올릴 수있는 유일한 생명줄이다.

팰컨 헤비가 스페이스X 직원들에게 끼친 영향은 이보다 훨씬 더 컸다. 나중에 스타십 프로젝트를 하게 되는 젊은 엔지니어들은 팰컨 헤비에 큰 감명을 받았다. 팰컨 헤비는 지난 10년 반 동안 스페이스X가 해온 모든 일의 완결판이었다. 스페이스X는 엔진 하나짜리 로켓을 만들다가 엔진 아홉 개짜리 로켓을 만들었고, 이제는 그 세 배의 엔진이 달린 로켓을 만들었다. 그 직전년도에 스페이스X는 두 번째 폭발 사고를 딛고 다시 일어나 열여덟 번의 발사를 성공시켰다. 팰컨 헤비는 부스터를 착륙시킬 수 있다는 것을 증명했고, 민간 기업이 세계에서 가장 큰 로켓을 만들 수 있다는 사실도 증명했다. 팰컨 헤비의 완벽한 발사와 부스터의 착륙 성공은 대담한 스타십 프로젝트도 결국 성공할 수 있으리라는 기대를 품게 했다. 팰컨 헤비는 스페이스X가 시작한 일의 끝이었고, 앞으로 일어날 일의 시작이었다.

"그 순간에는 달성하지 못할 일이 없으리라는 생각이 들었어요." 핸슨이 말했다.

처음 착륙에 성공한 팰컨9의 실제 모습

2015년 크리스마스 직전에 ORBCOMM 임무를 위한 로켓 발사와 착륙에 성공한 뒤 머스크는 해당 1단을 다시 발사할 수 있을지 알고 싶어 미칠 지경이었다. 그는 우주로 날아갔다가 되돌아온 실제 로켓 하드웨어를 처음으로 손에 쥐었다. 머스크는 존 무라토레에게 일주일 안에 이 로켓을 발사대에 다시 올려놓고 연소 시험을 해보라고 했다. 무라토레는 머스크의 말을 따랐다. 하지만 로켓 상태를 알 수 없었기에 약간의 두려움을 느꼈다.

"머스크에게는 언제나 누구도 해본 적 없는 일을 시도하는 배 짱이 있었어요. 하지만 그 일은 상당히 위험했어요. 우린 발사대 를 날려 먹을까 봐 걱정을 많이 했죠." 무라토레가 말했다.

그럼에도 그들은 밀어붙였다. 발사팀은 간단한 점검을 마친 후 1단을 점화했다. 아홉 개의 엔진이 모두 점화에 성공했지만, 얼마 지나지 않아 엔진 하나가 꺼지더니 곧이어 나머지 여덟 개의 엔 진도 차례차례 꺼졌다. 로켓 내부를 검사한 결과 문제가 발견되었 다. 액체 산소 탱크는 케로신 연료 탱크 위에 놓여 있는데, 거기서 연료 탱크를 통과하는 관을 통해 산화제가 엔진으로 공급된다. 그 런데 이 관을 감싸고 있던 유리 섬유 단열재가 완전히 떨어져 나 가 케로신 탱크 전체에 거품이 발생했던 것이다.

머스크는 연소 시험을 했다는 사실에 만족했지만 실망도 느꼈 다. 아마 그는 팰컨9이 곧 다시 비행할 수 있다는 것을 전 세계에 보여주고 싶어 풀타임 연소를 바랐을 것이다. 이 로켓은 다시 비 행하지 못하게 된다. 로켓은 추가 시험을 위해 텍사스로 보내졌 다. 시험이 끝나자 머스크는 로켓을 기념물로 보존하기로 했다. 현재 이 로켓은 전 세계가 볼 수 있게 스페이스X 본사 앞에 영구 전시되어 있다.

하지만 두 번째로 착륙에 성공한 로켓은 다시 우주로 날아갔다. CRS-8 임무를 위한 로켓이 드론십에 착륙하자 스페이스X는 이 로켓을 해안으로 견인한 뒤 분해하고 검사하는 데 1년 이상의 시간을 투자했다. 엔지니어들은 모든 엔진을 분해해 내부의 연료 펌프를 새것으로 교체했다. 그 뒤 엔진을 텍사스로 보내 철저한 시험을 거치게 했다.

다른 부품들도 완전히 교체했다. 1단 위에 있는 인터 스테이지를 새것으로 바꿨고 항공전자 장치도 거의 다 바꿨다. 밸브나 레귤레이터 같은 추진 시스템의 주요 부품도 대부분 교체했다. 로켓 바닥의 코르크 단열재도 보수했다. 이 작업은 코르크를 벗겨내고 새 코르크를 크기에 맞게 자른 뒤 다시 붙이는 매우 지루한 과정을 거쳐야 했다. 이 모든 일이 대부분 수작업으로 이루어졌다. 끝으로 부스터 외부를 세척했다. 이후 스페이스X는 이 과정을 생략하고, 재사용 로켓을 그을음이 묻은 상태 그대로 사용하게 된다. 그러나 첫 재비행 임무를 위해 수많은 기술자와 엔지니어들이 달라붙어 이소프로필알코올을 수십 리터나 사용해 걸레로 로켓을 닦아냈고, 그 결과 기체는 다시 눈부신 흰색 광택을 되찾았다.

이런 작업이 진행되는 사이 스페이스X는 위험을 무릅쓰고 페이로드를 맡길 고객을 찾아야 했다. 잭 던은 이렇게 말했다. "그냥 한번 쏘아 올려 볼 수 있는 스타링크 임무 같은 것이 있을 때도 아니었어요. 스타링크는 발사에 실패하더라도 골치야 좀 아프겠지만 엄청난 재앙은 아니잖아요? 당시에는 발사 임무가 상대적으로 적었고 가격도 비쌌기 때문에 실패하면 잃을 게 너무 많았어요."

스페이스X는 이 로켓을 이용하겠다는 고객을 찾았다. 룩셈부르크에 본사를 둔 통신회사 SES였다. 3년 전 이 회사의 관계자들은, 무라토레가 스페이스X의 '일벌레'들이 빠른 시간 안에 발사대 준비를 마칠 수 있다고 설득하기도 전에 SES-8 위성을 대서양 건너편으로 실어 보낼 준비가 되어 있었다. SES-8 위성 발사에 만족한 SES 관계자들은 2016년에 스페이스X에 또 다른 위성 발사를 의뢰했다. 이제 이들은 라틴 아메리카에 통신 서비스를 제공하기 위해 SES-10 위성을 발사하려고 하고 있었다. 이들은 그동안의 경험을 통해 스페이스X의 발사팀과 로켓을 믿었다.

샷웰은 이 위성을 유치하기 위해 팰컨9의 정가 6200만 달러에서 10퍼센트 할인된 가격을 제시했다. 이 제안이 도움이 된 것은 물론이다. 하지만 SES가 우주 업계의 발전을 돕기 위해 위험을 감수하려는 성향이 있었던 것도 영향을 끼쳤다. SES-8 위성은 스페이스X가 정지 천이 궤도에 운반한 첫 탑재 화물이었다. 이제 이들은 재사용 로켓을 받아들이려고 했다.

로켓 발사 직전에 SES의 최고기술책임자 마틴 할리웰은 이렇게 말했다. "우리는 할인을 받았어요. 하지만 우리가 이 로켓을 이용하는 건 단순히 돈 때문이 아닙니다. 이 개념 증명에 우리가 참여해보자는 이유가 더 컸어요. 누군가가 먼저 나서야 하는데, SES는 오랫동안 이렇게 해온 역사가 있어요."

2017년 3월 로켓이 발사대로 이송되었고, 리키 림은 다시 한 번 발사 책임자의 임무를 맡게 되었다. 엔지니어들이 로켓의 모든 부분을 검사하고 시험하고 정비했기 때문에 로켓은 정상적으로 작동해야 했다. 하지만 정말 그럴까? AMOS-6 폭발 사고 이후 반년 만에 또 사고가 일어난다면 팰컨9을 이용하겠다고 길게 줄서 있는 고객들이 심하게 동요할 터였다. "우리는 할 수 있는 모든 준비를 다 했다고 생각했지만 그래도 극도로 불안했어요. 두 번의 폭발 사고를 겪은 이듬해에 이런 대담한 시도를 하다 보니 신경이 곤두설 수밖에 없었죠." 림이 말했다.

맑게 갠 3월 말 어느 날 저녁, 최초의 재사용 팰컨9 부스터가 39A 발사단지에서 발사되었다. AMOS-6 폭발 사고 이후 네 번째 발사 만에 이룬 쾌거였다. 발사는 완벽했고, 그에 더해 스페이스X는 처음으로 페이로드 페어링을 온전히 회수할 수 있었다.

스페이스X는 로켓을 재사용할 수 있다는 기본적인 사실을 증명했다. 하지만 이 로켓은 다시 발사대에 오르기 전에 광범위한 보수 작업과 몇 개월에 걸친 철저한 시험을 거쳐야 했다. 지금까지 팰컨9 '풀 스러스트' 버전 로켓이 세 번 넘게 비행 임무를 수행한 적이 없었다. 이번에 발사한 로켓이 재사용에 해당하기는 하지만 실용성은 전혀 없었다. 착륙에 쓸 연료를 싣고 날아야 한다는 점, 로켓 수리비, 로켓 회수에 들어가는 비용 등을 고려했을 때 재무적 관점에서 손익분기점을 맞추려면 1단 로켓 하나가 적어도 여러 번은 비행해야 했다. 머스크도 로켓을 빠르게 재사용할 수 있는 미래의 문을 열려면 1단 로켓을 최소한의 보수를 거쳐 여러 번 발사할 수 있어야 한다는 사실을 알고 있었다.

스페이스X 엔지니어들은 귀환하는 로켓을 분해해가며 이 문제의 해결 방안을 강구하느라 2016년과 2017년 대부분을 보냈다. 이들은 이렇게 해서 알게 된 모든 내용을 적용해 팰컨9 로켓의 최종 업그레이드판이라 할 수 있는 '블록5(Block5)'를 만들었다. 이 부스터는 빠른 빈도로 여러 번 비행할 수 있게 많은 부분이 바뀌었다. 예컨대 로켓 방향을 잡아주는 그리드 핀은 내구성을 위해 티타늄으로 업그레이드되었다. 로켓 착륙 후 회수 요원들이 제거해야 했던 착륙용 다리는 접어 넣을 수 있게 바뀌었다. 그밖에도 비행 데이터를 통해 습득한 지식이 반영되어 내부 밸브를 비롯한 많은 부품이 더 단단한 것으로 바뀌었다.

이 새로운 블록5는 정말로 야수 같은 로켓이었다. 겉모습은 기존의 팰컨9을 닮았지만, 8년 동안 수천 명의 엔지니어가 무게를 줄이고 성능을 높이기 위해 각고의 노력을 기울인 결과가 반영되어 내부는 완전히 바뀌었다. 블록5 버전은 높이가 기존의 팰컨9보다 15미터 높은 70미터였고, 탑재체 운송 능력도 초기 10.4톤에서 22.7톤으로 두 배 이상 증가했다. 이 새 로켓은 착륙 후 신속하게 다시 발사할 수 있었다. 지금까지 세계는 이런 종류의 로켓을 본적이 없었다.

2018년 5월 블록5 로켓이 처음으로 모습을 드러내기 전날 머스크는 이렇게 말했다. "로켓을 아는 사람들은 이것이 얼마나 어려운 일인지 알 겁니다. 우리는 2002년부터 이 일에 매달려왔어요. 16년 동안 엄청난 노력과 수많은 반복을 통한 개선 작업과 수천 번의 작지만 중요한 변화를 가한 끝에 가능하다고 판단되는 수준에 도달한 거죠."

열정적인 노력은 결실을 맺었다. 블록5 버전 로켓은 비행을 한 뒤 또 비행하고 또 비행했다. 머스크나 스페이스X에서 가장 똑똑하다는 엔지니어들조차도 앞으로 이 로켓을 얼마나 더 발사할 수 있을지 모를 지경이다. 일부 코어는 이미 우주에 스무 번을 갔다 왔는데도 아직 현역 로켓으로 남아 있다.

비상 브레이크 레버 당겨!

스페이스X는 팰컨9 재사용 최적화에 엄청난 노력을 기울였지만, 블록5로 업그레이드한 것은 퍼즐의 한 조각에 지나지 않았다. 신속한 로켓 재발사를 지원할 발사대와 지상 시스템도 로켓 못지않게 중요했다. 이 인프라에서 중요한 부분 중 하나가 로켓을 격납고에서 발사대로 이송해 발사할 수 있도록 기립시키는 트랜스포터-이렉터(TE)다.

AMOS-6 폭발 사고 이후 플로리다의 직원들은 39A 발사단지 재건을 신속하게 끝마치는 데 노력을 경주했다. 직원들은 2016년 가을 내내 발사대 외부에서 팰컨9뿐만 아니라 나중에는 팰컨 헤비 로켓까지 운반할 거대한 TE를 만드는 작업을 했다. 발사대는 언덕 꼭대기에 자리 잡고 있는데, 거기서 스페이스X가 격납고를 건설한 곳까지의 거리는 400미터가량 되고 그 사이에는 오래된 철로가 곧게 깔려 있다.

10월에 450톤 무게의 TE가 완성되자 존 무라토레가 이끄는 발사대 팀원들은 처음으로 TE를 언덕 밑에 있는 격납고로 이동시켜 보기로 했다. 이 작업을 위해 스페이스X는 큰돈을 들여 가장 큰 토잉카 두 대를 구입했다. 보잉 747이나 에어버스 A340 등 대형 항공기를 견인할 때 쓰는 토잉카였다. 이들은 이 토잉카를 이용해 TE를 언덕 아래로 천천히 끌고 간 뒤 팰컨 로켓을 실은 TE를 다시 밀어 올릴 예정이었다. 격납고에는 재건된 발사대에서 처음으로 발사될 로켓과 NASA의 열 번째 화물 재보급 임무를 위한 페이로드가 운반을 기다리고 있었다.

무라토레와 당시 제작 및 발사 담당 수석 부사장이었던 잭 던을 비롯해 많은 스페이스X 직원이 지켜보는 가운데 토잉카가 수시로 브레이크를 밟아가며 움직이기 시작했다. 언덕 위의 평평한 곳에서는 모든 것이 잘 돌아갔다. 마찬가지로 경사가 완만한 곳에서도 브레이크가 잘 들었다. 그러다 TE가 경사도가 5도쯤 되는 조금 더 가파른 구간에 이르자 토잉카 운전자들이 자리에서 일어나 있는 힘껏 브레이크를 밟기 시작했다. 하지만 아무 소용이 없었다. 토잉카의 브레이크가 잠기더니 TE가 토잉카를 밀고 언덕 아래로 미끄러져 내려갔다.

던은 "내가 무라토레를 쳐다봤더니 무라토레도 나를 보고 있더 군요. 무라토레의 눈이 휘둥그레졌어요"라고 말했다.

마지막 수단이 하나 남아 있었다. 엔지니어 크리스 월든은 비 상시에 사용할 백업용으로 기차에 쓰는 독립된 제동 장치를 TE에 설치해놓았다. 그 전날 준비 상태를 점검하던 중 무라토레는 수석 기술자 앤디 클라크에게 자기 명령이 떨어지면 지체 없이 비상 브 레이크를 작동시키라는 임무를 맡겼다. 토잉카가 언덕 아래로 밀 려 내려가자 무라토레는 다급한 목소리로 "비상 브레이크 레버 당 겨!"라고 소리쳤다. 그 말을 들은 클라크는 TE 옆으로 달려가 커 다란 레버를 잡아당겨 기관차용 제동 장치를 작동시켰다.

"마치 영화에서 달리는 기차의 브레이크를 힘껏 밟았을 때처럼 언덕을 미끄러져 내려오던 TE가 끼익 하는 소리를 내기 시작하더 군요. 짧은 순간 TE가 멈출지 확신이 서지 않았어요. 멈추지 않았 다면 그대로 언덕을 내려가 격납고를 들이받고 로켓을 부순 뒤 케 네디우주센터로 돌진했을 거예요." 던이 말했다.

하지만 언덕을 내려오던 TE의 속도가 조금씩 떨어지기 시작했 다. 그러다 고막을 찢는 듯한 끼익 소리와 함께 멈췄다. 스페이스X 는 재앙을 피할 수 있었다.

스페이스X는 발사대와 격납고 사이에서 TE를 이동시킬 다른 수단이 필요했다. 토잉카는 효과가 없었다. 마침내 이들은 건물 철거 회사가 오래된 NASA 발사탑을 철거할 때 사용하던 대형 윈 치를 이용해 TE를 언덕 위아래로 끌어 올리고 또 내리길 반복하 면 되겠다는 데 생각이 미쳤다. 이로부터 몇 개월이 지난 2017년 2월 19일 스페이스X는 재건된 발사대에서 CRS-10 임무를 위한 로켓을 발사했다. 이 발사는 NASA가 스카이랩 우주정거장을 궤 도에 올린 1973년 이래 이 발사대에서 승무원을 태우지 않고 로 켓을 발사한 첫 번째 사례였다.

언제나 그래왔듯 목표는 빠르게 움직이는 것이었다. 스페이스 X에 가할 수 있는 일관되면서도 타당한 비판은, 언제나 지나치게 많은 발사 횟수를 약속하고 지키지 못했다는 것이다. 창립한 지 15년이 되는 2017년 초까지 스페이스X가 로켓 발사에 성공한 횟 수는 30회에 지나지 않았다. 연평균 2회뿐인 보잘것없는 기록이 다. 하지만 마침내 스페이스X는 플로리다에서 이 약속을 지키기 시작한다. 목표 달성을 위해 림과 무라토레는 임무를 분담했다. 림은 팰컨9 로켓을 최대한 빨리 수리해서 재사용하는 데 집중했 고, 무라토레는 재발사 횟수를 늘리는 데 전력을 기울였다.

2017년 봄, 림의 발사팀이 1단 로켓을 재사용하기 시작하면서 무라토레가 이끄는 발사대팀은 39A 발사단지의 재발사 소요 시 간을 2주로 단축했다. 그렇다 해도 여전히 개선의 여지가 있었다. 6월 23일 불가리아 통신 위성을 발사한 뒤 무라토레는 여러 수치를 자세히 검토해보았다. 그 결과 모든 일이 순조롭게 진행된다면 9일 만에 다음 발사 준비를 마칠 수 있을 것으로 보였다. 그는 대부분이 기술자인 발사대 팀원들을 불러 모았다. 그런 뒤 7월 2일 로켓을 발사할 수 있게 쉬지 않고 일할 의향이 있는지, 아니면 7월 4일 독립 기념일 전후로 며칠 쉬면서 조금 여유롭게 작업하고 싶은지 물어보았다.

"나는 직원들이 조금 쉽게 가고 싶어 할 줄 알았어요. 하지만 내가 로켓 발사를 휴일 뒤로 미뤄도 된다고 하자 한밤중에 렌치를 돌리던 사람들이 앞당겨 발사하자고 하는 겁니다. 직원들이 자기네 일은 로켓 발사라면서, 회사가 잘되려면 이 정도는 감수해야 한다고 말하더군요." 무라토레가 말했다.

스페이스X는 기록을 깨고 싶어 하고, 죽기 살기로 일하는 것을 두려워하지 않는 이들의 마음을 끌었다. 머스크와 샷웰은 스페이스X가 잘되려면 로켓을 자주 발사해야 한다는 점을 분명히 했다. 스페이스X는 저렴한 발사 가격 덕분에 많은 민간 위성 발사 용역을 수주했지만, 로켓이 제때 위성을 우주로 쏘아 올리지 못하면 아무 소용이 없었다. 직원들은 스톡옵션을 갖고 있었기에 회사의 성공에 이해관계가 걸려 있었다.

그래서 직원들은 조기 발사를 하기로 했다. 9일 뒤 스페이스X의 또 다른 고객인 위성 서비스 업체 인텔샛(Intelsat)의 위성이 발사대에 올랐다. 카운트다운이 T-10초에 이르렀을 때 비행 유도

시스템에서 이상 데이터가 송출되는 바람에 비행 컴퓨터가 발사를 자동으로 중단시켰다. 로켓을 점검한 결과 아무런 이상이 없다는 사실을 확인한 직원들은 카운트다운을 이튿날인 7월 3일로 재설정했다. 하지만 이번에도 T-10초에 카운트다운이 자동으로 중단되었다. 이번에는 지상 시스템 컴퓨터가 발사를 중단시킨 것이었다.

당시 유럽을 방문 중이던 머스크는 로켓 발사가 두 번이나 마지막 순간에, 게다가 정확히 같은 시간에 중단되자 짜증이 치밀어 올랐다. 그는 정확한 경위를 들어보려고 유럽 방문을 중단하고 플로리다로 돌아왔다. 무라토레는 "그다지 유쾌한 회의는 아니었어요"라고 말했다. 머스크는 왜 발사가 중단되었는지, 그리고 이런 일이 다시 일어나지 않게 하려면 어떻게 해야 하는지 알고 싶어 했다. "머스크는 우리가 이틀 연속 발사 준비를 다 마쳐놓고도 로켓을 발사하지 못하고 헛고생만 했다는 사실에 조금 당황해하는 것 같았습니다." 무라토레가 말했다.

7월 4일, 발사팀은 데이터 검토를 마치고 세 번째 발사 준비를 했다. 무라토레는 평소처럼 '행운의' 크롬 구두를 신었다. 이 전통은 그가 케이프 커내버럴에서 아내 메리와 결혼식을 올리던 직전년도 11월부터 이어져온 것이었다. 공군은 이 부부에게 제14우주발사단지에서 결혼식을 올릴 수 있도록 허가했다. 1962년 존 글렌이 궤도에 올라갈 때 사용한 역사적인 발사단지다. 메리는 무라토레의 턱시도가 너무 평범해 보인다면서 반짝이는 크롬으로 마감한, 특허받은 가죽 구두를 사주었다.

스페이스X 엔지니어 트립 해리스의 사회로 진행된 예식이 끝난 뒤 그윈 샷웰은 축하 인사말을 했다. 샷웰은 로켓을 발사하기 전에 접착식 메모지에 '스코틀랜드'라고 써서 신발에 넣어두는 자기만의 전통이 있다고 했다. 이렇게 해서 그는 로켓을 발사할 때 자신이 '스코틀랜드에 있다'고 생각할 수 있다는 것이었다. 샷웰은 팰컨1의 첫 발사가 성공했을 때 스코틀랜드에 있었다. 그는 무라토레에게 이렇게 말했다. "이 구두는 당신에게 행운을 가져다주는 구두예요. 앞으로 로켓을 발사할 때마다 이 구두를 신도록 하세요."

그는 샷웰의 말을 따랐다. 마침내 7월 5일, 인텔샛 위성이 정지 궤도를 향해 솟아올랐다. 이로써 스페이스X는 1년의 반밖에 지나지 않은 시점에 벌써 열 번째 로켓을 쏘아 올렸다. 그때까지 한 해에 발사한 최고 기록은 여덟 번이었다. 무라토레는 그 뒤로 훨씬 더 자주 행운의 구두를 신게 된다.

발사대팀은 계속해서 분투했지만 신속한 재발사라는 머스크의 열망에 부응하려면 그보다 더 분투해야 했다. 이들은 어렵고 지저분한 작업을 많이 했는데, 그중에서도 TE가 가장 까다로웠다. TE는 트랜스포터와 '스트롱백(strongback)'이라는 두 부분으로 이루어져 있다. 스트롱백은 로켓에 전력을 공급하고 추진제와 기타 유체를 충전할 뿐만 아니라 발사 직전까지 로켓을 지지해주는 역할을 한다. 발사는 로켓이 마지막 순간까지 스트롱백이라는 자궁에 남아 있는다는 점에서 출산과 비슷한 면이 있다. 실제로 로켓에 전력, 추진제 등을 공급하는 줄을 엄빌리컬(탯줄)이라고 한다. 엄빌리컬은 수 킬로미터에 달하는 전선, 연료 공급 라인, 밸브 등 여러 종류로 구성된다. 이들 배관은 로켓과 아주 가까이 있기 때문에 어쩔 수 없이 발사 시 불길에 휩싸이게 된다. 직원들은 발사가 끝나면 불에 그을려 감자칩처럼 된 이 모든 부품을 검사하고 필요하면 보수해야 했다. 이런 문제는 SLC-40에서 특히 심각했다.

무라토레는 이렇게 말했다. "엄빌리컬에 불이 붙을 때가 많았어요. 전선이 전부 불타고 많은 밸브가 녹아내렸습니다. 배관도 다 망가졌죠. 그래서 발사가 끝날 때마다 전부 교체해야 했어요. 정말 엉망이었어요."

AMOS-6 폭발 사고 이후 발사대를 재건할 때 머스크는 이런 방식을 개선하기를 원했다. 발사대팀은 경화강으로 대형 트랜스포터-이렉터를 만들자고 제안했다. 하지만 머스크는 이 제안을 받아들이려고 하지 않았다. TE 설계 작업에 참여했던 기계 엔지니어 라이언 칼라일(Ryan Carlisle)은 이렇게 말했다. "머스크에게 이 안을 가져갔더니 너무 돈이 많이 든다며 단칼에 자르더군요." 이 일이 있고 나서 얼마 지나지 않아 칼라일은 유압 시스템 엔지니어 두 사람과 함께 머리를 식히려고 호손의 본사 옆에 있는 '유레카!'라는 레스토랑에 들렀다. 그들은 벨기에 맥주를 마시다가 몇 시간 뒤 '스트롱백 젖히기'라는 새로운 개념을 생각해냈다.

발사장에 있는 원래의 스트롱백은 팰컨9 로켓이 발사되기 전에 12.5도가량 뒤로 젖혀졌다. 칼라일이 생각해낸 해결책은 스트롱백을 이전보다 훨씬 많이, 완전히 45도까지 빠르게 젖혀 엄빌리컬을 보호하자는 것이었다. 이론적으로는 간단한 것 같지만 실제로는 거의 불가능해 보이는 일이었다. 110톤 무게의 스트롱백을 재빨리 잡아당겨야 했다. 1초만 일찍 잡아당겨도 연료가 가득 찬 로켓이 엄빌리컬과 단절된 채 발사대에 덩그러니 놓여 있게 될 터였다. 1초만 늦으면 이전처럼 엄빌리컬에 불이 붙을 것이다. 무라토레가 이끄는 발사대팀은 이렇게 정밀하고 강력하게 스트롱백을 젖히는 데 필요한 유압 액추에이터를 미국에서는 구할 수 없어, 유럽의 엔지니어링 회사 보쉬렉스로스에서 공급받았다.

SLC-40을 처음 재건한 지 거의 10년이 지났지만 스페이스X의 공격적인 정신은 여전히 그대로였다. 발사대 재건 프로젝트의 예산은 대략 5000만 달러였다. 한 푼이라도 아끼려는 스페이스X의 성향이 칼라일에게 도움이 된 면도 있었다. 그 덕분에 아내 개브리엘 인더를 만날 수 있었기 때문이다. 인더는 이 프로젝트의 예산을 수립한 스페이스X의 재무 분석가였다.

"우리가 이 발사대를 두 번 재건하면서 쓴 비용을 NASA나 ULA와 비교해보면 얼마나 적은지 정말 놀라울 정도예요. 말 그대로 들어간 돈의 자릿수가 달라요." 칼라일이 말했다.

이런 모든 노력은 그만한 가치가 있었다. '스트롱백 젖히기'는 효과가 있었다. 여기에 더해 일부 부위에 경화강을 덧대고 물 분사 시스템을 개선하면서 로켓 재발사에 걸리는 시간은 계속해서 줄어들었다. SLC-40의 현재 기록은 2024년 4월에 세운 2일 20시간이다.

스페이스X는 레인지 관계자들에게도, 특히 로켓의 비행 종단 시스템과 관련해 압박을 가해야 했다. 기존 절차에 따르면 정해진 궤도를 벗어난 로켓에 자폭 명령을 내리는 책임은 공군 관계자에게 있었다. 스페이스X는 이 결정을 로켓에 탑재된 컴퓨터에 맡기고 싶었다. 자율 비행 종단 시스템 도입은 수년 동안 논의되어왔지만, 이 시스템을 설계하거나 시험하거나 실제로 적용한 기업은 아직 없었다.

스페이스X가 오기 전까지만 해도 케이프 커내버럴과 케네디 우주센터의 로켓 발사는 침체되어 있었다. 이런 현상은 우주왕복선 퇴역과 함께 더 심해졌다. 2000년에서 2018년 사이에 플로리다에서 1년에 15회 이상 로켓을 발사한 적이 거의 없었다. 심지어 10회가 채 되지 않을 때도 있었다. 그사이 레인지 운영자들은 발사할 때마다 설정하는 데만 며칠이 걸리는 엄청나게 번거로운 안전 요구 사항을 개발했다. 레인지 운영자들은 로켓의 비행을 추적하기 위해 정교한 레이더 세트와 텔레메트리를 이용한다. 모든 것이 발사 며칠 전에 설정되었고, 일단 자폭 주파수가 입력되면 레인지 출입이 엄격히 통제되었다. 한 달에 한 번 로켓을 발사할 때는 이것이 아무런 문제가 되지 않았다. 하지만 스페이스X는 훨씬 더 자주 발사하고 싶었다.

스페이스X 엔지니어들은 2017년 초로 예정된 NASA 화물 운반 임무를 앞두고 몇 개월 동안 레인지 관계자들에게 비행 종단 데이터를 제공했다. 10년 전, 규정의 자구가 아니라 그 취지에 따르라던 수전 헬름스의 지휘 아래 스페이스X를 지원했던 하워드 쉰칠로즈가 다시 한 번 개입했다. 그는 스페이스X의 노력을 지지하면서 이렇게 바꾸는 것을 밀어붙였다. 스페이스X가 케이프 커내버럴에 로켓을 착륙시키는 것을 허용했던 제45우주비행단 사령관 웨인 만티스도 다시 한 번 스페이스X를 위해 사활을 걸기로 했다.

"상관들은 그걸 허용하는 게 맞는지 확신하지 못하고 있었어요. 하지만 내가 스페이스X의 분석 자료를 모두 검토한 뒤 외부에 알리지 않고 그렇게 하기로 했죠. 작은 문제라도 생기면 책임을 지기로 하고 허락을 받았어요. 내가 사활을 건 이유는 지금 우리가 보고 있는 빈도로 로켓을 발사하려면 자율 비행 종단 시스템 도입이 필요하다고 생각했기 때문입니다." 만티스가 말했다.

만티스가 자율 비행 종단 시스템을 승인한 뒤 NASA 화물 운송 로켓은 사고 없이 발사되었다. 나중에 공군은 로켓 탑재 컴퓨터가 사람보다 4초 더 빨리 반응할 수 있기 때문에 실제로는 이 방식이 기존 방식보다 더 안전하다는 사실을 알게 되었다. 덕분에 폭발 장치가 작동하기 전에 로켓이 비행을 바로잡을 시간이 조금 더 주어졌다. 몇 년 뒤 공군은 미래를 대비해 공군이 준비하는 발사장의 혁신 사례로 꼽으며 이 기술을 정식으로 채택했다.

스페이스X의 로켓 발사가 빈번해지면서 동부 레인지의 문화도 바뀌기 시작했다. 발사를 자주 하지 않던 시절에는 발사가 하나의 이벤트였다. 공군 기상 통보관 마이크 매캘리넌은 군의 발사 준비를 D-데이와 같다고 표현했다. 마치 전쟁에 임하듯 한다는 것이었다. 장교들은 발사 준비를 위한 정확한 시간 계획을 수립하고 모든 시스템을 고도의 비상 대기 상태로 전환했다. 마지막으로 공군은 발사 하루나 이틀 전에 발사 회사와 함께 90분 이상 소요되는 발사 준비 상태 점검 회의를 했다.

스페이스X는 발사가 갖는 신비성을 없애려고 노력했다. D-데이 같은 준비는 더는 필요하지 않았다. 스페이스X와 레인지가 발사 준비를 자동화해왔기 때문이다. 중요하다고 여겨지던 발사 준비 상태 점검 회의는 사실 형식적인 것이었기에 이메일로도 할 수 있게 되었다. 스페이스X는 그동안 로켓을 발사할 때마다 만들던 패치도 중지하기로 하면서 우주 물품 수집가들에게 실망을 안겨주었다. 다른 것과 마찬가지로 그 이유에 대한 설명도 비행기에 비유했다. 비행기가 이륙할 때마다 패치를 만드는 사람은 없다는 것이었다.

"스페이스X는 정말로 레인지가 공항처럼 되도록 밀어붙였어요. 그리고 상당 부분 성공했죠." 매캘리넌은 이렇게 말했다.

매캘리넌이 생각하기에 발사 빈도가 늘면서 발생한 단점은 딱 하나뿐이었다. 초창기에 스페이스X는 발사가 끝날 때마다 멋진 파티를 열어 엔지니어와 기술자들이 신나게 즐기면서 그동안 쌓인 스트레스를 풀 수 있게 해주었다. 매캘리넌도 항상 초대를 받았는데, 한동안 그는 샷 스키를 가져가곤 했다. 모르는 사람을 위해 설명하자면, 샷 스키는 신지 않는 오래된 스키의 바인딩 부분에 3~6개의 샷 잔을 부착해놓은 것을 말한다. 이 잔에 술을 채운 뒤 몇 사람이 나란히 서서 스키를 들고 천천히 스키를 기울여 가며 술을 마신다.

태국 통신회사 타이콤의 위성을 발사한 뒤에도 매캘리넌은 평소와 마찬가지로 샷 스키를 가지고 파티에 갔다. 그는 그윈 샷웰과 '거구의 스페이스X 직원' 그리고 격식을 갖춰 정장을 차려입은 타이콤 임원 두 사람과 함께 샷 스키를 들고 나란히 섰다. 키가 큰 스페이스X 직원이 술을 마시려고 스키를 들어 올리자 키 차이 때문에 샷 잔에 있던 술이 샷웰과 타이콤 임원들에게 쏟아졌다.

귀빈에게 실례를 범하는 바람에 향후의 발사 계약이 위태로워졌다. 그 일이 있고 얼마 지나지 않아 앞으로는 샷 스키를 파티장에 가져오지 말라는 지시가 떨어졌다.

블루오리진의 이메일

2018년 9월 초, 밥 스미스(Bob Smith)는 직원들의 사기를 북돋울 방법을 모색하고 있었다. 그 무렵 스미스는 아마존 설립자 제프 베이조스에게 영입되어 블루오리진의 최고 경영자로 1년째 일하던 중이었다. 당초 베이조스는 샷웰을 스카우트하려고 했다. 샷웰이 거절하자 그는 결국 하니웰에어로스페이스(Honeywell Aerospace)에 있던 스미스를 데려왔다. 하니웰에어로스페이스는 우주항공 분야에서 활동한 지 꽤 오래된 기업이다.

스미스는 큰 부담을 느끼고 있었다. 블루오리진은 스페이스X보다 2년 먼저 설립되었지만 성과는 훨씬 뒤처져 있었다. 그때까지 블루오리진은 궤도에 올린 것이 아무것도 없었다. 위성이나 우주선은커녕 회사 로고인 깃털처럼 하찮은 것조차 올리지 못했다.

스미스는 이메일을 작성하면서 전날 밤 머스크가 호손의 스페이스X 본사에서 개최한 행사를 떠올려보았다. 이 행사에서 마에자와 유사쿠라는 한 일본인 기업가는 스페이스X의 스타십 우주선을 타고 달 여행을 하는 계약을 체결했다는 사실을 밝혔다. 머스크는 팰컨9 로켓의 밑바닥에 있는 아홉 개의 엔진 앞에 앉아 이렇게 말했다. "누군가가 돈을 들고 와 성공하지 못할 수도 있는 이 위험한 프로젝트에 투자하겠다고 합니다. 이 일이 인류에 대한 나의 믿음을 회복하는 데 큰 도움이 되었다는 사실을 여러분에게 자신 있게 말씀드립니다."

마에자와는 처음으로 돈을 내고 스타십을 타겠다는 고객이었지만 스미스는 대수롭지 않게 생각했다. 그가 보기에 스페이스X는 스타십 때문에 핵심 사업인 팰컨9 로켓을 등한시할 것 같았다. 그래서 그는 직원들에게 다음과 같은 이메일을 보냈다.

보낸 사람: 밥 스미스
보낸 시간: 2018년 9월 18일 화요일, 오전 7시 30분

스페이스X의 발표 내용을 살펴보고 그들의 모범 사례를 벤치마킹한 결과 우리에게 고무적인 내용이 많았습니다. 그들이 BFR과 스타링크에 한눈파는 사이에 그들을 따라잡을 수 있을 뿐만 아니라 앞지를 수도 있을 것 같습니다.

-RHS-

여기서 말하는 'BFR'은 당시 스타십을 지칭하던 이름이었다. 점잖은 사람들 사이에서는 Big Falcon Rocket을 의미했다. 그 밖의 다른 사람들 사이에서는 Big Fucking Rocket이라는 뜻이었다. 그만큼 애물단지였다. 스미스는 스타십과 스타링크에 대한 머스크의 집착 때문에 블루오리진이 로켓 발사 사업에서 스페이스X를 앞지를 수 있으리라고 생각했다. 블루오리진의 대형 로켓 뉴글렌(New Glenn)은 2020년에 첫선을 보일 예정이었다.

스미스의 예상은 완전히 빗나갔다. 그가 이메일을 보낸 뒤 5년 사이에 스페이스X는 175대 이상의 로켓을 궤도에 쏘아 올렸다. 여기에는 스타십도 포함되어 있다. 블루오리진은 아직 어떤 로켓도 발사하지 못했다. 블루오리진의 뉴글렌 로켓은 드디어 2024년에 발사될 예정이다.

스미스는 머스크와 스페이스X가 스타십과 스타링크에 기울인 노력에 대해서도 완전히 잘못 판단했다. 2021년 4월 스페이스X가 인간을 달에 착륙시키는, 모두가 탐내던 계약을 따냄으로써 스미스가 오판했다는 사실이 확실하게 드러났다. 이 계약은 유인 달 탐사를 다시 하겠다는 NASA의 아르테미스 프로그램의 일환이었다. 이로써 잿빛 먼지로 뒤덮인 달 표면을 걷게 될 다음번 인간은 스타십 우주선에서 내려온 우주 비행사일 것임이 거의 확실해졌다. 베이조스와 스미스는 격분해 두 번째 기회를 얻으려고 NASA를 제소했다. 한편, 스타링크는 2023년 말부터 이익을 내기 시작했다.

스미스는 2023년 9월에 해임되었다. 이런 식으로 자리에서 물러난 사람은 스미스 혼자만이 아니다. 텍사스 중부의 어느 흐린 날 밤 팰컨9 로켓이 굉음을 터트리며 탄생한 이후 지난 15년 동안 스페이스X와 경쟁사들의 역사는 비웃음과 모방이 번갈아가며 일어난 역사였다. 먼저 경쟁사들은 머스크의 아이디어를 비웃으며 그것이 왜 터무니없는 생각인지 설명한다. 예컨대 이런 식이다.

로켓을 바다에 착륙시킨다고? 말도 안 되는 소리야. 부스터를 재사용한다고? 경제성이 없어. 세계에서 가장 크고 가장 강력한 로켓을 만든다고? 정부의 도움 없이는 안 돼. 그러다 이들 경쟁사는 뒤늦게 현실을 인식하고 머스크를 모방하려고 안간힘을 쓴다.

이 책을 마무리하면서 스페이스X의 성장, 이를테면 다윗에서 골리앗으로의 발전을 가장 가까운 경쟁사의 관점에서 한번 생각해보고자 한다. 어떤 통찰을 얻을 수 있을 것이다. 이런 시각에서 바라보면 스페이스X가 어떻게 세계의 우주 산업을 완전히 바꿔놓았는지 명확하게 보일 것이다.

완패한 ULA

먼저 로켓 발사 서비스 분야에서 스페이스X의 초기 경쟁사였던 유나이티드론치얼라이언스부터 시작하겠다. 보잉과 록히드마틴이 공동 출자한 이 회사는 2006년 설립된 이후 10년 이상 사실상 거의 모든 NASA의 중요한 과학 임무용 위성, 화성과 그 너머로 향한 모든 우주선, 모든 국가 안보 페이로드(정찰 위성부터 GPS 위성과 소형 군용 우주 비행기까지)를 발사했다.

그러다 2016년 팰컨9 로켓은 유나이티드론치얼라이언스의 주력 부스터인 아틀라스V와 같은 발사 횟수를 기록했다. 두 회사의 발사 횟수가 비슷했던 때는 그해가 마지막이었다. 이듬해 스페이스X는 로켓을 18회 발사해, ULA의 아틀라스와 델타 부스터를 합한 7회보다 두 배 이상 많은 발사 횟수를 기록했다. 그 이후 격차는 계속 벌어졌다.

2021년에 이르자 스페이스X와 ULA의 '경쟁'은 점점 코미디로 변해갔다. 한때는 미국의 지배적인 로켓 회사로서 스페이스X를 압도하려고 했던 ULA는 그해 모두 합해 로켓을 다섯 번 발사했다. 참고로 스페이스X는 그해 12월에만 팰컨9 로켓을 다섯 번 발사했다.

2021년 12월에 발사된 로켓 중 하나는 그보다 거의 2년 전에 처음 발사되어 그을음이 묻은 채 돌아온 부스터를 재사용한 것이었다. 당시 이 부스터는 크루 드래건을 궤도에 올리는 데모-1 임무를 수행했다. 2021년 12월 이 로켓의 임무는 스타링크 위성 여러 대를 우주로 쏘아 올리는 다소 평범한 것이었다. 하지만 이 비행을 함으로써, 이 코어는 열한 번째 임무를 수행하며 부스터당 열 번의 비행이라는 머스크의 목표를 깨고 새 기록을 세웠다. 이 발사는 또 다른 이유에서도 주목할 만했다. 이 낡은 부스터가 수명을 다할 때까지 ULA가 아틀라스 로켓을 발사한 횟수는 모두 열한 번이었다. 팰컨9 부스터 하나가 소모성 아틀라스 로켓 열한 대의 성능을 발휘한 것이었다. 러시아산 로켓엔진[1] 열한 개는 해저에 가라앉아 있었다. 하지만 해상에는 미국산 엔진 아홉 개가 바

---

1 아틀라스V는 러시아제 엔진 RD-180 한 개를 쓴다.

지선 위에 착륙해 다음 비행을 준비하고 있었다.

미국의 로켓 전쟁은 끝났다. 스페이스X의 승리였다.

그 이후 ULA는 스페이스X에게 경쟁 상대가 되지 않았다. 2022년 말부터 2023년 상반기 사이에만 스페이스X와 ULA의 로켓 발사 비율은 50대 1이 넘었다. 이제는 이 두 회사가 한때 경쟁 관계였다는 사실이나 ULA 직원들이 스페이스X 발사장 펜스 앞에서 조롱하던 모습은 상상하기조차 어려워졌다.

오랫동안 스페이스X는 무시당해왔고, 시도하는 것마다 불가능한 일이라는 말을 들어왔다. 이제 이들은 그 일을 하고 있고, 경쟁사 직원들도 펜스 사이로 들여다보며 비웃지 않는다. 그들은 놀란 표정으로 이들을 올려다보고 있다.

내가 그윈 샷웰에게 어떤 조롱을 받았는지 묻자 그는 이렇게 말했다. "우리는 힘든 길을 걸어 여기까지 왔습니다. 처음에는 로켓 발사에 성공하지 못할 거라는 말을 들었죠. 그러다 팰컨1 발사에 성공하자, 진짜 로켓은 발사하지 못할 거라고 하더군요. 우리는 팰컨9 발사에 성공했죠. 그 뒤에도 드래건을 궤도에 올리지 못할 거라는 둥, 드래건을 절대 우주정거장에 도킹시키지 못할 거라는 둥, 로켓을 회수하지 못할 거라는 둥, 로켓 재발사는 절대 하지 못할 거라는 둥 별소리를 다 들었어요. 한마디로 '엿이나 먹어라'라는 말들이었죠."

드래건이 날아오를 때 스타라이너는 허우적댄다

스페이스X는 또 다른 주요 경쟁사 보잉에도 승리했다. 화려한 볼거리보다는 실질을 추구한다고 했던 보잉은 상용 승무원 운송 경쟁에서 둘 중 아무것도 보여주지 못했다.

2019년 12월, 크루 드래건의 낙하산 팀이 마지막 시험에 열을 올리고 있을 때 보잉은 처음으로 스타라이너를 발사했다. 결과는 좋지 못했다. 발사 직후 소프트웨어 문제로 스타라이너에 아틀라스V 로켓과 다른 시간이 입력되었다. 비행을 시작한 지 10분이 지났을 때 스타라이너의 '임무 경과 시간'은 11시간이나 더 지나 있었다. 잠시 동안 비행 관제사와 우주선의 교신이 완전히 끊기는 일도 있었다. 이런 문제로 NASA는 스타라이너의 우주정거장 접근을 허락하지 않았다. 그러다 지구 대기권에 재진입하기 직전에는 소프트웨어 매핑 오류로 스타라이너의 서비스 모듈에 있는 추력기가 반대 방향으로 작동할 뻔했다.

이 일이 있고 난 뒤 NASA 유인 우주 비행 책임자 더그 로베로는 스타라이너의 비행을 '명백한 위험 상황'이라고 선언하는 이례적인 조치를 취했다. NASA의 이 지정은 '임무 실패'에 미치지는 못하지만 그래도 매우 드문 사례였다. 그 이전에 NASA가 '명백한 위험 상황'으로 지정한 마지막 사건은 2013년 우주 비행사 루카 파르미타노가 우주유영을 하던 중 그의 헬멧 안에 물이 고이기 시작하면서 위험 상황에 처했을 때였다.

이듬해 여름 스페이스X는 더그 헐리와 밥 벵컨을 크루 드래건에 태워 국제우주정거장에 보냈다. 같은 해 11월 스페이스X는 드래건의 첫 번째 실제 임무인 크루-1 임무를 통해 네 명의 우주 비행사를 우주정거장에 실어 보냈다. 이후에도 드래건의 비행은 계속되었다. 2021년에는 두 번의 NASA 승무원 운송 임무가 이어졌다. 그뿐만 아니라 전원 민간인으로 구성된 최초의 궤도 우주 비행도 이루어졌다. 억만장자 재러드 아이작먼 주도로 네 명의 민간인을 태우고 떠난 이 인스피레이션4 임무를 통해 스페이스X는 우주의 접근성을 높이겠다는 약속을 지키기 시작했다.

보잉은 스타라이너의 소프트웨어 문제와 추진 시스템의 밸브가 들러붙어 열리지 않는 문제를 해결하느라 2년의 시간을 더 소비한 끝에 마침내 2022년 5월 다시 한 번 첫 무인 시험 비행을 시도했다. 이번에는 스타라이너가 처음보다 나은 성능을 보여주며 우주정거장 도킹에 성공했다.

NASA가 드래건과 스타라이너의 첫 비행 임무를 수행할 승무원을 선임한 지 이미 4년이 지났을 때였다. 4년 전 휴스턴에서 열린 행사에서 헐리가 스페이스X의 우주선을 타게 되어 기쁨에 들떠있을 때 NASA는 보잉의 '승무원 비행 시험' 요원으로 세 명의 우주 비행사를 선임했다. 전 우주왕복선 사령관 크리스 퍼거슨과 전 우주왕복선 조종사 에릭 보 그리고 초보 비행사 니콜 만이었다. 4년이 지나는 사이에 퍼거슨은 가정 사정으로 자진 하차했고,

에릭 보도 건강상의 문제로 프로그램에서 물러났다. 40대 초반이었던 니콜 만은 NASA의 떠오르는 스타였다. NASA는 만을 아르테미스 프로그램을 통해 달에 갈 후보로 만들고 싶어 그에게 비행경험을 쌓게 해주려고 노력했다. 그래서 그를 드래건의 크루-5 임무를 지휘하는 사령관으로 재선임했다. 2022년 10월 만은 드래건을 타고 우주로 떠났다.

보잉의 스타라이너 문제는 계속되었다. 승무원을 태운 첫 비행을 불과 몇 주 앞둔 2023년 전몰장병 추모일 주말 전날, 보잉 엔지니어들은 심각한 결함 두 가지를 더 발견했다. NASA의 베테랑 우주 비행사 서니 윌리엄스와 부치 윌모어가 타기로 되어 있던 우주선이었다. 첫 번째는 낙하산 결함이었다. 몇 년 전의 스페이스X와 마찬가지로 우주선과 낙하산의 캐노피를 연결하는 줄에서 문제가 발견되었다. 낙하산 하나에 문제가 생기면 나머지 낙하산과 우주선을 연결한 줄이 끊어질 수 있었다. 두 번째는 우주선 전체에 깔린 와이어링 하네스를 감싸는 유리 섬유 테이프와 관련된 문제였다. 우주선에는 각종 케이블이 사방으로 깔려 있어 그 길이가 수십 미터에 달한다. 테이프는 이 케이블에 흠이 생기지 않도록 보호하기 위한 것이다. 하지만 비행 중 특정 환경이 되면 이 테이프가 가연성이 된다는 사실이 밝혀졌다.

이런 결함이, 특히 비행이 임박해서 발견된 것은 충격적이었다. NASA나 보잉 모두 왜 우주 비행사가 탑승하기 직전에 이런 결함이 발견되었는지에 대해 만족스러운 답을 내놓지 못했다. 이 프로그램에 대한 보잉의 진정성에 의문이 제기되었다. 이 프로그램은 확정 가격 방식 계약으로 진행되었기 때문에 보잉은 스타라이너에서 거의 10억 달러의 손해를 보았다. 아이러니한 것은 2009년에 보잉이 경쟁에 참여했기에 상용 승무원 운송 프로그램이 살아남을 수 있었다는 점이다.

물먹은 드미트리 로고진

국제 무대로 시야를 넓혀보면 러시아는 머스크의 가장 오랜 적수였다. 20여 년 전, 머스크가 소형 온실을 화성에 실어 보내기 위해 구형 로켓 발사 서비스를 구매하러 러시아에 갔을 때 러시아 관계자들은 머스크를 조롱했다. 러시아는 세계 최초로 위성을 발사했고, 최초로 인간을 우주로 보냈으며, 세계 최고의 로켓엔진을 만들던 나라였다. 그들은 웃기는 소리나 하는 남아공 출신의 괴짜를 좋아하지 않았다.

오늘날 러시아는 노후화된 발사 인프라를 보유하고 있다. 러시아의 주력 로켓인 소유스와 프로톤은 1960년대에 개발된 기술을 기반으로 한 것이다. 오랫동안 이 정도면 충분했다. 러시아는 자국의 군용 위성을 쏘아 올릴 역량이 있었고, 소유스 우주선으로 세 사람까지 우주로 운송할 수 있었으며, 저렴한 발사 서비스 가격을 무기로 상용 위성 시장도 상당 부분 점유할 수 있었다.

스페이스X가 부상하면서 러시아에 미래를 대비한 계획이 부족했다는 사실이 드러났다. 처음에는 러시아도 다른 경쟁사들과 마찬가지로 스페이스X의 야망을 우습게 보았다. 2016년까지만 해도 러시아 우주 기업 로스코스모스의 전략을 개발하는 중앙기계제작연구소는 로켓 재사용 가능성을 일축했다. 이 연구소는 '재사용할 수 있는 발사 시스템의 경제적 타당성이 보이지 않는다'라고 했다.

이 보고서는 러시아가 프로톤과 소유스로 전 세계 상용 발사 시장의 거의 절반을 장악하고 있을 때 발표되었다. 하지만 프로톤에서 기술적 문제가 발생하고 스페이스X가 경쟁에 참여하면서 러시아의 지배력이 약화되기 시작했다. 2010년대 말이 되자 러시아의 상용 위성 발사 시장 점유율은 약 10퍼센트까지 떨어졌다. 러시아 우주 책임자는 여기에 어떻게 대응했을까? 뚱뚱한 몸집에 호전적인 성향의 드미트리 로고진은 로켓 발사 시장에서 수십 년간 이어온 러시아의 지배력을 빈 보드카 병 내던지듯 던져버렸다.

2018년 한 러시아 텔레비전 방송국 인터뷰에서 로고진은 이렇게 말했다. "전체 우주 시장에서 발사체가 차지하는 비중은 4퍼센트에 불과합니다. 이 4퍼센트를 차지하기 위해 머스크와 중국을 밀어내려고 노력하는 것은 쓸데없는 짓이에요. 페이로드 제작이야말로 큰돈을 벌 수 있는 분야죠."

하지만 러시아는 페이로드 제작이나 그 밖의 다른 분야에서 큰

돈을 벌지 못하게 된다. 2022년 러시아가 우크라이나를 침공하자 국제 우주 시장은 러시아 우주 프로그램에 거의 등을 돌렸다. 여러 해 동안 소유스 로켓 발사 서비스를 구매해왔던 유럽우주청은 즉시 구매를 중단했다. 미국도 스페이스X 덕분에 러시아와의 관계를 대부분 끊을 수 있었다.

불과 몇 년 전만 해도 이런 일은 불가능했을 것이다. NASA는 2010년대의 거의 전 기간에 걸쳐 우주 비행사를 국제우주정거장에 보내는 데 소유스 우주선에 전적으로 의존했다. 크루 드래건은 이 의존을 깼다. 또한 미국의 군용 위성 대부분은 극도로 강력한 러시아제 RD-180 엔진 1기를 쓰는 ULA의 주력 로켓 아틀라스V에 실려 궤도에 올라갔다. 팰컨9은 이 의존도 깼다.

러시아의 우크라이나 침공 이후 미국은 러시아에 광범위한 제재를 가했다. 여기에는 우주항공 산업도 포함되어 있었다. 로고진은 신경질적인 반응을 보였다. 그는 다음과 같은 말을 하며 서방을 위협했다. "우리와 협력하지 않는다면, 누가 국제우주정거장이 통제력을 잃고 궤도에서 이탈해 미국이나 유럽으로 떨어지지 않게 할 것인가? ISS는 러시아 상공을 지나가지 않으니 위험은 모두 당신들 몫이 될 것이다. 위험을 감수할 준비가 되어 있는가?"

결국 블라디미르 푸틴 대통령은 로고진을 로스코스모스 사장 자리에서 해임하고 우크라이나 최전선으로 보냈다. 몇 달 뒤 그는 러시아 점령지의 한 카페에서 식사를 하다 우크라이나군의 포격을 받고 중상을 입었다. 그는 부상에서 회복했지만, 한때 지배적인 위치에 있던 러시아의 우주 산업은 회복하기 어려울 것으로 보인다.

마침내 도착한 스팀롤러

2014년 일단의 프랑스 로켓 발사 업계 관계자들이 캘리포니아주 호손에 있는 스페이스X 공장을 방문했다. 그중에는 프랑스 우주 기관 CNES의 발사체 책임자 미셸 에마르(Michel Eymard)도 있었다. 팰컨9의 발사 빈도와 규모에 깊은 인상을 받은 에마르는 귀국 후 상세한 평가 보고서를 작성해 정부에 제출했다. 그는 자신이 목격한 것을 'rouleau compresseur[1]'라는 간단한 용어로 압축해 표현했다.

뒤에 파리에 거주하는 우주 저널리스트 피터 B. 드셀딩이 보도한 바에 따르면 에마르는 이 보고서에서 이렇게 말했다. '언제가 될지는 알 수 없지만 스팀롤러가 곧 도착할 것으로 보인다. 스팀롤러가 도착하면 우리에게 큰 도전이 될 것이다.'

유럽은 아리안 로켓을 이용해 사실상 상용 발사 서비스라는 개념을 만들어냈다. 1990년경까지만 해도 우주에 위성을 쏘아 올리

---

1 땅을 다지는 기계인 롤러(road roller 또는 roller compactor)를 뜻하는 불어. 압도적인 힘으로 모든 것을 깔아뭉갠다는 뜻으로 사용했다.

려고 하면 자국 정부를 찾아가야 했다. 그러다 아리안스페이스가 처음에는 아리안4 로켓 그리고 나중에는 아리안5 로켓을 이용해 적절한 가격을 받고 위성을 우주로 쏘아 올려주기 시작했다. 오늘 날 정지궤도에 있는 대형 상용 위성, 예컨대 DirecTV와 같이 가정에 통신 서비스를 제공하는 대형 위성은 대부분 아리안 로켓에 의해 발사된 것이다.

2014년이 되자 에마르 같은 일부 예리한 전문가들은 폭풍이 다가오고 있다는 사실을 감지할 수 있었다. 유럽 대륙은 어려운 선택에 직면했다. 아리안5는 성공적인 로켓이었지만 발사 비용도 비싸서 팰컨9보다 수천만 달러 더 들었다. 대책을 논의하기 위해 프랑스, 독일, 이탈리아를 중심으로 한 유럽 관계자들이 모였다. 이들은 두 가지 안을 놓고 논의에 들어갔다. 하나는 발사 비용을 낮추는 데 초점을 맞춰 기존의 아리안 로켓을 점진적으로 업그레이드하는 방안이었다. 다른 하나는 재사용 가능성을 염두에 두고 혁신적인 21세기형 로켓을 개발하는 것이었다.

결국 유럽은 아리안6 로켓을 개발하며 전통적인 방식을 따르기로 했다. 아리안6는 완전 소모성 로켓으로, 아리안5와 마찬가지로 고체 연료 부스터를 쓰기로 했다. 하지만 운이 따른다면, 당초 2020년으로 예정된 이 로켓이 등장할 때쯤에는 팰컨9과 가격 경쟁력이 있을 것으로 보였다. 이 로켓으로 조만간 도착할 스팀롤러로부터 유럽 대륙을 구할 수 있을까?

그럴 수 없을 것 같다. 로켓 개발에서 흔히 그러하듯 아리안6도 예정보다 몇 년 늦어졌다. 지연이 길어지면서 불안감이 커졌다. 오랫동안 사랑받아온 아리안5가 2023년 여름에 퇴역했지만 새 로켓이 아직 준비되지 않았기 때문이다. 위기감이 높아지자 스페이스X의 경쟁자 입에서 이전에는 거의 들어본 적 없는 발언이 나오기 시작했다. 유럽우주청 사무총장 요제프 아슈바허(Josef Aschbacher)는 스페이스X의 부상과 그 결과가 유럽에 미칠 영향을 솔직하게 인정했다.

아슈바허는 한 보고서에서 이렇게 말했다. '스페이스X가 우리가 알고 있는 발사체 시장의 패러다임을 바꿔놓았다는 것은 부인할 수 없는 사실이다. 스페이스X는 신뢰성 있는 팰컨9과 매력적인 기대를 갖게 하는 스타십으로 세계가 우주에 접근하는 방식을 완전히 재정의해 나가고 있다. 그들은 가능성의 한계를 뒤로 밀어내며 전진하고 있다. 반면에 유럽은 지금 심각한 발사체 위기에 놓여 있다.'

그의 말은 한 마디 한 마디가 모두 사실이었다. 하지만 이런 말을 입 밖으로 꺼낸 경쟁자는 거의 없었다. 그 말은 이들이 스페이스X의 위협을 무시하면서 너무 오랫동안 제대로 된 대응을 미뤄왔다는 뜻이었다. 하지만 2020년대 초가 되자 이제 더는 피할 수 없게 되었다.

이제 스페이스X는 우주 비행의 계층에서 제일 높은 곳에 홀로 서 있다. 스페이스X는 2023년에 로켓을 100회 가까이 발사했다. 수십 개의 로켓 발사 스타트업이 있는 중국을 포함해 전 세계의 나머지 로켓 발사 횟수를 모두 합한 것과 거의 비슷한 수치다. 2024년에는 이 수가 150회에 이를 것으로 보인다. 스페이스X는 전 세계의 어디에 있는 누구보다도 열 배 이상 많은 위성을 운용하고 있다. 크루 드래건은 러시아와 중국의 유인 우주 비행 프로그램을 합한 숫자만큼 사람을 궤도에 실어 나르고 있다. 그리고 역대 가장 크고 가장 강력하며 아마도 가장 혁신적인 로켓이 될 스타십이 있다. 스페이스X는 우주 비행 경쟁에서 전 세계를 추월했고, 이제는 스타십이라는 스팀롤러를 끌고 와 격차를 더 벌리려고 한다.

유럽의 로켓 발사 위기를 언급하고 몇 주가 지난 2023년 7월 초, 아슈바허는 미국을 방문했다. 그는 우주의 팽창 속도를 측정할 환상적인 새 과학 장비인 유클리드 우주 망원경이 안전하게 발사되는 모습을 보고 싶었다. 이 망원경은 그동안 유럽우주청이 만든 관측 장비 중 가장 돈이 많이 든 것으로, 제작하는 데 10년의 시간과 15억 달러의 돈이 투입되었다. 원래 유클리드 망원경은 유럽의 우주 공항에서 소유스 로켓에 실려 발사될 예정이었다. 그러다 전쟁이 발발했고, 아리안6 로켓은 개발이 지연되었다.

세상은 바뀐다. 구 왕조는 몰락하고 신 왕조가 들어선다. 다윗은 골리앗이 된다.

플로리다의 무더운 여름 날씨 탓에 아슈바허는 평소 즐겨 입던 밝은 청색 정장 대신 편안한 바지와 폴로 셔츠를 입고 있었다. 그는 다른 VIP들과 함께 몇 킬로미터 떨어진 발사장이 한눈에 들어오는 NASA의 한 건물 발코니에 앉아 있었다. 멀리 떨어진 곳에 네 개의 높은 피뢰탑에 둘러싸인, 검은색과 흰색이 뒤섞인 로켓이 보였다. 로켓에서 기화된 산소가 뭉게뭉게 피어오르기 시작했다.

펠컨9 로켓의 머리 위 저 멀리서, 운명이여 어서 오라는 손짓을 보냈다.

에필로그

2020년 8월 우주 비행사 밥 벵컨과 더그 헐리가 멕시코만에 착수하며 개가를 올리고 나흘 뒤 일론 머스크는 전 직원에게 이메일을 보냈다. 비록 드래건은 바다에서 가까스로 인양되었지만, 이제는 방향을 전환해야 할 때였다. 머스크는 이메일에서 '스페이스X의 최우선 순위는 스타십이라는 점을 잊지 마세요'라고 했다. 그는 직원들에게 '즉각 그리고 힘차게' 가속 페달을 밟아야 한다고 했다. 그러면서 스타십 작업에 더 직접적으로 참여하기 위해 텍사스 남부로의 이전을 진지하게 고려해보라고 했다.

여기에 머스크의 본모습이 함축되어 있다. 팰컨1 로켓 초도 발사가 진행 중일 때 그는 팰컨5를 만들 알루미늄 구매에 집중했다. 소형 로켓인 팰컨1의 두 번째 발사에 성공한 직후 그는 팰컨1을 포기하고 팰컨9에 올인하기로 했다. 이 중형 로켓의 첫 발사 전날, 그는 발사대에 걸터앉아 어떻게 하면 발사 빈도를 높일 수 있을지 고민했다. 2018년 팰컨 헤비 첫 발사 전날 내가 머스크를 만났을 때 그는 스타십을 내다보고 있었다. 그리고 2020년 여름, 드래건으로 NASA와 미국에 엄청난 승리감을 안겨준 뒤 머스크는 다시 한 번 직원들에게 방향 전환을 요구한 것이었다.

이것이 스페이스X가 스팀롤러가 된 비결이다. 톰 뮬러가 말했듯이 스페이스X의 개발 프로그램은 언제나 머스크가 원하는 것보다 훨씬 느렸고, 이전에 유사한 작업을 한 그 누구보다도 빨랐다. 그렇다면 스페이스X가 말도 안 되는 목표를 달성하거나 아찔할 정도로 높은 수준에 도달하면 어떻게 할 것인가? 그러면 머스크는 골대를 옮긴다. 화성에 도달하려면 스팀롤러가 계속 굴러가야 하기 때문이다.

하지만 스팀롤러가 계속 굴러갈 수 있을까? 이것이 내가 이 책을 쓰면서 계속 되뇌었던 질문이다. 어느 순간 스페이스X 스팀롤러가 제자리에 멈출까? 아마 그러리라는 것이 내 생각이다. 그 이유에 대한 내 생각을 공유하면서 이 책을 마무리하고자 한다. 내가 미래를 알 수는 없다. 하지만 앞으로 일이 어떻게 진행될지에 대한 몇 가지 생각은 공유할 수 있을 것 같다. 내가 하는 말은 수백 명의 스페이스X 직원 및 업계의 주요 관계자들과 이야기를 나누고, 이 주제에 대해 수천 시간 동안 생각하고 글을 쓰면서 갖게 된 주관적인 견해다.

먼저 분명히 하기 위해 나 자신에 대한 소개부터 간략히 하겠다. 나는 평생 우주에 관심을 가지고 살아왔다. 별에 매료되어 천문학과에 진학해 물리학, 미적분학 등을 공부했고 얼마 되지는 않지만 별을 관측하는 소중한 기회도 얻을 수 있었다. 사실 공부는 그리 열심히 한 편이 아니었다. 미적분학 4학기를 배우고 나니 더는 수학을 접하고 싶지 않아, 과학 분야의 글을 쓰는 직업을 갖게 되었다. 그러다 〈휴스턴 크로니클〉에서 평범한 과학 기자로 10년 넘게 일하던 중 스페이스X를 알게 되었다. 재사용할 수 있는 로켓을 만들고 궁극적으로는 태양계 내의 다른 행성에 정착하겠다는 머스크의 매혹적인 비전은 나를 사로잡았다. 나는 '그래, 맞아, 우린 이걸 해야 해'라는 생각이 들었다. 바로 내가 원하던 미래였다. 그리고 머스크는 그것을 실행할 계획이 있었다. 그때부터 나는 열정적으로 우주에 관한 글을 쓰기 시작했고, 민간 주도의 우주 혁명에 특별한 관심을 기울였다. 덕분에 10년이 지난 지금 나는 영광스럽게도 스페이스X에 관한 두 번째 책을 내게 되었고, 우주 산업에 대해서 목소리를 낼 수도 있게 되었다.

나는 유인 우주 비행을 하려는 인간의 노력, 그중에서도 특히 달과 그 너머를 탐사하려는 NASA의 아르테미스 프로그램의 성공을 간절히 원하기에 여기서 그 목소리를 내려고 한다. 스페이스X는 아르테미스 프로그램이 아폴로 프로그램의 밍밍한 재탕에 그치지 않게 해줄 핵심이다. NASA가 다시 달에 갈 여유가 생긴 것은 스타십을 이용해 수십억 달러를 절약할 수 있기 때문이다. 그리고 스타십을 완전히 재사용할 수 있어야 진정으로 지속 가능한 우주탐사를 할 수 있다. 아르테미스 프로그램은 스타십이 가는 데까지 갈 수 있을 것이다. 아르테미스 프로그램이 성공한다면 NASA와 스페이스X가 붉은 행성에 갈 길이 열릴 것이고, 궁극적으로는 화성 정착의 길도 열릴 것이다. 미래는 누군가 와서 닿기를 기다리고 있다. 우리는 이 기회를 함부로 놓쳐서는 안 된다.

하지만 나는 머스크가 걱정스럽다. 스팀롤러를 멈출 수 있는 사람은 단 한 사람이다. 스팀롤러의 시동을 건, 아직도 가속 페달을 끝까지 밟고 전속력으로 스팀롤러를 몰고 있는 바로 그 사람이다. 내가 이 책을 쓰는 사이에 머스크는 트위터(X로 이름을 바꾸었다)를 인수해 불과 몇 달 만에 그 가치를 엄청나게 떨어뜨렸다. 나는 트위터 인수에 쏟아부은 440억 달러의 가치가 사라지는 모습을 보면서, 스페이스X를 그렇게 높은 곳으로 이끈 사람이 그 뒤에 어떻게 이렇게 잘못된 결정을 내릴 수 있는지 이해할 수 없었다. 그는 사용자들을 트위터에서 멀어지게 했고, 반유대주의를 은근히 부추겼으며, 21세기의 미국 문화를 오염시킨 헛소리들을 증폭시켰다. 나도 모르게 '머스크, 도대체 뭐 하는 거야?'라는 생각이 들었다.

나는 2016년에 머스크가 과달라하라 연설에서 자신의 화성 비전에 대해 열정적으로 이야기하던 모습을 생생히 기억한다. 한 대목에서 그는 이렇게 말했다. "내가 개인 재산을 축적하는 주된 이유는 여기에 투자하기 위해서입니다. 다시 말해 인류를 다행성종으로 만드는 데 최대한으로 기여하는 것 말고는 내가 개인적으로 재산을 축적하는 다른 동기는 없습니다." 그는 이 대사로 우레 같은 박수를 받았다. 8년이 지난 지금에 와서 보면 이 말은 거짓이었다. 머스크는 트위터를 인수하느라 개인 재산 상당 부분을 잃었고, 투자자들의 신뢰는 그보다 훨씬 더 많이 잃었다. X가 인류를 다행성 종으로 만드는 데 어떻게 기여할지 모르겠다.

지난 15년 사이 스페이스X가 무명의 기업에서 지배적인 기업으로 성장하면서 글로벌 무대에서 머스크의 입지도 그와 비슷하게 커졌다. 트위터 인수로 그의 명성은 더 높아졌다. 그는 새로 발견한 이 공간에서 관심을 받고 싶어 하는 것 같다. 머스크는 사람들의 주목을 받고 싶어 하는 서커스의 호객꾼처럼 매일 일어나는 논쟁에 끼어든다. 머스크가 트위터를 인수한 목적은 돈을 벌기 위해서가 아니었다. 그는 자신의 견해와, 자기와 생각이 같은 사람들의 견해를 널리 퍼뜨리기 위해 트위터를 인수했다. 그것은 그의 권리다. 하지만 그 때문에 스페이스X가 영향을 받을 수도 있다.

그것이 바로 내가 우려하는 부분이다.

경쟁자 평가

당분간 스페이스X를 넘어설 경쟁자는 없을 것이다. 머스크가 끊임없이 밀어붙인 덕분에 스페이스X는 우주 비행 분야에서 독보적인 기업이 되었다. 하지만 유망한 도전 기업이 없는 것은 아니다. 그중 블루오리진의 잠재력이 가장 크다. 아마존 창업자 제프 베이조스는 수익을 거의 내지 못하면서도 해마다 블루오리진에 수십억 달러를 쏟아부을 의향이 있는 듯 보인다. 내가 베이조스에게 해주고 싶은 말은 블루오리진은 시설 구축에 있어서는 세계적인 수준이라는 것이다. 하지만 지금까지 대형 로켓을 만드는 데는 어려움을 겪어왔다. 뉴글렌 로켓에서는 그런 상황이 달라지기를 바란다. 하지만 문제가 하나 있다. 2023년 말 현재 블루오리진의 직원은 1만 1천 명으로 스페이스X와 거의 같지만 성과는 한참 떨어진다는 것이다.

스페이스X와 블루오리진 양사에서 근무한 경험이 있는 어떤 사람은 나에게 이렇게 말했다. "블루오리진은 1인 기부자로 운영되는 세계 최대의 비영리 단체예요. 스페이스X처럼 일할 동기가 전혀 없어요. 문자 그대로 전혀요. 무슨 일이 있어도 월급은 받을 수 있으리라고 생각하죠. 공장 문을 닫는 일은 절대 없을 거라고 생각해요. 그러니 블루오리진은 처음부터 엄청난 불리함을 안고 시작하는 겁니다. 이런 자금 조달 모델을 가진 기업이니 다음과 같은 생각을 가진 몽상가들이 모이는 거예요. '어디에 가면 말도 안 되는 일을 하면서, 주당 40시간만 일하고도 많은 월급을 받을 수 있을까? 어디 가면 우주 엘리베이터 같은 거 만드는 일을 하면서 월급을 받을 수 있을까? 어떤 사람이 우주 엘리베이터 같은 걸 만들고 싶어 할까?' 다시 말해 선택 편향이 있는 거죠. 이런 선택 편향을 제거할 특별한 조치를 해야 하는데 블루오리진은 전혀 하지 않고 있어요."

블루오리진은 로켓 발사에서뿐만 아니라 다른 분야에서도 스페이스X와 경쟁하려고 한다. 블루오리진은 NASA의 아르테미스 프로그램에 쓸, 완전히 재사용할 수 있는 달 착륙선을 만들고 있다(스타십보다 몇 년 뒤처져 있다). 이 프로젝트는 2012년 스페이스X에서 C2 비행 임무를 책임졌던 낯익은 얼굴, 존 쿨러리스가 이끌고 있다. 나는 그가 성공하기를 바란다. 베이조스는 프로젝트 카이퍼라는, 스타링크의 경쟁 사업도 하고 있다. 나는 프로젝트 카이퍼는 크게 신뢰하지 않는다. 스타링크 프로그램의 책임자로 있다가 프로젝트를 너무 조심스럽게 진행한다고 머스크에게 해고당한 라지브 배디얼이 이끌고 있기 때문이다. 2023년 말에는 블루오리진의 로켓 개발이 너무 지연되는 바람에 베이조스가 카이퍼 위성을 팰컨9에 실어 궤도에 올리는 부끄러운 일이 벌어졌다.

스페이스X에 강력한 경쟁자가 생긴다면 미국 우주 산업에 큰 도움이 될 것이다. 블루오리진이 그런 역할을 해주기를 기다린 지 벌써 10년이 되었다. 나는 블루오리진을 응원한다. 여러분이 베이조스에 대해 어떻게 생각하든 우주에 대한 그의 열정과 지구 밖 세계의 정착에 대한 그의 믿음은 진심이다. 다만 나는 그들이 조만간 그 목표를 달성할 것이라는 믿음을 가질 만큼 충분한 증거는 아직 보지 못했다.

미국에는 블루오리진보다 더 효율적으로 운영되는 스페이스X의 대안 기업이 몇 있는데, 그중에서 가장 주목할 만한 회사는 로켓랩(Rocket Lab)이다. 로켓랩의 설립자이자 최고 경영자인 피터 벡(Peter Beck)은 정말 대단한 사람이다. 애슐리 밴스의 책《값싼 우주여행(When the Heavens Went on Sale)》을 읽어본 사람이라면 벡이 무에서 시작해 얼마나 많은 것을 이뤄냈는지 알 것이다. 하지만 로켓랩은 스페이스X나 블루오리진에 비해 가용 자원이 너무 적다. 나는 재사용할 수 있는 새 중형 발사체를 개발하려는 로켓랩의 노력이 성공하기를 학수고대한다. 하지만 그것이 성공한다고 해도 팰컨9보다 10년 이상 늦다. 솔직히 말해 나는 베이조스가 로켓랩을 인수해 벡에게 힘을 실어주기를 바란다. 그것이 블루오리진이 스페이스X의 진정한 경쟁자가 되는 가장 빠른 길이다.

미국에는 재사용할 수 있는 로켓에 대한 혁신적인 접근법을 가진 다른 유망한 신생 우주 기업들도 있다. 예컨대 렐러티비티스페이스(Relativity Space)와 스토크스페이스(Stoke Space) 같은 회사다. 하지만 이들 기업은 기본적으로 팰컨1 시절의 스페이스X와 같은 단계에 있다. 이 책을 읽은 사람이라면 팰컨9같이 튼튼하면서 재사용할 수 있는 로켓을 만들려면 얼마나 오랜 기간 힘들게 노력해야 하는지 알 것이다.

유럽, 인도, 일본 등의 우주 프로그램을 돌아봤을 때, 우주 비행의 글로벌 패권을 놓고 스페이스X에 도전할 만한 야망과 자원을 가진 유일한 경쟁자는 중국이다. 지난 10년 사이에 중국의 우주 프로그램은 급속히 성장해 지구 저궤도에 우주정거장을 건설했고, 갈수록 복잡한 행성 간 우주 비행 임무를 수행하고 있다. 중국의 로켓 과학자들은 다른 어떤 경쟁자보다도 더 스페이스X의 업적을 예의 주시하면서 이를 모방하려고 애써왔다. 하지만 정부 재정의 불확실성과 스페이스X의 번창을 가능하게 한 자유 시장 자본주의를 수용하지 않는 정부 형태를 고려했을 때, 중국이 스페이스X의 경쟁자가 될 수 있을지는 불확실하다.

이런 모든 이유로 인해, 나는 앞으로 10년 안에 스페이스X가 지배적인 위치를 빼앗긴다면 다른 누군가의 부상 때문이 아니라 스페이스X 스스로의 몰락 때문일 것이라고 생각한다.

스페이스X 내부의 문제

스페이스X를 취재하면서 가장 놀랐던 점이 있다.

스페이스X는 20년이 지난 지금도 창업자의 정신을 잃지 않고 있다. 대부분의 신생 기업은 새롭고 더 나은 방식으로 고객에게 서비스를 제공하겠다는 대담한 사명을 내걸고 해당 업계에서 반란을 일으킨다. 스페이스X의 반란은 NASA를 비롯한 고객에게 유리하게 확정 가격 방식으로 계약을 체결하겠다고 제안했을 뿐만 아니라, 더 뛰어난 제품을 더 싼 가격에 더 빨리 제공한 것이었다. 크루 드래건이 대표적인 사례다. 대부분의 기업은 성장하면서 창업자의 정신과 초기에 느꼈던 배고픔 및 반란 정신을 잃는다. 하지만 스페이스X는 그렇지 않다. 그들은 아직도 저돌적으로 미래를 향해 돌진하고 있다. 때로는 무모할 정도로 힘차고 빠르게 다음번 파괴적 혁신을 향해 달려가고 있다.

그 이유는 의심할 여지 없이 머스크 때문이다. 지금도 머스크가 트위터나 테슬라, 뉴럴링크, AI 등에 신경 쓰느라 오래 스페이스X를 비우면 일의 진행 속도가 떨어진다. 물론 그가 직원들에게 방해가 될 때도 있다. 하지만 그래도 그는 여전히 회사에 활력을 불어넣는, 없어서는 안 될 원동력이다. 머스크가 자리에 있는 것만으로도 일이 빠르게 돌아간다. 게다가 그는 기꺼이 스스로 책임을 지려고 한다. 머스크는 중요한 결정을 내릴 때 그에 수반하는 위험을 감수한다. 대부분의 다른 기업이나 정부 기관의 고위 관리자는 어려운 결정을 내리고 실패에 대한 책임을 지고 싶어 하지 않는다. 그래서 그들은 문제점을 더 살펴보거나 끝없이 검토하고 시험하며 결정을 뒤로 미룬다. 머스크는 그렇지 않다. 그는 '시작' 버튼을 누른다. 때로는 이 결정으로 엄청난 문제를 겪기도 하지만, 기꺼이 책임지겠다는 그의 의지 덕분에 일은 계속 진행된다.

스페이스X에는 프로젝트가 실패했을 때 흔히 볼 수 있는 매몰 비용의 오류가 없다. 지금도 스페이스X의 직원 성과 평가 기준의 하나는 '급속한 전략 방향의 변화에 적극적으로 대응하는가?'다. 머스크의 독재적인 통제와 필요에 따라 언제든 방향을 전환하려는 의지 덕분에 직원들은 불필요한 부담을 덜고 재빨리 새로운 방향으로 움직일 수 있다. 밤늦은 시간에 팰컨5를 포기하고 멀린 엔진 아홉 개를 장착한 로켓을 개발하기로 한 그의 결정은 그가 미래로 가는 가장 빠른 길을 파악하고 그 길을 따라간 수많은 사례의 하나에 지나지 않는다.

머스크는 미지의 영역에서 최고의 능력을 발휘한다. 새 길을 개척할 때 모퉁이를 돌면 앞에 무엇이 나타날지, 그리고 무엇이 나타나야 할지 예측하는 데 머스크보다 더 뛰어난 사람은 없다. 머스크는 직원들이 느낄 장벽과 제약을 허문다. 그는 직원들에게 모든 가능성을 염두에 두고 자유로운 사고를 통해 틀에 갇히지 않은, 엔지니어링 문제의 해결책을 찾으라고 독려한다. 그의 이런 방식은 스페이스X에서 놀라울 정도로 잘 작동했다.

하지만 뛰어난 사람에게는 뛰어난 강점이 있듯이 그만한 약점도 있다. 머스크는 트위터(X)를 운영하는 과정에 허영심과 복수심 그리고 언론의 자유를 옹호하면서 자기 마음에 들지 않는 의견은 막는 이중적인 태도 등의 단점을 드러내 보였다. 소셜 미디어는 로켓 과학이 아니다. 머스크는 소셜 미디어 회사 운영에 적합한 인물은 아닌 것으로 보인다. 게다가 트위터를 인수한 뒤 소셜 미디어 중독이 더 심해졌고, 다양하고 복잡한 이유로 자유주의자에서 극우 보수주의와 음모론을 퍼뜨리는 사람으로 바뀌었다. 머스크도 당연히 정치적 의견을 가질 권리가 있지만, 그 의견을 트위터에서 공유하거나 트위터 경영 의사 결정의 기준으로 삼을 필요는 없다. 그는 많은 사람을 적으로 돌려세웠다.

이 글을 쓰고 있는 현재 스페이스X는 지금까지 대체로 논란에서 벗어나 있었다. 민주당 상원의원을 지낸 NASA 국장 빌 넬슨(Bill Nelson)은 머스크를 특별히 신뢰하거나 좋아한 적이 없다. 하지만 그도 스페이스X가 NASA에 가져다주는 가치와 미래에 대비한 스페이스X의 중요성은 인정한다. 2023년 봄, 내가 넬슨에게 머스크의 행동을 어떻게 생각하느냐고 물었더니, 그는 주제를 바꿔 그윈 샷웰 이야기를 하며 샷웰을 전폭적으로 신뢰한다고 했다. 스페이스X와 군과의 관계에서도 샷웰의 존재는 중요하다. 하지만 샷웰은 이제 60대에 접어들어 은퇴를 고려하고 있다. 그 이후에는 어떻게 될까?

후임자는 아직 보이지 않는다. 스페이스X에서 기술 분야를 이끄는 사람이 마크 훈코사라는 것은 분명하다. 훈코사에게 결점이 없는 것은 아니지만, 그는 카리스마가 있고 기술력이 뛰어난 관리자다. 그는 머스크와 손발을 맞출 줄도 알고, 머스크가 말도 안 되는 아이디어를 내놓으면 그를 설득해 포기하게 만드는 요령도 갖추었다. 머스크에게 해결해야 할 큰 문제가 생기면 언제나 훈코사가 나섰다. 하지만 그가 샷웰을 대체할 수는 없다. 그에게는 부드러운 면이 없다. 어떤 스페이스X 직원이 나에게 "훈코사가 고객을 상대하게 해서는 안 됩니다"라고 말했듯이 그에게는 거칠고 투박한 면이 너무 많다.

앞을 내다봤을 때 내가 걱정하는 것은 세 가지다. 첫째, 머스크가 뭔가 터무니없는 짓을 저질러 미국 정부가 그의 회사와 거래를 끊는 것이다. 이럴 가능성은, 적어도 단기적으로는 없을 것으로 보인다. 팰컨 로켓, 드래건 우주선, 스타링크 군집위성, 스타십 발사체 등은 미국의 주요 민간 및 군사 프로젝트에 필수적이다. 하지만 정책 결정자들과 정치 지도자들은 머스크의 언행을 주시하며 우크라이나 전쟁과 이스라엘-가자 분쟁 같은 국제적 사건에 미치는 그의 막강한 영향력을 경계하고 있다. 의회에는 기회만 주어지면 기꺼이 머스크에게 달려들 의원이 많다.

두 번째 걱정은 샷웰이 은퇴하면 어떻게 될까 하는 것이다. 샷웰은 NASA와 국방부를 비롯한 고객들이 스페이스X를 신뢰하게 하는 역할을 한다. 샷웰을 대신해 머스크의 균형을 잡아줄 사람이 없으면 스페이스X는 난관에 빠질 수 있다.

마지막은 스페이스X가 머스크를 잃는 것이다. 머스크가 떠나면 스페이스X는 창업자의 정신에서 멀어질 위험이 있다. 그와 유사한 사례는 역사에서 수없이 많이 찾아볼 수 있다. 석유 재벌과

철도 재벌은 말할 것도 없고 보잉과 록히드, 마틴마리에타도 초창기의 경영자는 모두 괴짜였다. 결국 이들 기업의 속도를 떨어뜨린 것은 자본주의와 이사회와 정부의 감시였다. 머스크와 스페이스X는 현재까지 여기에 저항하며 파괴적 혁신 세력으로 남아 있다. 스페이스X와 화성의 비전을 위해서는 이런 추세가 계속되는 것이 중요하다. 팰컨9은 세계에서 가장 믿을 만하고 뛰어나며 비용 효율적인 로켓이다. 그런데도 머스크는 매일 직원들에게 최대한 빨리 스타십을 개발해 팰컨9을 고물로 만들라고 독촉하고 있다. 자리를 확실히 잡은 대기업은 이렇게 하지 않는다. 하지만 파괴적 혁신 기업은 이렇게 한다.

머스크가 성공을 향한 경로에서 벗어나지 않으려면 앞으로 이런 큰 도전을 극복해야 한다. 그는 앞으로도 변화와 혁신의 촉진자로 남아야 한다. 혼란과 업무 방해의 촉진자가 되어서는 안 된다. 그는 반세기 전 뛰어난 기업가에서 광기를 발산하는 괴짜로 전락한 항공우주 엔지니어 하워드 휴스의 전철을 밟지 말아야 한다. 앞으로 몇 년 안에 스페이스X는 민간 자본 수십억 달러를 더 조달받아야 할지도 모른다. 그러려면 머스크가 투자자들의 신뢰를 얻어야 하고 투자 욕구를 자극할 수 있어야 한다. NASA와 우주 비행 규제 기관은 앞으로도, 20년 가까이 상대해왔던 그런 신뢰할 수 있는 파트너를 원할 것이다. 따라서 머스크는 샷웰이 떠난 뒤에도 스팀롤러가 꾸준히 굴러갈 수 있도록 도울 만한 유능한 관리자를 찾아야 한다.

정말 해야 할 일이 많지만, 나는 머스크가 이 모든 일에 성공하기를 간절히 바란다.

머스크는 스페이스X가 지금까지 이룬 업적과 뛰어난 미래의 잠재적 가능성으로 나를 비롯한 수많은 사람을 흥분시켰다. 그는 우주를 흥미롭고 재미있으면서도 가능성이 넘치는 곳으로 만들었다. 그는 낡고 진부한 우주 비행의 구시대적 질서를 대부분 허물고 대담하고 역동적인 새 질서로 대체했다. 한때는 불가능해 보였던 일이 이제 더는 그렇게 보이지 않는다. 인간은 여러 별 가운데 있다. 장벽이 하나하나 무너지고 있다. 미래는 알 수 없지만 어떤 일이 일어날지 기대된다.

이제 막 좋은 길로 들어선 이 여정이 끝나지 않길 바란다.

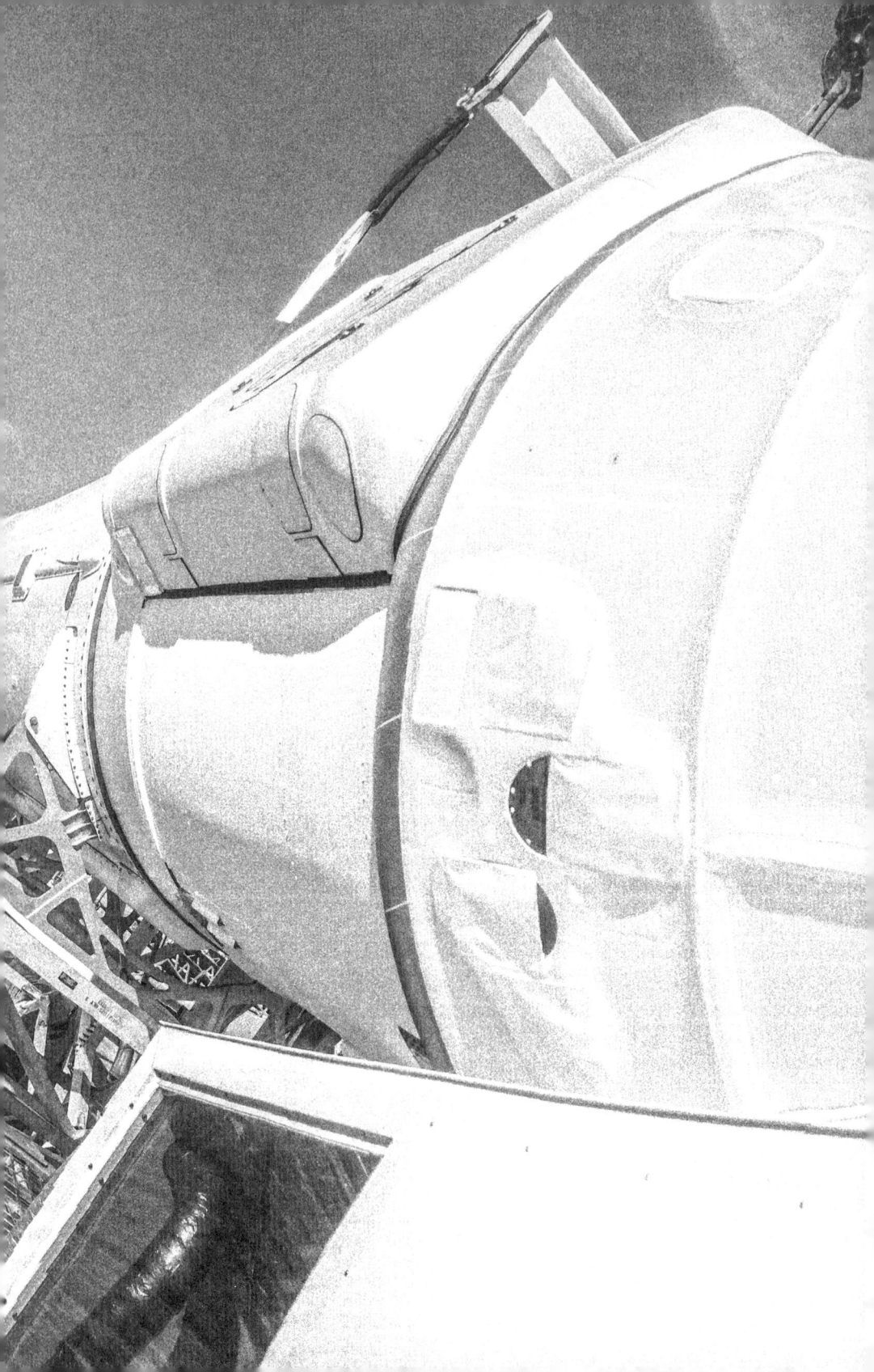

부록

감사의 말

정말로 쓰기 어려운 책이었다. 이 책에서 다루는 2008~2023년 사이에 스페이스X와 협업한 우주 산업계나 정부 관계자들을 빼고 스페이스X에서 일한 직원만 따져도 만 명이 넘는다. 이들의 사연은 다양한 주제가 얽힌 방대한 이야기다. 이 모든 사연을, 스토리텔링에 과도한 부담을 주지 않으면서 일어난 일의 본질을 포착해 일관된 이야기로 엮어내는 것은 큰 도전이었다.

  내가 인터뷰하지 못한 사람이 많아, 그가 알고 있는 스페이스X 이야기를 이 책에 다 담지 못해 안타깝다는 말을 하기 위해 서두가 길었다. 이 책을 쓰려고 누군가를 인터뷰할 때마다 그 사람은 직접 겪은 사람으로부터 더 자세한 이야기를 들어보라며 다른 사람을 몇 명씩 추천하곤 했다. 적당한 지점에서 선을 그어야 했다.

그렇지 않았다면 이 책은 완성되지 못했을 것이다.

우선 이 책에서 이야기한 마법을 일으키기 위해 지난 15년 동안 불철주야 노력한 모든 사람에게 감사의 말을 하고 싶다. 나는 여러분이 오랫동안 열정적으로 일했다는 것을 알고 있다. 여러분은 육체적, 정신적 희생을 감수했다. 그 과정에 여러분은 새롭고 놀라운 기술을 도입해 고루하고 낡은 우주 비행 방식을 완전히 바꿔놓았다. 여러분은 인류를 위해 새롭고 더 나은 미래를 만들었다. 내가 처음으로 감사를 표하고 싶은 사람은 실제로 업무를 수행하는 여러분이다.

이 책을 쓰는 과정에 나에게 자신의 이야기를 들려준 사람들에게 감사드린다. 《리프트오프》를 읽어본 독자라면 이 책에서 팀 부차, 한스 쾨니히스만, 톰 뮬러, 잭 던 등 낯익은 얼굴들을 만났을 것이다. 이들은 이 책을 쓰는 데 도움을 주기 위해 다시 한 번 나와 오랜 시간 인터뷰하며, 귀중한 이야기를 자세히 들려주었다. 사실 확인을 해주었으며 추가로 인터뷰할 사람을 추천해주었다. 내가 이야기를 나눈 사람 중에는 팰컨1 시대나 그 이후에 스페이스X에 합류해 팰컨9과 드래건 프로그램에 지울 수 없는 발자취를 남긴 새로운 사람도 많았다. 그 모든 사람에게 감사드린다.

이 책을 쓰는 과정에 일론 머스크나 스페이스X의 현직 직원들을 만날 기회는 《리프트오프》를 쓸 때보다 훨씬 적었다. 머스크는 기꺼이 돕겠다고 했지만 인터뷰가 가까워질 때마다 약속이 취소되곤 했다. 내가 이 책을 한창 집필하던 시기는 머스크가 자신의 전기를 쓰고 있던 월터 아이작슨과 자주 만나던 기간이었다. 뿐만 아니라 트위터를 인수해 개혁을 추진하던 혼란스러운 때였다. 아마도 그 두 가지 일이 영향을 미친 것 같다. 다행히 나는 이 책에서 다룬 이야기가 진행되는 기간에 우주 저널리스트였기에 현장에 자주 접근할 수 있었고, 이들 사건이 전개되는 동안 머스크와 이야기를 나눌 기회도 여러 번 있었다. 게다가 이 책에서 다루는 기간에 핵심 역할을 했던 인물 대부분이 내가 집필을 시작할 무렵에는 스페이스X를 퇴직한 상태였다. 결론적으로 《스페이스X 일론 머스크》는 일론 머스크에 대한 책이라기보다는 스페이스X와 스페이스X를 환상적인 성공으로 이끈 엔지니어들에 관한 책이다.

《스페이스X 일론 머스크》의 미국판 표지는 정말 멋지다. 나는 《리프트오프》 미국판의 표지와 이 책 표지가 보여주는 대칭이 마음에 든다. 《리프트오프》 표지에는 팰컨 로켓이 날아오르는 사진과 함께 부제목의 글자가 위쪽에 배치되었고, 《스페이스X 일론 머스크》의 미국판 표지에는 팰컨 로켓이 착륙하는 사진과 함께 부제목의 글자가 아래쪽에 배치되었다. 디자인을 담당한 세라 애빈저를 비롯한 벤벨라의 재능 있는 팀원들과 팰컨 로켓의 착륙 장면을 사실적으로 촬영해준 뛰어난 우주 사진작가 존 크라우스에게 감사드린다. 크라우스는 내 친한 친구로, 멋진 이미지를 포착해 우주 비행에 대한 대중의 관심을 높이는 데 크게 기여해왔다.

성공적인 작가가 되기까지의 여정에서 나를 도와주었고, 내가 앞으로 나아갈 수 있도록 지원을 아끼지 않은 에이전트 제프 슈리브에게도 감사의 말을 전하고 싶다. 이 책이 나오기까지 벤벨라의 뛰어난 두 편집자 클레어 슐츠와 릭 칠랏이 큰 역할을 했다. 두 사람은 내가 편집과 관련한 정책이나 세세한 문제에 깊이 신경 쓰지 않고 책 쓰는 데 집중할 수 있도록 열심히 도와주었다. 《리프트 오프》와 《스페이스X 일론 머스크》를 쓰면서 내 목표는 독자를 이야기 속으로 끌어들여, 로켓을 만들고 발사하는 사람들 바로 옆에 있다고 느끼게 만드는 것이었다.

나는 본업이 두 개 있는데, 이 책을 쓰느라 때때로 본업을 등한시하기도 했다. 나는 〈콘데이 나스트〉 산하에 있는 〈아스 테크니카〉의 훌륭한 편집장 켄 피셔 밑에서 일하고 있다. 피셔는 참을성이 많고 지원을 아끼지 않는 사람이다. 나는 〈아스 테크니카〉 재직 초기에 직원들과 회의하는 자리에서 피셔가 "여러분은 앞으로 많은 상사를 만나겠지만 내가 최고의 상사일 겁니다"라고 말한 것을 기억하고 있다. 당시에는 쓸데없는 자기 자랑처럼 들렸지만 지금 와서 보니 맞는 말이었다. 그는 최고의 편집장이다. 나는 〈아스 테크니카〉에서 에릭 방게만, 리 허친슨, 존 티머, 스티븐 클라크 등 훌륭한 동료들과 함께 일하고 있다. 나는 기상학자 맷 란사와 함께 〈스페이스 시티 웨더〉라는 휴스턴의 날씨 웹사이트도 운영하고 있다. 훌륭한 파트너인 란사는 내가 이 책을 쓰느라 출장 갈 일이 생기거나 다른 바쁜 일에 매달릴 때면 일기 예보 업무를 혼자 맡아서 처리해주었다.

　마지막으로 가족에게 감사를 표하고 싶다. 아버지는 나에게 글쓰기를 좋아하는 성향을 물려주셨고, 어머니는 정확성을 추구하는 습관을 갖게 해주셨다. 이 책을 쓰면서 나는 가능한 한 정확하게 스페이스X의 이야기를 전하려고 노력했다. 2023년 한 해 동안 가족과 함께 보내지 못한 시간이 많아 아내 어맨다와 두 딸 아날레이, 릴리에게 미안한 마음을 전하고 싶다. 그해에는 몇 달 동안 오전 6시경에 일을 시작해 〈아스 테크니카〉와 기상 웹사이트, 책 집필 사이를 오가다 밤 10시나 11시가 되어서야 홈 오피스에서 나오곤 했다. 그러다 보니 한동안은 마감일을 앞둔 스페이스X 직원이 된 듯한 느낌이 들기도 했다. 덕분에 그들과 그 가족들의 심정을 조금이나마 공감할 수 있었다. 어쨌든 가정일에 소홀했던 점에 대해 가족들에게 미안하게 생각하고, 참아준 가족들에게 고맙다는 말을 하고 싶다. 나의 아내와 두 딸, 모두 사랑한다. 내가 자랑스러운 남편이자 아버지였으면 좋겠다.

《스페이스X 일론 머스크》는 스페이스X의 본질이 알고 싶다면, 파괴적 혁신이 어떻게 이뤄지는지 알고 싶다면 반드시 읽어야 할 다큐멘터리와도 같은 책이다. 원제는 'Reentry'로, 우주로 향했던 발사체가 방향을 바꿔 대기권으로 '재진입'을 의미한다. 에릭 버거가 집필한 스페이스X의 절박했던 초창기 시절을 그린《리프트오프》의 후속작이다. 언론인이며 기상학자인 저자는 2008년부터 스페이스X가 재사용발사체 팰컨9이라는 우주 운송수단으로 독보적인 우주 모빌리티 업체가 되는 험난한 과정에서 겪었던 다양한 문제들, 주로 기술적인 문제를 내부자의 시각으로 상세하게 다뤘다. 스페이스X가 개발 과정 중 발생한 문제들을 이해 당사자인 NASA와 미 공군에게 투명하게 공유한 것처럼, 본 책은 스페이스X 직원의 실명과 함께 인터뷰 내용을 담아, 사건이 어떻게 벌어졌는지 가감 없이 밝힌다. 저자의 우주산업과 기술에 관한 이해와 과학자 특유의 엄밀함으로 문제의 인과관계를 정확하게 설명하기 위한 치밀한 노력이 이 책을 돋보이게 한다. 미국 출간 시점이 2024년이긴 하나, 한국형 우주발사체 누리호의 연이은 성공적인 발사 그리고 후속 국가 주력 차세대발사체를 재사용하도록 개발 목표를 변경한 현시점에서 이 책의 국내 발간은 너무나도 시의적절하다.

스페이스X의 주요 성공 요인은 과연 무엇이었을까? 스페이스X는 어떻게 경쟁 업체의 조롱과 비웃음을 시기와 동경으로 바꾸며 우주 운송 서비스의 진정한 상업화를 이루었을까? 답이 없는 듯한 수많은 기술적 난제와 벼랑 끝을 따라 걷는 재무 위기를 어떻게 극복하고 우주개발 역사상 전무후무한 발사 빈도를 달성할 수 있었을까? 우리는 이 책을 통해 스페이스X가 겪었던 고난을 간접으로 체험하면서 이런 질문들에 관한 힌트를 얻을 수 있다.

여러 가지가 있지만, 내가 꼽는 첫 번째 성공 요인은 한계를 넘어서 밀어붙이는 스페이스X의 행동력이다. 그들의 행동 강령은 '누구보다도 빠르게 움직이는 것'이다. 큰 도약을 위해 위험을 기꺼이 감수하며 빠르게 도전했고, 거침없이 꾸준하게 실천했다. 일론 머스크가 기회가 있을 때마다 설파하는 인류를 다행성종으로 만들겠다는 비전을 사내 구성원이 공감하고, 이를 향해 달리는 큰 모멘텀을 가진 조직이 이루는 업적의 규모는 우리의 상상을 뛰어

넘는다. 남들이 감히 엄두조차 내지 못하는 일에 도전하는 열정과 극한의 업무 강도를 감당해낸 구성원들의 혼신의 노력 또한 성공의 핵심 요인이다. 당시 우주정거장에 도달하는 미국의 유일한 운송수단인 스페이스 셔틀이 사라지게 된 것과, 우주개발 비용 절감을 심각하게 고민하는 미국의 경제 상황도 스페이스X의 성공을 도왔다. 전통적 우주기업이 미 정부와 맺었던 기존 계약은 소요된 비용만큼 계약금을 보전해주는 방식이었는데, 경제 회복 정책 도입 후 서비스 공급에 대한 고정 금액 계약 경쟁에서 가격을 최우선으로 두고 개발을 진행한 스페이스X가 기존 업체 대비 우위를 차지했다. 서비스 공급 가격이 중요하지만, 그렇다고 발사체 신뢰도와 타협할 수는 없다. 수십만 개의 부품으로 이뤄진, 인류가 만든 최대의 인공물이라 할 우주발사체는 모든 구성품이 의도에 따라 틀림없이 제 역할을 다할 때 수많은 단일 장애점(SPOF)을 통과하고 발사 성공의 환희를 만끽할 수 있다.

　NASA와 미 공군의 존재는 스페이스X가 빠르게 도출한 결과물의 신뢰도를 검증하는 과정에서 매우 중요했다. 검증을 통한 신뢰도 확인이 중요한 우주 분야에서 개발이 아무리 공격적이고 혁신적이라 해도, 오랜 우주개발 경험을 보유한 NASA와 같은 고객이자 파트너가 제공하는 개발 목표에 관한 요구사항이 없었다면 성공을 장담할 수 없다. 명확한 개발 요구사항 없다면 대체 뭘 하고 있는지도 모르기 때문이다. 스페이스X가 무모해 보이고 가속 페달만 밟는 것처럼 보일 때, 브레이크를 적절하게 밟아주는 조력자 역할을 하는 전문가들과 기관이 사내 안팎으로 존재했다. NASA와 미공군 소속 담당자들과 스페이스X 담당자들 사이에 협업을 통해 형성된 상호 신뢰가 발사체와 발사의 신뢰도로 이어졌다. 이런 조화가 성공의 주요인이었다. 우주항공 분야 유경험 인력을 흡수하고, 지식 전달이라 할 수 있는 오랜 우주개발 역사를 통해 쌓인 기술 자료와 같은 지식 유산을 활용한 것뿐만 아니라, 빌 에어로스페이스처럼 먼저 설립했다가 실패한 선배 업체들이 남긴 유형의 자산도 적극 활용할 수 있었던 것도 추가 요인이다.

인류를 다행성종으로 만들자는 스페이스X의 궁극적인 목표를 이루기 위해 현재 개발이 한창인 인류 최대 화물 운송 우주선, 스타십 완성에 필요한 기술과 개발비를 충당할 재원 확보가 그간 스페이스X가 걸어온 길을 모두 설명해준다. 이 모든 시작의 첫 번째 달성 목표는 팰컨9을 무결점 발사체로 만들고, 운영을 자동화해서 가능한 자주 발사하는 것이었다. 발사 빈도 증가는 우주 인터넷 스타링크의 구축을 자체적으로 소화할 기회를 제공했다. 스페이스X는 발사 빈도와 스타링크 위성 등의 우주 운송 화물 그리고 우주 인터넷 통신 서비스 사업을 통한 자금 확보의 선순환을 통해 자체 성장할 수 있는 기반을 마련한 것이다. 전무후무한 발사 빈도라는 목표 완수를 위해 머스크는 말 그대로 보유한 자원을 효과적으로 총동원했다. 신속한 결정을 내리기 위해 주말도 쉼 없이 회의를 직접 주재하며, 위원회 없이 자신의 책임으로 중요 결정을 과감하게 내렸고, 머스크 본인이 주요 지출 등 재무 상황을 직접 관리한 부분도 컸다.

발사 빈도 증가와 발사체 개량은 상호의존적으로 진행되었다. 발사 서비스 가격 절감을 발사 신뢰성 하락과 맞바꾸지 않았다. 짧은 발사 주기가 발사체의 개선 결과를 바로 검증할 기회를 제공했기 때문이다. 로켓 하드웨어의 신뢰도 향상을 위한 팰컨9의 꾸준한 개선은 다음 발사까지의 소요 시간을 줄이기 위한 정비 최소화로 이어졌다. 발사 준비의 자동화 또한 발사대 준비 시간, 즉 턴어라운드 시간을 줄였다. 또한 발사 빈도 증가에 필수적인 우주항으로 미 동부 케이프 커내버럴과 서부 반덴버그 공군기지 발사대를 확보했다. 그 결과 2025년 한 해 동안 스페이스X는 팰컨9 궤도 발사를 165회 성공했다. 발사체 재사용에 따른 불가피한 운송 능력 감소를 극복하기 위해 추진제의 밀도를 높이는 방법은 기존절차를 어긴다는 이유로 초기에는 NASA의 강한 반대에 부딪혔다. 그러나 뚝심 있게 밀고 나가 신뢰도를 입증해 결국 NASA에 깊은 인상을 남기며 승인을 받아내기도 했다. 이 같은 기술에서뿐만 아니라 재무적인 부분에서도 스페이스X는 NASA와 건강한 동반자 관계를 유지했다. 이 책에 언급된 액수를 합하면 스페이스X로 약 47억 700만 달러에 해당하는 거액의 자금이 지급되었다.

스페이스X의 여정은 현재 진행형이다. 이 책을 읽는 내내 등장 인물들의 절박함과 처음부터 끝까지 쉼 없이 휘몰아치는 팽팽한 긴장이 간접적으로 느껴졌다. 우주산업에 몸담은 감수자로서 공감하는 부분이 너무 많아서인지, 당시 상황을 머릿속에 그리는 경험을 했다. 각 상황에서 나라면 어떤 판단을 내리고 어떤 선택을 했을까 생각하면서 읽어보길 권한다. 자신만의 귀중한 인사이트를 얻을 수 있으리라 생각한다. 인생에서 한 번도 접하기 힘든 거대 프로젝트에 자신의 미래를 걸고 동료들과 인고의 시간을 버텨 결실을 보는 과정은, 젊은 세대에게도 커다란 영감과 도전의식을 심어줄 것이다.

본질에 충실하며, 진솔한 소통으로 쌓은 신뢰를 바탕으로 목표를 향해 집요하게 추진한다면, 불가능이란 없다.

2026년 4월
서성현

※ 팰컨9에 대해서 더 자세히 알고 싶다면 스페이스X 공식 웹사이트의 'Falcon User's Guide'를 살펴보길 권한다.

감수의 글

"나는 20년 가까이 스페이스X의 성장을 지켜봤다. 스페이스X의 로켓과 우주선에도 탑승해봤다. 그러나 《스페이스X 일론 머스크》를 읽고 나서야 스페이스X가 어떤 난관을 극복하고 새로운 우주 시대를 열었는지 제대로 알 수 있었다. 스페이스X의 궤도 진입은 이렇게 시작되었다. 이 책은 실패, 집념 그리고 재도전의 모든 기록을 담아냈다."

_마이클 로페즈-알레그리아, 전 NASA 우주비행사

"에릭 버거는 냉혹한 사업 환경에서 성공하려면 무엇이 필요한지를 적나라하게 보여준다. 그 결과 개인과 집단의 노력, 갈등, 희생 그리고 궁극적인 승리로 이어지는 훌륭한 서사가 탄생했다. 《스페이스X 일론 머스크》는 인류의 역사 기록에 반드시 추가해야 할 필독서다."

"매우 대담하고 탁월한 몽상가 일론 머스크가 이끄는, 세계에서 가장 놀랍고 야심 찬 기업의 이야기를 담고 있다. 스페이스X의 결함과 실패 그리고 세계를 바꾼 업적을 생생하게 만날 수 있다. 우주 산업의 뒷이야기를 이토록 생생하게 풀어낸 책은 없었다."

"에릭 버거는 우주 산업이 펼쳐지는 회의실과 공장, 시험대 내부로 독자를 안내한다. 《스페이스X 일론 머스크》는 인물의 성격, 상세한 기술적 내용, 전후 맥락 등의 생생한 묘사를 통해, 추진력과 결단력으로 로켓을 재사용하고 새로운 우주 시대를 연 인물들의 비화를 전한다. 우주를 향한 도전의 본질을 알고자 하는 이들에게, 이보다 더 치밀하고 생생한 안내서는 없다."

"스페이스X 공식 유튜브 채널의 최다 조회 영상 'How Not to Land an Orbital Rocket Booster'는 재사용 발사체가 얼마나 많은 실패 위에서 완성되었는지를 특유의 유머와 함께 적나라하게 보여준다. 지금의 화려한 이미지와 달리, 스페이스X는 수없이 추락하고 폭발하는 로켓을 감수하며 '재사용'이라는 집요한 목표에 매달려왔다.《리프트오프》가 팰컨1 시절의 절박한 생존기를 담았다면,《스페이스X 일론 머스크》는 팰컨9이 재사용 발사체가 되기까지 실패를 어떻게 축적해 제2 우주시대로 이어졌는지를 차분히 따라간다."

_김도형, 지구관측 위성체계 개발 전문기업 쎄트렉아이 이사

"우주 연구자나 전문가, 로켓 과학자가 아니더라도, 수많은 사람이 겪었던 인내와 희생 그리고 노력으로 파괴적 혁신에 성공한 이 생생한 스페이스X만의 드라마를 탐독하기를 권한다."

_박순영, 우주항공청 재사용발사체프로그램장

스페이스X 일론 머스크

초판 1쇄 인쇄 2026년 4월 22일
초판 1쇄 발행 2026년 4월 29일

지은이 에릭 버거
옮긴이 장용원
감수 서성현
펴낸이 고영성

책임 편집 박유진   **디자인** 이화연   **저작권** 주민숙

펴낸곳 주식회사 상상스퀘어
출판등록 2021년 4월 29일 제2021-000079호
주소 경기 성남시 분당구 성남대로 43번길 10, 하나EZ타워 307
팩스 02-6499-3031
이메일 publication@sangsangsquare.com
홈페이지 www.sangsangsquare-books.com

ISBN 979-11-24248-27-0 03550

캘리포니아주 호손에 있는 스페이스X 본사 전경. (사진 제공: 스티브 저빗슨)

화성과 목성 사이에 있는 소행성 벨트에 NASA의 프시케 탐사선을 발사한
팰컨 헤비 로켓의 심장부. (사진 제공: NASA)

팰컨9의 항공전자 시스템 작업
을 하고 있는 뷸렌트 알탄.
(사진 제공: 캐트리오나 체임버스)

팰컨9 로켓이 대중에게 첫선을 보이기 전에 케이프 커내버럴의 피뢰탑 꼭대기에서
셀카를 찍고 있는 로저 칼슨. 아래쪽에 팰컨9이 보인다. (사진 제공: 로저 칼슨)

팰컨9 로켓 1단을 텍사스주 맥그리거의 삼각대 위로 들어 올리고 있다.
(사진 제공: 캐트리오나 체임버스)

로저 칼슨은 크레인에 매달린
엔진 부분이 떨어지지 않게 밤
새 그 옆을 지켰다.
(사진 제공: 로저 칼슨)

2009년 텍사스에서 플로리다로 팰컨9 로켓 1단을 운송하던 중
전선 밑을 지나가는 모습. (사진 제공: 로저 칼슨)

2009년 11월 팰컨9 로켓 1단이 운송 도중 루이지애나주의 한 건물에 부딪힌 모습.
(사진 제공: 로저 칼슨)

2009년 1월 처음으로 팰컨9을 기립시키는 장면. (사진 제공: 로저 칼슨)

2010년 2월 첫 비행 준비가 끝난 팰컨9 로켓의 전체 구성품. (사진 제공: 로저 칼슨)

팰컨9 로켓 첫 발사 시 통제실에 있는 일론 머스크와 크리스 톰슨. (사진 제공: 로저 칼슨)

팰컨9 로켓 첫 발사 후 코코아 비치 부두에서 파티를 즐기고 있는 직원들.

(사진 제공: 한스 쾨니히스만)

SLC-40 착공식에서 인사를 나누는 팀 부차와 제45우주비행단장 수전 헬름스 준장.
(사진 제공: 팀 부차)

2013년 9월 호손에서 직원들이 팰컨9 로켓 버전 1.1의 종합 연소 시험을 지켜보고 있다.
(사진 제공: 스티브 저빗슨)

직원들이 SLC-40에서 첫 번째 팰컨9 로켓 작업을 하고 있다. (사진 제공: 팀 부차)

착륙에 성공한 팰컨9 로켓이
드론십 '제발 사용 설명서 좀 읽어보세요' 호 위에 서 있는 모습. (사진 제공: NASA)

2012년 10월 텍사스주 맥그리거에서 찍은 그래스호퍼 시험 발사체.
오른쪽 하늘에 보이는 기다란 선은 CRS-1 드래건 우주선이다. (사진 제공: 데니스 언더우드)

롭 쿨린이 ORBCOMM-2 발사 후 착륙에 성공한 1단 로켓 앞에 서 있다.
(사진 제공: 한스 쾨니히스만)

2015년 12월 ORBCOMM-2 발사 후 팰컨9 통제실의 모습. (사진 제공: 리키 림)

데모-2가 국제우주정거장 도킹에 성공하자 캐시 루더스가 기뻐하고 있다. (사진 제공: NASA)

데모-2 발사가 성공하자 포옹하고 있는 한스 쾨니히스만과 캐시 루더스. (사진 제공: NASA)

2017년 맷 데시가 가슴에 손을 얹고 이리듐-1 발사를 지켜보고 있다. (사진 제공: 맷 데시)

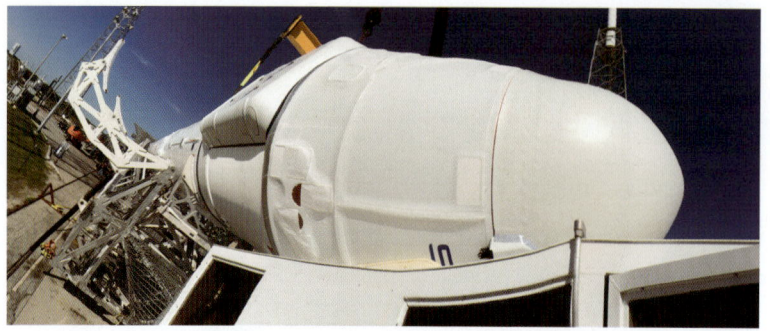

팰컨9 로켓과 결합한 CRS-3 드래건 우주선의 모습. (사진 제공: 한스 쾨니히스만)

2010년 케빈 목이 드래건의 첫 번째 시험 비행이 끝난 뒤 회수팀원들을 이끌고 바지선으로 돌아가고 있다. (사진 제공: 스페이스X)

위험을 무릅쓰고 글래디스 S호에서 바지선으로 건너가는 모습. (사진 제공: 로저 칼슨)

데모-1 임무를 수행한 크루 드래건이 바다에서 인양되고 있다. (사진 제공: 로저 칼슨)

C1 임무에 사용된 드래건 우주선이 스페이스X 공장에 걸려 있다.

(사진 제공: 스티브 저빗슨)

크루-3 임무에 사용된 드래건 캡슐이 케네디우주센터에 전시되어 있다.

(사진 제공: NASA)

크루 드래건에 탑승해 훈련을 받고 있는 밥 벵컨(왼쪽)과 더그 헐리. (사진 제공: NASA)

맥그리거의 한 데어리 퀸 매장에서 포즈를 취한
스페이스X의 투자자 스티브 저빗슨(왼쪽)과 일론 머스크. (사진 제공: 스티브 저빗슨)

2013년 CASSIOPE 위성을 탑재한 팰컨9 로켓이 반덴버그 공군기지에 서 있는 모습.
팰컨9의 여섯 번째 비행이다. (사진 제공: 한스 쾨니히스만)